普通高等院校"十三五"规划教材

污染场地评价与修复

主　编　李晓勇

副主编　刘建文　谭晓波　胡光伟

　　　　刘　珍　黄丽媛

中国建材工业出版社

图书在版编目（CIP）数据

污染场地评价与修复/李晓勇主编 . --北京：中
国建材工业出版社，2020.11（2023.8 重印）
普通高等院校"十三五"规划教材
ISBN 978-7-5160-2798-1

Ⅰ.①污…　Ⅱ.①李…　Ⅲ.①场地－环境污染—修复
－高等学校－教材　Ⅳ.①X5

中国版本图书馆 CIP 数据核字（2019）第 296393 号

污染场地评价与修复

Wuran Changdi Pingjia yu Xiufu

主　编　李晓勇

出版发行：中国建材工业出版社
地　　址：北京市海淀区三里河路 11 号
邮　　编：100831
经　　销：全国各地新华书店
印　　刷：北京雁林吉兆印刷有限公司
开　　本：787mm×1092mm　1/16
印　　张：19.25
字　　数：450 千字
版　　次：2020 年 11 月第 1 版
印　　次：2023 年 8 月第 2 次
定　　价：69.80 元

前　言

　　近年来,我国正处于史上规模最大、速度最快的城镇化与工业现代化进程中,每年国内有数以万计的工业企业关停或搬迁,遗留下了大量的污染场地,导致土壤恶化速度加快,同时对场地评价和修复提出了更高的要求,为此编者编写了本书,以适应学科发展和环保事业的要求。

　　本书在综合国内外场地评价和修复研究的基础上,针对污染场地风险评价和修复技术的特点,对污染场地调查与评估、场地修复技术选择、场地修复工程、环境监理和修复工程风险评估等方面,从技术框架、技术原理和技术方法等角度进行了较全面的介绍,并辅以相关的案例。全书共8章:第1章绪论,概述了污染场地的产生和发展;第2章对污染场地进行了分类,阐述了污染物来源特点及污染场地的危害;第3章对污染场地调查、监测方法、场地概念模型与不确定性因素进行了详细分析与总结;第4章对污染场地健康风险评价方法以及我国污染场地健康风险评估方法进行了系统分析;第5章阐述了污染场地生态风险评价方法与应用,探讨了目前较为先进的污染场地生态风险评价方法;第6章说明了污染场地管理的重要性和管理体系的构成;第7章归纳总结了污染场地土壤和地下水的修复技术;第8章介绍了污染场地土壤修复技术筛选及修复工程实施与管理。

　　本书在编写过程中吸纳了国内外学者的最新理论、方法和案例,参考了相关的论著和文献等,谨向上述的专家、学者以及相关的作者一并表示衷心的感谢!本书编写过程中,刘建文、谭晓波、胡光伟、刘珍、黄丽媛付出了大量的心血,编写相应章节,在此表示感谢!

　　本书作为环境工程类专业教材,内容系统全面,体现和突出了最新的技术和方法,可作为高等学校环境类等专业教材,还可以供环境工程、环境科学、环境管理、生态工程等专业领域的技术人员、科研人员和管理人员参考。

　　本书力求内容准确和完善,体现并突出创新特色。但限于编者的水平,还可能存在一些疏漏和不足,敬请读者提出宝贵意见和建议。

编　者

2020 年 10 月

目　　录

第1章 绪 论

1.1 概述

1.1.1 污染场地概述

资源环境问题是制约我国社会经济可持续发展的重大问题。随着我国经济发展和城镇化建设速度的加快，产业结构和规划布局进行调整，大批多种污染行业企业关闭和搬迁，遗留大量的污染场地。土地属于不可再生资源，在我国巨大的人口压力和经济发展压力下，土地资源不堪重负，场地资源再利用需求量巨大，原有的工业用地被逐步开发为居住用地或公建用地，用地性质发生改变。但是这些搬迁企业遗留场地都存在着不同程度的环境与健康风险，可能对土壤、地下水等造成一定影响，给后续土地开发留下严重的环境安全隐患，成为影响和制约城市可持续发展的重要因素。发达国家场地开发再利用过程曾出现多次污染事故，如美国拉芙运河事件、日本东京都铬渣事件、英国 Loscoe 事件。

目前已知的化合物超过 3000 万种，进入环境中的化学物质超过 6 万种。全世界平均每年排放汞、铜、铅、锰、镍分别达到 1.5 万 t、340 万 t、500 万 t、1500 万 t、100 万 t。自 20 世纪 70 年代至今，废弃物倾倒导致的土壤污染已遍布全球并主要集中在欧洲，其次是亚洲和美洲。我国随着经济快速发展，城市化进程加快，土壤问题日益严重。据调查显示全国污灌区中重金属污染占 64.6%。污染场地对环境和人体的危害主要表现为以下几种方式：

（1）由于污染场地的渗漏导致地下水与地表水质量恶化。

（2）污染场地渗漏液对地下管道和建筑物的侵蚀。

（3）污染土壤对植物产生影响，并通过体表接触、食物链传递和呼吸系统的传递等影响人类健康。

环境产业发达的国家，土壤修复和水质治理占了环保产业的大部分。污染场地修复技术自 20 世纪 70 年代起源于欧美发达国家，全球每年总修复费用 200 亿～400 亿美元，污染场地修复市场巨大。根据美国污染场地数量和中美两国制造业情况对比，专家估计中国污染场地数量为 30 万～50 万块（不包括农业、矿山污染的工业企业污染场地数量），污染场地修复任重道远。我国未来在地下水污染防治的项目投资共计 346.6 亿元，而用于防治土壤污染的全部财政资金将达数千亿元，到 2020 年达到上万亿元，污染场地修复产业正在逐步兴起，成为环保产业新的增长点（表 1-1）。

表 1-1   2015 年全球污染场地修复市场

国家	污染场地数量（个）	目前市场值	未来潜在市场
美国	51000	140 亿美元，约占全球的 30%	估计可达 1100 亿美元
英国	100000	61 亿英镑	—
澳大利亚	161000	—	—
日本	505000	13 亿美元	32 亿美元

1.1.2 土壤污染状况

2014 年全国土壤污染状况实际调查面积约 630 万 km^2。《2017—2022 年中国土壤修复市场专项调研与投资前景评估报告》显示，全国土壤环境状况总体不容乐观，部分地区土壤污染较重，耕地土壤环境质量堪忧，工矿业废弃地土壤环境问题突出。全国土壤污染总的超标率为 16.1%，其中轻微、轻度、中度和重度污染点位比率分别为 11.2%、2.3%、1.5% 和 1.1%。污染类型以无机型为主，有机型次之，复合型污染比重较小，无机污染物超标点位占全部超标点位的 82.8%（图 1-1）。

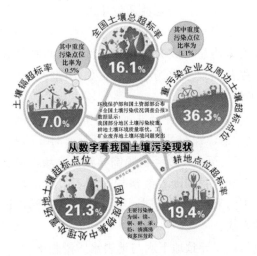

图 1-1   土壤污染种类分布图

从污染分布情况看，南方土壤污染重于北方；长江三角洲、珠江三角洲、东北老工业基地等部分区域土壤污染问题较为突出，西南、中南地区土壤重金属超标范围较大；镉、汞、砷、铅 4 种无机污染物含量分布呈现从西北到东南、从东北到西南方向逐渐升高的态势。

1. 无机污染物

无机污染物包括镉、汞、砷、铜、铅、铬、锌、镍 8 种，其点位超标率分别为 7.0%、1.6%、2.7%、2.1%、1.5%、1.1%、0.9%、4.8%（表 1-2）。

表 1-2 无机污染物超标情况

污染物类型	点位超标率（%）	不同程度污染点位比率（%）			
		轻微	轻度	中度	重度
镉	7.0	5.2	0.8	0.5	0.5
汞	1.6	1.2	0.2	0.1	0.1
砷	2.7	2.0	0.4	0.2	0.1
铜	2.1	1.6	0.3	0.15	0.05
铅	1.5	1.1	0.2	0.1	0.1
铬	1.1	0.9	0.15	0.04	0.01
锌	0.9	0.75	0.08	0.05	0.02
镍	4.8	3.9	0.5	0.3	0.1

2. 有机污染物

有机污染物包括六六六、滴滴涕、多环芳烃 3 类，其点位超标率分别为 0.5%、1.9%、1.4%（表 1-3）。

表 1-3 有机污染物超标情况

污染物类型	点位超标率（%）	不同程度污染点位比率（%）			
		轻微	轻度	中度	重度
六六六	0.5	0.3	0.1	0.06	0.04
滴滴涕	1.9	1.1	0.3	0.25	0.25
多环芳烃	1.4	0.8	0.2	0.2	0.2

3. 不同土地利用类型土壤污染状况

（1）耕地。耕地土壤环境质量堪忧。土壤污染点位超标率为 19.4%，其中轻微、轻度、中度和重度污染点位比率分别为 13.7%、2.8%、1.8% 和 1.1%，主要污染物为镉、镍、铜、砷、汞、铅、滴滴涕和多环芳烃。

（2）工矿业废弃地土壤环境问题突出。在调查的 690 家重污染企业用地及周边的 5846 个土壤点位中，超标点位占 36.3%，主要涉及黑色金属、有色金属、皮革制品、造纸、石油煤炭、化工医药、化纤橡塑、矿物制品、金属制品和电力等行业。在调查的 81 块工业废弃地的 775 个土壤点位中，超标点位占 34.9%，主要污染物为锌、汞、铅、铬、砷和多环芳烃，主要涉及化工业、矿业、冶金业等行业。在调查的 146 家工业园区的 2523 个土壤点位中，超标点位占 29.4%。其中，金属冶炼类工业园区及其周边土壤主要污染物为镉、铅、铜、砷和锌，化工类园区及周边土壤的主要污染物为多环芳烃。在调查的 188 处固体废物处理处置场地的 1351 个土壤点位中，超标点位占 21.3%，以无机污染为主，垃圾焚烧和填埋场有机污染严重。在调查的 13 个采油区的 494 个土壤点位中，超标点位占 23.6%，主要污染物为石油烃和多环芳烃。在调查的 70 个矿区的 1672 个土壤点位中，超标点位占 33.4%，主要污染物为镉、铅、砷和多环芳烃。有色金属矿区周边土壤镉、砷、铅等污染较严重。在调查的 55 个污水灌溉区中，有 39 个存在土壤污染。在 1378 个土壤点位中，超标点位占 26.4%，主要污染物为镉、砷和多环芳烃。在调查的 267 条干线公路两侧的 1578 个土壤点位中，超标点位占 20.3%，主要污染物为铅、锌、砷和多环芳烃，一般集中在公路两侧 150m 范围内。

（3）林地。土壤污染点位超标率为 10.0%，其中轻微、轻度、中度和重度污染点位比率分别为 5.9%、1.6%、1.2% 和 1.3%，主要污染物为砷、镉、六六六和滴滴涕。

（4）草地。土壤污染点位超标率为 10.4%，其中轻微、轻度、中度和重度污染点位比率分别为 7.6%、1.2%、0.9% 和 0.7%，主要污染物为镍、镉和砷。

（5）未利用地。土壤污染点位超标率为 11.4%，其中轻微、轻度、中度和重度污染点位比率分别为 8.4%、1.1%、0.9% 和 1.0%，主要污染物为镍和镉。

1.1.3　地下水污染状况

地下水资源是重要的自然资源，在维持生态平衡，保障城乡居民生活，维持经济持续发展中发挥了重要的作用。地下水资源不仅储存量大，还具有水质好，分布广泛，便于就地开采利用等优点。目前全国地下淡水天然资源多年平均量为 8837 亿 m^3，约占全国水资源总量的 1/3。其中山区为 6561 亿 m^3，约占总量的 74%；平原为 2276 亿 m^3，约占总量的 26%。地下淡水可开采资源多年平均量为 3527 亿 m^3，其中山区为 1966 亿 m^3，平原为 1561 亿 m^3。

1. 地下水污染概念及特征

凡是在人类活动的影响下，地下水水质变化朝着水质恶化方向发展的现象，统称为"地下水污染"。不管此种现象是否使水质恶化达到影响其使用的程度，只要这种现象已发生，就应称为污染。判别地下水是否污染必须具备的两个条件：一是水质朝着恶化方向发展；二是这种变化是人类活动引起的。

引起地下水污染的各种物质的来源称为地下水污染源。污染源的种类繁多，分类方法各异。按染源的形成原因可以分为自然污染源和人为污染源。自然污染源包括海水、咸水、含盐量高及水质差的其他含水层的地下水进入开采层、大气降水等。人为污染源包括生活污水，工业废水，地表径流，污水处理厂，污水灌溉，农药、化肥的施用，矿坑排水，尾矿淋滤液等。

2. 地下水中的重要污染物

凡是人类活动导致进入地下水环境，会引起水质恶化的溶解物或悬浮物，无论其浓度是否达到使水质明显恶化的程度，都称为地下水污染物。地下水污染物种类繁多，按其性质可以分为三类，即化学污染物、生物污染物和放射性污染物。

1）化学污染物

化学污染物是地下水污染物的主要组成部分，种类多且分布广。按其性质也可分为两类：无机污染物和有机污染物。

（1）无机污染物。地下水中最常见的无机污染物是 NO_3^-、NO_2^-、NH_3、Cl^-、

SO_4^{2-}、硬度、总溶解固体物及微量重金属汞、镉、铅和类金属砷等。其中，硬度、总溶解固体物、Cl^-（氯化物）、SO_4^{2-}（硫酸盐）、NO_3（硝酸盐）和 NH_3 等为无直接毒害作用的无机污染物，当这些组分达到一定的浓度之后，同样会对其可利用价值或对环境，甚至对人类健康造成不同程度的影响或危害。硝酸盐在人体的胃中可能还原为亚硝酸盐，亚硝酸盐与仲胺作用会形成亚硝胺，而亚硝胺则是致癌、致变异和致畸的物质。亚硝酸盐、氟化物、氰化物及重金属汞、镉、铬、铅和类金属砷则是有直接毒害作用的一类，如在日本发现的水俣病和骨痛病。

有直接毒害作用的无机污染物，即国际上公认的六大毒性物质包括非金属的氰化物、类金属砷和重金属中的汞、镉、铬、铅等。

①非金属无机毒性物质——氰化物。氰化物是剧毒物质，急性中毒抑制细胞呼吸，造成人体组织严重缺氧。排放含氰废水的工业主要有电镀、焦炉和高炉的煤气洗涤，金、银选矿和某些化学工业等，含氰废水也是比较广泛存在的一种污染物。电镀废水的氰含量一般在 200mL，通常为 305mg/L。在焦炉或高炉的生产过程中，煤中的炭与氨或甲烷与氨化合成氰化物，焦化厂粗苯分离水和纯苯分离水含氰一般可达 80mg/L。从矿石中提取金和银也需要氰化钾或氰化钠，因此金、银的选矿废水中也含有氰化物。

世界卫生组织（WHO）《饮用水水质准则》中要求，饮用水中氰化物含量不得超过 0.07mg/L。美国环保局（EPA）《国家饮用水水质标准》中规定，饮用水中氰化物含量不得超过 0.02mg/L。我国饮用水标准规定，氰化物含量不得超过 0.05mg/L；农业灌溉水质标准规定，氰化物含量不得超过 0.5mg/L。

②重金属无机毒性物质。从毒性和对生物体的危害方面来看，重金属污染物的特点在于：在天然水中只要有微量浓度即可产生毒性效应，一般重金属产生毒性的浓度范围大致在 10mg/L，毒性较强的重金属如汞、镉等，产生毒性的浓度范围在 $0.001\sim0.01$mg/L；某些重金属还可能在微生物作用下转化为金属有机化合物，产生更大的毒性。汞在厌氧微生物作用下的甲基化就是这方面的典型例子；重金属能够通过多种途径（食物、饮水、呼吸）进入人体，甚至遗传和母乳也是重金属侵入人体的途径；重金属进入人体后能够与生理高分子物质，如蛋白质和酶等发生强烈的相互作用而使它们失去活性，也可能累积在人体的某些器官中，造成慢性累积性中毒，最终造成危害，这种累积性危害有时需要一二十年才显示出来。

a. 汞：是重要的污染物，也是对人体毒害作用比较严重的物质。汞是累积性毒物，无机汞进入人体后随血液分布于全身组织，在血液中遇氯化钠生成二价汞盐累积在肝、肾和脑中，在达到一定浓度后，毒性发作。其毒理主要是汞离子与酶蛋白的硫结合，抑制多种酶的活性，使细胞的正常代谢发生障碍。甲基汞在体内约有 15% 累积在脑内，侵入中枢神经系统，破坏神经系统功能。甲基汞是无机汞在厌氧微生物的作用下转化而成的。含汞废水排放量较大的是氯碱工业，在工艺上以金属汞作流动阴电极，以制成氯气和苛性钠，有大量的汞残留在废水中。聚氯乙烯、乙醛醋酸乙烯的合成工业均以汞作催化剂，因此上述工业废水中含有一定数量的汞。此外，在仪表和电气工业中也常使用金属汞，因此也排放含汞废水。

世界卫生组织（WHO）《饮用水水质准则》中要求，饮用水中总汞（包括无机汞和有机汞）含量不得超过 0.001mg/L。美国环保局（EPA）《国家饮用水水质标准》中规定，饮用水中无机汞含量不得超过 0.002mg/L。我国饮用水、农田灌溉水都要求汞的含量不得超过 0.001mg/L，渔业用水要求更严格，不得超过 0.0005mg/L。

b. 镉：也是一种比较常见的污染物。镉是一种典型的累积富集型毒物，主要累积在肾脏和骨骼中，引起肾功能失调，骨质中钙被镉所取代，使骨骼软化，引起自然骨折。这种病潜伏期长，短则 10 年，长则 30 年，发病后很难治疗。镉主要来自采矿、冶金、电镀、玻璃、陶瓷、塑料等生产部门排出的废水。

每人每日允许摄入的镉量为 0.057～0.071mg。世界卫生组织（WHO）《饮用水水质准则》中要求，饮用水中镉含量不得超过 0.003mg/L。美国环保局（EPA）《国家饮用水水质标准》中规定，饮用水中镉含量不得超过 0.005mg/L。我国饮用水标准规定镉的含量不得超过 0.01mg/L，农业灌溉用水与渔业用水应小于 0.005mg/L。

c. 铬：也是一种较普遍的污染物。铬在水中以六价和三价两种形态存在，三价铬的毒性低，作为污染物所指的是六价铬。人体大量摄入能够引起急性中毒，长期少量摄入也能引起慢性中毒。六价铬是卫生标准中的重要指标，世界卫生组织（WHO）《饮用水水质准则》中要求，饮用水中总铬含量不得超过 0.05mg/L。美国环保局（EPA）《国家饮用水水质标准》中规定，饮用水中总铬含量不得超过 0.1mg/L。我国饮用水标准规定铬的含量不得超过 0.05mg/L，农业灌溉用水与渔业用水应小于 0.1mg/L。

排放含铬废水的工业主要有电镀、制革、铬酸盐生产以及铬矿石开采等。电镀车间是产生六价铬的主要来源，电镀废水中铬的含量一般在 50～100mg/L。生产铬酸盐的工厂，其废水中六价铬的含量一般在 100～200mg/L。皮革鞣制工业排放的废水中六价铬的含量约为 40mg/L。

（2）有机污染物。目前，地下水中已发现有机污染物 180 多种，主要包括芳香烃类、卤代烃类、有机农药类、多环芳烃类与邻苯二甲酸酯类等，且数量和种类仍在迅速增加，甚至还发现了一些没有注册使用的农药。这些有机污染物虽然含量甚微，一般在 ng/L 级，但其对人类身体健康却造成了严重的威胁。世界卫生组织（WHO）《饮用水水质准则》中对来源于工业与居民生活的 19 种有机污染物、来源于农业活动的 30 种有机农药、来源于水处理中应用或与饮用水直接接触材料的 18 种有机消毒剂及其副产物给出了限值。美国环保局（EPA）现行《国家饮用水水质标准》的 88 项控制指标中，有机污染物控制指标占有 54 项。

人们常常根据有机污染物是否易于微生物分解而将其进一步分为生物易降解有机污染物和生物难降解有机污染物两类。

①生物易降解有机污染物——耗氧有机污染物。这一类污染物多属于碳水化合物、蛋白质、脂肪和油类等自然生成的有机物，这类物质是不稳定的，它们在微生物的作用下，借助于微生物的新陈代谢功能，都能转化为稳定的无机物。如在有氧条件下，由好氧微生物作用转化，多产生 CO_2 和 H_2O 等稳定物质。这一分解过程都要消耗氧气，因而称为耗氧有机物。在无氧条件下，则由厌氧微生物作用，最终转化形成 H_2O、CH_4、CO_2 等稳定物质，同时放出硫化氢、硫醇等具有恶臭味的气体。

耗氧有机污染物主要来源于生活污水以及屠宰、肉类加工、乳品、制革、制糖和食品等以动植物残体为原料加工生产的工业废水。这一类污染物一般都无直接毒害作用，它们的主要危害是其降解过程中会消耗溶解氧（DO），从而使水体 DO 值下降，水质变差。在地下水中此类污染物浓度一般都比较小，危害性不大。

②生物难降解有机污染物。这一类污染物性质均比较稳定，不易被微生物分解，能够在各种环境介质（如大气、水、生物体、土壤和沉积物等）中长期存在。一部分生物难降解有机污染物能在生物体内累积富集，通过食物链对高营养等级生物造成危害性影响，蒸汽压大，可经过长距离迁移至遥远的偏僻地区和极地地区，在相应的环境浓度下可能对接触该化学物质的生物造成有害或有毒效应。这一类有机污染物又称为持久性有机污染物（POPs），是目前国际研究的热点。POPs 一般具有较强的毒性，包括致癌、致畸、致突变、神经毒性、生殖毒性、内分泌干扰特性、致免疫功能减退特性等，严重危害生物体的健康与安全。

2001 年 5 月，在瑞典首都斯德哥尔摩由 127 个国家的环境部长或高级官员代表各自的政府共同签署了《关于持久性有机污染物的斯德哥尔摩公约》（简称《POPs 公约》），至今已有 151 个国家签署了该公约。《POPs 公约》中首批控制的 POPs 共有 11 种（类）化学物质。

a. 杀虫剂和杀菌剂。杀虫剂包括艾氏剂、异狄氏剂、氯丹、七氯、灭蚁灵、毒杀酚、滴滴涕（DDT），其中应用最普遍的是滴滴涕。杀菌剂是指六氯苯（Hexachlorobenzene），主要用于防治真菌对谷类作物种子外膜的危害。

b. 多氯联苯。多氯联苯于 1929 年首先在美国合成，由于其良好的化学性质、热稳定性、惰性及介电特性，常被用作增塑剂、润滑剂和电解液，工业上广泛用于绝缘油、液压油热载体等。

c. 化学品的副产物。化学品的副产物主要是多氯代二苯并对噁英（PCDDs）和多氯代二苯并呋喃（PCDFs），两者统称二噁英。它们主要来源于城市尤其是医院废弃物的燃烧过程、热处理过程、工业化学品加工过程等。

除以上 POPs 外，其他几种环境内分泌干扰物（也称环境激素）也不容忽视，如烷基酚、双酚 A、邻苯二甲酸酯等，其自身或降解中间产物具有难降解和内分泌干扰特性，虽然微量，但长期接触对人类的健康发展有严重的负面影响。

2）生物污染物

地下水中生物污染物可分为三类：细菌、病毒和寄生虫。在人和动物的粪便中有400 多种细菌，已鉴定出的病毒有 100 多种。在未经消毒的污水中含有大量的细菌和病毒，它们有可能进入含水层并污染地下水。而污染的可能性与细菌和病毒的存活时间、地下水流速、地层结构、pH 值等多种因素有关。

用作饮用水指标的大肠菌类在人体及热血动物的肠胃中经常发现，它们是非致病菌。地下水中曾发现并引起水媒病传染的致病菌有霍乱弧菌（霍乱病）、伤寒沙门氏菌（伤寒病）、志贺氏菌、沙门氏菌、肠道产毒大肠杆菌、胎儿弧菌、小结肠炎耶氏菌等，后 5 种病菌都会引起不同特征的肠胃病。

病毒比细菌小得多，存活时间长，比细菌更易进入含水层。在地下水中曾发现的病毒主要是肠道病毒，如脊髓灰质炎病毒、人肠道弧病毒、甲型肝炎病毒、胃肠病毒、呼吸道肠道病毒、腺病毒等，而且每种病毒又有多种类型，对人体健康危害较大。寄生虫包括原生动物蠕虫及真菌，在寄生虫中值得注意的有梨形鞭毛虫、痢疾阿米巴和人蛔虫。

3）放射性污染物

表 1-4 是地下水中的 6 种放射性核素的一些物理及健康数据，除 226Ra 主要是由天然来源外，其余都是由工业或生活污染源排放的。表中"标准器官"指接受来自放射性核素的最高放射性剂量的人体部位。目前的饮用水标准中，还没有 U 和 Rn 的标准，但在某此矿泉水中 222Rn 的浓度很高，其放射性活度最高可达 500 万 pCi/L。

表 1-4 某些反射性核素的物理及健康数据

放射性核素	半衰期（a）	MPC* (pCi·mL^{-1})	标准器官	主要放射物	生物半衰期
3H	12.26	3	全身	β粒子	12d
90Sr	28.1	3	骨骼	β粒子	50a
129I	1.7×107	6	甲状腺	β粒子 γ射线	138d
137Cs	30.2	2	全身	β粒子 γ射线	70d
226Ra	1600	3	骨骼	α粒子 γ射线	45a
289Pu	24400	5	骨骼	α粒子	200a

* MPC 为 Maximum Permissible Concentration 的英文缩写，即最大允许浓度。

3. 地下水中污染源及污染途径

按污染源的空间分布特征可分为点状污染源、带状污染源和面状污染源。这种分类方法便于评价、预测地下水污染的范围，以便采取相应的防治措施。

按污染源发生污染作用的时间动态特征可分为连续性污染源、间断性污染源和瞬时性（偶然性）污染源。这种分类方法对评价和预测污染物在地下水中的运移是必要的。

按产生污染物的行业（部门）或活动可分为工业污染源、农业污染源、生活污染源及区域性水体污染源。工业污染源是地下水的主要污染来源。

（1）工业污染源，主要包括工业废水、废渣。化学工业中排出废物的污染最严重，污染源的种类最多，它的污染源主要来自化学反应不完全所产生的废料、副反应所产生的废料，以及冷却水所含的污染物等。对水质污染的污染物主要是酸、碱类污染物，氰化物，酚类有毒金属及其化合物，砷及其化合物，有机氧化物等。

2005 年 1 月 26 日，美国肯塔基州的一条输油管道发生破裂，22 多万升原油从裂缝溢出。由于管道距肯塔基河岸仅 17m，原油全都流入河道内，并形成了 20km 的浮油污染带，浮油蔓延到了与肯塔基河交汇的俄亥俄河，威胁饮用水源，同时渗流会进一步污染地下水。

（2）农业污染源，主要来源于土壤中的剩余农药、化肥和废污水灌溉等。由于引用废污水灌溉农田，以及化肥、农药的不合理使用，造成污染物随水面下渗，导致松散孔隙水水质恶化，进而形成对中深层地下水的污染，可能引起对农作物、土壤及地下水的污染，甚至造成农作物的减产。

（3）生活污染源，包括城市的生活垃圾、废塑料、废纸、金属、煤灰、渣土等，含有较多硫酸盐、氯化物、氨、细菌混杂物和腐败的有机质，这些废物在生物降解和雨水淋滤的作用下，产生 Cl^-、SO_4^{2-}、NH_4^+、生化需氧量、总有机碳和悬浮固体含量高的淋滤液，并产生 CO_2 和 CH_4，这些垃圾的随意堆放，最终以污水形式补给并污染地下水。医疗卫生部门排放的污水中则含有大量细菌和病毒，是流行病和传染病的重要来源。

（4）区域性水体污染源。海水入侵或盐水入侵是由于过量开采地下水而引起海水倒灌、盐水入侵，而使地下水水质恶化。由于地下水的开采，还会导致不同含水层之间的污染转移。

4. 我国水质标准

我国水质标准中将水分为五类，前三类水质均为适于饮用的合格水质。Ⅳ类水为工业用水及人体非直接接触的娱乐用水，Ⅴ类水为农业用水及一般要求的景观用水。水利部月报数据表明，我国超过 80% 的浅层地下水污染严重，无法饮用。在污染情况最严重的宁夏回族自治区，100% 的地下水水质无法饮用。内蒙古自治区、辽宁省、黑龙江省、河南省和湖北省的合格率也都不足 10%。目前地下水饮用水源主要取自深层地下水，据《全国水资源保护规划》显示，4748 个城镇饮用水源地中，有地下水饮用水水源地 1817 个，水质达标率为 85%。

根据国土资源部发布的《2014 年中国国土资源公报》显示，4929 个地下水水质监测点中综合评价水质呈较差级的监测点有 1999 个，占 40.6%；水质呈极差级的监测点有 826 个，占 16.8%；水质呈优良级的监测点有 580 个，占全部监测点的 11.8%；水质呈良好级的监测点有 1348 个，占 27.3%；水质呈较好级的监测点有 176 个，占 3.6%。其主要超标组分为铁、锰、氟化物、"三氮"（亚硝酸盐氮、硝酸盐氮和铵氮）、总硬度、溶解性总固体、硫酸盐、氯化物等。从 2011 年至 2015 年，监测点中较差水和极差水相加的比率，从 55% 上升到 61% 左右，好水（优良、良好、较好）总体比率未见提升。总体来看，地下水水质综合变化趋势以稳定为主，呈变差趋势的监测点比率增加大约 4%（图 1-2）。

地下水的污染对社会生产和生活的影响是极其严重的。地下水污染对农业生产的危害也是显而易见的。首先长期用 pH 值过高的井水灌溉农田，会改变土壤结构，使土壤板结，无法耕作。灌溉水中的硝酸盐含量过高，会减弱农作物的抗病力，降低农作物的质量、等级。粮食作物吸收过量的硝酸盐会降低粮食中蛋白质的含量，营养价值下降；蔬菜作物则易腐烂，无法储存和运输。另外，如果受污染的井水中硫酸盐、氯离子含量过高，还会抑制农作物的生长，造成大面积减产，并且使农作物的质量大大降低。当地下水遭受污染后，往往引起水中"三氮"含量的变化。如果饮用水中硝酸盐或亚硝酸盐含量过高，就会对人体，尤其是婴儿造成危害，引发硝酸盐急性中毒。

图 1-2　2011—2015 年地下水质状况及变化趋势

1.2　污染场地的相关概念

建设场地（Land for construction）：指建造建筑物、构筑物的土地，包括城乡住宅和公共设施用地、工矿用地、交通水利设施用地、旅游用地、军事设施用地等（HJ 682—2019）。

污染场地（Contaminated site）在国际上往往通称为"棕地"（Brownfield site）。该词最早出现于 20 世纪 90 年代美国联邦政府的官方用语中。"棕地"这个术语最初用于城市规划中，以描述之前用作工业或其他商业用途的土地。这样的地块可能已经被有毒有害的废物或其他污染物污染，或者有这样的潜在可能性。美国环保署将污染场地定义为"废弃的、闲置的或没有得到充分利用的土地"。这类土地的再开发和利用过程中，往往因为存在着客观上的或潜在的环境污染而比其他土地开发过程更复杂。维基百科全书的定义：废弃的、闲置的或没有充分利用的工业和商业场所，由于现实的或潜在的环境污染，使其扩展和再开发变得复杂。由于研究对象和研究程度、进展不一，各国对污染场地有着各自的定义。表 1-5 列出了世界上一些发达国家和国际组织等给出的定义及作者给出的评论。污染场地的诸多定义中主要包含以下几个关键词：①污染场地中必须存在有害物质；②污染场地中有害物质的含量或浓度，对人类健康或环境构成威胁；③污染场地是一个区域或范围。

表 1-5　国外对污染场地的定义与评论

出处	定义	评论
美国环保署（U. S. EPA）	因堆积、储存、处理或其他方式（迁移）承载了有害物质的任何区域或空间	没有界定有害物质的浓度或累积的量需要达到的程度
加拿大标准协会（CSA）	因有害物质存在于土壤、水体、空气等环境介质中，可能对人类健康或自然环境产生负面影响的区域	"可能"含义比较模糊，容易与潜在污染场地混淆
荷兰：《土壤保护法》（1994）	已被有害物质污染或可能被污染，并对人类、动植物的功能属性已经或正在产生影响的场地	概念有些模糊，"可能污染"应该去掉
西班牙、比利时、芬兰	因人为活动产生的有毒有害物质的污染，造成直接或间接影响，使土壤功能失去平衡的区域	概念范围有些小，不完全，缺少地上水和地下水的内容
丹麦：《污染场地政策》	物质浓度高于指定的质量标准，对人类或环境存在威胁的场地	对于污染物质的来源不够精确完全
瑞典环保署	经由工业或其他活动，故意或非故意污染的区域、垃圾场地、土地、地下水或沉积物	定义模糊，没有解释污染对人类的危害性
欧盟环保署：《西欧场地管理》（2000）	依据风险评价结果，废物或有害物质质量或浓度构成对人类或环境威胁的场所	"场所"用词不够准确

　　我国对于污染场地的定义随着研究的增多和深入逐渐完善。李广贺等将污染场地定义为因堆积、储存、处理、处置或其他方式（如迁移）承载了有害物质的，对人体健康和环境产生危害或具有潜在风险的空间区域。易爱华等将污染场地定义为"污染物的含量超过土壤污染控制标准，会对作物和人体造成明显的不利影响，需要加以治理才能重新利用的土地"。姜林认为污染场地是因从事生产、经营、使用、储存、堆放有毒有害物质，或者处理、处置有毒有害废物，或突发事故，造成场地内及周边不同程度的环境污染（涉及场地内部各种废弃物、建筑物墙体和设备，场地及周边土壤、地下水、地表水等），从而对人体健康、生态环境产生一定的风险或危害。

　　污染场地概念的界定对于污染场地的识别和分类管理至关重要。为了规范污染场地的识别、监测、评价、修复以及管理等实践活动，大多数国家在污染场地研究和治理方面，对其概念都作出了较明确的界定。世界各国对污染场地这一基本概念的理解不尽相同，但总的来说，所有国家关于污染场地的定义都直接或间接包括了两层含义：一是污染场地指一个特定的空间或区域，具体包括土壤、地下水、地表水等各种污染介质；二是这一特定的空间或区域已被有害物质污染，并已对这一空间或区域内的居民或自然环境产生了负面影响或者存在潜在的负面影响。

　　在不同的污染场地定义中，对污染场地的界定均包含四个方面的特征：①特定空间区域，为地表水、土壤、地下水、空气组成的立体空间区域；②这一特定空间区域已经被污染，一般是由人类过去或现在的活动引起，如矿山开采、化工冶炼、垃圾填埋等；③对人体健康或环境安全造成实际危害或带来潜在威胁，如地下水污染对饮用水源造成不利影响；④动态性特征，污染场地的危害会随污染物的自然降解、人工清除等减轻，也会随污染物的排放增加而加重。场地污染状况是动态变化的，当达到可自净或规定的污染物浓度范围，这块区域就不再是污染场地。

总体来说，污染场地不仅包含了场地的介质条件，更强调其对人体健康和生态环境产生的危害，其中将潜在风险区域纳入污染场地的范畴，有利于对污染场地的控制与治理。从用地性质来说，污染场地以工业用地居多，包括废弃的以及旧工业区；此外，还有农业设施、市政用地等存在一定污染现象或潜在环境问题的地块。

具体来说，污染场地中有害物质的承载体包括场地土壤、场地地下水、场地地表水、场地环境空气、场地残余废弃污染物，如生产设备和建筑物等。

场地环境（site environment）：场地及其周边一定空间区域范围内的土壤、空气、地下水、地表水以及场地内所有建筑物、构筑体、硬件设施和生物体的总称。

（1）场地土壤（soil of contaminated site）。土壤是指由矿物质、有机质、水、空气及生物有机体组成的地球陆地表面上能生长植物的疏松层。场地土壤是指场地边界内及周边可能受到污染影响的土壤。

（2）场地地下水（groundwater of contaminated site）。地下水是指埋藏于地表以下的各种形式的重力水。场地地下水是指场地边界内的地下水或经场地地下径流到下游汇集区的浅层地下水，如有必要，也可对浅层地下水以下的深层地下水进行监测。

（3）场地地表水（surface water of contaminated site）。地表水是地球表面的各种形式天然水的总称。场地地表水是指场地边界内流经或汇集的地表水。若场地内没有地表水，则应对汇水区下游的地表水进行监测。对于有地下排水设施的场地，无须对地表水进行监测。

（4）场地环境空气（ambient air of contaminated site）。环境空气是指暴露在人群、植物、动物和建筑物之外的室外空气。场地环境空气是指场地中心的空气和场地下风向主要环境敏感点的空气。对于有机污染场地、恶臭污染场地和砷、汞等挥发性重金属污染场地，还应对一定面积的污染较重区域的表层土壤剥离后的地表空气进行监测。

（5）场地残余废弃污染物（on-site residual material）。企业停产或拆迁后在场地内遗留遗弃的各种与生产经营活动相关的设备、设施及物质材料，主要包括遗留的生产原料、工业废渣、废弃化学品及其污染物、残留在废弃设施、容器及管道内的固态、半固态及液态物质，以及其他与当地土壤特征有明显区别的固态物质。

1.3 污染场地的产生及其研究进展

1.3.1 污染场地的产生

污染场地主要是人们在生产生活中使用化学品、产生废物等过程中，没有采取足够的安全保障措施下储存（填埋等方式）、堆放、泄漏、倾倒废弃物或有害物质等导致的。污染场地的产生原因包括城市工业活动、矿山开采冶炼、废弃物堆放储存及农业生产活动等。污染场地是长期工业化的产物，已经成为世界性的环境问题，目前已对人类和环境构成了严重危害。

随着城市化进程的加速，许多原本位于城区的污染企业从城市中心迁出，与此同时，随着工业企业的搬迁或停产、倒闭，遗留了大量、多种多样、复杂的污染场地，涉及土壤污染、地下水污染、墙体与设备污染及废弃物污染等诸多十分突出的问题，成为工业变革与城市扩张的伴随产物，产生了大量污染场地。这些污染场地的存在带来了环境和健康的风险，阻碍了城市建设和地方经济发展。

1.3.2 污染场地研究发展历程

1. 国外污染场地研究发展历程

公众环保意识的觉醒和随之而来的环境公众事件是修复行业发展的重要契机。1962 年蕾切尔·卡逊的《寂静的春天》直接推动了 DDT 在内的一系列杀虫剂的禁用，同时也使得公众目光聚焦到农药污染土壤的话题上。20 世纪 70 年代中期，工业废物对水体、土地和空气造成了广泛的污染，爆发了一系列危险废物泄漏危害公众健康和安全的事件，如纽约州水牛城（Buffalo）的拉夫运河事件、新泽西州的化学公司失火导致有毒气体扩散事件、肯塔基州的卓姆山谷事件等。为了应对这一系列的环境灾害，20 世纪 80 年代美国通过了《综合环境反应、补偿和责任法》（Comprehensive Environmental Response、Compensation and Liability Act），又称《超级基金法》（The Superfund）。自 1980 年《超级基金法》颁布以来，该法历经数次修订，包括 1986 年的《超级基金修正及再授权法》、1992 年的《公众环境应对促进法》、1996 年的《财产保存、贷方责任及抵押保险保护法》以及 2002 年的《小商业者责任减免及棕色地带复兴法》（棕地法案）。这些法案从环境监测、风险评价到场地修复都制定了标准的管理体系，为美国污染场地的管理和土地再利用提供了有力支持。

法国在 1976 年通过的《基于环境保护的工业场地分类环境许可法》的基础上逐步开展了污染场地管理实践，自 20 世纪 90 年代以来对污染场地开展了全面管理，并逐步形成了较完善的国家登记系统、事故登记系统、工业遗留场地名录和运行中的工业企业场地名录。

英国从 20 世纪 70 年代就开始关注污染场地问题，是欧洲最早进行污染场地管理的国家之一。其先后出台了《城镇和乡村规划法案 1990》《规划政策导则第 23 条》《环境保护法案 1990》和《环境法案 1995》等核心法规。分层管理是英国污染场地管理的典型特点。

加拿大环境部长委员会（CCME）和加拿大政府于 1989 年起草了《国家污染场地修复五年纲要》（NCSRP），逐步开始了系统性的污染场地管理，并陆续颁布了《加拿大环境保护法》《加拿大推荐土壤质量导则》和《加拿大制定污染场地土壤质量修复目标值的导则》等法规政策。1992 年 CCME 出台了污染场地国家分类系统（NCC-ME），于 2002 年建立了联邦污染场地名录（FCSI）数据库，从而实现了污染场地管理的网络化。

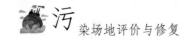

2. 中国污染场地研究发展历程

自 20 世纪 90 年代以来，我国社会经济发展迅速、城市化进程加快、产业结构调整深化。随着"退二进三"和"产业转移"等政策的实施，我国城市出现大量工业遗留和遗弃场地，导致城市工业污染场地问题十分突出。我国污染场地类型多且复杂，与矿业、行业及其建设时间、矿业活动、生产历史等有关：有历史遗留的，也有改革开放后新产生的；有的由国有企业带来的，有的由乡镇企业造成的，也有的来自合资或私营企业。这些污染场地的存在带来了双重问题：一方面是环境和健康风险；另一方面则阻碍城市建设和经济发展。

20 世纪末至 21 世纪初，我国针对污染场地陆续开展了场地环境调查、风险评估和场地修复等工作，并出台了一系列规范和标准，如 1995 年颁布的《土壤环境质量标准》（GB 15618—1995）、1993 年的《地下水质量标准》（GB/T 14848—1993）、2004 年颁布的《土壤环境监测技术规范》（HJ/T 166—2004）、2007 年颁布的《展览会用地土壤环境质量评价标准（暂行）》（HJ/T 350—2007）等。这些标准和规范有的已经严重滞后于实践，有的不是专用于污染场地，使得我国的场地评价和修复工作陷入被动状态，不能满足当前场地污染管理和修复工作的要求。

2004 年北京宋家庄地铁工程施工工人的中毒事件，成为我国重视污染场地的环境修复与再开发的开端。2008 年 6 月，环境保护部颁布了《关于加强土壤污染防治工作的意见》，提出了土壤污染的重大问题，政府的具体要求、实施方案及相应的行动措施。2012 年国家"十二五"规划中再次提出加强土壤环境保护，并首次提到污染场地一词。污染场地研究得到进一步发展：①建立建设项目用地土壤环境质量评估与备案制度及污染土壤调查、评估和修复制度；②开展了污染场地再利用的环境风险评估；③以重污染工矿企业、重金属污染防治重点区域等典型污染场地和农田为重点，开展污染场地、土壤污染治理与修复试点示范。2014 年 2 月环境保护部正式批准颁布了《场地环境调查技术导则》（HJ 25.1—2014）、《场地环境监测技术导则》（HJ 25.2—2014）、《污染场地风险评估技术导则》（HJ 25.3—2014）、《污染场地土壤修复技术导则》（HJ 25.4—2014）和《污染场地术语》（HJ 682—2014）5 项污染场地系列环保标准，为推进土壤和地下水污染防治法律法规体系建设提供基础。2014 年 10 月，环境保护部参考国外工业场地污染修复的相关经验，结合国内现有污染场地修复的成功案例，制定了《2014 年污染场地修复技术目录（第一批）》（以下简称《技术目录》）。《技术目录》明确了 15 种技术的原理、适用性、修复周期和成本以及成熟度等，以增加指导性。

在"十一五"期间，环境保护部在全国土壤污染调查与防治专项中开展了污染土壤修复与综合治理试点工作，在重金属、农药、石油烃、多氯联苯、多环芳烃及复合污染土壤治理修复方面取得了创新性和实用性技术研究成果。环境保护部对外经济合作中心（FECO）/POPs 履约办资助了多氯联苯、三氯杀螨醇、灭蚁灵、二噁英等污染场地调查、风险评估、修复技术研究，有效地支持了 POPs 污染场地的监管与履约工作。例如，北京的染料厂、焦化厂场地修复，上海的世博会场址修复，杭州的铬渣场、炼油厂场地修复，宁波的化工、制药场地修复，江苏的农药场地修复，重庆的化工场地修复，沈阳的冶炼场地修复，兰州的石化场地修复等，发展了焚烧、填埋、固化和稳定化、热脱附、生物降解等修复工程技术，为未来更多、更复杂的污染场地的修复和管理提供了技术支撑和实践经验。

总的来说，我国污染场地研究相对国外发达国家起步较晚，调查、修复技术、管理方法和产业化等方面还存在不足。目前急需解决的问题：技术规范的建立；评估与修复技术的研发；风险评估体系的建立和完善。

1.3.3　场地污染来源

随着现代工农业和城市的发展，废水、废气、废渣和生活垃圾的排放，场地污染问题越来越严重。场地污染来源众多、类型复杂，与工农业种类特征、建设时间、生产历史和土地利用类型转变等均有不同程度的关系。

污染场地主要分布在城区，少量分布在居住、商业和公共娱乐活动用地相邻或附近的乡镇以及生态敏感区等。矿业活动和污染行业生产过程是造成场地污染的主要途径。因此，矿区和污染行业往往是污染场地的集中分布地，如有色金属、冶金、石油化工、造纸、矿山等行业。场地污染来源主要包括工业污染源、农业污染源、市政污染源等，此外还包括医疗废物、核废物和化学武器等其他特殊污染来源。

1. 工业污染源

（1）工业加工和制造。一方面，选矿过程中产生的废水和废渣排入环境后很难自然降解，污染物随水流迁移转化，或渗入地下，或通过灌溉进入土壤，通过食物链进入人或动物体内，并最终影响人体健康；另一方面，选矿所用药剂和蓄积性物质，如汞、铬、镉等重金属，使总的环境质量趋于恶化。煤炭开采过程中在开采区积累大量的土壤污染物（主要包括重金属、非重金属无机污染物、有机污染物、放射性物质等），主要来源于煤炭开采产生的固体废弃物、煤灰、污水灌溉等。其中煤矸石是煤炭开采过程中的一种不可避免的副产品，是有机污染物的主要来源，其主要成分是有害多环芳烃，能对生态矿区和其周围环境产生巨大的影响。

（2）交通污染。汽车尾气随大气沉降，是造成土壤污染事件（尤其是血铅事件）的一种主要途径。汽车尾气中的重金属污染物可能通过大气传输在更大尺度上进行转移，并借助大气的干湿沉降影响土壤，而尾气中所含的 PAHs 则由于较强的惰性表现出较高的稳定性，使其广泛地存在于环境中，成为场地污染的重要来源。

（3）矿业开采。矿业开采可分为金属矿开采和非金属矿开采，随着矿业开采的种类差异和使用工艺的区别，可对土壤和地下水等场地产生不同的污染。

金属矿的开采过程中含重金属离子的酸性废水随着矿山排水和降雨进入水环境或直接进入土壤，直接或间接造成土壤和（或）地下水的重金属污染。在不同矿业区的企业周围，土壤重金属含量还表现出特异性，如锌矿冶炼厂中的废弃物排放即可导致其周边区域土壤 Zn 含量的特异。如沈阳冶炼厂冶炼的过程中产生的矿渣主要含有 Zn、Cd，从 1971 年开始堆放在一个洼地场所，其浸出液中的 Zn、Cd 含量分别达到 6.6×10^{-3} mg/L 和 7.5×10^{-3} mg/L，目前已扩散到离堆放场 700m 以外的范围，重金属污染物浓度是以同心圆状分布。

非金属矿开采的过程中也造成对场地的污染。如煤矿开采过程中，煤、煤矸石中所含的微量有害重金属、无机物、有机污染物等，在风、水等自然媒介的影响下，对周边土壤和地下水产生污染。

2. 农业污染源

农业活动中化肥和农药的过量或不合理施用、污水灌溉、各种垃圾的农用和农业塑料等废弃物的产生与堆积等过程，都可能使重金属、有机物和其他无机物（如氟）在土壤或地下水中积累和迁移，从而产生场地污染。

（1）化肥与农药施用：近代农业生产发展过程中，化肥的使用在提高产量的同时，其所含的重金属污染物造成了农田系统的重金属污染，随着长期的淋溶和渗透，地下水系统也受到了不同程度的污染。如复合肥含有较高的 Cr、Ni、Zn，磷肥中含有较高的 As、Cd，其长期、大量地施用会导致重金属在土壤及相关水体中的累积与残留。另外，畜牧养殖业配方饲料添加 Cu、Zn 等微量元素较普遍，这些微量元素大部分随粪便排出，畜禽粪便还田也成为农田重金属的主要污染源之一。

目前，世界上大多数国家已禁止生产和使用有机氯农药，但作为持久性有机污染物的典型代表，其在环境中的长期残留性使土壤、水土、生物体等多种介质中仍有检出。有机磷农药作为有机氯农药的替代产品，其生物安全性已有明显改善，但其过量和长期施用仍存在较大的环境风险，其多金属添加剂也成为场地污染的来源之一。

（2）污水灌溉：自 20 世纪 60 年代至今，由于许多小流域，尤其是欠发达地区长期受采矿、冶金、化工、电力等行业排放工业污水的污染，水质恶化，重金属含量较高，因此，此类污水灌溉很容易导致重金属在农田土壤中长期富集污染。研究表明，中国重金属污染农田面积约 $2500 \times 10^4 \ hm^2$，每年被重金属污染的粮食多达 $1200 \times 10^4 \ t$，粮食减产超过 $1000 \times 10^4 \ t$，合计经济损失至少 200 亿元。据调查，亚洲地区约 $2.5 \times 10^4 \ km^2$ 的污灌区中，遭受重金属污染的土地占 64.8%，其中轻度污染占 46.7%，中度污染占 9.7%，严重污染占 8.4%。

（3）农业废弃物产生与堆积：农用塑料污染即近年来关注的白色污染，主要是由废旧塑料中高分子化合物的不可降解性和添加剂的毒性引起的，其不仅严重影响景观，还危害农作物的生长以及农产品的产量和品质。如钛酸酯作为塑料添加剂使用，随着时间的推移，逐渐进入土壤、水土或大气环境中。

3. 市政污染源

场地的市政污染源主要有两个方面：一是城市废弃物包括城市建筑垃圾以及商业、事业、办公及居民家庭的生活垃圾；二是垃圾填埋处置。据统计，目前中国已有 2/3 的城市形成了"垃圾包围城市"的严重局面，这些城市垃圾已占有相当大量的城市近郊土地，一些垃圾直接露天堆放或简单掩埋，造成了周围场地土壤被污染的问题，严重影响城市环境质量和可持续发展。城市垃圾的处理方法主要包括焚烧、堆肥和卫生填埋。目前，中国城市垃圾年产量已达 $1.2 \times 10^8 \ t$ 左右，每年以 8% 左右的速度增长。我国城市垃圾绝大多数采用卫生填埋的方式处理，但在许多中小城市，垃圾的填埋还不能达到严格的卫生填埋要求，仍会对土地和地下水带来威胁。

4. 其他污染源

危险废物（特别是医疗垃圾、化学物质等）作为一种特殊的、具有极强危害的垃圾，是土壤最大的风险污染源。相比生活垃圾，医疗垃圾等的环境污染风险更大。医疗垃圾的处理，一般要经过安全的选址、勘查，在建有符合标准的防渗层的地方进行卫生填埋。化学武器遗弃场地和危险化学物品运输、爆炸现场通常会造成严重的场地污染。

思考题

1. 污染场地的概念是什么？如何界定？
2. 简述污染场地的国内外研究进展。

第2章 污染场地分类及其危害

2.1 污染场地分类

2.1.1 国外污染场地的分类体系

2.1.1.1 美国污染场地分类体系

危害排序系统（HRS）是在1980年美国通过的《环境应对、赔偿和责任综合法案》（通常称为"超级基金法案"）的指导下而建立的污染场地分类评分系统，它是将污染场地列为国家优先名录（NPL）的主要机制（图2-1）。国家将对列入NPL的污染场地采取修复行动，从而消除或减轻对周边人群健康和生态环境所产生的重大威胁。

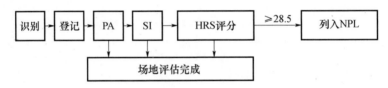

图2-1 超级基金场地评估流程图

HRS评分机制：HRS从地下水迁移、地表水迁移、土壤暴露和大气迁移（从土壤挥发至大气）4种污染迁移途径对污染场地进行评分，每种迁移途径又分为污染排放的可能性和污染物特性、污染受体3类评价因子。

1. 单个迁移途径分值计算

$$A = \frac{LR \times WC \times T}{82500}$$

式中　A——单个迁移途径分值，$0 \leqslant A \leqslant 100$；

LR——污染排放的可能性分值 $0 \leqslant LR \leqslant 550$；

WC——污染物特性分值 $0 \leqslant WC \leqslant 100$；

T——污染受体分值，$0 \leqslant T \leqslant 150$。

2. 4种污染迁移途径的分值综合计算

$$S = \frac{\sqrt{S_{\text{gw}}^2 + S_{\text{sw}}^2 + S_{\text{s}}^2 + S_{\text{g}}^2}}{2}$$

式中　S——污染场地总分值；

S_{gw}——地下水迁移分值；

S_{sw}——地表水迁移分值；

S_s——土壤暴露分值；

S_g——大气迁移分值。

每个迁移途径的分值越高，污染场地总分值也相应越大。当 $S \geqslant 28.5$ 时，认为符合列入 NPL 的条件，通常会列入 NPL；当 $S < 28.5$ 时，联邦机构和州政府可能会采取其他相应措施。

2.1.1.2　瑞典污染场地分类

瑞典污染场地风险分类是综合考虑污染物性质、污染程度、污染物迁移潜力及人体健康和环境等因素后得出的危害等级评估，也是污染场地评估的必要步骤，旨在确保风险综合评估符合特定污染场地特点，为深入调研和修复决策提供依据。污染场地一般分为四个风险等级：一级（极高风险）、二级（高风险）、三级（中风险）、四级（低风险）。污染场地的综合风险与危险性评估、受污染程度、潜在的迁移风险、敏感性（保护价值）4 个因素有关。

2.1.1.3　加拿大污染场地国家分类系统

加拿大部长委员会（CCME）开发了污染场地国家分类系统（National Classification System，NCS），用于划分污染场地的优先管理程序，可筛选出需要采取进一步措施的污染场地。NCS 的技术基础是依据对场地性质因子的评分进而将场地污染危害或危害潜力分级，根据 NCS 评估得分可将污染场地分为风险（$\geqslant 70$ 分）、中度风险（$\geqslant 50 \sim 70$ 分）、低风险（$\geqslant 37 \sim 50$ 分）、基本无风险（< 37 分）。

NCS 评分系统包括污染物性质、暴露途径和受体 3 个要素共 9 个因子（表 2-1），总分值 100 分，3 个要素的单项总分值分别为 33、33 和 34 分，每个因子分 4 个等级赋分。

表 2-1　加拿大污染场地国家分类系统评分因素体系

污染物	暴露途径	受体
毒性	地下水	人
量	地表水	土地利用方面的敏感物
主要物理形态	直接接触	环境敏感受体

$$S = (A_c/40) \times 33 + (A_m/64) \times 33 + (A_e/46) \times 34$$

式中　A_c——污染特性分值，$0 \leqslant A_c \leqslant 40$；

A_m——潜在迁移分值，$0 \leqslant A_m \leqslant 64$；

A_e——暴露分值，$0 \leqslant A_e \leqslant 46$。

2.1.2　我国污染场地的分类体系

我国目前污染场地的分类方法主要采用树形分类法：主体按行业分布情况（工业类、农业类、市政类和特殊类），同时考虑污染的严重性和污染来源分布等（图 2-2）。

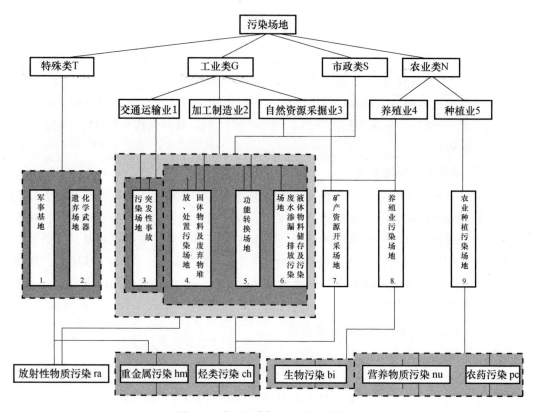

图 2-2 我国污染场地的分级分类图

树形分类法按照活动类型、产业结构类型、场地属性和污染物属性进行分类，共4级：

第Ⅰ级：按活动类型分类：包括工业类、农业类、市政类和特殊类。

第Ⅱ级：按产业结构分类。

第Ⅲ级：按场地属性分类。

第Ⅳ级：按污染物属性分类（重金属、有机物、放射性、生物污染等）。

2.1.3 我国污染场地具体分类方法

2.1.3.1 场地污染物分类

环境中的污染物数以十万计，根据污染物的种类对污染场地进行分类，对污染场地的类比治理是大有裨益的。根据污染场地中常见污染物的化学或物理特性，通常将场地污染中常见的污染物分为以下8类。

1. 金属或类金属

金属在自然界中广泛存在，在生活中应用极为普遍，是现代工业中非常重要和应用最多的一类物质。由于自然或人类活动原因，"金属或类金属"在土壤或地下水中几乎无处不在，是一类重要的场地污染物。由于大多数金属容易失去电子，在土壤或地下水中很容易形成正离子（阳离子），因此金属与非金属原子或离子之间通常会以离子键结合，如土壤中经常发现的金属与氯离子（Cl^-）、碳酸根离子（CO_3^{2-}）、硫酸根离子（SO_4^{2-}）等阴离子形成金属盐。其中重金属（相对密度大于 5 或密度大于 $4.5g/cm^3$ 的金属）污染是场地污染中最常见的类型。除金属外，本类污染物还包括类金属（或准金属），代表元素有砷（As）、硼（B）。由于重金属在土壤中很难通过生物或物化降解，且通常易在生物体内富集，对环境和人类危害极大，是场地污染治理的重点方向。重要的场地重金属污染物主要有镉（Cd）、铬（Cr）、铅（Pb）、汞（Hg）、铜（Cu）、锌（Zn）、硒（Se）等，这些重金属主要是来自钢铁冶炼企业、尾矿及化工行业固体废物堆存场地等。

2. 持久性有机污染物

持久性有机污染物（Persistent Organic Pollutants，POPs）是指人类合成的能持久存在于环境中，通过生物食物链（网）累积并对人类健康造成有害影响的化学物质。它具备 4 种特性：高毒、持久、生物积累性、远距离迁移性。持久性有机物常常是卤代物，其中氯代物最常见。首批列入《斯德哥尔摩公约》受控名单的 12 种 POPs 分为以下 3 类：

一类是有意生产的有机氯杀虫剂：滴滴涕、氯丹、灭蚁灵、艾氏剂、狄氏剂、异狄氏剂、七氯、毒杀芬；

二类是有意生产的工业化学品：六氯苯和多氯联苯；

三类是无意排放——工业生产过程或燃烧生产的副产品：二噁英（多氯二苯并-对-二噁英）、呋喃（多氯二苯并呋喃）。

我国是世界第一大农药成产国，尽管许多农药类 POPs 已经禁用多年，由于其可在土壤中持续存在数十年，但仍存在大量的农药类 POPs 污染场地。另外，多氯联苯是污染场地中常见的持久性有机污染物，主要来自电力设备的加工、封存和拆卸场地。

3. 挥发性有机污染物

挥发性有机物（Volatile Organic Compounds，VOCs）的特点是蒸汽压高，常温条件下可挥发。对这些污染物尚未有统一的定义。按照世界卫生组织的定义，沸点在 $50\sim250℃$ 的化合物，室温下饱和蒸汽压超过 133.32Pa，在常温下以蒸汽形式存在于空气中的一类有机物。欧盟对挥发性有机物的定义是：在一个标准大气压 101.3kPa 下，沸点低于或等于 250℃ 的化合物。美国环境保护署（EPA）对其的定义是除 CO、CO_2、H_2CO_3、金属碳化物、金属碳酸盐和碳酸铵外，任何参加大气光化学反应的含碳化合物。场地污染中普遍存在的挥发性有机污染物主要包括三氯乙烯、四氯乙烯、1，1，1-三氯乙烷、乙二醇醚、己烷、甲醛、溴甲烷、氯甲烷及甲基乙基酮等，这些挥发性污染物主要来自石油、化工、焦化、干洗、涂料加工等行业。

4. 其他有机氯有机物

有机氯化物至少含有一个氯原子，这些化学品通常是非水溶性的，由于氯原子的存在，其密度通常大于水。有机氯化物中最简单的是氯代烃-碳烃类化合物中的一个或多个氢原子被氯原子取代。很多氯代烃被当作溶剂使用，如二氯甲烷、二氯乙烯、三氯乙烷、氯仿等，主要来源于石油、化工、建材、橡胶、油漆等行业。据 EPA 预测，

全球工业 VOCs 的产生量高达 $1.45 \times 10^5 \, t/a$。

5. 单环芳烃

单环芳烃是场地污染及地下水污染中常见的污染物，代表污染物通常为苯系物，主要包括苯、甲苯、乙苯和二甲苯。此类污染物主要来源于煤焦油和石油产业。

6. 多环芳烃

多环芳烃（Polycyclic Aromatic Hydrocarbons，PAHs）是世界各地场地污染中最常见的污染物之一，也是场地污染治理中极为重要的一类污染物。PAHs 含有多个芳香环和很少的杂原子（除碳和氢原子以外的原子），是煤、石油、木材、烟草、有机高分子化合物等有机物不完全燃烧时产生的挥发性碳氢化合物。场地污染中常见的 PAHs 包括萘、芴、菲、蒽、荧蒽、芘、苯并［a］蒽、苯并［k］荧蒽、苯并［a］芘、茚并［1，2，3-cd］芘等。多环芳烃在环境中大多数是以吸附态和乳化态形式存在。由于大气沉积的作用，土壤中的 PAHs 可能表现为局部或弥散性污染特点。

7. 石油烃

石油烃（Total Petroleum Hydrocarbons，THPs），又名总石油碳氢化合物，是目前场地污染中广泛存在的有机污染物之一，包括汽油、煤油、柴油、润滑油、石蜡和沥青等，是多种烃类（正烷烃、支链烷烃、环烷烃、脂肪烃、芳香烃）以及苯、甲苯、二甲苯、萘、芴等各谱系物质和少量其他有机物，如硫化物、氮化物、环烷酸类等的混合物。在石油的开采、加工和利用过程中，越来越多的石油烃可能会进入土壤环境，过量的总石油烃一旦进入土壤将很难予以去除。

8. 其他无机污染物（重金属和类金属除外）

场地无机物污染是指各类有毒有害的无机物进入土壤后，随着逐渐积累远远超过了土壤的净化或利用速度，破坏了自然动态平衡，从而导致场地自然功能失调，土壤质量下降。其中，各类酸、碱、盐类、硫化物、氮氧化物和卤化物是场地污染中常见的无机污染物，主要来自采矿、冶炼、机械制造、建筑材料、化工等工业生产。

在绝大多数情况下，场地土壤及地下水中检出的污染物含有多种类型污染物，即混合污染物场地。例如，矿山尾矿或矿石加工过程中，不仅涉及多种重金属污染，同时还造成酸性、硫化物等无机物污染。在产品加工过程中，通常涉及多种工艺流程，造成复合污染，表 2-2 为煤气生产场地各工艺段及其污染场地中检测出的典型污染物。另外，很多区域经历了工业利用，在这些场地污染物经常会呈现不连续的"鸡尾酒式"分布，对于这些场地而言，通常是混合型污染，治理难度更大。

表 2-2　煤气生产场地各工艺段及其污染场地中检测出的典型污染物

工艺段	生产活动	污染物种类
炼焦分厂	炼焦；推焦；熄焦	多环芳烃、苯系物、酚、氰等
焦油分厂	焦油蒸馏；酚盐洗涤；焦油、杂酚油等储存	多环芳烃、苯系物、酚、氰等
回收一分厂	煤气净化；油水分离；焦油、氨水、焦油渣的储存，地下槽、污水池	多环芳烃、苯系物、酚、氰等

工艺段	生产活动	污染物种类
煤气精制分厂	脱酸、蒸氨、洗苯	二氧化硫、氮氧化物
	粗苯、洗油、硫酸、氨水储存，地下废水池	多环芳烃、苯系物、酚
精苯分厂	粗苯、重苯储存；古马隆蒸馏	苯系物
回收二分厂	脱硫	硫化氢、二氧化硫
	催化剂存放、配制、储存	钒
	事故池、反应槽、地下酚水池	钒、多环芳烃、苯系物、酚
制气分厂	两段炉制气、脱酸、储罐	苯系物、多环芳烃、杂环芳烃、酚、氰
洗罐站	废水池存放	苯系物、多环芳烃、杂环芳烃、酚等

2.1.3.2　污染场地用途分类

不同用途的场地中，其污染物种类及含量也存在显著差异。根据原场地用途的不同，通常将污染场地分为工业污染场地、市政污染场地、农业污染场地及特殊污染场地。

1. 工业污染场地

几乎在所有的工厂都存在跑、冒、滴等泄漏现象，在生产过程中产生了大量的污染场地。其中在石油行业、煤炭行业、钢铁行业、化工行业及制药、造纸、纺织等典型行业中，场地污染最严重。石油行业是重要的场地污染源，占场地污染总数的14.1%，在石油勘探和生产、冶炼与石油化工等活动中会产生石油烃、多环芳烃、苯系物、甲基叔丁基醚和金属等污染物；另外，在采油过程中的意外事故也可导致严重的场地污染。

2017年4月发布的《全国土壤污染状况调查公报》显示，在调查的81块工业废弃地的775个土壤点位中，超标点位占34.9%，主要污染物为锌、汞、铅、铬、砷和多环芳烃，主要涉及化工业、矿业、冶金业等行业。在调查的70个矿区的1672个土壤点位中，超标点位占33.4%，主要污染物为镉、铅、砷和多环芳烃。据保守估算，我国潜在污染场地数量在50万块以上；北京市针对所有加油站污染场地地下水有机物污染进行调查，发现50%左右的地下水均受到石油类有机物污染；重庆市在2008—2011年搬迁城区的93家企业中，置换出的16520亩土地中有5295亩需要修复后才能用于建筑用地。

2. 市政污染场地

市政污染场地主要包括各类城市污水处理、污泥处置及固体废物填埋场。根据欧洲环保署的数据，市政废物处理和处置类场地污染占场地污染总数的15.2%，其中固体废物填埋场是非常重要的污染场地。随着我国城市化进程的加快，我国固体废物产生量呈递增趋势，2013年生活垃圾清运量已经超过1.7亿t，261个大、中城市工业危险废物产生量达2937.05万t，危险废物历年储存量已达亿吨。无论是生活垃圾还是危险废物，土地填埋都是重要的最终处置手段。截至2013年年底，我国已经建成城市生活垃圾填埋场 580 座，年处置生活垃圾 10492 万 t，占其清运总量的 61％。调查发现，固体废物填埋场防渗层破损普遍，导致渗滤液污染严重。根据检测结果，平均在每个填埋场内发现防渗层漏洞数量约 34 个；按照面积计算，平均每公顷防渗层检出漏洞约 17 个。在其中一个底部面积仅为 2.5 万 m² 的填埋场内，检测出 5cm 以上的漏洞有 185 个。在发现的防渗层破损漏洞中，超过 35％的漏洞直径大于 10cm。如此大漏洞会造成填埋场人工防渗层作用完全失效，大量的渗滤液从填埋场内进入地下土壤环境，渗滤液污染深度已达数十米深。

3. 农业污染场地

农业污染场地主要分为种植污染场地和养殖污染场地。污染类型主要有化肥污染、农药污染、农膜污染、重金属污染等。我国的耕地面积不足全世界的 10％，却使用了全球 40％的化肥，年使用量已达到 4000 余万 t；另外，在种植过程中大量使用农药，我国单位面积农药使用量是世界平均水平的 2.5 倍，年使用量达到 40 余万 t。另外，在农业地区，污水的土壤处理法、污泥农田、施用废物焚烧灰烬或使用石灰进行污水澄清，都会造成农业土壤污染。研究证实，在尼日利亚乔斯高原土壤铅含量增高与大量灰烬的输入有关。另外，采用采矿废物农田利用也会造成土壤和地下水污染。我国国土部地质调查局发布的《中国耕地地球化学调查报告》指出，其调查面积 150.7 万 km²，调查耕地将近 14 亿亩，约占 20 亿亩耕地的 68％。调查结果显示，约 8％的耕地是受到污染的，主要为重金属污染和农药污染。

4. 特殊污染场地

特殊污染场地主要包括事故泄露污染场地、化学武器遗弃污染场地、军事基地污染场地等。在某些情况下，人为或者技术原因导致的意外事故也会造成严重的场地污染。例如，1985 年湖南郴州铅锌尾矿坝坍塌，导致大量的采矿废物蔓延至农田；2015 年甘肃某公司尾矿库发生尾砂泄漏，造成嘉陵江及其一级支流西汉水数百公里河段锑浓度超标。另一种特殊的场地污染是来自各类军事活动，射击场代表了这一种特定类型的污染场地。研究表明，美国俄勒冈州的 211 个经常使用的射击场，土壤中检测到了严重的铅、锑、镍、锌、锰、铜等重金属污染。

2.1.3.3 污染场地污染源类型分类

按照污染源类型，通常将污染场地分为：①污水泄漏污染，主要包括工业污水、生活污水等泄露造成的场地污染；②固体废物污染，主要包括城市生活垃圾、工业固体废物、危险废物、建筑废弃垃圾等堆放过程造成的场地污染；③农业灌溉污染，主要来自不适当的化肥和农药施放、污水灌溉等途径；④矿产开采污染，主要包括各类固体矿产和石油开采过程造成的场地污染。

2.1.3.4 污染场地污染物的迁移方式分类

按照污染物的迁移方式，主要分为对流型和弥散型污染场地。对流型污染场地主要有脉冲-对流型、连续-对流型、间歇-对流型等。弥散型污染场地主要有连续-弥散型、间歇-弥散型、机械弥散型和分子弥散型等。

2.2　污染场地污染物来源途径与特点

2.2.1　场地污染物的来源途径

场地污染的一个来源途径是各类污染物的空气（大气沉降）或直接排放（有意或无意的排放）。典型的空气排放途径包括：①加热过程排放，如在加热过程产生的多环芳烃，往往漫布至距离源头几十米甚至几百千米远的地方；②金属沉降，很多研究表明在冶炼厂附近土壤和地下水中的重金属含量显著高于地区本地值；③交通排放，研究发现，在瑞典南部的表层土壤中检测到了由于车辆刹车时释放的高浓度铜和锑，以及由于汽油燃烧释放的铅和镉；④焚烧活动，如在许多市政垃圾焚烧设施附近的土壤和植物中，检测到了高浓度的二噁英及多氯代二苯并呋喃。

场地污染的另一个来源途径是生产、运输或存储过程中污染物的泄露。例如，某煤气厂在运行 80 余年后，在该场地的表层土壤中发现了高浓度重金属和多环芳烃，在地下水中也检测出芳香烃、石油烃和多环芳烃污染物。

2.2.2　场地污染的特点

场地污染主要包括土壤污染和场地地下水污染，其表现主要有以下四大特征：

1. 潜伏性

不同于直观的地表水体和大气污染，场地土壤和地下水污染在初期状态是难以察觉的，常常需要通过复杂的采样和分析，甚至通过研究人畜健康状况的影响后才能确定。因此，场地土壤和地下水污染从产生到出现问题通常会滞后较长的时间，具有较强的隐蔽性和潜伏性。

2. 可逆性难

场地一旦遭受污染后极难恢复原状。场地重金属污染基本上是一个不可逆转的过程，如被某些重金属污染的场地需要 $100 \sim 200a$ 的时间才能够逐渐恢复。

3. 累积性和后果严重性

由于污染物在场地土壤和地下水中的扩散和稀释速率很低，极易不断累积。例如，在 IT 产品制造企业云集的珠江三角洲，由于在生产线路板的电镀、蚀刻工序中会生成大量铜、镍、铬等重金属排放，造成该地区土壤重金属污染严重。根据中山大学生命科学学院的调查显示，珠江三角洲近 40% 的土壤遭重金属污染，且其中 10% 属于严重超标；另外，分别对广州 6 个区采集的蔬菜样本进行化验，分析样本中镉、铅的含量情况，结果发现，叶菜类蔬菜的污染情况十分严重，除 1 个为轻度污染外，其余 5 个均达到重度污染水平。

4. 长期性和难治理性

场地污染中常见的各类重金属和难降解有机污染物很难靠稀释和自我净化完成，

因此场地污染发生后仅依靠切断污染源的方法难以实现有效清洁，有时甚至需要通过换土才能解决场地污染问题。另外，场地污染的治理成本较高，治理周期也非常长。例如，沈阳抚顺地区发生的场地石油、酚类和镉污染，造成大面积的土壤毒化，经过十多年的综合治理，通过采用客土、深翻、淋洗及植物种植治理等有效措施才逐步恢复土壤部分生产功能。

2.3 污染场地的危害

2.3.1 场地重金属污染的危害

重金属污染物一旦进入场地土壤中，首先将直接影响土壤微生物的生长繁殖及其新陈代谢能力，同时还将影响土壤代谢、土壤酶活性、土壤肥力等正常功能；随着重金属的逐级积累，将危害生长植物或农作物；部分重金属通过挥发、饮用水或农作物食物链进入人体，长期接触和富集后，将对人体产生不可逆转的巨大危害。

2.3.1.1 重金属污染对场地土壤微生物的影响

1. 重金属污染对场地土壤微生物群落的危害

研究表明，重金属污染物进入场地土壤后，首先将显著影响土壤中的细菌、真菌和放线菌等微生物的数量，然后使土壤微生物群落结构发生变化，导致土壤微生物的生态功能下降甚至丧失。众多研究显示，受到重金属污染的场地土壤中微生物总生物量和种群数显著低于未污染土壤的微生物量。有研究表明，在含镉较少的土壤中加入镉可使土壤中的细菌数量由 4.8×10^7 个/g 减少至 2.0×10^3 个/g；当土壤中的二价铜含量小于 100mg/kg 时，土壤中的真菌种类可达 35 种，当浓度升至 10000mg/L 时，真菌种类仅剩 13 种；当土壤中砷、镉、铅、铜和锌的总浓度小于 $8\mu mol/L$ 时，每 100m² 土地中平均约有真菌 5 种，而当总浓度达到 $50\mu mol/L$ 时，每 100m² 土地中仅有 1 种真菌。土壤受汞、镉、铅、铬和砷污染后还会对固氮菌、纤维分解菌、枯草杆菌等起显著抑制作用。表 2-3 为不同浓度的亚砷酸钠对土壤中微生物的抑制效率。

表 2-3 不同浓度的亚砷酸钠对土壤中微生物的抑制效率（%）

质量浓度（mg/L）	含脂刚螺菌	大芽孢杆菌	枯草杆菌	木霉
0	100	100	100	100
5	65.6	95.6	67.0	70～80
10	72.6	79.0	18.3	60～70
20	62.6	51.6	12.1	50～60
50	51.9	47.0	0	50
100	45.9	0	0	0

2. 重金属污染对场地土壤酶活性的影响

土壤酶是存在于土壤中各酶类的总称，是土壤的组成成分之一。土壤酶活性既包括已积累于土壤中的酶活性，也包括正在增殖的微生物向土壤释放的酶活性。它主要来源于土壤中动物、植物根系和微生物的细胞分泌物以及残体的分解物。这些酶参与了土壤中一切生物化学过程：腐殖质的合成与分解；有机化合物、动植物和微生物残体的水解与转化；以及土壤中有机、无机化合物的各种氧化还原反应等。这些过程与土壤中各营养元素的释放与储存、土壤中腐殖质的形成与发育，以及土壤的结构和物理状况都是密切相关的。也就是说，它们参与了土壤的发生和发育以及土壤肥力的形成和演化的全过程。重金属污染物的加入对土壤酶活性产生显著影响。一方面，重金属直接与酶结构上的基团结合，对土壤酶活性直接产生影响，使酶活性基团减少、空间结构受到破坏，从而降低土壤酶活性；另一方面，重金属可抑制土壤中微生物或植物的生长繁殖，减少微生物或植物体内酶的合成和分泌量，最终导致酶活性降低。研究发现，重金属污染物可显著抑制参与土壤中氮、磷、硫循环的酶活性，如脲酶、碱性磷酸酶、蛋白酶、硫酸酯酶等。

3. 重金属污染对场地土壤生化过程的影响

重金属污染物对场地土壤生化过程的影响主要包括土壤对有机质的降解作用、对土壤呼吸代谢的影响等。土壤有机质的降解主要是通过矿化等作用完成的。众多研究表明，多种重金属可抑制土壤中有机质的降解，最终影响土壤中腐殖质的含量。例如，铬能抑制土壤中纤维素的降解，当六价铬的质量浓度大于 5mg/kg 时，纤维素的分解速率降低了 26%；当六价铬的质量浓度超过 40mg/kg 时，纤维素基本未降解。土壤呼吸 (Soil Respiration) 是指土壤释放二氧化碳的过程，严格意义上讲是指未扰动土壤中产生二氧化碳的所有代谢作用，包括土壤微生物呼吸、根系呼吸、土壤动物呼吸 3 个生物学过程和 1 个非生物学过程，即含碳矿物质的化学氧化作用，是衡量土壤微生物总的活性指标，或者作为评价土壤肥力的指标之一。重金属污染是降低土壤呼吸强度的主要影响因素之一。研究表明，镉、铜、铅、砷这几类重金属元素均可抑制土壤呼吸强度，其中砷对土壤呼吸作用的抑制效率最显著。

2.3.1.2　重金属污染对场地植物的影响

当场地土壤中的重金属含量超过某一临界值时，将会对植物产生一定的毒害作用，轻则植物体内的代谢过程发生紊乱，生长发育受到限制，重则导致植物的死亡。土壤重金属对植物的影响主要包括形态、生理生化、遗传、细胞超微结构等各个方面。

1. 重金属污染对植物生长发育的影响

重金属对植物毒害效应的表观现象之一是阻止植物生长。首先重金属污染影响植物对各类营养元素的吸收。重金属污染物通过影响土壤微生物和酶活性，从而影响土壤中某些营养元素的释放和生物可利用性，如镉能抑制植物根系亚硝酸还原酶的活性，直接影响植物对氮素的吸收；另外重金属污染物可显著抑制植物根系的呼吸作用，最终影响根系对营养元素的吸收能力；重金属还可通过拮抗作用显著影响植物对某些营养元素的吸收，如锌、镍、钴等元素能严重抑制植物对磷元素的吸收。

在较高浓度重金属污染情况下，敏感性植物体内生理生化过程紊乱，光合作用降低，吸收受到抑制，导致供给植物生长的物质和能量减少，相应地生长受到抑制，即使耐性较强的品种，为了保持细胞正常功能，适应逆境，也必然消耗植物生长过程中的有效能量。一些研究者用铅溶液灌溉水稻和小麦，发现低浓度铅能产生毒害效应，表现为叶片发黄，整个植株生长受抑制，以致最后枯死。另外，重金属可抑制植物种子发芽。研究结果表明，不同重金属均能抑制种子萌发，并且浓度越大，作用时间越长，抑制效果越强。在重金属胁迫下，植物种子萌发受到抑制的原因之一与抑制酶活性有关。重金属胁迫抑制淀粉酶、蛋白酶活性，即会抑制种子内储藏淀粉和蛋白质的分解，从而影响种子萌发所需的物质和能量，致使种子萌发受到抑制。重金属对植物发育也具有明显的影响。砷能使四季豆的生殖生长停止，不开花，不结果实；铜离子污染可使水稻的有效穗数减少，受影响后水稻的成熟期推迟，空秕率增加，从而使产量大幅度地下降。

2. 重金属污染对植物细胞超微结构的影响

植物在受到重金属的影响而尚未出现可见症状之前，在组织和细胞中已发现生理生化和亚细胞显微结构等微观方面的变化。研究表明，汞、镉对黑藻叶细胞超微结构产生了显著影响，在受污染初期，叶细胞内高尔基体消失，内质网膨胀后解体，叶绿体的内囊体和线粒体中的脊突膨胀或成囊泡状，核中染色体凝集；随着叶细胞遭受毒害程度的加重，核糖体消失，染色体呈凝胶状态，核仁消失，核膜破裂，叶绿体和线粒体解体，质壁分离使胞间连丝拉断，细胞壁部分区域的壁物质松散游离，最后细胞死亡。这些研究均表明，汞、镉对细胞的膜结构和非膜结构都产生毒害作用，只是不同的结构对毒性的耐受性有一定的差异。重金属对植物细胞超微结构的影响是不可逆的，细胞结构的破坏导致细胞正常生理功能的丧失，从而导致植物的生长发育受到影响。

3. 重金属污染对植物光合作用的影响

众多实验证明，重金属污染对植物的光合作用有抑制作用，并且与抑制时间的延长和处理浓度的加大呈正相关。重金属污染后，植物的叶绿体受到严重的影响，对植物的叶片色素也产生明显效应。研究发现，玉米受镉、铅污染后，叶绿体结构发生明显变化，叶绿体内膜系统遭到破坏，低浓度处理下，叶绿体基粒片层稀疏，层次减少，分布不均；在高浓度条件下，膜系统开始崩溃，叶绿体球形皱缩，出现大而多的脂类小球。过量的铜也可引起类囊体结构和功能的破坏，使光合作用受阻，可使某些植物退绿，生物产量下降，叶绿素 a/b 的比率也受 Cd 的影响，对水生维管植物而言，叶绿素 a 降幅大于叶绿素 b。

4. 重金属污染对植物呼吸作用的影响

重金属对植物呼吸作用的影响十分显著。研究发现，水稻种子萌发时的呼吸强度随铅浓度的增加而降低，但这种抑制效应随萌发天数的延长而减弱。低浓度汞在小麦种子的萌发初期起促进作用，但随作用时间的延长，呼吸作用降低，表现为抑制作用。研究认为，低浓度刺激植物呼吸酶和三羧酸循环以产生能量，是呼吸增加的原因，随着浓度的增加，酶活性受抑，呼吸作用下降。重金属胁迫下，植物呼吸作用紊乱，供给生命活动的能量减少，而且还会有一部分能量转移到对重金属胁迫的应用过程中，如损伤修复和重金属络合物的合成，从而导致植物生长发育被抑制。

2.3.1.3　重金属污染对人体健康的影响

1. 镉

土壤中镉污染的主要存在形式分为水溶性和非水溶性。水溶性的镉主要以离子态或者络合物的形式存在于土壤之中，非常容易被植物所吸收；而非水溶性的镉包括镉的沉淀物、胶体吸附态镉等，不容易迁移，也不容易被植物所吸收。农作物里，以叶菜类作物，如菠菜、白菜等对镉的吸收能力比较强，而禾谷类、豆类、禾本科牧草对镉的累积量较低。如果人长期食用遭到镉污染的食品（大米和叶类蔬菜的镉微生标准为 0.2mg/kg），其临界反应器官首先是肾，主要症状是低分子蛋白尿；对骨骼的影响是镉中毒的另一主要症状，以骨质软化症为主的骨痛病是主要病例。

2. 汞

汞在土壤中以金属汞、无机化合态汞的形式存在，并且在一定条件下互相转化。金属汞在常温下呈液态，挥发性高，容易被植物吸收。大部分的无机汞由于溶解度低，在土壤中的迁移转化能力十分弱，但它能在土壤微生物的作用下，转化成具有剧毒性且容易被植物所吸收的甲基汞。在氧化的条件下，汞能以任何形态存在于土壤中，使土壤中汞的可给量大大降低，迁移能力变弱。汞通常以有机汞的形式被人体吸收，可随血液循环进入脑部，并在脑部积累；进入脑部的甲基汞衰减缓慢，常引起神经系统损伤及运动失调，严重时致死。其主要原因是甲基汞能够抑制神经细胞膜上 Na^+-K^+-ATP 酶活性，这种酶受到抑制后将导致膜去极化，从而影响神经细胞之间的神经传递。甲基汞也能使髓神经纤维出现鞘层脱节和分离，最终影响神经电信息传递的进程和速度。

3. 铅

土壤中的可溶性铅含量一般比较低，约占土壤总铅量的 1/4。土壤中的无机铅主要是以二价的难溶性化合物存在，所以铅的移动性及其对作物的有效性都较低。土壤中的黏土矿物与有机质对于铅的吸附能力很强，铅可与络合剂、螯合剂形成络合物或螯合物，且这些物质具有稳定性，以致植物难以吸收。植物对铅的累积与吸收，是由环境当中铅的浓度、土壤的条件、植物叶片的大小和形状等所决定的。铅是一种对人体危害极大的重金属，进入机体后对神经、造血、消化及内分泌等多个系统造成伤害，对尚处于神经发育敏感期的儿童伤害尤为严重。铅中毒首先会使末梢红细胞的 ALA-D 活性下降、FEP 增加、尿中的 δ-ALA 与粪卟啉增加，导致低色素贫血；另外铅进入人体后，干扰了人体中亚铁螯合酶的合成，导致细胞和线粒体对铁的摄取量和利用率下降，干扰了卟啉与铁的螯合，最终抑制血红素的合成。

4. 铬

铬在环境中不同条件下有不同的价态，其化学行为和毒性大小也不同，如水体中三价铬可吸附在固体物质上而存在于沉积物（底泥）中；六价铬则多溶于水中，比较稳定，但在厌氧条件下可还原为三价铬。三价铬的盐类可在中性或弱碱性的水中水解，生成不溶于水的氢氧化铬而沉入水底。铬是人和动物所必需的一种微量元素，躯体缺铬可引起动脉粥样硬化症。铬对植物生长有刺激作用，可提高收获量。但如含铬过多，对人和动植物都是有害的。三价铬和六价铬对人体健康都有害，被怀疑有致癌作用。一般认为六价铬的毒性强，更易被人体吸收，而且可在体内蓄积。六价铬的毒性比三价铬高 100 倍，是强致突变物质，可诱发肺癌和鼻咽癌。

5. 砷

砷在土壤中的存在形式分为水溶性、难溶性和交换性。水溶性的砷一般只占总砷量的 5%～10%，大部分砷是以交换性及难溶性的形式存在的。土壤中砷的可溶性受到 pH 值的影响较大，pH 值升高显著增加其溶解度。砷属于植物易富集的重金属元素，植物地上部分累积更显著。人体内砷的过度积累可干扰细胞的正常代谢，影响呼吸和氧化过程，使细胞发生病变，同时可直接损伤小动脉和毛细血管壁，导致血管渗透性增加，引起血容量降低，加重脏器损害。

2.3.2　场地有机物污染的危害

随着油田大规模开发及石化加工的快速发展，石油类污染物已经成为最典型的场地污染物，其主要污染成分包括各种烷烃和芳香烃的混合物。石油类污染物进入土壤后对土壤中微生物群落的影响很大。一方面，石油类污染物进入土壤后改变了土壤有机质的组成和结构，导致土壤中 C/N 或 C/P 比不同，土壤中微生物群落发生改变；另一方面，大量的石油类污染物进入土壤后，将严重影响土壤的通透性，进而促进了土壤中厌氧微生物的繁殖，同时抑制了好氧型微生物的正常生长和代谢，例如，研究表明，石油类污染物显著抑制了土壤中硝化细菌的生长。

不同的 PAHs 污染物对土壤微生物的影响差异显著。例如，苯乙烯、间-二氯苯、邻-二氯苯、氯苯、邻苯二甲酸二丁酯、十六烷 6 种有机污染物对污染土壤中褐球固氮细菌、纤维单胞菌及放线菌、霉菌、酵母菌的影响各不相同，邻苯二甲酸二丁酯在10ppm 和 50ppm 两种浓度下均使纤维单胞菌无一存活，而其他 5 种污染物在两种受试浓度下对土壤微生物效应各不相同，有的无显著影响，有的刺激土壤中霉菌，有的使酵母菌数量增加，有的则有一定的抑制作用。以 4-氯、5-氯同系列位数的多氯联苯污染土壤中细菌放线菌的变化并不明显，但真菌数量显著下降，同时对微生物菌落的影响还与 pH 值和土壤性质等因素相关。

有机类农药同样也与微生物呈现相互作用，如果毒性太大，且常年具有累积作用，也会影响土壤中微生物的分布，造成土壤板结，肥力下降。农药一方面对提高农作物产量起了非常重要的作用，另一方面由于农药残毒引发了不同程度的环境污染，这也促进了对农药安全性及其在环境中（特别是土壤环境中）动态和生态效应的研究，农药的使用是否会对土壤微生物及土壤肥力产生持续有害影响，是人们普遍关注的问题。目前比较一致的观点是按推荐浓度正常使用农药不会影响土壤的物质循环和微生物过程，也不会改变土壤肥力。大多数土壤熏蒸剂和杀真菌剂对土壤微生物及其活性能产生短暂的影响（抑制或促进），但这种影响一般会很快消失，它们比杀虫剂和除草剂对土壤微生物的作用更强。长期效应研究也表明，长期使用农药不致使土壤微生物数量和活性受到明显影响，因而对土壤肥力也无不利影响。

思考题

1. 简述污染场地的概念及其分类。
2. 简述污染场地的危害。

第3章　污染场地调查与监测方法

3.1　污染场地调查

3.1.1　场地污染调查概述

场地环境调查（Environmental Siteinvestigation）：采用系统的调查方法，确定场地是否被污染及污染程度和范围的过程。

场地调查的任务：①识别污染物和污染分布，为风险评估和修复提供基础数据；②识别场地地层结构和水文地质条件；③消除调查的不确定性，提高调查的精准性。

场地环境调查的调查团队：①多学科团队：第一阶段，环境科学和环境工程、生产工艺和流程、调查方法学；第二阶段，环境科学、地质和水文地质、化学；②项目负责人的能力；③专项培训；④职业资格考试。

适用范围：只针对污染场地中土壤和地下水环境调查；不针对含有放射性污染的场地调查、沉积物污染调查及场地建构物、设备、固废污染的调查；场地内残余废物调查见《场地环境监测技术导则》。

场地调查的主要参考标准包括：场地环境调查技术导则；场地环境监测技术导则；土壤环境监测技术规范；地下水环境监测技术规范；地下水样品采集：ASTM D4448—01等，详细可参考《土壤环境监测技术规范》（HJ/T 166—2004）和《地下水环境监测技术规范》（HJ/T 164—2004）。

3.1.2　场地调查与监测的程序和方法

3.1.2.1　场地调查的程序和流程

1. 场地调查基本原则

（1）针对性原则：①场地特征：场地利用特征、水文地质特征、环境特征、区域自然和社会特征；②污染物：重金属、VOCs、SVOCs污染程度和分布。

（2）规范性原则：①程序化：设定了调查规定的步骤和内容；②系统化：制订工作计划，信息、数据和结果文件化。

（3）可操作性原则：综合考虑技术的获取、时间和经费，制订调查计划。

2. 场地调查的基本程序

世界发达国家开展污染场地的调查工作是在不同目的（一般以风险评价和污染修

复为目的）驱动下按阶段进行的，不同国家对调查阶段的划分、命名及涵盖的工作内容是不同的。但无论调查阶段如何划分和命名，污染场地调查的内容和步骤都基本相同。污染场地调查阶段的划分，应突出调查工作的实质，具有简化性、标志性和可操作性。基于上述考虑，将污染场地调查工作划分为污染识别（包括资料收集等）、现场采样（包括初步调查和详细调查等）和风险评估三个阶段，各个调查阶段具有不同的实质和标志性活动（图 3-1）。场地调查程序主要参考美国 ASTM1527、1528、1903 和加拿大的 CSA-Z768 等，强调循序渐进，逐步判断。

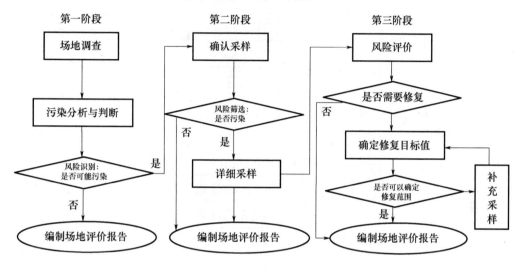

图 3-1　场地调查的基本程序图

3. 我国污染场地调查流程

场地环境调查包含三个不同但又逐级递进的阶段。场地环境调查是否需要从一个阶段进入下一个阶段，主要取决于场地污染状况以及相关方的要求。场地环境评价的三个阶段（图 3-1）：第一阶段——场地环境的污染识别；第二阶段——场地环境是否污染的确认—采样与分析；第三阶段——场地环境污染风险评估与治理措施。

场地环境调查第一阶段的目的主要是识别场地环境污染的潜在可能。第一阶段场地环境调查主要通过会谈、场地访问，对过去和现在场地使用情况，特别是污染活动的有关信息进行收集与分析，以识别和判断场地环境污染的可能性。如果第一阶段评价结果显示该场地可能已受污染，那么在第二阶段调查中将在疑似污染的地块进行采样分析，以确认场地是否存在污染。一旦确定场地已经受到污染，则将在第三阶段全面、详细调查污染程度及污染范围，该阶段场地环境调查以补充采样和测试为主，获得满足风险评估及土壤和地下水修复所需的参数，并提出治理目标和推荐治理方案。场地调查具体流程图如图 3-2 所示（引自我国《污染场地调查技术导则》）。

3.1.2.2　场地第一阶段环境调查

1. 第一阶段调查的目标

场地污染的初步分析结论及依据：给出场地环境污染的可能性及污染性质的判断与分析结论。

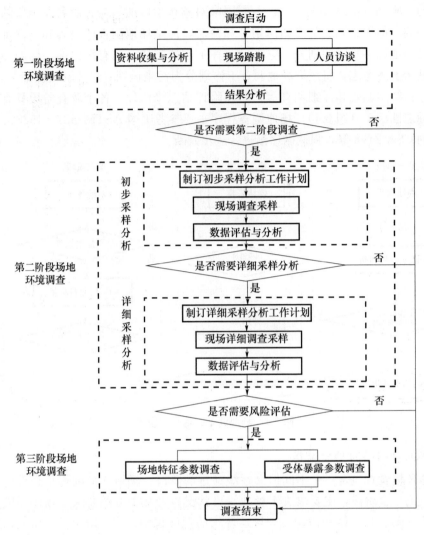

图 3-2　我国污染场地环境调查流程

2. 第一阶段调查的方法

主要方法有资料收集、现场踏勘、人员访谈等（图 3-3）。

图 3-3　第一阶段调查的方法

3. 第一阶段调查的内容

（1）资料收集。场地环境调查技术人员应通过信息检索、部门走访、电话咨询等途径广泛收集场地信息，根据专业知识和经验判断资料的有效性，并分析和了解场地污染的历史状况。资料收集的主要内容依据《建设用地土壤污染状况调查技术导则》（HJ 25.1—2019）的规定。

①场地利用变迁资料：包括用来辨识场地及其相邻场地的开发及活动状况的航片或卫星图片、场地的土地使用和规划资料、其他有助于评价场地污染的历史资料。

②场地环境资料：包括场地土壤及地下水污染记录、场地危险废物堆放记录以及场地与自然保护区和水源地保护区等的位置关系等。

③场地相关记录：包括产品、平面布置图、工艺流程图、地下管线图、化学品储存及使用清单、泄漏记录、废物管理记录、环境监测数据、环境影响报告书或表、环境审计报告等。

④由政府机关和权威机构所保存和发布的环境资料：如区域环境保护规划、环境质量公告、企业在政府部门相关环境备案和批复以及生态和水源保护区规划等。

⑤场地所在区域的自然和社会信息：自然信息包括地理位置图、地形、地貌、土壤、水文、地质和气象资料等；社会信息包括人口密度和分布，敏感目标分布。土地利用方式，区域所在地的经济现状和发展规划，相关国家和地方的政策、法规与标准。

⑥资料的分析：调查人员应根据专业知识和经验识别资料中的错误和不合理的信息，如资料缺失影响判断场地污染状况时，应在报告中说明。

（2）现场踏勘：核实资料，观测污染痕迹（异常）、周边关系、污染现状。

①安全防护准备和范围。在现场踏勘前，根据场地的具体情况掌握相应的安全卫生防护知识，并装备必要的防护用品。以场地内为主，应包括场地的周围区域，范围应由现场调查人员根据污染物可能迁移的距离来判断。

②现场踏勘的主要内容。其包括：场地的现状与历史情况，相邻场地的现状与历史情况，周围区域的现状与历史情况，区域的地质、水文地质和地形的描述等。

a. 场地现状与历史情况：可能造成土壤和地下水污染的物质的使用、生产、储存，三废处理与排放以及泄漏状况，如罐、槽泄漏以及废物临时堆放污染痕迹。

b. 相邻场地的现状与历史情况：场地的使用现况以及过去使用中留下的可能造成土壤和地下水污染的异常迹象，如罐、槽泄漏以及废物临时堆放污染痕迹。

c. 周围区域的现状与历史情况：对于周围区域目前或过去土地利用的类型，如住宅、商店和工厂等；周围区域的废弃和正在使用的各类井，如水井等；污水处理和排放系统；化学品和废弃物的储存和处置设施；地表水体、雨水排放和径流以及道路和公用设施。

d. 区域的地质、水文地质和地形的描述：场地及其周围区域的地质、水文地质与地形应观察、记录，并加以分析，以协助判断周围污染物是否会迁移到调查场地，以及场地内污染物迁移到地下水和场地之外。

③现场踏勘的重点。重点踏勘对象一般应包括：有毒有害物质的使用、处理、储存、处置；生产过程和设备、储槽与管线；恶臭、化学品味道和刺激性气味，污染和

腐蚀的痕迹；排水管或渠、污水池、废物堆放地、井等，同时应该观察和记录场地及周围是否有可能受污染物影响的居民区、学校、饮用水源保护区以及其他公共场所等，并在报告中明确其与场地的位置关系（图3-4和表3-1）。

现场踏勘重点

图 3-4　现场踏勘重点地点

表 3-1　场地现场踏勘重点信息核查表

序号	重点信息	是/否	备注（位置、特征等）
1	场地内有无化学品储存罐/槽；如有，是否有泄漏保护设施？		
2	场地内是否有废弃物堆放或临时堆放区？		
3	场地内是否有填埋场？		
4	场地内是否有污水处理厂？		
5	是否有可能含有多氯联苯的设备及位置？		
6	现场是否有储存燃料油、润滑油、洗涤助剂等有机物？		
7	现场		
8	建筑物和地表是否有污染痕迹？		
9	现场是否有颜色异常的土壤？		
10	现场是否发现有植物生长异常情况？		
11	场地内外有无地表水体？		
12	场地内外有无水井（包括已近废弃的）？如有，其功能是什么？		
13	场地内及周边区域是否有烟囱等潜在气体排放源？		
14	场地内是否有某些区域暂时无法进行踏勘或近距离观测？		
15	场地周边是否有潜在地下水污染源？		
16	场地周边的地形地貌特征是否存在污染物的迁移的可能？		

④现场踏勘的方法。可通过对异常气味的辨识、摄影和照相、现场笔记等方式，初步判断场地污染的状况。踏勘期间，可以使用现场快速测定仪器。

（3）人员访谈。针对前期疑问，补充信息，考证已有资料。访谈内容应包括资料收集和现场踏勘所涉及的疑问，以及信息补充和已有资料的考证。访谈对象：受访者为场地现状或历史的知情人，应包括场地管理机构和地方政府的官员、环境保护行政主管部门的官员、场地过去和现在各阶段的使用者，以及场地所在地或熟悉场地的第三方，如相邻场地的工作人员和附近的居民。访谈方法：可采取当面交流、电话交流、电子或书面调查表等方式进行（图 3-5）。

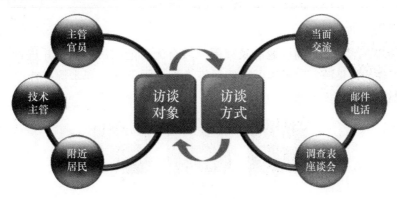

图 3-5　人员访谈的内容和方式

应对访谈内容进行整理，并对照已有资料，对其中可疑处和不完善处进行核实和补充，作为调查报告的附件（表 3-2）。

表 3-2　现场访谈记录表

问题	土地所有者			土地使用者			现场调查结果		
	是	否	未知	是	否	未知	是	否	未知
1. 土地是否用于工业？									
2. 以你的知识水平来看，土地或相邻的土地在过去是否用于工业？									
3. 土地或相邻土地是否建立过加油站、汽车修理厂、广告印刷厂、干洗店、相片冲洗室、填埋场、废物处理、储存、处置及回收厂？									
4. 以你的知识来看，土地或相邻土地是否建立过加油站、汽车修理厂、广告印刷厂、干洗店、相片冲洗室、填埋场、废物处理、储存、处置及回收厂？									
5. 以你的知识来看，在这块土地或工厂里，丢弃的汽车电池、工业电池、杀虫剂、涂料、其他化学物质是否存在单个体积超过 19L 或总体积超过 190L？									
6. 以你的知识来看，在这块土地或工厂里，是否有过工业容器或装过化学物质的麻布袋？									

问题	土地所有者	土地使用者	现场调查结果
7. 污泥是否来源于污染的土地或不知道来源？			
8. 以你的知识来看，这块土地是否曾经被污染过？			

4. 结论与分析

本阶段调查结论应明确场地内及周围区域有无可能的污染源，并进行不确定性分析。若有可能的污染源，应说明可能的污染类型、污染状况和来源，并应提出第二阶段场地环境调查的建议（图3-6）。

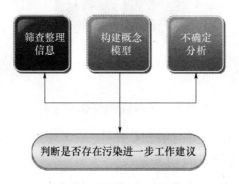

图 3-6　阶段性结论过程图

5. 场地概念模型

场地概念模型是指用文字、图、表等方式来综合描述污染源、污染迁移途径、人体或生态受体接触污染介质的过程和接触方式（图3-7）。总的来说，场地概念模型包括与污染场地有关的所有数据和信息，涉及的信息包括场地的基本信息，地质、水文地质条件，污染来源、历史、分布、程度、迁移途径，可能的污染暴露介质、途径和潜在的污染受体［《建设用地土壤污染风险管控和修复术语》（HJ 682—2019）］。

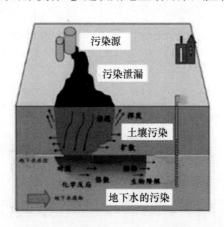

1.直接排放机制：对排放或疑似排放进行描述。如地下管槽渗漏。

2.次生污染源：包括所有被原污染源潜在污染的环境介质，如表面土壤、深层土壤、地下水等。

3.污染物迁移机制：描述污染物在各介质迁移转化。

4.环境暴露介质：指使污染受体接触到污染物的介质。

5.暴露方式：污染物与受体的接触方式（如摄入、吸入、皮肤接触等）。

6.潜在受体：列出所有当前和未来可能接触到污染介质的受体。

图 3-7　场地概念模型

案例：某化工厂的场地调查（图 3-8 和图 3-9，表 3-3）。

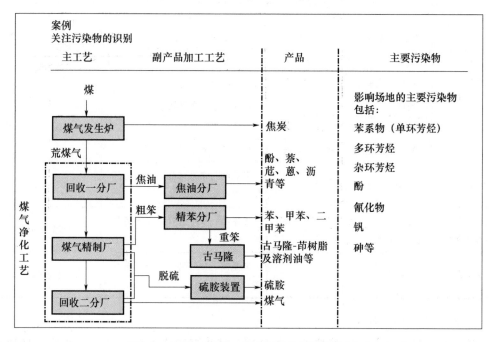

图 3-8　某化工厂的工艺流程图及污染物的识别

图 3-9　某化工厂现场勘察范围

表 3-3　某工厂的概念模型

分厂	生产活动	污染种类	污染途径
炼焦分厂	炼焦；推焦；熄焦	多环芳烃	大气扩散
焦油分厂	焦油蒸馏；酚盐洗涤；焦油、杂酚油	多环芳烃、苯系物、酚、氰等	大气扩散、设施渗漏
回收一分厂	煤气净化；油水分离；焦油、氨水、焦油渣的储存；地下槽、污水池	多环芳烃、苯系物、酚、氰等	大气扩散、设施渗漏

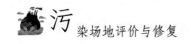

续表

分厂	生产活动	污染种类	污染途径
煤气精制分厂	脱酸、蒸氨、洗苯	二氧化硫、氮氧化物	大气扩散、设施渗漏
	粗苯、洗油、硫酸、氨水储存	多环芳烃、苯系物、酚等	
精苯分厂	粗苯、重苯储存，古马隆蒸馏	苯系物	设施渗漏
回收二厂	脱硫	硫化氢、二氧化硫	大气扩散、设施渗漏
	催化剂存放、配制、储存	钒	
	事故池、反应槽、地下酚水池	钒、多环芳烃、苯系物、酚	
制气分厂	两段炉制气、脱酸、储罐	苯系物、多环芳烃、杂环芳烃、酚、氰等	设施渗漏
酚水泵房和污水处理厂	酚水池、隔油池、均化池、曝气池、浓缩池、沉淀池等	苯系物、多环芳烃、杂环芳烃、酚、氰等	设施渗漏
洗罐站	废水池存放	苯系物、多环芳烃、杂环芳烃、酚、氰等	设施渗漏

6. 第一阶段调查报告

第一阶段调查报告应包括场地基本情况、场地环境调查的主要工作内容、场地污染的初步分析结论及依据。其中主要工作内容应突出说明使用和排放的危险物质及使用量、污染痕迹、污染概念模型等。另外，需要针对场地环境调查过程中的不确定因素对评价结论的影响进行分析，并应将判断场地污染与否的关键佐证材料作为报告附件。第一阶段调查报告格式可参照《建设用地土壤污染状况调查技术导则》（HJ 25.1—2019）附录 A.1。

3.1.2.3 场地第二阶段调查

场地第二阶段调查的主要目标：掌握现场采样调查方法和程序，根据土壤和地下水检测结果进行统计分析，确定场地关注污染物种类、浓度水平和空间分布。

场地第二阶段环境调查内容：该阶段的场地调查分为初步调查和详细调查，包括制订工作计划、现场调查采样、数据评估与结果分析和报告编制等。

1. 初步调查

初步调查是在资料收集的基础上，通过调查技术方法的探索性应用，确定相应的调查技术与工作方法（如调查采用的技术组合、调查布点方法等），初步建立场地的污染概念模型，确定污染场地土壤和地下水的测试清单（如污染物及其他物理、化学、微生物等测试指标）。

（1）初步采样分析工作计划。根据第一阶段场地环境调查的情况制订初步采样分析工作计划，内容包括核查已有信息、判断污染物的可能分布、制订采样方案、制订健康和安全防护计划、制订样品分析方案和确定质量保证与质量控制程序等任务。

（2）核查已有信息，判断污染物的可能分布。对已有信息进行核查，如土壤类型和地下水埋深、污染物排放和泄漏的信息等。根据场地的具体情况、场地内外的污染源分布、水文地质条件以及污染物的迁移和转化等因素，判断场地污染物在土壤和地下水中的可能分布，为制订采样方案提供依据。

（3）制订采样方案。

采样方案一般包括采样点的布设、样品数量、样品的采集方法、现场快速检测方法，样品收集、保存、运输和储存等要求。

①采样位置：初步采样时，一般不进行大面积和高密度的采样，只是对疑似污染的地块进行少量布点与采样分析。采用判断布点方法，在场地污染识别的基础上选择潜在污染区域进行布点，重点是场地内的储罐储槽、污水管线、污染处理设施区域、危险物质储存库、物料储存及装卸区域、历史上可能的废渣地下填埋区、"跑冒滴漏"严重的生产装置区、物料输送管廊区域、发生过污染事故所涉及的区域、受大气无组织排放影响严重的区域、受污染的地下水污染区域、道路两侧区域、相邻企业区域等。对于污染源较分散的场地和地貌严重破坏的场地，以及无法确定场地历史生产活动和各类污染装置位置时，可采用系统布点法（也称网格布点法）。布点数量可参考《建设用地土壤污染状况调查与风险评估技术导则》（DB11/T 656—2019）中的相关推荐数目。无法在疑似污染地块，特别是罐槽、污染设施等底部采样时，则应尽可能接近疑似污染地块且在污染物迁移的下游方向布置采样点。采样点和可能污染点距离相差较大时，应在设施拆除后，在设施底部补充采样。监测点位的数量与采样深度应根据场地面积、污染类型及不同使用功能区域等确定。

②采样数量：采样点数目应足以判别可疑点是否被污染，在每个疑似污染地块内或设施底部布置不少于 3 个土壤或地下水采样点。地下水采样可不只局限在厂界内，对场地内地下水上游、下游及污染区域内至少各设置 1 个监测井，地下水监测井设点与土壤采样点可并点考虑。在其他非疑似污染地块内，可采用随机布点方法，少量布设采样点，以防止污染识别过程中的遗漏。

③采样深度：采样点垂直方向的土壤采样深度可根据污染源的位置、迁移和地层结构以及水文地质等进行判断设置。若对场地信息了解不足，难以合理判断采样深度，可按 0.5～2m 等间距设置采样位置。对于地下水，一般情况下应在调查场地附近选择清洁对照点。地下水采样点的布设应考虑地下水的流向、水力坡降、含水层渗透性、埋深和厚度等水文地质条件及污染源和污染物迁移转化等因素；对于场地内或临近区域内的现有地下水监测井，如果符合地下水环境监测技术规范，则可以作为地下水的取样点或对照点。具体参考《建设用地土壤污染状况调查技术导则》（HJ 25.1—2019）的规定。

（4）现场采样。

①采样准备。根据采样计划，制定采样计划表，准备各种记录表单、必需的监控器材、足够的取样器材并进行消毒或预先清洗。

②现场定位。根据采样计划，对采样点进行现场定位测量（如高程、坐标等）。定位可采用地物法和仪器测量法，可选择的仪器主要有经纬仪、水准仪、全站仪和高精度的全球定位仪。定位测量完成后，可用钉桩、旗帜等器材标志采样点。

③样品采集。根据采样计划，现场采集土壤及地下水样品，同时采集现场质量控制样。在采样时，应做好现场记录。土壤和地下水样品的采集要求可参照《建设用地

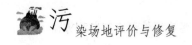

土壤污染状况调查技术导则》（HJ 25.1—2019）。

（5）样品运输与保存。针对不同检测项目，选择不同的样品保存方式。目标污染物为无机物的样品通常用塑料瓶（袋）收集；目标污染物为挥发性和半挥发性有机物的样品宜使用具有聚四氟乙烯密封垫的直口螺口瓶收集。运输样品时，应填写实验室准备的采样送检单，并尽快将样品与采样送检单一同送往分析检测实验室。采样送检单应保证填写正确无误并保存完整。

（6）样品分析。

①现场样品分析。现场可采用便携式分析仪器设备进行样品的定性和半定量分析。水样的温度须在现场进行分析测试，溶解氧、pH 值、电导率、色度、浊度等监测项目也可在现场进行分析测试，并应保持监测时间一致性。岩心样品采集后，用取样铲从每段岩心中采集少量土样置于自封塑料袋内并密封，一般应在有明显污染痕迹或地层发生明显变化的位置采样。之后适当对土样进行揉捏以确保土样松散，使其稳定 5～10min 后将相应仪器或设备（如 PID 检测器等）探头伸入自封袋内并读取样品的读数。

②实验室样品分析。

土壤样品分析：土壤的常规理化特征，如土壤 pH 值、粒径分布、重度、孔隙度、有机质含量、渗透系数、阳离子交换量等的分析测试应按照《岩土工程勘察规范（2009 年版）》（GB 50021—2001）执行。土壤样品关注污染物的分析测试应按照《土壤环境质量农用地土壤污染风险管控标准（试行）》（GB 15618—2018）和《土壤环境监测技术规范》（HJ/T 166—2004）中的指定方法执行。污染土壤的危险废物特征鉴别分析，应按照《危险废物鉴别标准》（GB 5085—2007）和《危险废物鉴别技术规范》（HJ/T 298—2019）中的指定方法执行。

其他样品分析：地下水样品、地表水样品、环境空气样品、残余废弃物样品的分析应分别按照《地下水环境监测技术规范》（HJ/T 164—2004）、《污水监测技术规范》（HJ/T 91.1—2019）、《环境空气质量手工监测技术规范》（HJ/T 194—2017）、《恶臭污染物排放标准》（GB 14554—1993）、《危险废物鉴别标准》（GB 5085—2007）和《危险废物鉴别技术规范》（HJ/T 298—2019）中的指定方法执行。

③实验室质量控制。设置实验室质量控制样，主要包括空白样品加标样、样品加标样和平行重复样。要求每 20 个样品或者至少每一批样品作一个系列的实验室质量控制样，也可根据情况适当调整。质量控制样品包括土壤和地下水，应不少于总检测样品的 10%。

④检测结果分析。实验室检测结果和数据质量分析主要包括：a. 分析数据是否满足相应的实验室质量保证要求；b. 通过采样过程中了解的地下水埋深和流向、土壤特性和土壤厚度等情况，分析数据的代表性；c. 分析数据的有效性和充分性，确定是否需要进行补充采样。

⑤根据场地内土壤和地下水样品检测结果，分析场地污染物种类、浓度水平和空间分布。

2. 详细调查

详细调查是在资料收集与初步调查的基础上，采用便携式调查技术手段、物探技术、钻探技术或其组合方法，系统调查场地污染分布特征，详细了解污染场地污染物及相关参数分布及变化规律，完善场地的污染概念模型，确定场地污染物的空间分布范围，为场地污染风险评价、场地污染防控或治理方案设计提供数据与技术支持。

（1）详细采样分析工作计划。在初步采样分析的基础上制订详细采样分析工作计划。详细采样分析工作计划主要包括评估初步采样分析工作计划和结果、制订采样方案，以及制订样品分析方案等。详细调查过程中监测的技术要求按照《建设用地土壤污染风险管控和修复监测技术导则》（HJ 25.2—2019）中的规定执行。

（2）现场采样。

①采样前的准备。现场采样应准备的材料和设备包括定位仪器、现场探测设备、调查信息记录装备、监测井的建井材料、土壤和地下水取样设备、样品的保存装置和安全防护装备等（图 3-10）。

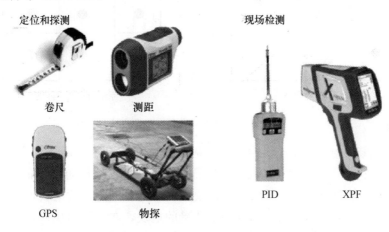

图 3-10　采样准备工具

②定位和探测。采样前，可采用卷尺、GPS 卫星定位仪、经纬仪和水准仪等工具在现场确定采样点的具体位置和地面标高，并在采样布点图中标出。可采用金属探测器或探地雷达等设备探测地下障碍物，确保采样位置避开地下电缆、管线、沟等地下障碍物。采用水位仪测量地下水水位，采用油水界面仪探测地下水非水相液体。

③现场检测和样点的布设。可采用便携式有机物快速测定仪、重金属快速测定仪、生物毒性测试仪等现场快速筛选技术手段进行定性或定量分析，测定地下水水温、pH值、电导率、浊度和氧化还原电位等。

污染场地土壤采样常用的点位布设方法包括专业判断布点法、系统随机布点法、分区布点法及系统布点法等，其适用条件见表 3-4 和图 3-11。

表 3-4　采样点的布设方法

布点方法	适用条件
专业判断布点法	适用于潜在污染明确的场地
系统随机布点法	适用于污染分布均匀的场地
分区布点法	适用于污染分布不均匀，并获得污染分布情况的场地
系统布点法	适用于各类场地情况，特别是污染分布不明确或污染分布范围大的情况

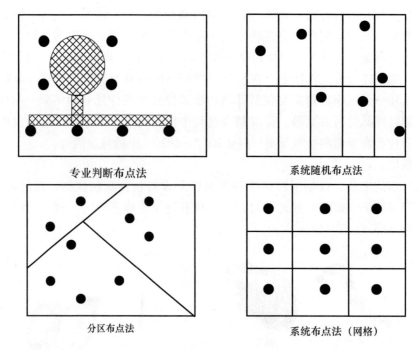

图 3-11　采集及监测点位布设方法

a. 专业判断布点法适用于潜在污染明确的场地。

b. 系统随机布点法适用于场地内土壤特征相近、土地使用功能相同的区域。具体方法是将监测区域分成面积相等的若干地块，从中随机（随机数的获得可以利用掷骰子、抽签、查随机数表的方法）抽取一定数量的地块，在每个地块内布设一个监测点位。抽取的样本数要根据场地面积、监测目的及场地使用状况确定。

c. 分区布点法适用于场地内土地使用功能不同及污染特征明显差异的场地。具体方法是将场地划分成不同的小区，根据小区的面积或污染特征确定布点的方法。场地内土地使用功能的划分一般分为生产区、办公区、生活区。

d. 系统布点法适用于场地土壤污染特征不明确或场地原始状况严重破坏的情形。具体方法是将监测区域分成面积相等的若干地块（网格），每个地块内布设一个监测点位。网格点位数应视所评价场地的面积及潜在污染源的数目、污染物迁移情况等确定，原则上网格大小应不超过 1600m²，也可参考《建设用地土壤污染状况调查与风险评估技术导则》（DB11/T 656—2019）中的相关推荐数目。

地下水监测点点位应按《建设用地土壤污染风险管控和修复监测技术导则》（HJ 25.2—2019）的规定布设。当场地地质条件比较复杂时，应设置组井（丛式监测井）。

（3）土壤样品采集。

①土壤样品采集分为表层土采样和深层土采样两种。深层土的采样深度应考虑污染物可能释放和迁移的深度（如地下管线和储槽埋深）、污染物性质、土壤的质地和孔隙度、地下水位和回填土等因素。可利用现场探测设备辅助判断采样深度。采集含挥发性污染物的样品时，应尽量减少对样品的扰动，严禁对样品进行均质化处理（图 3-12）。

土壤样品采集分为表层土采样和深层土采样。表层土的采样深度在0~0.2m。深层土的采样深度应考虑污染物可能释放的深度(如地下管线和储槽埋深)、污染物性质、土壤的质地和孔隙度、地下水位和回填土等因素。

采样设备：人力钻探设备(螺旋取土器、洛阳铲等)、机械钻探设备(冲击钻、液压钻和螺旋钻等)。

图 3-12　土壤样品的采集

②土壤样品采集后，应根据污染物理化性质等，选用合适的容器保存。含汞或有机污染物的土壤样品应在 4℃ 以下的温度条件下保存和运输（表 3-5），具体参照《建设用地土壤污染风险管控和修复监测技术导则》（HJ 25.2—2019）。

表 3-5　土壤样品保存方式

样品种类	保存方式	备注
重金属	玻璃或塑料容器，可保存 180d	
汞（Hg）	玻璃或塑料容器，(4±2)℃冷藏，可保存 28d	
六价铬	玻璃或塑料容器，(4±2)℃冷藏，可保存 48h	
氰化物	玻璃或塑料容器，(4±2)℃冷藏，可保存 14d	
PCBs	玻璃容器采集，使用特佛龙垫子的瓶盖；(4±2)℃冷藏，萃取前 14d，萃取后 40d	
VOCs	玻璃容器采集，使用特佛龙垫子的瓶盖；(4±2)℃冷藏，从取样到监测分析可保存 2d	
SVOCs	玻璃容器采集，使用特佛龙垫子的瓶盖；(4±2)℃冷藏，萃取前 14d，萃取后 40d	

③土壤采样时应进行现场记录，主要内容包括样品名称和编号、气象条件、采样时间、采样位置、采样深度、样品质地、样品的颜色和气味、现场检测结果以及采样人员等。

（4）地下水水样采集。

①地下水采样一般应建地下水监测井。监测井的建设过程分为设计、钻孔、过滤管和井管的选择与安装、滤料的选择和装填，以及封闭和固定等。监测井的建设可参照《地下水环境监测技术规范》（HJ/T 164—2004）中的有关要求。所用的设备和材料应清洗除污，建设结束后需及时进行洗井。

a. 建井：监测井的建设包括钻孔、下管、填砾及止水、井台构筑等步骤。监测井所采用的构筑材料不应改变地下水的化学成分。不应采用裸井作为地下水水质监测井。建井的具体技术要求及针对不同检测物质应选用的构筑材料可参考《地下水环境监测技术规范》（HJ/T 164—2004）的有关要求。

b. 洗井：洗井一般分两次，即建井后的洗井和采样前的洗井。在洗井前后及洗井过程中需要监测 pH 值、电导率、浊度、水温，并记录水的颜色、气味等。建井后的洗井首先要求直观判断水质基本上达到水清砂净，同时 pH 值、电导率、浊度、水温等监测参数值达到稳定，取样前的洗井在第一次洗井 24h 后开始。洗井一般可采用贝勒管、地面泵和潜水泵。

②样品采集。地下水采样在采样前的洗井完成后 2h 内完成。取水使用一次性贝勒管，要求一井一管，并做到一井一根提水用的尼龙绳。取水位置建议为井中储水的中部，如果在监测井中遇见重油（DNAPL）或轻油（LNAPL）时，对 DNAPL 采样设置在含水层底部和不透水层的顶部，对 LNAPL 采样设置在油层的顶板处，以保证水样能代表地下水水质。如条件许可，也可采用电动潜水泵进行采样。

监测井建设记录和地下水采样记录的要求可参照《地下水环境监测技术规范》（HJ/T 164—2004）的相关要求。

③地下水样品的保存。用于测定总烃、杀虫剂及多环芳烃的水样需用带塑料螺纹盖的棕色玻璃瓶保存。用于测定氰化物的水样存放于聚乙烯容器中，加 NaOH 至 pH>12，使其稳定。地下水样品的采集、保存、样品运输和质量保证等应参照《地下水环境监测技术规范》（HJ/T 164—2004）的相关要求。

（5）数据评估和结果分析。

①实验室检测分析：委托计量认证合格或国家认可的实验室进行检测分析。

②数据评估：评估数据的质量，分析数据的有效性和充分性，确定是否需要补充采样。

③结果分析：根据土壤和地下水检测结果，确定场地污染物种类、浓度水平和空间分布，绘制污染物水平和垂直分布与迁移剖面图。

3. 污染场地第二阶段调查测试清单的确定

确定污染物测试清单及相关测试参数，是开展场地污染土壤与地下水污染调查的一项重要任务，这关系调查经费的有效运用，场地关注污染物的准确把握，监测项目的优选，以及区域和国家层面污染物的科学管控。

国外研究现状：国外在筛选优先控制有毒、有害污染物方面已做了许多开拓性的研究工作，其筛选方法及过程值得借鉴。国际经济合作与发展组织理事会提出了筛选化学品的程序，即按编辑—筛选—精选—复审四阶段进行筛选。日本环境厅根据生物降解性、鱼体中积累性和急性毒性粗选出有毒化学物质，再进行全国范围内的环境调查，公布了 900 多种优先控制的有毒化学品。美国根据化学品的产量、一般毒性和三致毒性、自然降解的可能性及在环境中出现的概率等因素，采用量化评分方法，从万余种化合物中筛选出 9（类）种污染物列入优先控制名单，其中，有机污染物 114 种，重金属等无机污染物 15 种。

国内研究现状：中国在筛选优先控制污染物方面做了大量的应用研究工作。李广贺等指出，选择性分析指标一般为场地中含量较高、对环境危害较大、影响范围较广、毒性强的污染物，或者污染事故对环境造成严重不良影响的物质。污染场地调查测试清单的步骤与方法：在归纳总结国内外筛选和确定优先控制污染物研究成果的基础上，结合中国实际情况和工作经验，提出了确定污染场地调查测试清单的步骤与方法。

步骤一，界定污染场地类型。通过场地踏勘、访问等活动，查明场地历史变迁与现状，确定场地的污染类型，以缩小污染物种（类）筛查范围。例如，场地是一个单一类物质污染的场地（如销售成品石油的加油站、生产铬盐的铬渣堆、采矿与冶炼厂等），还是一个复合类物质污染的场地（如重金属复合污染的大型钢铁厂、各种污染源汇集的污灌区、垃圾堆放场等）。

步骤二，列出污染物初步测试清单。可通过以下途径获得并列出污染物初步测试清单：国内外类似污染场地调查，监测与修复活动中检出并经风险评价高度关注的化学物质，目标场地以往水、土介质分析测试资料中检出的化学物质，对目标场地（特别是工矿企业污染场地）生产及经营活动中存在的化学物质（如原料、添加剂、中间产物、产品等）及其在场地环境中经化学、微生物化学作用过程可能转化形成的化学物质。在初步调查阶段，现场踏勘观察到的污染物信息，采用便携式现场检出的土壤和地下水环境中浓度或含量高的化学物质，以及采集污染源区样品分析检出的化学物质。

步骤三，筛选测试分析的污染物。以初步测试清单中的污染物为基础，同时满足以下三个原则：①毒性准入原则：筛选测试分析对人类健康危害大的污染物，以急性毒性值、慢性毒性值和三致毒性值综合评估化学物质的毒性；②有标可评原则：没有像发达国家那样如美国、日本等考虑对生态系统危害大的污染物，主要基于中国社会、经济发展现状，体现以人为本的发展理念。国内外土壤和地下水质量标准或污染风险评价标准中列出的污染物应首先参考国内标准，如果国内标准没有需要，则参照国外标准。提出这一原则主要是因为国内外环境优先控制污染物，已纳入相关环境评价标准中，污染场地调查检测的污染物，最终以评价为出口；③有法可测：中国大多数实验室具有检测某化学物质的标准方法和质量控制体系。可以设想，如果某污染物的毒性大，也有相关的评价标准，但在中国大多数实验室不能准确地检测分析，将这样的污染物列入场地调查的测试清单中是没有意义的。

步骤四，确定场地污染调查的测试清单。以污染物测试清单为基础，考虑两个因素，确定场地污染调查的测试清单，这个清单应该包括污染物和相关参数两部分的内容。考虑的第一个因素是用以研究污染物在环境介质中迁移转化规律的物理、化学、微生物影响因素，可根据国内外理论研究、室内与野外试验研究成果确定。例如，调查与研究六价铬在土壤中的迁移规律，必须测定土壤 pH 值、氧化还原电位、有机碳、铁锰氧化物、硫化物含量等。考虑的第二个因素是污染物测试方法的普扫性。例如，要调查一个石油污染的场地，苯是经过上述步骤二和步骤三筛选出来的地下水中的污染物。测试地下水中的苯，采用的是美国气相色谱-质谱法，这一方法可以同时测定包括苯在内多项挥发性有机物，在不附加测试费用、不付出额外劳动的前提下，应将其他挥发性有机污染物列入调查污染物测试清单中。

4. 地下深部的调查方法

污染场地深部调查主要应用地球物理方法，由于地质体在环境发生变化时，会产生相应的地球物理效应，引起污染场地中的地下水和土壤化学性质和物理特征发生变化，地球物理方法就是通过对这些物理场的观测，从而达到污染场地调查的目的。其包括地质雷达法、高密度电阻率法、综合探井技术等。

如在污染废弃物的集中堆放区，通过物理、化学和生物作用，会产生大量的渗滤液，液体中含有丰富的各种离子，离子浓度越大，地下水导电性越强，因而可选用电阻率法进行探测；工业生产过程中燃烧产生的飞灰含大量的 Fe_3O_4，其磁化率是黄土、黏土、湖底污染沉积物的几十倍，因而可用高精度磁法探测等。

地球物理技术优势包括：①测深大，精度高，全覆盖测量；②无损，非破坏性，适用各种场地测量；③能圈定场地污染区域，划分地层结构，判断地下水深度及流向。

在实际工作中，往往需要多种物探方法开展场地调查，常用物探方法的应用范围及特点见表 3-6。

表 3-6　常用物探方法的应用范围及特点

地球物理方法	应用范围及特点	适用调查阶段
地质雷达法	石油类污染场地、垃圾场、城市污水等，勘测污染源、污染范围和深度，可进行一维、二维、三维地面原位测试	初步采样和详细采样
高密度电阻率法	石油类污染场地、垃圾场、城市污水等，勘测污染源、污染范围和深度，可进行二维、地面原位测试	详细采样
声波及千层地质勘探	城市污水渠、核废料处理井和垃圾填埋场等领域勘探，确定地下水埋深、垃圾场边界、核废料处理井结构等	详细采样
跨孔电磁波/超声波CT成像法	适用各类污染场地勘测空间污染源、污染边界和污染通道的精细测量	详细采样
综合物探探井技术	可针对所有场地污染调查、钻孔，实施多参数综合物探井，原位测定污染介质的属性和异常特征	详细采样

案例：原为锰化厂，主要经营生产电解二氧化锰、仲钨酸铵、电池锰粉等产品。目前厂房已经拆除，分别于原本运用于灰粉堆场区、粉碎矿石处、废渣沉淀池、原材料堆场（图 3-13）。

电磁法测区位置主要布置于原本的灰粉堆和厂房区

图 3-13　电磁法布线过程

5. 第二阶段场地调查报告

第二阶段场地调查报告应至少包括以下内容：①场地污染情况，包括场地基本信息、主要污染物种类和来源及可能污染的重点区域；②现场采样与实验室分析，包括采样计划、采样与分析方法、检测数据、质量控制、检测结果分析；③场地污染风险筛选及场地环境污染评价的结论和建议。第二阶段场地环境调查报告可参照《建设用地土壤污染状况调查技术导则》（HJ 25.1—2019）附录 A.2。

3.1.2.4　场地第三阶段环境调查

需进行风险评估或污染修复时，应进行第三阶段调查。在场地环境调查的基础上，分析污染场地土壤和地下水中污染物对人群的主要暴露途径，定量估算致癌污染物对人体健康产生危害水平与程度（危害熵）。第三阶段既可单独进行，也可在第二阶段中同时开展，可直接提供数据结果，无需单独编制报告。

1. 主要工作内容

主要工作内容包括场地特征参数和受体暴露参数的调查。①场地特征参数包括：不同代表位置和土层或选定土层的土壤样品的理化性质分析数据，如土壤 pH 值、重度、有机碳含量、含水率和质地等，场地（所在地）气候、水文、地质特征信息和数据，如地表年平均风速和水力传导系数等。②受体暴露参数包括场地及周边地区土地利用方式、人群及建筑物等相关信息。根据风险评估和场地修复实际需要，选取适当的参数进行调查。

2. 调查方法

场地特征参数和受体暴露参数的调查可采用资料查询、现场实测和实验室分析测试等方法。该阶段的调查结果供场地风险评估和污染修复使用。

3.2　污染场地监测

3.2.1　场地监测的对象和原则

3.2.1.1　监测的对象

监测对象主要为土壤，必要时也应包括地下水、地表水及环境空气、残余废弃物等。

土壤：包括场地内的表层土壤和深层土壤，表层土壤和深层土壤的具体深度划分应根据场地环境调查结论确定。场地中存在的硬化层或回填层一般可作为表层土壤。

地下水：主要为场地边界内的地下水或经场地地下径流到下游汇集区的浅层地下水。在污染较重且地质结构有利于污染物向深层土壤迁移的区域，则对深层地下水进行监测。

地表水：主要为场地边界内流经或汇集的地表水，对于污染较重的场地，也应考

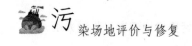

虑流经场地地表水的下游汇集区。

环境空气：是指场地污染区域中心的空气和场地下风向主要环境敏感点的空气。

残余废弃物：场地环境调查的监测对象中还应考虑场地残余废弃物，主要包括场地内遗留的生产原料、工业废渣，废弃化学品及其污染物，残留在废弃设施、容器及管道内的固态、半固态及液态物质，其他与当地土壤特征有明显区别的固态物质。

3.2.1.2 监测的原则

1. 针对性原则

污染场地环境监测应针对环境调查与风险评估、治理修复、工程验收及回顾性评估等各阶段环境管理的目的和要求开展，确保监测结果的代表性、准确性和时效性，为场地环境管理提供依据。

2. 规范性原则

以程序化和系统化的方式规范污染场地环境监测应遵循的基本原则、工作程序和工作方法，保证污染场地环境监测的科学性和客观性。

3. 可行性原则

在满足污染场地环境调查与风险评估、治理修复、工程验收及回顾性评估等各阶段监测要求的条件下，综合考虑监测成本、技术应用水平等方面因素，保证监测工作切实可行及后续工作的顺利开展。

3.2.2 场地监测的工作内容

3.2.2.1 场地环境调查监测

场地环境调查和风险评估过程中的环境监测，其主要工作是采用监测手段识别土壤、地下水、地表水、环境空气、残余废弃物中的关注污染物及水文地质特征，并全面分析、确定场地的污染物种类、污染程度和污染范围。

3.2.2.2 污染场地治理修复监测

污染场地治理修复过程中的环境监测，其主要工作是针对各项治理修复技术措施的实施效果所开展的相关监测，包括治理修复过程中涉及环境保护的工程质量监测和二次污染物排放的监测。

3.2.2.3 污染场地修复工程验收监测

对污染场地治理修复工程完成后的环境监测，主要工作是考核和评价治理修复后的场地是否达到已确定的修复目标及工程设计所提出的相关要求。

3.2.2.4 污染场地回顾性评估监测

污染场地回顾性评估监测是指污染场地经过治理修复工程验收后，在特定的时间范围内，为评价治理修复后场地对地下水、地表水及环境空气的环境影响所进行的环境监测，同时也包括针对场地长期原位治理修复工程措施的效果开展验证性的环境监测。

3.2.3　场地监测的基本流程和技术方法

污染场地环境监测的工作程序主要包括监测内容确定、监测计划制订、监测实施及监测报告编制（图 3-14）。监测内容确定是监测启动后按照 3.2.2 节中的要求确定具体工作内容；监测计划制订包括资料收集分析，确定监测范围、监测介质、监测项目及监测工作组织等过程；监测实施包括监测点位布设、样品采集及样品分析等过程。

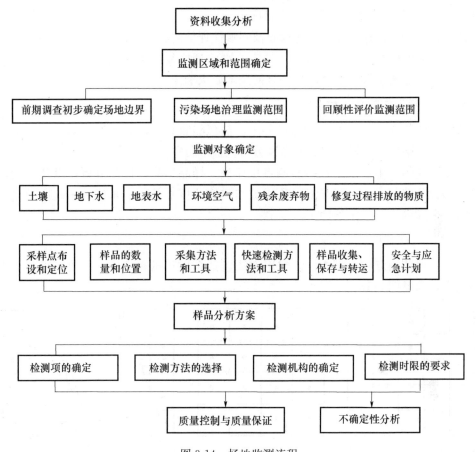

图 3-14　场地监测流程

3.2.3.1　监测计划制订

1. 资料收集分析

根据场地环境调查结论，同时考虑污染场地治理修复监测、工程验收监测、回顾性评估监测各阶段的目的和要求，确定各阶段监测工作应收集的污染场地信息，主要包括场地环境调查阶段所获得的信息和各阶段监测补充收集的信息。

2. 监测范围

场地环境调查监测范围为前期环境调查初步确定的场地边界范围。污染场地治理修复监测范围应包括治理修复工程设计中确定的场地修复范围，以及治理修复中废水、废气及废渣影响的区域范围。污染场地修复工程验收监测范围应与污染场地治理修复的范围一致。污染场地回顾性评估监测范围应包括可能对地下水、地表水及环境空气产生环境影响的范围，以及场地长期治理修复工程可能影响的区域范围。

3. 监测项目

（1）场地环境调查初步采样和详细采样监测项目应根据前期环境调查阶段性结论与本阶段工作计划确定，具体按照《建设用地土壤污染状况调查技术导则》（HJ 25.1—2019）的相关要求确定。可能涉及的危险废物监测项目应参照《危险废物鉴别标准》（GB 5085—2007）中的相关指标确定。

（2）污染场地治理修复、工程验收及回顾性评估监测项目。

（3）土壤的监测项目为风险评估确定的需治理修复的各项指标。地下水、地表水及环境空气的监测项目应根据治理修复的技术要求确定。

3.2.3.2 监测工作的准备和实施

监测工作的准备：一般包括人员分工、信息的收集整理、工作计划编制、个人防护准备、现场踏勘、采样设备和容器及分析仪器准备等。

监测工作的实施：主要包括监测点位布设、样品采集、样品分析，以及后续的数据处理和报告编制。一般情况下，监测工作实施的核心是布点采样，因此应及时落实现场布点采样的相关工作条件。

1. 监测点位布设

（1）土壤监测点位布设方法。常用方法包括系统随机布点法、系统布点法及分区布点法等，参见图 3-15。

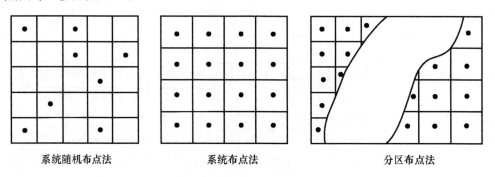

|系统随机布点法|系统布点法|分区布点法|

图 3-15　土壤样点布设方法

系统随机布点法：对于场地内土壤特征相近、土地使用功能相同的区域，可采用此法进行监测点位的布设。

系统布点法：如场地土壤污染特征不明确或场地原始状况严重破坏，可采用此法进行监测点位布设。系统布点法是将监测区域分成面积相等的若干地块，每个地块内布设一个监测点位。

分区布点法：对于场地内土地使用功能不同及污染特征明显差异的场地，可采用此法进行监测点位的布设。

土壤对照监测点位的布设方法：

①一般情况下，应在场地外部区域设置土壤对照监测点位。

②对照监测点位可选取在场地外部区域的 4 个垂直轴向上，每个方向上等间距布设 3 个采样点，分别进行采样分析。如因地形地貌、土地利用方式、污染物扩散迁移特征等因素使土壤特征有明显差别或采样条件受到限制时，监测点位可根据实际情况进行调整。

③对照监测点位应尽量选择在一定时间内未经外界扰动的裸露土壤，应采集表层土壤样品，其采样深度尽可能与场地表层土壤采样深度相同。如有必要也应采集深层土壤样品。

（2）地下水监测点位布设方法。场地内如有地下水，应在疑似污染严重的区域布点，同时考虑在场地内地下水径流的下游布点。如需要通过地下水的监测了解场地的污染特征，则在一定距离内的地下水径流下游汇水区内布点。

（3）地表水监测点位布设方法。如果场地内有流经的或汇集的地表水，则在疑似污染严重区域的地表水布点，同时考虑在地表水径流的下游布点。

（4）环境空气监测点位布设方法。在场地中心和场地当时下风向主要环境敏感点布点。对于场地中存在的生产车间、原料或废渣储存场等污染比较集中的区域，应在这些区域内布点；对于有机污染、恶臭污染、汞污染等类型场地，应在疑似污染较重的区域布点。

2. 污染场地治理修复监测点位的布设

（1）场地残余危险废物和具有危险废物特征土壤清理效果的监测。

在场地残余危险废物和具有危险废物特征土壤的清理作业结束后，应对清理界面的土壤进行布点采样。根据界面的特征和大小将其分成面积相等的若干地块，单块面积不应超过 100m²。可在每个地块中均匀分布地采集 9 个表层土壤样品并制成混合样（测定挥发性有机物项目的样品除外）。

如监测结果仍超过相应的治理目标值，应根据监测结果确定二次清理的边界，二次清理后再次进行监测，直至结果达到标准。残余危险废物和具有危险废物特征土壤清理效果的监测结果可作为修复工程验收结果的组成部分。

（2）污染土壤治理修复的监测。治理修复过程中的监测点位或监测频率，应根据工程设计中规定的原位治理修复工艺技术要求确定，每个样品代表的土壤体积不应超过 500m³。应对治理修复过程中可能排放的物质进行布点监测，如治理修复过程中设置废水、废气排放口，则应在排放口布设监测点位。

3. 污染场地修复工程验收监测点位的布设

对治理修复后的场地土壤进行验收监测时，一般应采用系统布点法布设监测点位，原则上每个监测地块面积不应超过 1600m²，可参照环境调查详细采样监测阶段的监测点位布设。

对原位治理修复工程措施（如隔离、防迁移扩散等）效果的监测，应依据工程设计相关要求进行监测点位的布设。

对原地异位治理修复工程措施效果的监测，处理后土壤应布设一定数量监测点位，每个样品代表的土壤体积应不超过 500m³。

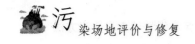

对地下水进行验收监测，可利用场地环境调查、评价和修复过程建设的监测井，但原监测井数量不超过验收时监测井总数的 60％，新增监测井位置布设在地下水污染最严重区域。

4. 污染场地回顾性评估监测点位的布设

对土壤进行定期回顾性评估监测，应综合考虑环境调查详细采样监测、治理修复监测及工程验收监测中相关点位进行监测点位布设。

对地下水、地表水及环境空气进行定期监测，监测点位可参照前述相应对象监测点位布设方法。

对原位治理修复工程措施（如隔离、防迁移扩散等）效果的监测，应针对工程设计的相关要求进行监测点位的布设。

3.2.3.3 样品采集及样品分析

1. 土壤和地下水样品的采集与保存

土壤和地下水样品的采集可参考场地调查阶段的方法，具体样品采集和保存流程可依据《土壤环境监测技术规范》（HJ/T 166—2004）、《污水监测技术规范》（HJ/T 91.1—2019）、《水质采样·样品的保存和管理技术规范》（HJ 493—2009）的规定进行。

2. 环境空气样品的采集

环境空气样品采样，可根据分析仪器的检出限，设置具有一定体积并装有抽气孔的封闭仓（采样时扣置在已剥离表层土壤的场地地面，四周用土封闭以保持封闭仓的密闭性），封闭 12h 后进行气体样品采集。

具体环境空气样品的采集、保存与流转应按照《环境空气质量手工监测技术规范》（HJ/T 194—2017）的要求进行。

3. 场地残余废弃物样品的采集

场地内残余的固态废弃物可选用尖头铁锹、钢锤、采样钻、取样铲等采样工具进行采样。场地内残余的液态废弃物可选用采样勺、采样管、采样瓶、采样罐、搅拌器等工具进行采样。场地内残余的半固态废弃污染物应根据废物流动性，按照固态废弃物采样或液态废弃物的采样规定进行样品采集。

具体残余废弃物样品的采集、保存与流转应按照《工业固体废物采样技术规范》（HJ/T 20—1998）及《危险废物鉴别技术规范》（HJ/T 298—2019）的要求进行。

3.2.3.4 监测报告编制

1. 监测报告的主要内容

监测报告应包括但不限于以下内容：报告名称、任务来源、编制目的及依据、监测范围、污染源调查与分析、监测对象、监测项目、监测频次、布点原则与方法、监测点位图、采样与分析方法和时间、质量控制与质量保证、评价标准与方法、监测结果汇总表等，同时还应包括实验室名称、报告编号、报告每页和总页数、采样者、分析者、报告编制者、复核者、审核者和签发者及时间等相关信息。

2. 数据处理

监测数据的处理应参照《土壤环境监测技术规范》(HJ/T 166—2004)、《地下水环境监测技术规范》(HJ/T 164—2004)、《环境空气质量手工监测技术规范》(HJ/T 194—2017)、《污水监测技术规范》(HJ/T 91.1—2019)和《危险废物鉴别技术规范》(HJ/T 298—2019)中的相关要求进行。

3. 监测结果

监测结果可按照污染场地环境调查、治理修复、工程验收及回顾性评估等不同阶段的要求与相关标准的技术要求,进行监测数据的汇总分析。

3.3　数据分析与质量控制

3.3.1　数据分析

监测中所得到的许多物理、化学和生物学数据,是描述和评价环境质量的基本依据。环境污染的流动性、变异性以及与时空因素关系,使某一区域的环境质量由许多因素综合决定。因此,描述某区域的环境质量需要大量数据,所有这一切均需通过统计处理。

分析误差:环境检测分析的任务是为了准确地测定各种环境中的化学成分或污染物质的含量,因此对分析结果的准确度有一定的要求。但是,由于受到分析方法、测量仪器、试剂药品、环境因素以及分析人员主观条件等方面的限制,使得测定结果与真实值不一致。因此,在分析测定的全过程中,必然存在分析误差。

1. 误差

(1) 过失误差。过失误差也称粗差。这类误差明显地歪曲测定结果,是由于测定过程中犯了不应有的错误而造成的。

(2) 系统误差。系统误差又称可测误差或恒定误差,往往是由不可避免的因素造成的。在分析测定工作中,系统误差产生的原因主要有方法误差、仪器误差、人员误差、环境误差、试剂误差等。

(3) 误差的表示方法。

① 绝对误差和相对误差:

$$绝对误差(E) = 测得值(x) - 真实值(T)$$

$$相对误差(E\%) = [测得值(x) - 真实值(T)] / 真实值(T) \times 100$$

② 绝对偏差和相对偏差:

$$绝对偏差(d) = x - \bar{x}$$

$$相对偏差(d\%) = d/\bar{x} \times 100 = (x - \bar{x})/\bar{x} \times 100$$

式中　$\bar{x}$——n 次测定结果的平均值;

　　　x——单项测定结果;

d——测定结果的绝对偏差；

$d\%$——测定结果的相对偏差。

③标准偏差（SD）和相对标准偏差（CV）：

$$S = \sqrt{\frac{1}{N-1}\sum_{i=1}^{N}(X_i - \overline{X})^2}$$

$$CV = （标准偏差\ SD/\ 平均值）\times 100\%$$

2. 准确度与误差

准确度是指测得值与真值之间的符合程度。准确度的高低常以误差的大小来衡量，即误差越小，准确度越高；误差越大，准确度越低。要确定一个测定值的准确度，就要知道其误差或相对误差。要求出误差，必须知道真实值，但是真实值通常是不知道的。在实际工作中人们常用标准方法通过多次重复测定，所求出的算术平均值即为真实值。

评价准确度的常用方法有加标回收率法，即在测定样品时，于同一样品加入一定量的标准物质进行测定，将测定结果扣除样品的测定值，计算回收率。加标回收分析在一定程度上能反映测试结果的准确度。在实际应用时应注意加标物质的形态、加标量和样品基体等。每批相同基体类型的测试样品应该随机抽取 $10\%\sim20\%$ 的样品进行加标回收分析。

$$P_{加标回收率} = （加标试样测定值 - 试样测定值）/\ 加标值 \times 100\%$$

3. 精密度与偏差

精密度是指在相同条件下 n 次重复测定结果彼此相符合的程度。它反映分析方法或测量系统存在的偶然误差的大小。一般用标准偏差或相对标准偏差表示。

（1）平行性，是指在同一实验室，当分析人员、分析设备和分析时间都相同时，用同一分析方法对同一样品进行双份或多份平行样品测定结果之间的符合程度。

（2）重复性，是指在同一实验室，当分析人员、分析设备和分析时间 3 个因素中至少有一项不相同时，用同一分析方法对同一样品进行的两次或两次以上的独立测定，其结果之间的符合程度。

（3）再现性，是指在不同实验室（分析人员、分析设备，甚至分析时间都不相同），用同一分析方法对同一样品进行多次测定，其结果之间的符合程度。精密度的大小用偏差表示，偏差越小，说明精密度越高。

3.3.2　质量控制与质量保证

环境监测的分析质量控制可分为实验室内部分析质量控制和实验室外部分析质量控制，其中，实验室内部分析质量控制是保证实验室提供可靠分析结果的关键，也是保证实验室外部质量控制顺利进行的基础。

1. 实验室内部分析质量控制

（1）选择适当的分析方法。我国环境监测分析方法目前有三个层次：标准方法、统一方法和等效方法。分析测试方法优选标准方法。

（2）实验准备。样品数据分析前需要做空白实验、标准曲线、加标回收测定以及对照实验，以检验方法的准确性和可比性。

2. 实验室外部分析质量控制

（1）采样过程。在样品的采集、保存、运输、交接等过程应建立完整的管理程序。为避免采样设备及外部环境条件等因素对样品产生影响，应注重现场采样过程中的质量保证和质量控制。应防止采样过程中的交叉污染。如钻机采样过程中，在第一个钻孔开钻前要进行设备清洗；进行连续多次钻孔的钻探设备应进行清洗；与土壤接触的其他采样工具重复利用时也应清洗。一般情况下，可用清水清理，也可用待采土样或清洁土壤进行清洗；必要时或特殊情况下，可采用无磷去垢剂溶液、高压自来水、去离子水（蒸馏水）或10％硝酸进行清洗。

（2）采集现场质量控制样是现场采样和实验室质量控制的重要手段。质量控制样一般包括平行样、空白样及运输样，质控样品的分析数据可从采样到样品运输、储存和数据分析等不同阶段反映数据质量。在采样过程中，同种采样介质应采集至少一个样品采集平行样。样品采集平行样是从相同的点位收集并单独封装和分析的样品。

（3）现场采样记录、现场监测记录可使用表格描述土壤特征、可疑物质或异常现象等，同时应保留现场相关影像记录，其内容、页码、编号要齐全且便于核查，如有改动，应注明修改人及时间。

（4）样品分析及其他过程土壤、地下水、地表水、环境空气、残余废弃物的样品分析及其他过程的质量控制与质量保证技术要求应按照（HJ/T 166—2004）、（HJ/T 164—2004）、（HJ/T 91.1—2019）、（HJ 493—2009）、（HJ/T 194—2017）、（HJ/T 20—1998）中的相关要求进行，对于特殊监测项目应按照相关标准要求在限定时间内进行监测。

思考题

1. 简述污染场地调查的概念，调查的流程。
2. 简述场地调查中初次采样与详细采样的具体流程及两者的不同点。
3. 简述场地土壤调查样品采集中样点的布设方法。
4. 简述场地监测的对象和内容。

第4章 污染场地健康风险评价

近几十年我国的经济迅猛发展和城市基础设施建设与管理的相对滞后同样带来了日益严重的环境问题。由工厂、加油站和垃圾场等场地引起的环境污染已相当广泛。供水安全保障程度降低，生态环境恶化与环境安全性降低，通过暴露或食物链等途径严重危害人类健康。

4.1 风险评价基本概念和发展历程

4.1.1 基本概念

风险一般是指遭受损失、损伤或毁坏的可能性，或者说发生人们不希望出现的后果的可能性。它存在于人的一切活动中，不同的活动会带来不同性质的风险，如经常遇到的灾害风险、工程风险、投资风险、健康风险、污染风险、决策风险等。目前比较通用和严格的风险定义是在一定时期产生有害事件的概率与有害事件后果的乘积。

风险评价：风险表示在特定环境下一定时间内某种损失或破坏发生的可能性，由风险因素、风险受体、风险事故和风险损失组成。通过风险评价可以识别所面临的风险并确定风险控制的优先等级，从而对其实施有效控制，将风险控制在可以接受的范围之内。风险评估是风险管理的基础。

4.1.2 污染场地风险评价

污染场地风险评价是对已经或可能造成污染的工厂、加油站、地下储油罐、垃圾填埋场、废物堆放场等场地，由于污染物质排放或泄漏，对人体健康和生态安全的危害程度进行概率估计，并提出降低风险的方案和对策。

污染场地评价基本内容包括：污染物从何而来，以怎样的形式存在，以及如何对人和环境产生影响。其三要素如下：

（1）污染源：造成场地污染的污染物发生源，通常是指向环境排放或者释放有害物质或对环境产生有害影响的场所。

（2）污染受体：受污染影响的生命体或者资源。

（3）迁移途径：污染源到受体的污染途径，如地下水、地表水、直接接触或者空气迁移。

污染场地风险评价包括基于人群健康的风险评价和基于生态安全的风险评价。

4.1.3 污染场地的健康风险评价

美国国家科学院（NAS）对健康风险评价给出了定义，即"健康风险评价是描述人类暴露于环境危害因素后，出现不良健康效应的特征"。它包括若干要素：以毒理学、流行病学、环境监测和临床资料为基础，决定潜在的不良健康效应的性质；在特定暴露条件下，对不良健康效应的类型和严重程度做出估计和外推；对不同暴露强度和时间条件下受影响的人群数量和特征给出判断；以及对所存在的公共卫生问题进行综合分析。

健康风险评估是对人类接触环境污染物可能产生的不良健康影响的表征。它涉及工作计划、范围划定、有害物质识别、毒性评估、暴露评估以及风险表征。有毒污染物可能造成两种不良健康影响：致癌或非致癌效果。如果一个场地对人类健康构成危害，必须有 3 个因素互相作用：污染物、暴露途径、人类受体。第一，有害污染物必须对场地的污染数量及浓度达到足以造成健康危害的程度。第二，必须存在污染物接触人类受体的暴露途径，如吸入、消化。第三，人们必须与这些污染物接触，且接触程度必须足以产生健康影响。因此，风险评估就是在定量化、定性化、表征三要素的基础上得出风险水平。

健康风险评估的特点：①其是一种预测工具，而不是健康诊断工具，不针对特点的、具体的个体健康风险预测；②一般用概率或可能性来表示：健康＝危害×暴露量；③预测和评估现状或未来情景下的风险，不能追溯以前的风险；④关注有毒有害物质。

1. 可接受风险水平

要将场地污染修复到何种程度才能实现保护人类健康和环境的要求，就必须界定可接受的风险水平。所以，修复是要通过消减污染或采取其他措施，将风险降低到可以接受的水平。污染场地修复工作低于该水平，可能对其环境带来不利的风险，超过该水平，可能导致修复工作过多，造成资源浪费。参考和借鉴美国环保局等的实践和相关案例，本书采用的可接受风险水平见表 4-1。对于致癌危害，一般认为风险水平在 $10^{-4} \sim 10^{-6}$ 之间是可接受的；对于非致癌危害，可接受危害商值定于即人体经单一途径暴露于非致癌污染物而受到危害的水平可接受。

表 4-1 不同国家致癌风险水平比较

国家	导则	风险水平	评论
荷兰	RIVM 干预值	10^{-4}	比较宽松
英格兰和威尔士	SGV 报告	10^{-5}	中等
美国	USEPA 筛选值	单个 10^{-6}；累计 10^{-4}	保守
中国	C-RAG	10^{-6}	保守

2. 污染物质摄取机制与剂量

污染物进入人体的方式主要包括三种基本途径：经口摄入、呼吸吸入以及皮肤接触。一般采用潜在剂量、实用剂量、内部剂量、传递剂量和有效剂量来表示污染物质进入人体不同部位的数量。潜在剂量是指污染物质可能会被人体所吸收的量。在呼吸以及饮食的途径中，是指到达或者进入人体口、鼻等部位的污染物的量；而在皮肤接触的途径中，则指污染物有可能与皮肤发生接触的数量。实用剂量是指污染物质实际到达人体皮肤、肺以及肠胃交换的边界上可以被吸收或者利用的数量。与潜在剂量作比较，实用剂量是扣除了污染物质到达皮肤表面或肺泡和肠胃过程中的损失量。内部剂量是指污染物质进入人体血液可以与人体的细胞等受体发生作用的数量，在皮肤暴露评价时，常称作吸收剂量。传递剂量是指化学物质运输到人体器官和组织的数量，它是内部剂量的一部分，甚至只是其中很少的一部分。有效剂量是指污染物质实际到达细胞和隔膜等场所并且最终引起负面效应的数量，是传递剂量的一部分。

3. 剂量-反应关系

污染物对生物危害的程度取决于污染物的毒性和进入机体剂量的相关关系。随着外源化学物的剂量增加，对机体的毒效应的程度增加，或出现某种效应的个体在群体所占比率增加。

阈值和非阈值是剂量反应关系的两种评估方法。一般情况下，非致癌效应的剂量反应关系一般用的是阈值法，污染物致癌效应则用非阈值法来评估。阈值法认为，任何污染物浓度在低于一定剂量时，不会对生命体造成危害；非阈值法认为，不管浓度多低，化学物质也会造成生命体不可逆转的损害。目前认为，一般的毒性是有阈值的，但对于会致癌、致突变的物质来说，还没有一个统一的认识，美国的大多学者认为，致癌物的剂量反应关系是没有阈值的，也就说对于致癌物质来说，任意量的暴露都有可能对健康产生负面的效应，但国内一些研究人员认为，致癌物质中非遗传毒性的剂量反应是有阈值的。

4.1.4　国内外发展历程

1. 国外发展历程

健康风险评价是把环境污染与人体健康联系起来的一种新的评价方法，它是通过估算有害因子对人体发生不良影响的概率来评价暴露于该因子下人体健康所受的影响。国外风险评价概括起来经历了以下三个发展阶段：

第一阶段（20世纪30年代至60年代）：30年代是风险评价的萌芽阶段，当时主要采用毒物鉴定法进行健康风险定性分析。部分学者通过动物试验和人类流行病学的剂量-反应关系研究，建立人体暴露于化学物质的剂量和不良健康反应之间的定量关系。50年代，健康风险评价的安全系数法首次提出，即用动物实验求得未观察到效应的剂量水平（NOEL）或未观察到有害效应的剂量水平（NOAEL），将这个值除以安全系数（Safety Factors），估计人的可接受摄入量。

第二阶段（20世纪70年代至80年代）：处于风险评价研究高峰期，基本形成较完整的评价体系。1983年美国国家科学院（NAS）出版的红皮书《联邦政府的风险评价：管理程序》可称之为健康风险评价的典范，该书将健康风险评价概述为四个步骤：危害鉴别、剂量-反应评估、暴露评估和风险表征，目前已被荷兰、法国、日本等许多国家和国际组织采用。

第三阶段（20 世纪 90 年代后）：人们逐渐认识到人为地将健康风险和生态风险分隔开来评价的局限性，开始提出和探讨健康和生态综合风险评价方法。世界卫生组织对综合风险评价的定义为"对人体、生物种群和自然资源的风险进行估计的一种科学方法"，并在美国环保局和世界经济合作与发展组织的协助下，于 2001 年制定了健康和生态风险综合评价框架，提出综合评价健康和生态风险的建议和方法（图 4-1）。欧盟也制定了健康和生态风险综合评价技术指南，建议和指导欧盟成员国采用新的综合评价体系开展环境风险评价。

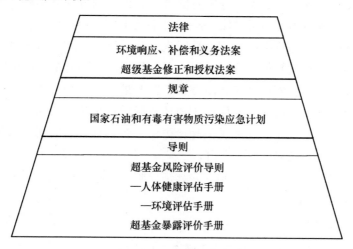

图 4-1　美国超级基金健康风险评价框架

美国：

1980 年《环境响应、补偿与义务综合法案》（超级基金）；

1986 年《超级基金修正和授权法案》；

1985 年、1988 年《国家石油与有毒有害物质污染应急计划》；

1988 年《健康风险评价手册》；

1989 年《场地治理调查和可行性分析导则》；

1992 年《超级基金暴露评价手册》；

1996 年《土壤筛选导则》；

1998 年《生态风险评价指南》——RBCA 风险评价模型；

2005 年《铅污染场地风险评价指南》等。

欧盟：

1994 年成立欧盟污染场地公共论坛；

1996 年完成污染场地风险评价协商行动指南，指南拟解决 7 大问题；

2002 年英国环境署发布了《污染土地暴露评估模型：技术基础和算法》和《污染土地管理的模型评估方法》等系列文件，制定了基于人体健康风险的土壤指导值 SGVs（Soil Guideline Value）和基于生态风险的土壤筛选值 SSVs（Soil Screening Value）。其中，SGVs 值是不可接受风险，而 SSVs 值对应中度风险，用以保护物种和重要的生态功能。荷兰制定了两种基于风险的土壤筛选值，即目标值（Targe Value）和干预值（Intervention Value）。如果污染物数量低于目标值，则风险可以忽略；如果高于干预值，则会对生态系统或人体健康造成不可接受的风险。

2. 国内发展历程

20 世纪 90 年代，我国开始了以介绍和应用国外研究成果为主的环境风险评价研究。1997 年国家科委将研究燃煤大气污染对健康危害列入国家攻关计划。国内对环境污染的健康风险评价相关研究工作自此展开。胡二邦、孟宪林、胡应成、杨晓松和曾光明等有关环境风险评价的成果中分别对健康风险评价的方法和不确定性等进行了解释和描述。王永杰等专门介绍了健康风险评价中的不确定性问题和评价模型，讨论了致癌毒性和非致癌毒性评价中的不确定性因素。陈鸿汉和谌宏伟等分别对污染场地健康风险评价的理论和方法开展了探讨，提出了叠加风险和多暴露途径同种污染物人群健康风险的概念。尽管我国在健康风险评价方面开展了一些研究工作，但大部分集中在事前风险评价。同时，我国环境保护法和环境影响评价法也只对规划和建设项目开展环境影响评价作出了规定。在相关的理论方法、评估标准、实用技术等方面还需进一步研究和探索，存在较多的研究空白。

2014 年，国家颁布了《污染场地风险评估导则》。陈梦舫等开发了污染场地健康与环境风险评估开发 HERA。

4.2 健康风险评价程序和基本方法

4.2.1 健康风险评价基本程序

健康风险评价的方法很多，如美国科学院（NAS）公布的四步法（图 4-2）、生命周期分析、MES 法和评价病毒感染的 beta-Possion 模型等，而在这些方法中，美国科学院（NAS）的四步法使用最普遍。它包括危害鉴定（Hazard Identification）、剂量-反应评估（Dose-Response Assessment）、暴露评价（Exposure Assessment）和风险表征（Riske Characterization），该方法广泛应用于空气、水和土壤等环境介质中有毒化学污染物质的人体健康风险评价。

1. 四步法

危害识别旨在鉴定风险源的性质及强度，它是风险评价的第一步。危害是风险的来源，是指化学物质能够造成不利影响的能力。危害识别就是根据污染物质的生物学和化学资料，判定其是否对生态环境和人类健康造成危害，需要收集大量完整的可靠的资料。

剂量-反应评估是对有害因子暴露水平与暴露人群中不良健康反应发生率间的关系进行定量估算的过程，是风险评定的定量依据。其主要内容包括确定剂量-反应关系、暴露途径、反应强度、作用机制和人群差异等。

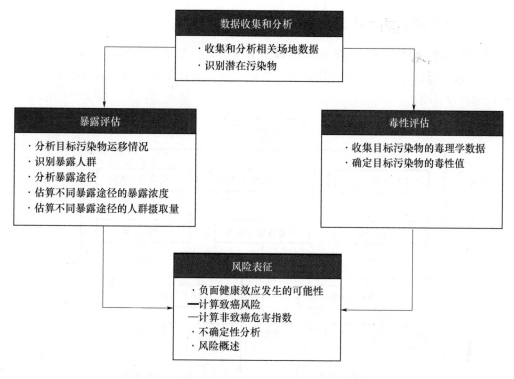

图 4-2　美国环保局（USPEA）的健康风险评价流程

暴露评价是指定量或定性估计或计算暴露量、暴露频率、暴露期和暴露方式。接触人群的特征鉴定与被评物质在环境介质中浓度与分布的确定，是暴露评价中不可分割的两个组成部分。暴露评价的目的是估测一定区域内人群接触某种化学物质的程度或可能程度。

风险评估是根据前面三个阶段所获取的数据，估算不同暴露条件下可能产生某种不良健康反应的强度或是发生不良健康反应概率的过程。风险评估包括以下两个方面内容：第一是定量估算有毒有害因子的风险大小；第二是对评价结果进行分析与讨论，尤其是对之前三个阶段存在的不确定性进行评估，即对风险评价结果本身作出风险评价。其中评定结果的分析与评价过程的讨论是风险评价过程中至关重要的一步，尤其是对评价过程中各环节的不确定性分析。

2. 生命周期分析

生命周期分析（Life Cycle Analysis，LCA）作为一种决策支持工具，目的就是对产品系统的环境行为从原材料开采到废弃物的最终处置进行全面的环境影响分析和评估。LCA 被认为是 21 世纪最有发展潜力的可持续发展支持工具，已被纳入 ISO 14000 环境管理标准体系中，正成为当前国际产业界和学术界研究的热点。近年来，越来越多的学者开始将其用于局域性的人体健康影响评价。利用污染物生命周期分析方法，通过归宿分析—效应分析—危害分析，研究排放物通过不同介质和途径对人体健康的影响，定量计算污染物对人体健康的危害。

4.2.2 我国的场地健康风险评价程序

我国场地健康风险评价借鉴国外的理论和方法，评估工作内容包括危害识别、暴露评估、毒性评估、风险表征。具体见《建设用地土壤污染风险评估技术导则》（HJ 25.3—2019）（图 4-3）。

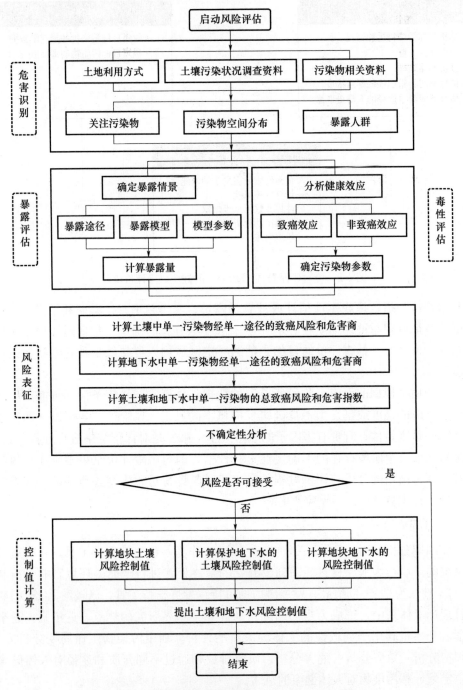

图 4-3 我国污染场地健康风险评价内容与程序

4.2.2.1　危害识别

危害识别是指识别接受评价的化学物质对人体健康和环境潜在的影响和危害。危害包括短期内暴露在某一种化学物质下发生的急性或亚慢性的毒性危害；长期暴露在某一种化学物质下发生的慢性毒性危害。

收集场地环境调查阶段获得的相关资料和数据，掌握场地土壤和地下水中关注污染物的浓度分布，明确规划土地利用方式，分析可能的敏感受体，如儿童、成人等，以便确定其是否对生态环境和人体健康造成损害［见《建设用地土壤污染状况调查技术导则》（HJ 25.1—2019）和《建设用地土壤污染风险管控和修复监测技术导则》（HJ 25.2—2019）］。

危害识别方法：病例收集、结构毒理学、短期简易测试系统（如 Ames 实验、微核实验等）、长期动物实验以及流行病学调查等方法。具体步骤如下：

1. 资料收集

（1）场地背景：①气候与气象：温度、降雨、风速、风向；②地质背景：地层、特征；③植被：森林、草地、裸露；④土壤类型：砂质、有机质、酸碱性等；⑤地表水：位置和特征描述，如类型、流速、盐度（表 4-2 和表 4-3）。

表 4-2　场地背景的参数

模型类型	模型参数
土壤	粒径分布、土壤干重、pH 值、氧化还原电位、危险废物深度、土壤污染物浓度、土壤有机质含量和黏土含量、土壤重度、孔隙度等
地下水	水利传导系数、饱和含水层厚度、水力梯度、pH 值、氧化还原电位、地下水流向等
空气	风向、风速、大气稳定度、大气污染浓度、地形地貌等
地表水	硬度、pH 值、氧化还原电位、溶解氧量、含盐量、温度、传导率、总悬浮物量、流量和深度、河口和海湾参数、海水入侵程度、湖泊的面积、水量等
沉积物（底泥）	粒径分布、有机质含量、pH 值、含氧情况、含水率
动植物	干重、化学物质浓度、含水率、脂肪含量、大小、生活的历史阶段

（2）暴露人群。人群的分布现状包括如相对于场地的距离和方位、人群结构、敏感人群。

（3）确定土地利用现状及规划。居民区；商业/工业区；娱乐区。

2. 数据分析

收集的数据的准确性对风险评价结果的准确性至关重要，因此对收集的资料数据必须进行分析，对异常值进行校对。将监测数据和背景值、平行样进行对比，排除错误数据，对异常数据最好进行重新检测，以确保风险评价的准确性。

3. 确定土地利用方式

根据相关部门或者委托方提供的资料，确定场地的未来用途，并以此来确定该场地的敏感受体。

表 4-3　场地资料收集的项目

目的		收集项目	备注
资料收集	确定污染物种类	场地利用历史	污染物理化性质主要收集污染物的迁移性、生物富集性、挥发性和可降解性等
		对于有确定工业污染源,分析污染源生产工艺,原辅料的使用及污染物的排放等	
		潜在污染物理化性质和毒性等	
	污染程度及范围	收集污染源污染物的排放情况	场地的污染程度与范围主要依靠制订综合监测计划来确定污染物浓度的分布情况
		气象资料、水文地质	
		污染场地环境概况	
		区域土壤背景值	
		综合监测数据	
	潜在暴露途径分析	污染物理化性质	所有可能的暴露媒介是指当前任何含有污染物及将来通过迁移可能受到污染的媒介
		污染物迁移路线	
		所有可能的暴露媒介	
		潜在暴露途径监测数据	
	暴露人口	人群分布	敏感人群指婴儿、儿童、老人、孕妇和哺育期妇女、有慢性病人群
		人群结构	
		人群生活方式	
		是否有敏感受体和高暴露人群	
	模型参数	在风险评价中对于污染物释放,迁移和归宿都是采用模型来预测,为评价预测的准确性和适用性,收集的资料应根据实际的模型来确定	

4. 污染物识别

我国污染场地中主要污染物有重金属（如铬、镉、汞、砷、铅、铜、锌、镍等）、农药（如滴滴涕、六六六、三氯杀螨醇等）、石油烃、持久性有机污染物（如多氯联苯、多环芳烃等）、挥发性或溶剂类有机物（如三氯乙烯、二氯乙烷、四氯化碳、苯系物等）等。有的场地还存在酸污染或碱污染，有的处于复、混合污染状态。除了化学性污染外，有的场地还存在病原性的生物污染和建筑垃圾类的物理性污染等。根据场地环境调查和监测结果，将对人群等敏感受体具有潜在风险，需要进行风险评估的污染物确定为关注污染物（表 4-4）。

表 4-4　国际机构对化学物按致癌性的分级

类别	国际癌症研究机构（IARC）	美国国家环保局（USEPA）	欧洲经济共同体（EEC）
一	人类致癌物（1 级）	人类致癌物（A 级）	人类致癌物（1 级）
二	很可能的人类致癌物（2A 级）	很可能的人类致癌物（B1 级）	可能的对人致癌物（2 级）
三	可能的人类致癌物（2B 级）	很可能的人类致癌物（B2 级）	可疑的致癌物（3 级）
四	难以分级（3 级）	可能的人类致癌物	C 级
五	无致癌性（4 级）	难以分级（D 级）	
六		无致癌性（E 级）	

4.2.2.2　暴露评估

在危害识别的基础上，分析场地内关注污染物迁移和危害敏感受体的可能性，确定场地土壤和地下水污染物的主要暴露途径和暴露评估模型，确定评估模型参数取值，计算敏感人群对土壤和地下水中污染物的暴露量。

1. 暴露及相关概念

（1）暴露的概念。暴露是指化学品与人体外界面（如皮肤、鼻、口等）的接触。通常情况下这些化学品是存在于空气、水、土壤、产品或交通与载体等介质中，接触界面的化学品的浓度即暴露浓度。

$$E = \int_{t_1}^{t_2} \rho(t)\,\mathrm{d}t$$

式中　E——暴露量；

t_2、t_1——暴露时间；

$\rho(t)$——暴露浓度（时间的函数）。

（2）暴露分为以下三类：

①急性暴露：一般指与某种化学物质一次性的接触，通常接触时间小于 1d。

②慢性暴露：指长时期暴露在某种化学物质的作用下，通常暴露时间为几年、十几年，甚至是人们的一生。

③亚慢性暴露：暴露时间介于前两者之间。

2. 暴露评估

暴露评价分为三种：①历史性或回顾性暴露评价：暴露重现，即尝试识别、确定发生在过去的暴露事件。②描述现状的暴露评价：有利于环境监测，及时获得相关信息。如对工作场所铅暴露的测量。③对未来可能发生的暴露评价：对未来风险进行评价，一般是以未来计划、排放源排放计划、暴露计划等为基础进行的。如评价一个计划建立的废物焚化炉对人群可能产生的暴露及其影响（图 4-4）。

3. 暴露评估的基本内容

暴露评估基本内容为暴露情景分析、确定暴露途径、选择迁移模型和确定暴露量等参数。

（1）暴露情景分析。

暴露情景是指特定土地利用方式下，场地污染物经由不同暴露路径迁移和到达受体人群的情况（图 4-5）。根据不同土地利用方式下人群的活动模式，《建设用地土壤污染风险评估技术导则》（HJ 25.3—2019）中规定了两类典型用地方式下的暴露情景，即以住宅用地为代表的敏感用地（简称"敏感用地"）和以工业用地为代表的非敏感用地（简称"非敏感用地"）的暴露情景。

①敏感用地方式包括《城市用地分类与规划建设用地标准》（GB 50137—2011）中规定的城市建设用地中的居住用地（R）、文化设施用地（A2）、中小学用地（A33）、社会福利设施用地（A6）中的孤儿院等。

住宅类用地方式下，人群可因不慎而经口摄入污染土壤而暴露于污染物，也可因

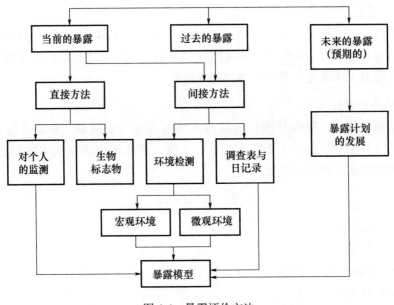

图 4-4 暴露评价方法

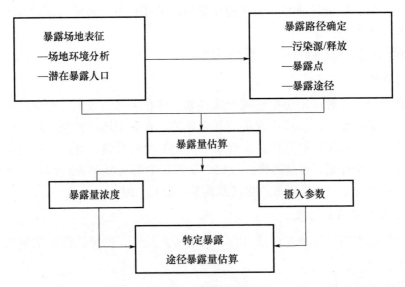

图 4-5 暴露情景分析

皮肤接触污染土壤而暴露于污染物，还可因吸入室内和室外空气中的来自土壤的颗粒物暴露于污染物，儿童和成人均可能会长时间暴露于场地污染而产生健康危害。对于致癌效应，考虑人群的终生暴露危害，一般根据儿童期和成人期的暴露来评估污染物的终生致癌风险；对于非致癌效应，儿童体重较轻、暴露量较高，一般根据儿童期暴露来评估污染物的非致癌危害效应。

②非敏感用地方式包括《城市用地分类与规划建设用地标准》（GB 50137—2011）中规定的城市建设用地中的工业用地（M）、物流仓储用地（W）、商业服务业设施用地（B）、公用设施用地（U）等（表4-5）。

表 4-5　我国暴露情景分类

暴露情景		典型用地方式	敏感人群
住宅用地	城市	普通住宅、公寓等	儿童、成人
		福利院、养老院	
		带花园的别墅	
	农村	带庭院的民宅	
公共用地		幼儿园、学校	儿童、成人
		医院、图书馆	
		游乐场、公园、绿地等	
工商业用途		商场、超市等各类销售用地及其附属用地	成人
		宾馆、酒店等住宿餐饮用地	
		办公场所、金融活动等商务金融用地	
		洗车场、加油站、展览场馆等其他商服用地	
		工业生产场所、工业生产附属设施用地、物资储备场所、物资中转场所等	

　　工业非敏感用地方式下，人群同样可因不慎而经口摄入污染土壤而暴露于污染物，也可因皮肤接触污染土壤而暴露于污染物，还可因吸入室内和室外空气中的来自土壤的颗粒物暴露于污染物，如场地内污染物具有挥发性，人群还可因吸入室内和室外空气中的来自土壤的气态污染物而产生健康危害。成人的暴露期长、暴露频率高，一般根据成人期的暴露来评估污染物的致癌风险和非致癌效应（表 4-6）。

表 4-6　CLEA 模型中土地利用类型假设

土地类型	敏感目标	暴露时间	暴露途径	建筑类型
居住用地	小女孩（0～6 岁）	6 年	直接摄入土壤，摄入室内灰尘；食用自家花园食物，吞食自家花园黏附土壤，皮肤接触土壤和室内灰尘，呼吸吸入室内外灰尘	双层带露台
农业用地	小女孩（0～6 岁）	6 年	直接摄入土壤；食用自家产食物和黏附其上的土壤；皮肤接触土壤；室外吸入灰尘和气体	无建筑
商业用地	成年女性（16～65 岁）	49 年	直接摄入土壤和灰尘；皮肤接触土壤和灰尘；吸入灰尘和气体	3 层办公室

　　（2）暴露途径。暴露途径是场地污染物迁移到达和暴露于人体的方式（图 4-6）。完整的暴露途径需要包括以下基本组成部分：①场地存在污染源，并且化学物质可以释放出来；②化学物质在各种介质中运行所包括的位置迁移、降解变化以及滞留于介质等；③各种暴露点，也就是人和受到污染的介质之间的接触点；④化学有害因子进入人体的渠道。

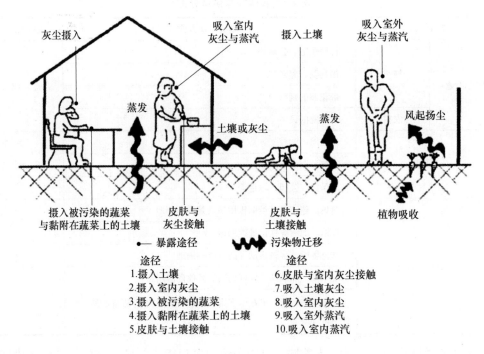

图 4-6 CLEA 模型中人体潜在暴露途径

①污染物在介质中的迁移。污染物如何从土壤或地下水挥发进入室内或室外空间？土壤污染淋溶到地下过程、污染物在地下水的迁移过程见图 4-7。

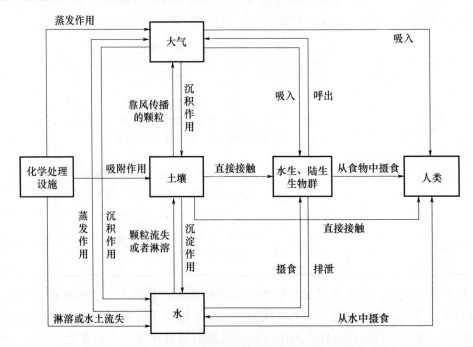

图 4-7 有害物质的迁移的物理及生物途径

②暴露途径分析。暴露途径分析即指分析污染物质从污染源到暴露点的可能途径以及人群暴露方式，建立途径模式：污染源—污染物迁移—暴露点—人群暴露。一条完整的暴露路径必须具备三个内容：存在污染源或污染源的污染物释放、存在暴露点、在接触过程中暴露途径发生（图 4-8）。原则上任何一条完整的暴露路径都必须对其进行暴露量估算，如果该暴露路径存在敏感或高危群体，则以这部分人群进行暴露量估算。基于保护人体健康的暴露途径主要考虑口腔摄入、皮肤接触与空气吸入三种暴露方式；基于保护水环境的暴露途径主要考虑土壤淋滤及地下水迁移离场等暴露方式。

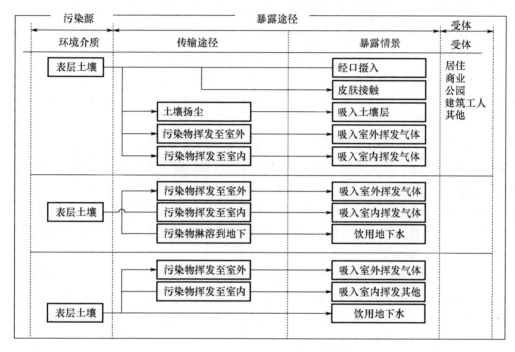

图 4-8　污染场地暴露途径汇总示意图

污染物从污染源开始迁移，通过不同的迁移转化方式到达各个暴露点，而人群则通过接触暴露点附近的介质，使污染物通过呼吸、直接摄入、饮水或皮肤接触等方式进入人体。

国际上常用的污染场地风险评价模型，包括 RBCA 模型、CLEA 模型和 CSOIL 模型，几种模型与我国的场地风险评价导则的暴露途径差别较大，见表 4-7。

表 4-7　几种暴露模型的暴露途径比较

介质	暴露途径	RBCA	CLEA	CSOIL	导则
土壤	直接摄入土壤	○	○	○	○
	室外吸入土壤颗粒	○	○	○	○
	室内吸入土壤颗粒	×	○	○	○
	室外皮肤接触土壤	○	○	○	○
	室内皮肤接触土壤		○	○	○

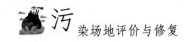

续表

介质	暴露途径	RBCA	CLEA	CSOIL	导则
水	饮用地下水	○	×	○	○
	洗澡过程皮肤接触水	×	×	○	×
空气	洗澡过程呼吸吸入蒸汽	×	×	○	×
	室外来自地下水蒸汽	○	○	×	○
	室内来自地下水蒸汽	○	○	×	○
	室外土壤挥发蒸汽	○	○	○	○
	室内土壤挥发蒸汽	○	○	○	○
农作物	食用自产农作物	×	○	○	×
	农作物黏附土壤	×	○	×	×

注：○考虑，×未考虑。

我国《污染场地风险评估技术导则》规定了9种主要暴露途径和暴露评估模型，包括经口摄入土壤、皮肤接触土壤、吸入土壤颗粒物、吸入室外空气中来自表层土壤的气态污染物、吸入室外空气中来自下层土壤的气态污染物、吸入室内空气中来自下层土壤的气态污染物共6种土壤污染物暴露途径和吸入室外空气中来自地下水的气态污染物、吸入室内空气中来自地下水的气态污染物、饮用地下水共3种地下水污染物暴露途径。

（3）暴露量计算。暴露量计算就是对污染物的变量和表征暴露人群的变量进行量化。其包括暴露浓度、污染物接触率、暴露时间频率以及周期等进行量化处理的全部过程。其中，最主要的处理内容是针对污染物的暴露浓度进行的估算判断，以及不同的暴露路径所对应的暴露剂量进行的量化处理，计算出人体单位时间、单位体重的污染物摄取量CDI［mg/（kg·d）］。

暴露剂量的估算主要是依据以下几种数据来完成的：第一是按照摄入的污染水的数量；第二是摄入的污染土壤的数量；第三是摄入的污染空气数量；第四是摄入的污染食物数量。

从严格意义来说，污染物进入人体血液并到达危害人体的器官的位置而产生负面影响作用的浓度与通常监测得出的暴露浓度是不一致的，暴露点附近的浓度不一定是人群接触的浓度，监测点位与暴露点又常常不完全一致。根据毒理学和代谢动力学的研究，可以把暴露剂量分为应用剂量、潜在剂量、有效剂量、内部/吸收剂量、送达剂量、生物有效剂量，见图4-9。

①潜在剂量：指被吞咽、吸入或涂抹于皮肤的化学品的量。

$$D_{pot} = \int_{t_1}^{t_2} \rho(t) \cdot IR(t) dt$$

②应用剂量：指有毒化学品在吸收界面（皮肤、肺、支气管等）处可提供的吸收剂量。若通过实验建立吸收剂量与内部（吸收）剂量的关系，则对于内部剂量的计算是非常有用的。

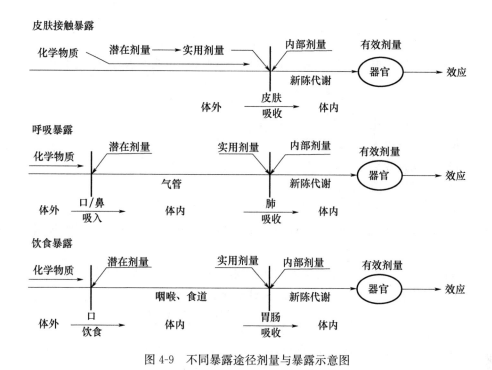

图 4-9　不同暴露途径剂量与暴露示意图

③有效剂量：指接触初次吸收界面（如皮肤、肺、胃肠道）并被吸收的化学品的量。

④内部/吸收剂量：指经物理或生物过程穿透吸收屏障或交换界面的化学品的量。

⑤送达剂量：指与特定器官或细胞作用的化学品的量，它只是内部剂量的小部分。

⑥生物有效性剂量：指真正到达细胞、作用点、膜，并产生危害作用的量，只是送达剂量中的小部分。

对于大多数化学品，基于送达剂量或有效剂量的代谢动力学数据是无法获得的，所以现在健康风险评价通常将潜在剂量或内部（吸收）剂量作为剂量效应的基础。随环境化学品的代谢动力学数据库的不断完善，这种情况也将发生变化。

$$ADD = (\rho \times IR \times t)/(BW \times AT)$$

式中　ADD——潜在的日均剂量；

　　　BW——体重；

　　　AT——时间周期；

　　　ρ——平均暴露浓度；

　　　IR——摄入效率；

　　　t——持续时间。

①暴露周期和频率：商业和工业职工：8h/d，5d/wk，25～30 年；居民：24h/d，7d/wk，30 年。

②暴露量计算。可以将暴露浓度理解为在污染暴露期间存在于暴露点的污染物浓度的平均水平，其确定方法主要有两种：一种是直接借助于对污染物进行监测后获取的数据进行估算；另一种是采用一些成熟有效的污染物环境归宿和迁移模型完成该项

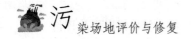

目的估算。

污染源和暴露点一致时，参考暴露点污染物浓度；污染源和暴露点不一致时，参考污染物浓度，迁移模型（如三项平衡模型、土壤淋溶和地下水污染物迁移模型等）。

$$EDI = Cs \times \frac{IR \times EF \times ED}{BW \times AT}$$

式中　Cs——土壤中化学物质浓度（mg/kg）；

　　　IR——土壤摄入量（mg/d）；

　　　EF——暴露频率（d/a）；

　　　ED——暴露年限（a）；

　　　BW——体重（kg）。

a. 土壤污染物暴露量计算。土壤污染物暴露途径可考虑直接摄入、呼吸摄入、皮肤接触 3 个途径。

经口暴露量：RBCA 模型对于人的暴露周期为 30 年，每天的土颗粒摄入量综合考虑了室内和室外的情况，取值 100mg。公式如下：

$$CDI_{直接} = \frac{Cs \cdot F_a \cdot AID \cdot EF \cdot ED}{BW \cdot AT}$$

式中　CDI——土壤经口摄入暴露剂量率（mg/kg/d）；

　　　F_a——吸收因子，无量纲；

　　　AID——土颗粒摄入率；

　　　AT——暴露时间；

　　　EF——暴露频率；

　　　ED——暴露周期。

呼吸吸入途径：当污染源顶部直达地表开始并且地表没有覆盖层，因为风蚀等作用被污染的土壤颗粒将散发到空气中。这些土颗粒经由呼吸作用进入人体，附着在其上的污染物也会随之进入人体并被吸收，进而危害人体健康。暴露剂量率的公式如下：

$$CDI_{呼吸} = \frac{Cs \cdot Fa \cdot AV \cdot EF \cdot ED}{BW \cdot AT}$$

式中　$CDI_{呼吸}$——平均土颗粒呼吸吸入暴露剂量率（mg/kg/d）；

　　　AV——呼吸速率（m³/d）。

皮肤接触途径：室外活动时，皮肤接触土壤，附着在土壤颗粒上的污染物被皮肤吸收而进入人体。计算公式如下：

$$CDI_{皮肤} = \frac{Cs \cdot DAE \cdot AEXP \cdot F_m \cdot EF \cdot ED}{BW \cdot AT}$$

式中　$CDI_{皮肤}$——平均室外土颗粒皮肤接触暴露剂量率（mg/kg/d）；

　　　DAE——土颗粒皮肤接触速率（kg/m²）；

　　　$AEXP$——皮肤暴露面积（m²）；

　　　F_m——皮肤接触因子，无量纲。

b. 水污染物暴露量计算。人体暴露于被污染的水环境中主要有三种途径：第一种是因为饮用了已经被污染的各种类型的水；第二种是在游泳过程中摄入了已经被污染的地表水；第三种是皮肤接触了一些已经被污染的各种类型的水。

饮用被污染的地下水或地表水：

$$Intake(\mathrm{mg/kg} \times \mathrm{d}) = \frac{CW \times IR \times EF \times ED}{BW \times AT}$$

皮肤接触污染的地下水和地表水：

$$AbsorbedDose(\mathrm{mg/kg} \times \mathrm{d}) = \frac{CW \times SA \times PC \times EF \times ED}{BW \times AT}$$

式中　CW——地表或地下水的污染物浓度（mg/L）；

　　　IR——摄取速率（L/d）；

　　　EF——暴露频率（d/a）；

　　　ED——暴露期（a）；

　　　BW——人群平均体重（kg）；

　　　AT——平均暴露时间（d）；

　　　SA——接触的皮肤表面积（cm^2）；

　　　PC——化学物质皮肤渗透系数（cm/h）；

　　　CF——水的单位转换因子（1L/1000cm^3）。

4.2.2.3　毒性评估

在危害识别的基础上，分析关注污染物对人体健康的危害效应，包括致癌效应和非致癌效应，确定与关注污染物相关的参数，包括参考剂量、参考浓度、致癌斜率因子和呼吸吸入单位致癌因子等（表 4-8 和表 4-9）。

表 4-8　场地参数推荐值

参数名称	单位	住宅用地	公共用地	工商业用地
室内空气中来自场地土壤的颗粒物所占比率	—	0.8	0.8	0.8
室外空气中来自场地土壤的颗粒物所占比率	—	0.5	0.5	0.5
空气中总悬浮颗粒物含量	mg·m^{-3}	0.30	0.30	0.30
土壤污染区近地面平均风速	m·s^{-1}	2	2	2
污染物蒸汽流平均时间	s	9.46×10^8	9.46×10^8	7.88×10^8
室内空间体积与蒸汽入渗面积之比	m	2	2	3
室内空气交换速率	次·d^{-1}	0.5	0.5	1

表 4-9　人体暴露参数值

参数名称	单位	住宅用地		公共用地	工商业用地
		城市	乡村		
儿童体重	kg	15	15	15	—
成人体重	kg	58	58	58	58
儿童每日摄入土壤量	mg·d^{-1}	200	200	200	—

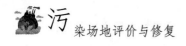
参数名称	单位	住宅用地		公共用地	工商业用地
		城市	乡村		
成人每日摄入土壤量	$mg \cdot d^{-1}$	100	100	100	100
儿童暴露皮肤面积	cm^2	2305	2305	2305	—
成人暴露皮肤面积	cm^2	5376	5376	5376	3032
儿童每日吸入空气量	$m^3 \cdot d^{-1}$	6.5	6.5	6.5	—
成人每日吸入空气量	$m^3 \cdot d^{-1}$	13.5	13.5	13.5	13.5
儿童每日摄入地下水量	$L \cdot d^{-1}$	1.4	1.4	—	—
成人每日摄入地下水量	$L \cdot d^{-1}$	3	3	—	—
儿童皮肤表面土壤黏附系数	$mg \cdot cm^{-2}$	0.2	0.2	0.2	—
成人皮肤表面土壤黏附系数	$mg \cdot cm^{-2}$	0.07	0.07	0.07	0.2

1. 剂量-反应关系

污染物对生物危害的程度取决于污染物的毒性和进入机体剂量的相关关系。

污染物的毒性效应主要包括致癌效应和或非致癌效应、污染物对人体健康的危害机理以及剂量-效应关系。毒性参数参见中国的《建设用地土壤污染风险评估技术导则》(HJ 25.3—2019)(建议使用美国推荐的毒性参数术语,即为非致癌物的参考剂量,为致癌物的致癌斜率因子。污染物的剂量增加,对机体的毒效应的程度增加,或出现某种效应的个体在群体所占比率也增加)。

对于非致癌物质,如具有神经毒性、免疫毒性和发育毒性等物质,通常认为存在阈值现象,即低于该值就不会产生可观察到的不良效应。对于致癌和致突变物质,一般认为无阈值现象,即任意剂量的暴露均可能产生负面健康效应。

2. 试验数据剂量-反应关系的建立

分析人体暴露于化学物质的剂量和不良反应并建立两者之间的关系时,最常用的基础资料是人体流行病学数据。科研人员研究人类传染病学资料时大多会选择线性模型、线性二次模型,研究模型的过程中或受到来自多个方面的干扰,这就导致了研究资料的精确度、数值区域范围与暴露剂量的计算都会出现一定误差,这也间接导致了研究结果的不准确。

建立动物实验的剂量-不良反应关系资料往往会选择毒效动力学方法或经验模型。毒效动力学主要是分析产生肿瘤的不同病发阶段与不同阶段出现生物转化反应,能够实质性地体现出内部剂量与生物体发生癌变的关系,当生物体的实验方式和病理症状的模式相对明确时,就可以选择毒效动力学方法来建立实验动物的化学物质暴露剂量与不良反应关系。数据模型实质上是一种统计领域的统计法,用来计算不同污染物剂量下癌变的症状与概率。

3. 低剂量外推法

当处于实际受污染的环境中，人体接触污染物质的剂量是相对较少的，但在生物活体实验或者流行病实验中使用的污染物剂量通常是比较高的，所以通常都是利用实验获得的关系模型来推测人体在实际环境中的试验数据剂量-反应关系的模型，也就是常用的低剂量外推。在进行低剂量外推时，首先要确定外推的出发点（主要是通过分析实验数据中体现的化学物质暴露剂量-不良反应关系得来，然后在模拟低剂量的条件下进行推导，建立低剂量条件下的"剂量-反应"关系。出发点通常使用肿瘤发病概率时所对应的污染物剂量的双侧置信区间的下限是实验资料中最接近现实环境中低剂量条件下的剂量计算值。在进行低剂量外推时，经常使用的模型为法线性和非线性两种模型。

4. 毒性效应与毒性参数

污染场地中常用的污染物毒性参数：致癌斜率系数（Slope Factors，SF）和参考剂量-非致癌（Reference Dose，RfD）。

（1）非致癌效应与毒性参数。非致癌效应的阈值的表征方法有三种：不可见有害作用水平（No Observed Adverse Effect Level，NOAEL）、最低可见有害作用水平（Lowest Observed Adverse Effect Level，LOAEL）和基准剂量（Benchmark Dose，BMD）。

非致癌风险的标准建议值根据参考剂量/浓度（RfD/RfC）、可容忍日摄取量（TDI）和可接受日摄取量（ADI）等而定，它们均指单位时间单位体重可摄取的在一定时间内不会引起人体不良反应的污染物质最大数量。

$$TDI\ 或\ ADI = BMD\ 或\ NOAEL\ /UF$$

RfD（参考剂量）的确定：一般认为非致癌关键毒性参数是阈值剂量。

参考剂量或参考浓度是指未引起包括敏感个体在内的有害效应的估算量，首先确定在特定的暴露时间内未产生可观测的不良效应的最高剂量（NOAEL）和产生可观测到的不良效应的最低剂量（LOAEL）。然而，为了确保人体健康，非致癌风险的评估不是直接建立在阈值暴露水平基础上，而是建立在参考剂量或参考浓度基础上。通常采用 NOAEL，没有 NOAEL 时，也可用 LOAEL。

$$RfD(RfC) = \frac{NOAEL}{UF}$$

式中　UF——不确定因子；

　　RfD——经口摄取参考量；

　　RfC——呼吸摄入参考量。

$$UF = F_1 \cdot F_2 \cdot F_3 \cdot MF$$

式中　F_1——种间不确定性，$F_1 = 1 \sim 10$，从动物实验外推到人时，$F_1 = 10$；

　　F_2——种内不确定性，$F_2 = 1 \sim 10$，用于补偿人群中的不同敏感性时，$F_2 = 10$；

　　F_3——毒性不确定系数，$F_3 = 1 \sim 10$，如 NOAEL 不是从慢性实验中获得，$F_3 = 10$；

　　MF——资料完整性不确定系数，$MF = 1 \sim 10$。

（2）致癌风险。致癌效应的剂量-反应关系是以各种关于剂量和反应的定量研究为基础建立的，如动物实验学实验数据、临床学和流行病学统计资料等。由于人体在实际环境中的暴露水平通常较低，而实验学或流行病学研究中的剂量相对较高，因此在估计人体实际暴露情形下的剂量-反应关系时，常常利用实验获取的剂量-反应关系数据推测低剂量条件下的剂量-反应关系，称为低剂量外推法。具体步骤如下：

第一步，分析实验或流行病学数据范围内所表现出来的剂量-反应关系，以此为低剂量外推确定-出发点（Point of Departure，PoD）。

第二步，以第一步确定的出发点为起始点，向低剂量方向外推，建立低剂量条件下的剂量-反应关系。

线性模型直观表示为连接原点和出发点的直线，其斜率为斜率因子（SF），表示不同剂量水平的风险上限，可用于估计各种剂量下的风险概率。

5. 场地评价中毒性数据的主要来源

化学物质的毒性资料和数据可以利用一些数据库通过查询操作收集成功。目前各类数据主要来源于以下 3 个层次的数据系统：

第一层数据来源是风险综合信息系统中化学物质的毒性数据，由美国环保局所构建的；

第二层数据来源是以美国研究和发展办公室、国家环境评估中心和超级基金健康风险技术支持中心三家机构共同建立的临时性的同行审查数据库；

第三层数据来源主要是加利福尼亚环境保护局所设立的毒性数据、有毒物质和疾病登记处（提供的最低风险水平和健康影响评估方面的各种表格数据等）。

4.2.2.4 风险表征

风险表征是污染场地人体健康风险评估的最后一步，是在前面三个阶段评定的基础上，综合、分析和判断人群发生某种危害可能性的大小，主要是根据暴露评价和毒性评估的结果，采用风险评估模型对场地的致癌风险和非致癌危害进行定量计算，并对其可信程度或不确定性加以分析，提供暴露人群的污染风险信息，为环境管理者提供风险管理的科学依据。风险表征包括风险估算和风险概述。

1. 风险估算

风险估算以致癌风险和非致癌危害指数表示。目前国外通常采用单污染物风险和多污染物总风险及多暴露途径综合风险三种方式表示。

（1）非致癌风险：定义为每天摄入量（平均到整个暴露作用期）除以每一途径的慢性经口参考剂量。

单污染物风险：各暴露途径中单个污染物的健康风险。

非致癌危害指数：

$$HQ = CDI/RfD$$

式中　HQ——风险值；

　　CDI——人体终生暴露于致癌物质单位时间单位体重的平均日摄取量 $[mg/(kg \cdot d)]$；

　　RfD——非致癌参考剂量 $[mg/(kg \cdot d)]$。

多污染物总风险：为某一暴露途径各污染物风险之和。

非致癌总危害指数：

$$HI = \sum HQ_i$$

多暴露途径综合风险：各暴露途径总风险之和。

$$HI = \sum_{j=1}^{n_2} \sum_{i=1}^{n_1} \frac{CDI_{ij}}{RfD_{ij}}$$

式中　CDI_{ij}——多种类型的污染物中第 i 种处于第 j 种类型的暴露途径时，每日单位体重的平均摄入水平；

RfD_{ij}——第 i 种污染物处于第 j 种类型的暴露途径时，所对应的慢性参考剂量；

n_1——非致癌影响污染物的数量；

n_2——该种情况下暴露途径的数量。

非致癌物质的危害商的计算公式如下：

$$HQ = \frac{IR_{oral} \times EF_{oral} \times ED_{oral}}{BW \times AT \times RfD_{oral}} + \frac{IR_{dermal} \times EF_{dermal} \times ED_{dermal}}{BW \times AT \times RfD_{dermal}} + \frac{IR_{inh} \times EF_{inh} \times ED_{inh}}{BW \times AT \times RfD_{inh}}$$

式中，下标 oral、dermal、inh 分别为经口、皮肤接触、吸入。

可接受非致癌风险：危害商：1。有些国家会扣除非污染场地贡献的非致癌风险，如德国和英国设定场地部分不超过 20%，丹麦 10%，有些国家根据污染物而定。

（2）致癌风险。致癌风险评价值通过平均到整个生命期的平均每天摄入量 CDI 乘以经口、经皮肤或直接吸入致癌斜率系数（CSF）计算得出。

单污染物致癌风险：

当 $Risk < 0.01$ 时，　　　　　　$Risk = CDI \times SF$

当 $Risk > 0.01$ 时，　　　　$Risk = 1 - \exp(-CDI \times SF)$

式中　$Risk$——致癌风险，表示人群癌症发生的概率，通常以一定数量人口出现癌症患者的个体数表示；

SF——斜率因子 $[mg/(kg \cdot d)]$。

多污染物致癌总风险：

$$(Risk)_T = \sum (Risk)_i$$

综合致癌风险：（低剂量线性模型）

$$HI = \sum_{j=1}^{n_2} \sum_{i=1}^{n_1} CDI_{ij} \times SF_{ij}$$

致癌物质的致癌风险值（CR）的计算公式：

$$CR = \frac{C \times IR_{oral} \times EF_{oral} \times ED_{oral} \times SF_{oral}}{BW \times AT} +$$

$$\frac{C \times IR_{dermal} \times EF_{dermal} \times ED_{dermal} \times SF_{dermal}}{BW \times AT} +$$

$$\frac{C \times IR_{inh} \times EF_{inh} \times ED_{inh} \times SF_{inh}}{BW \times AT}$$

可接受致癌风险水平：各国不一样，一般在 $10^{-4} \sim 10^{-6}$。

美国：$10^{-4} \sim 10^{-6}$，一般单个污染物为 10^{-6}，累计为 10^{-4}；荷兰：10^{-4}；意大利：10^{-6}。

2. 风险概述

客观地表述场地风险，充分分析风险评价的不确定性程度，承认风险的相对性，科学地指导场地污染防治决策。

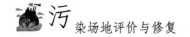

3. 暴露风险贡献率分析

单一污染物经不同暴露途径致癌和非致癌风险贡献率，分别采用下列公式计算：

$$PCR_{n-i} = \frac{CR_i}{CR_n} \times 100\%$$

$$PHQ_{n-i} = \frac{HQ_i}{HQ_n} \times 100\%$$

式中　PCR_{n-i}——第 n 种关注污染物经单一（第 i 种）暴露途径致癌风险贡献率，无量纲；

　　　CR_i——单一污染物经第 i 种暴露途径的致癌风险，无量纲；

　PHQ_{n-i}——第 n 种关注污染物经单一（第 i 种）暴露途径非致癌风险贡献率，无量纲；

　　　HQ_i——单一污染物经第 i 种暴露途径的致癌风险，无量纲。

不同关注污染物经所有暴露途径致癌和非致癌风险贡献率，分别采用下列公式：

$$PCR_n = \frac{CR_n}{CR_{sum}} \times 100\%$$

$$PHQ_n = \frac{HQ_n}{HQ_{sum}} \times 100\%$$

式中　PCR_n——第 n 种关注污染物经暴露途径致癌风险贡献率，无量纲；

　　PHQ_n——第 n 种关注污染物经暴露途径非致癌风险贡献率，无量纲。

例：

暴露途径	致癌风险				非致癌风险			
	经口摄入	皮肤接触	呼吸吸入	合计	经口摄入	皮肤接触	呼吸吸入	合计
苯并[a]蒽	2.99E-05	3.52E-05	8.83E-07	6.6E-05	1.81	—	5.06	6.87
苯并[a]芘	5.91E-05	6.96E-05	1.62E-06	13.03E-05	3.58	—	15.5	19.08

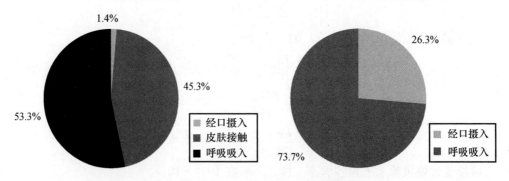

图 4-10　苯并蒽不同暴露途径风险贡献率

4.3　污染场地修复基准或修复标准

国外很多国家，如美国、加拿大、丹麦和荷兰等发达国家均已制定了相关的污染土壤修复标准。在我国，至今一直沿用的是《土壤环境质量农用地土壤污染风险管控标准（试行）》（GB 15618—2018）来指导土壤环保工作，污染土壤修复标准正在制定中。

西班牙学者 Fernández 等把环境基准（Environmental Criteria）大体上分成 3 个等级：

（1）屏蔽值（Screening value），表示能引起潜在生态功能失调时污染物的浓度水平；

（2）清洁目标（Clean-up target），污染物的浓度水平；表示修复过程中有待达成的目标，一般是在修复所需的费用和生态效益之间进行平衡后所做出的决策，有时相当于屏蔽值；

（3）应急值（Intervention value），表示立即需要采取清洁和控制措施的严重污染指示浓度。

污染土壤修复基准值应处于屏蔽值和应急值之间。

4.3.1　污染场地修复标准建立方法

4.3.1.1　场地修复标准的概念与制定原则

污染土壤修复基准是土壤环境基准体系中的一部分，是使土壤环境中的污染物降低到不足以导致较大的或不可接受的生态损害或健康危害的程度，是污染土壤修复标准的数据基础和科学依据。它反映了急性污染或较为严重污染暴露条件下土壤生态系统中在种群或群落水平上 50％～70％ 的生物物种或个数能够得到保护或者免受污染危害的土壤环境中污染物的最高水平。

土壤修复标准是被技术和法规所确定、确立的土壤清洁水平，通过土壤修复或利用各种清洁技术手段，使土壤环境中污染物的浓度降低到对人体健康和生态系统不构成威胁的技术和法规可接受的水平。污染土壤修复基准研究是污染土壤修复标准制定的基础。

各国的污染土壤修复标准制定的原则主要考虑以下几个方面：

（1）以风险为导向的修复。多数国家进行的都是风险主导的土壤修复。

（2）划分土地利用类型。许多国家的土壤修复标准考虑了土壤过去的、当前的和将来的土地利用。总体上，主要划分为农业用地、商业用地、工业用地、保护地下水四大类。

（3）保护人体健康。每个国家的污染土壤修复标准都是以保护人体健康为核心的，甚至有些修复标准仅考虑人体健康效应，如丹麦的消减标准等。

（4）保护生态受体。主要涉及土壤植物/作物、土壤无脊椎动物、土壤微生物及其过程这几大类生态受体。有些国家还将土壤污染对地下水的污染效应考虑进来，如美国纽约州的土壤清洁目标，其他的一些国家则将地下水的保护以标准的形式单独制定，如丹麦的污染点下层地下水的质量标准（表4-10）。

表4-10　一些国家确立土壤修复标准的原则

项目	美国			荷兰	加拿大	比利时	德国	丹麦	芬兰	瑞士
	纽约州	华盛顿州	新泽西州							
土地利用	Y	Y	Y	N	Y	Y	Y	N	N	Y
生态系统	Y	Y	N	Y	Y	Y	N	N	Y	N
人体健康	Y	Y	Y	Y	Y	Y	Y	Y	Y	Y
地下水	Y	Y	Y	Y	Y	N	N	N	N	N

注：Y表示考虑，N表示未考虑。

4.3.1.2　场地修复标准的方法分类和推导/制定

1. 土地利用类型

国外大部分国家在修复基准研究和标准制定中均考虑了过去的、当前的或将来的土地利用类型，总体分为农业用地、居住用地、商业/工业用地和地下水保护4大土地利用类型（图4-11）。

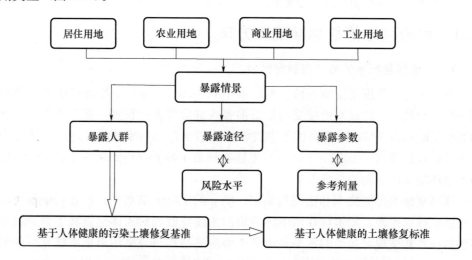

图4-11　不同土地利用类型基于人体健康的污染土壤修复标准推导法

2. 基于人体健康和生态系统安全

在污染土壤修复标准推导和制定过程中，主要以人体健康、生态系统和地下水为3大保护对象（图4-12）。

基于人体健康的修复基准推导时，不同的土地利用类型考虑的暴露情景是不同的，具体表现在暴露人群、暴露途径、暴露参数和毒性指标等的差异上。

基于生态系统健康的修复基准，不同的土地利用类型所研究的生态受体、毒理指标的选择、使用的推导方法等也有一些不同（图4-13）。

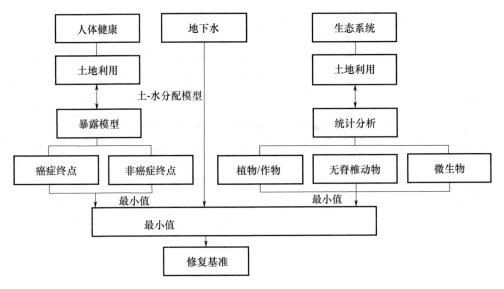

图 4-12 国外土壤污染修复基准推导的一般流程

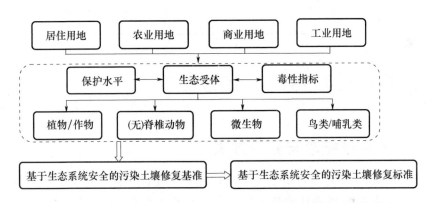

图 4-13 不同土地利用类型基于生态安全的土壤污染修复基准推导法

基于地下水保护的土壤修复基准，受到的土地利用类型的影响相对于人体健康和生态系统较小。

美国纽约州：土壤清洁目标 SCOs 是基于当前的或将来的这 5 类土地利用而制定的，它包括基于健康的 SCOHH 和基于生态的 ESCO 两部分。将健康、地下水、生态资源的 SCO 和土壤污染物的最大可接受浓度的最大值作为最终的 SCO（图 4-14）。

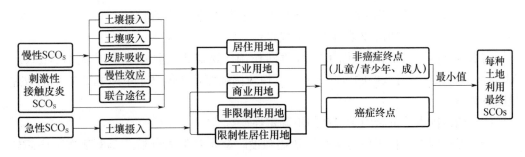

图 4-14 美国纽约州基于人体健康的土壤清洁目标推导法

4.3.2 国外污染场地修复标准

国外一些发达国家，不仅土壤类型差异很大，环境因素和生态条件复杂多变，而且污染土壤修复标准和土壤环境质量标准的制定方法也存在着较大的差异，其污染土壤修复标准与土壤环境质量标准的参数和限定值也有很大的不同（表4-11）。

表 4-11　不同国家基于人体健康的土壤镍标（基）准值

国家或地区	对于居住地土壤的以健康风险为依据的标/基准值（mg·kg^{-1}）
安大略省（加拿大）	310
哥伦比亚省（加拿大）	100
美国国家环保局	130
马萨诸塞州（美国）	300
新泽西州（美国）	250
澳大利亚	600
德国	140
荷兰	210

4.4　健康风险评估的不确定分析

4.4.1　不确定性概念与分析方法

不确定性一般理解为不肯定性、不确知性和可变性。其贯穿整个风险评价过程，降低不确定性，可以使风险评价结果更科学。不确定性主要包括参数的不确定性、情景的不确定性和评价模型的不确定性。

不确定性产生的原因如下：

（1）资料的不确定性：由于资料收集不足以及现场监测数据产生的误差可能带来不确定性。

（2）模型参数的不确定性：人群平均体重、年龄、日均空气摄入量等参数的确定，都可能使计算结果产生偏差。

（3）模型选取的不确定性：所选模型不一定完全符合实际情况。

（4）污染因素的协同作用引起的不确定性。

高浓度暴露时，PAH 之间可能有协同作用，燃煤空气污染物中其他如 Ni、Cr、As 等重金属也可能有致癌的协同作用，可使致癌强度系数值高于单纯 BaP 暴露的致癌强度系数值。

（5）遗传因素等混杂因子引起的不确定性。

由于遗传因素高估了环境暴露的致癌强度。金永堂等人分析了云南某市肺癌高发区的 370 家核心家系的资料。结果表明：肺癌的发生具有家族聚集性，肺癌的先证者的亲属患肺癌的危险性增加，是配偶家系亲属的 1.85 倍。女性亲属是配偶系女性亲属的 2.64 倍。由此可见，云南某市肺癌除与室内污染有关外，遗传因素也不容忽视。

研究风险评价中不确定性的分析分为定性和定量两种方式。

定性的不确定性分析法是将不确定性的来源、性质和可能影响的范围等概括描述出来。常用的定性的不确定性分析方法是专家意见法，即组织风险评价各方面的相关专家进行讨论，分享各自领域内对不确定的建议，然后综合分析专家意见，最后形成结果。

4.4.2　不确定性分析模式

定量的不确定性分析方法是以定量的方式描述不确定性。常用的不确定性分析方法有蒙特卡罗方法、敏感性分析法等定量的分析方法。

4.4.2.1　蒙特卡罗方法 （Monte Carlo Analysis，MCA）

蒙特卡罗方法是利用遵循某种分布形态的随机数模拟现实系统中可能出现的各种随机现象，即通过概率方法表述参数的不确定性。

4.4.2.2　模型参数敏感性分析

1. 敏感参数确定原则

选定需要进行敏感性分析的参数（P），一般应是对风险计算结果影响较大的参数，如人群相关参数（如体重、暴露期、暴露频率等）、与暴露途径相关的参数（如每日摄入土壤量、皮肤表面土壤黏附系数、每日吸入空气体积、室内空间体积与蒸汽入渗面积比等）。

单一暴露途径风险贡献率超过 20％时，应进行人群和与该途径相关参数的敏感性分析。

2. 敏感性分析方法

模型参数的敏感性可用敏感性比值来表示，即模型参数值的变化（从 P_1 变化到 P_2）与致癌风险或危害商（从 X_1 变化到 X_2）发生变化的比值。计算敏感性比值（SR）的推荐模型：

$$SR = \frac{\dfrac{X_2 - X_1}{X_1} \times 100\%}{\dfrac{P_2 - P_1}{P_1} \times 100\%}$$

式中　SR——参数敏感性比例，无量纲；

　　　P_1——参数 P 变化前的数值；

　　　P_2——参数 P 变化后的数值；

　　　X_1——按 P_1 计算的致癌风险或危害商值，无量纲；

　　　X_2——按 P_2 计算的致癌风险或危害商值，无量纲。

敏感性比值越大，表示该参数对风险的影响也越大。进行模型参数敏感性分析，应综合考虑参数的实际取值范围并确定参数值的变化范围。

思考题

1. 场地健康风险评价是什么？流程是什么？
2. 简述暴露的定义和暴露评估的基本内容。
3. 如何进行暴露情景分析？
4. 简述非致癌风险和致癌风险的计算方法。
5. 简述健康风险评价的不确定分析。

第5章 污染场地生态风险评价

5.1 生态风险评价基本概念及发展历程

5.1.1 基本概念

5.1.1.1 环境风险

环境风险是由自发的自然原因和人类活动引起的，并通过环境介质传播的、能对人类社会及自然环境产生破坏力乃至毁灭性作用等不幸事件发生的概率及其后果。环境风险广泛存在于人类的各种活动中，其性质和表现方式复杂多样，从不同角度有不同分类，如按风险源分类，可以分为化学风险、物理风险以及自然灾害引发的风险；按承受风险的对象分类，可以分为人群风险、设施风险和生态风险等。

5.1.1.2 生态风险

生态风险是指一个种群、生态系统或整个景观的正常功能受外界胁迫，从而在目前和将来减少该系统内部某些要素或其本身的健康、生产力、遗传结构、经济价值和美学价值的可能性。生态风险形成原因包括自然的、社会经济的与人们生产实践的诸多因素。其中，自然的因素，如全球气候变化引起的水资源危机、土壤沙漠化与盐渍化等；社会经济方面的因素，包括市场因素、资金的投入产出因素、流通与营销、产业结构布局等因素；人类生产实践的因素，包括传统经营方式和技术产生的生态风险、资源开发利用方面的风险因素等。

生态风险除了具有一般意义上的"风险"含义外，还具有如下特点：

（1）不确定性。生态系统具有哪种风险和风险源均是不确定的。事先难以准确预料危害性事件是否会发生以及发生的时间、地点、强度和范围，最多具有这些事件先前发生的概率信息，从而根据这些信息来推断和预测生态系统所具有的风险类型和大小。不确定性还表现在灾害或事故发生之前对风险已经有一定的了解，而不是完全未知。如果某一种灾害以前从未被认知，评价者就无法对其进行分析，也就无法推断它将要给某一生态系统带来何种风险。风险是随机的，具有不确定性。

（2）危害性。生态风险评价所关注的事件是灾害性事件，危害性是指这些事件发生后的作用效果对风险承受者（这里指生态系统及其组分）具有的负面影响。这些影响将有可能导致生态系统结构和功能的损失，生态系统内物种的病变，植被演替过程的中断或改变，生物多样性的减少等。虽然某些事件发生以后对生态系统或其组分可能具有有利的作用，如台风带来降水缓解了旱情等，但是，进行生态风险评价时将不考虑这些正面的影响。

（3）内在价值性。生态风险评价的目的是评价具有危害和不确定性事件对生态系统及其组分可能造成的影响，在分析和表征生态风险时应体现生态系统自身的价值和功能。这一点与通常经济学上的风险评价以及自然灾害风险评价不同，在这些评价中，通常将风险用经济损失来表示，但针对生态系统所作的生态风险评价是不可以将风险值用简单的物质或经济损失来表示的。虽然生态系统中物质的流失或物种的灭绝必然会给人们造成经济损失，但生态系统更重要的价值在于其本身的健康、安全和完整，正如某一物种灭绝了，很难说这一事件给人类造成了多大的经济损失，但是用再多的经济投入也是不可挽救的。因此，分析和表征生态风险一定要与生态系统自身的结构和功能相结合，以生态系统的内在价值为依据。

（4）客观性。任何生态系统都不可能是封闭的和静止不变的，必然会受诸多具有不确定性和危害性因素的影响，也就必然存在风险。由于生态风险对于生态系统来说是客观存在的，因此，人们在进行区域开发建设等活动，尤其是涉及影响生态系统结构和功能活动时，对生态风险要有充分的认识，在进行生态风险评价时也要有科学严谨的态度。

5.1.1.3　环境风险评价

广义上，环境风险评价是指对人类的各种社会经济活动所引发或面临的危害（包括自然灾害）对人体健康、社会经济、生态系统等所造成的可能损失进行评估，并据此进行管理和决策的过程。狭义上，环境风险评价常指对有毒有害物质（包括化学品和放射性物质）危害人体健康和生态系统的影响程度进行概率估计，并提出减小环境风险的方案和对策。本书中的环境风险评价包括狭义上有毒有害物质造成的人体健康和生态风险评价，还包括从风险源（各种风险事故）到风险后果以至风险管理等整个环境风险系统的评价过程。

5.1.1.4　生态风险评价

生态风险评价（Ecological Risk Assessment，ERA）是环境风险评价的重要分支，是以化学、生态学、毒理学为理论基础，应用物理学、数学和计算机等科学技术，对因一种或多种内部或外界因素导致的不利生态影响所进行的评估，预测污染物对生态系统的有害影响。评估由于化学品排放、人类活动和自然灾害等产生的不利影响的可能性和强度，并进行定性和定向研究，其目的是帮助环境管理部门了解和预测生态影响因素与所产生的生态后果之间的关系，有利于环境决策的制定。生态风险评价能够预测未来的生态不利影响或评估因以往某种因素导致生态变化的可能性。生态风险评价主要基于两种关键因素，即后果特征及暴露特征。

生态风险评价的内容包括生态风险评价标准的确定、生态风险源分析、生态风险传递路径分析、生态风险受体分析、生态风险表征、生态风险决策、生态风险监测和生态风险管理。

(1) 生态风险评价标准的确定。生态风险评价标准是生态风险评价中的关键性内容，也是生态风险评价中的难点和重点之一。生态风险评价标准可以认为是可接受的生态系统风险或期望达到的生态系统风险控制目标，它有别于生态终点。生态终点是指由于风险事件（通常为人类活动或自然灾害）对生态系统的作用而导致的后果，生态风险评价标准就是测量生态终点的标尺。由于生态系统本身的复杂性和风险事件的多源性、风险源到生态系统的多路径特征以及响应关系的模糊性，使生态风险评价标准需要在研究界定受体（即某生态系统）地位、边界、结构和功能等前提下进行。

(2) 生态风险源分析。生态风险源分析是对可能影响生态系统的风险源进行定量化和结构化的辨识，即分析风险源的数量、组成、结构、分布、特征、类型等。生态风险源辨识是生态风险管理和评价的基础。由于风险源的属性是时间的函数，因此风险源辨识是一个不断反复的过程，一些风险源会随时间而消失，一些新的风险源会随时间而产生。因此，生态风险源分析是一个动态过程，随生态系统的变化而变化。

(3) 生态风险传递路径分析。生态风险传递路径分析是分析从风险源到风险受体的路径，这个路径可能是单一路径，也可能是多路径。当涉及多风险源时，路径之间可能还存在着某种关联。对于某些生态风险而言，其传递的路径是生态过程所经历的路径，具体情况需要综合研究。

(4) 生态风险受体分析。生态风险受体分析是分析和界定受体生态系统的边界、属性、对源的暴露和响应特征等。健康风险评价是以人类本身为受体，生态风险评价是以生态系统为受体。由于生态系统的外延扩展，在某些情况下，生态系统也可理解为包括人类社会在内的社会-经济-自然复合生态系统。

(5) 生态风险表征。生态风险表征是根据源-路径-受体-暴露分析和生态系统响应分析结果，确认面临的风险及进行风险解释。生态风险表征包括两个部分：①风险评估：进行风险评估，研究不确定性，估计不利效应的可能性；②风险描述：归纳和解释评估结果。

(6) 生态风险决策和生态风险管理。生态风险决策和生态风险管理虽然不属于生态风险评价的内容，但却是生态风险评价的目的。只有将生态风险评价结果应用于生态风险决策和生态风险管理，才能体现生态风险评价的价值。根据生态风险评价结果，作出相应的产业布局、规模、污染控制、生态系统保护的决策，设计和落实生态风险防范和生态风险管理的方案，有时甚至需要进行生态风险相关的监测。

5.1.2 生态风险评价的发展历程及趋势

5.1.2.1 国外发展历程

生态风险评价是由风险评价发展而来的，风险评价始于 20 世纪 70 年代初的美国，最初的风险评价主要用于单一化学污染物对环境和人类健康影响的毒理研究。生态风险评价的工具和方法在一些研究中开始出现，但内容仍然侧重生物生态毒理研究，尺度一般限于单一种群或者群落。至 20 世纪 80 年代初，美国橡树岭国家实验室受美国环保局（USEPA）的委托，进行人类健康影响评价，在此研究中发展和应用了一系列针对组织、种群、生态系统水平的生态风险评价方法，并将此方法类推到人体健康的致癌风险评价中，这一研究在强调所有相关生物组织水平的同时，也指出生态风险评价应该评价确定影响的可能性。风险评价研究的内容开始逐渐从毒理风险、人体健康风险向生态风险转变，尺度也从种群、群落向生态系统扩展。这一时期的研究直至20世纪90年代初都没有统一的评价标准和评价指南，直到1992年，美国国家环保局完成了全球第一个生态风险评价框架，在这个框架里面首次明确表述了生态风险评价的准则。1998年USEPA在1992年生态风险评价框架的基础上发布了《生态风险评价指南》，《生态风险评价指南》较1992年生态-风险评价框架做了部分改动，重点在于更加强调在评价者和管理者详细研讨的基础上建立合理的评价计划。目前，美国大部分生态风险评价仍然使用1998年版的《生态风险评价指南》作为研究标准。

欧洲的生态风险评价研究与美国的生态风险评价研究有较大不同，其研究主要是在新化学品评价的基础上发展起来的。其研究集中在：①发展更实用的污染物排放估计方法；②针对评价数据参差不齐的现状，开发专业、简便的数据判断方法；③逐步发展亚急性效应和慢性效应在生态风险评价中的应用，对高残留、高生物有效性物质予以特别关注。澳大利亚生态风险评价研究集中在化学污染物和重金属对土壤的影响上，澳大利亚国家环境保护委员会于1999年也建立了一套比较完善的土壤生态风险评价指南。其他国家，如加拿大、南非和新西兰等，其生态风险评价研究大多按照美国1998年版的《生态风险评价指南》展开，并在此基础上对评价流程和具体操作方法进行适合本国的调整和改进。在这之后，很多学者开始把研究尺度扩展到区域、景观和流域尺度。随着20多年的发展，评价内容、评价范围、研究尺度等都有了很大发展。由单化学污染物、单一受体发展到多风险源、多风险评价终点，风险源范围也进一步扩大，除了化学污染、生态事件外，开始考虑人类活动的影响（如城市化、生活和工业废弃物、气候变化等），研究的重点主要集中在对人类活动导致的污染区域的生态风险评价模式与方法体系上。研究尺度从单一种群扩展到生态系统、区域、流域和景观尺度。研究对象也从陆地生态系统扩展到海洋生态系统。

综上所述，由于有大量的野外观测数据，包括种群、生态系统等多方面的长期数据，因此在进行生态风险评价研究时，往往侧重于利用观测数据从某一种或几种生物个体和种群的变化来反映生态系统的功能变化和生态风险。另外，国外对生态风险的分析更多的是定性和半定量的分析，通过这些分析和结论为环境管理及决策服务。

5.1.2.2　国内发展历程

国内的生态风险评价研究起步较晚，从20世纪90年代才开始起步，我国学者对于生态风险评价的研究主要集中在两个方面：水环境化学生态风险评价、区域和景观生态风险评价。对水环境化学生态风险评价的研究主要集中在有毒有机化合物、重金属以及营养盐富集等的生态效应，这一类研究已经较成熟，在国内开展得较多，如有机氯农药和多环芳烃对于疏浚湖区底泥中典型持久性有机污染物的蓄积规律和对生态的潜在风险。区域和景观生态风险评价研究才刚刚起步，当前景观生态风险研究着重从景观结构和生态风险空间范围上进行分析、展开，主要应用景观生态学方法，构建景观损失指数和综合风险指数，通过对生态风险指数采样结果进行半方差分析和空间差值，揭示区域生态风险空间分布特征。当前国内的区域生态风险评价还主要侧重在地区性单一风险要素的生态风险评价。由于国内的生态风险评价缺乏长期连续的野外观测数据，因此多从自然地理要素以及环境本底数据入手，建立评价指标体系，然后进行区域生态风险的分级与空间差异分析。相比国外的生态风险评价研究，国内的研究更加宏观，在未来的研究中可以借鉴国外生态风险评价的经验与特点，加强野外长期观测，宏观与微观方法相结合，从而更全面地对生态系统的功能和风险进行评价。

综上所述，生态风险评价经历了以下几个阶段：第一阶段是 20 世纪 80 年代之前的萌芽阶段，评价内容为环境风险评价，以突发环境事件为主；第二阶段是 20 世纪 80 年代的发展阶段，评价内容主要为毒理评价和人体健康评价；第三阶段是 20 世纪 90 年代的大发展阶段，评价内容主要是各国生态风险评价框架和指南建立，以大量案例为基础的探索研究为主；第四阶段是 20 世纪 90 年代末至今，是景观、区域和流域生态风险评价方法和模式探索阶段，主要进行了大尺度的综合生态风险评价研究。

5.1.2.3　未来发展趋势

未来的生态风险评价研究需要加强的领域如下：

（1）加强区域生态风险的评价和研究工作，推动由区域生态保护目标到风险源控制的评价框架的构建和完善，加强生态风险指标的研究。

（2）由于生态风险与生态过程的密切关联及生态风险的尺度效应，应特别加强生态风险传递路径及路径关联、路径控制的研究。

（3）在化学物质生态风险评价的基础上，积极拓展自然灾害、人类干扰活动带来的生态风险评价和研究。

（4）以个体生态毒理学试验为基础的生态风险评价向种群、群落、生态系统、景观水平甚至全球水平的生态风险评价拓展。

（5）发展各种外推模型（包括尺度、类别、层级、不确定性等）、生物效应模型、生态风险路径模型、生态风险决策支撑模型等，拓展 GIS、RS、GPS、计算机技术等各种技术和系统学、数学、运筹学、管理学、经济学等各种学科方法在生态风险评价中的应用，逐步实现定性与定量相结合的评价和生态风险定量评价。

（6）加强突发性生态风险评价研究，避免重大生态风险事故发生。

（7）生态风险评价是为生态风险管理服务的，要加强生态风险决策和管理研究，逐步建立生态风险评价的标准方法和技术指南，以及科学的生态风险决策管理法律和法规。

5.2　生态风险评价的基本程序

5.2.1　生态风险评价的内容

5.2.1.1　评价程序（图 5-1）

（1）危害识别。

（2）暴露—反应估算（效应评价）。

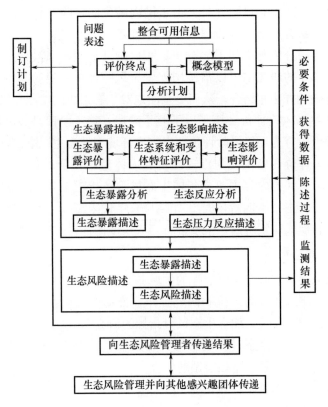

图 5-1　生态风险评价程序

（3）暴露评价。

（4）风险表征。

5.2.1.2　评价特点

（1）指标尽量用 EC、LOEC、MATC，少用 LC。

（2）是对多个不同营养阶层物种的效应。

（3）考虑化学品的生命周期。

（4）收集资料、建立模型（QSAR）并进行计算。

5.2.2　生态风险评价的基本程序

5.2.2.1　危险性识别

1. 问题的提出（受体分析）

ERA 要考虑个体、种群、群落和生态系统等若干层次的不良效应。ERA 的关键问题是确定要保护的目标和对象，即评价终点。ERA 的终点分为评价终点和度量终点。

（1）评价终点是环境价值，是指要保护的对象及 ERA 的目标或焦点。评价终点的样本包括濒危物种（如大熊猫、白鳍豚）的保护、有经济价值的资源（如各类渔场）保护或水质（特别是饮用水水源）的保护。

在选择评价终点时，Suter 建议遵循以下标准：①社会重要意义；②生物重要意义；③意义明确的可操作性定义；④预测和度量的可评价性；⑤危险的可疑性。

（2）度量终点是生态学效应的表征过程中实际用到的终点。在某些情况下，评价和度量终点可能是相同的。如果评价终点是某一濒危物种，那么度量它们可能是不切实际的，因此可选取与这个物种密切相关或相似的物种作为替代种和度量终点。

Suter 推荐下列条件作为终点的标准：①可预测性和响应；②易度量；③适当的干扰尺度；④适当的接触途径；⑤适当的短暂动态；⑥较低的自然变异；⑦所度量效应的表征；⑧可广泛地应用；⑨标准的度量；⑩包括现存的数据。

2. 风险识别的范围和类型

风险识别的范围主要有生产设施风险识别和物质风险识别。生产设施风险识别的对象是主要生产装置、储运系统、公用工程系统、工程环保设施及辅助生产设施等；物质风险识别的对象是主要原材料及辅助材料、燃料、中间产品、最终产品以及生产过程排放的"三废"污染物等。

3. 源项分析

源项分析包括最大可信事故的发生概率〔在所有预测的概率不为零的事故中，对环境（或健康）危害最严重的重大事故〕和危险化学品的泄漏量。

5.2.2.2　危害分析（接触-效应分析）

危害分析是指根据危害识别确定的主要有害物质、评价受体、评价终点，研究在不同的暴露水平下，受体响应或暴露的危害效应。

有许多评价危害的度量方法，首先进行的往往是对死亡影响的实验，主要是通过急性毒性实验。单个种的测定并不能用于评价生态系统的影响，因此要选择适当的替代种，鉴别出直接和间接的影响，再通过外推方法进行进一步的评价。

危害分析主要程序如下：

（1）资料调研，调查、收集与所研究内容有关的暴露剂量-效应方面的资料。

（2）方案设计，根据评价终点设计实验方案。

（3）进行实验。

（4）结果分析，要求提供与某种可接受的生态效应相应的有害物质的剂量或浓度阈值，或提供剂量-效应、浓度-效应、时间-剂量-效应，或时间-浓度-效应等关系。

（5）外推分析，有三种不同性质的外推：第一种是根据同类有害物质已有的实验资料和已建立的外推关系；第二种是把实验室分析建立的关系外推到自然环境或生态系统中；第三种是由一类终点的分析结果外推到另一类终点。

5.2.2.3　暴露分析

暴露分析主要包括两方面的内容：一方面是分析进入环境的有害物质的迁移转化过程，以及在不同环境介质中的分布和归趋；另一方面是受体的暴露途径、暴露方式和暴露量。最主要的信息是受体接触量的大小、时间选择和持续时间。对于还没有释放到环境中的物质，用模型模拟方法进行预测。对环境中已存在的物质，用环境分析方法进行监测，理想的方法是模拟和监测结合起来。暴露-效应评估主要方法比较见表 5-1。

表 5-1 暴露-效应评估主要方法比较

评估方法	具体内容	优点	缺点
评估因子法	用某个物种的急性或慢性毒性数据除以某个评估因子的值	简单,操作性强	只考虑了最敏感物种,评价过程的不确定性同其他方法相比更高
SSDs 法	计算不同生物毒理数据的浓度值,按次序排列,并以其分位数作图,选用一个分布对这些点作参数拟合	可对整个生态环境做风险评估	未能表达物种在生态系统生物链中的位置
微宇宙和中宇宙生态模拟	在多物种测试基础上,应用小型、中型生态系统及实验室模拟生态系统做实验,以此定义一个可接受的效应水平终点	用来表征物种间产生的间接效应,可对化学污染物的迁移、转换、归趋及对生态环境的整体影响做预测	运行费用贵,选择测试的物种不一定代表整个生态环境,另外物种数量有限,且易于饲养
生态风险分析模型	依靠生态毒理学和模型模拟	评价结果更接近实际情况	运行费用贵,对评价人员的专业技术要求高

暴露分析的主要步骤如下:

(1) 有害物质生态过程分析。了解化学物质在环境中的迁移、转化和归宿的主要过程和机制。

(2) 建立模型。首先,选择或建立模拟有害物质在环境中的转归过程的数学模型或其他物理模型,并确定模型参数的种类和估算方法;其次,借助计算机研究模型方程的计算方法;最后,校验模型,选择独立于模型参数估算使用过的资料和其他实例资料进行验证。

(3) 转归分析。利用计算机数学模型和污染源强资料,分析有害物质在环境中的转归过程和时空分布结果。

(4) 暴露分析。暴露分析包括暴露途径分析、暴露方式分析和暴露量计算。

5.2.2.4 风险表征

风险表征是危害分析和暴露分析的综合,它表示有毒有害化学物质对生物个体、种群、群落或生态系统是否存在不利影响(危害)和这种不利影响(危害)出现的可能性判断和大小的表达。

1. 风险表征内容

确定表征方法:根据评价项目的性质、目的和要求,确定风险表征的方法。

综合分析:主要比较暴露与剂量-效应、浓度-效应关系,分析暴露量相应的生态效应,即风险的大小。

不确定性分析:分析整个评价过程中产生不确定性的环节,不确定性的性质及其在评价过程中的传播,如有可能,对不确定性的大小进行定量的评价。

风险评价结果描述:对评价进行文字、图表的陈述。

2. 风险表征的方法

风险表征的方法分为定性风险表征和定量风险表征两种。定性风险表征要回答的问题是有无不可接受的风险，以及风险属于什么性质，便于管理和决策者作出进一步的决定，一般不需要复杂的数学模型。定量风险表征不但有不可接受的风险及风险的性质，而且要从定量角度给出风险值的大小。

（1）定性风险表征。定性风险表征只是定性地描述风险，用"高""中""低"等描述性语言表达，或者说明有无不可接受的风险。

主要方法包括专家判断法、风险分级法、敏感环境距离法和比较评价法。

（2）定量风险表征。定量风险表征要给出不利影响的概率，它是受体暴露于有害环境，造成不利后果的可能性的度量。常用不利事件出现的后果的数学期望值来估算，风险（R）等于事件出现的概率（P）和事件后果或严重性（S）的乘积：$R = P \times S$。

在实际评价时，常用的方法有商值法、连续法、外推误差法、错误树法、层次分析法和系统不确定性分析法等。其中，最普遍、最广泛应用的风险表征方法是商值法。

5.3　生态风险评价方法与模型

5.3.1　生态风险评价方法

生态风险评价是量化有毒污染物生态危害的重要手段，最终目的是得出某有害物质的浓度阈值或风险值，为环境决策或与其相关的标准或基准的制定提供参考依据。在生态风险评价中，比较常用的指标是预测环境浓度和预测无效应浓度。生态风险评价方法主要有 3 种，即以单物种测试为基础的外推法，以多物种测试为基础的微、中宇宙法和以种群或生态系统为基础的生态风险评价。

1. 以单物种测试为基础的生态风险评价

在以单物种测试为基础的生态风险评价中，由实验室产生的单物种毒性测试结果可以用来决定化合物的效应浓度。为了保护一个区域的种群，通常使用外推法来得到合适的化合物浓度水平，两种普遍的外推法是评估因子法和物种敏感度分布曲线法。评估因子法中，当可获得的毒性数据较少时，预测无效应浓度的评估通常是应用评估因子来进行，就是由某个物种的急性毒性数据或慢性毒性数据（通常通过急性毒性数据和急、慢性毒性比值）除以某个因子来得到预测无效应浓度。其因子的确定主要是依赖对于最敏感的生物体来说可获得毒性数据的数量和质量，如物种数目、测试终点、测试时间等。评估因子法较简单，但在因子选择上存在着很大的不确定性。物种敏感度分布曲线法中，当可获得的毒性数据较多时，物种敏感度分布曲线能用来计算预测无效应浓度。它是假定在生态系统中不同物种可接受的效应水平跟随一个概率函数，称为种群敏感度分布，并假定有限的生物种是从整个生态系统中随机取样的，因此评估有限物种的可接受效应水平可认为是适合整个生态系统。物种敏感度分布曲线的斜率和置信区间揭示了风险估计的确定性。一般用作最大环境许可浓度阈值。基于单物种测试的外推技术虽然在评估化合物的效应时起到了一个很好的预知作用，并且通过一定的假设能应用到对整个生态系统的风险评估。但外推法存在着很多不符合实际情况的假设。例如，外推法中没有考虑物种通过竞争和食物链相互作用而产生的间接效应。如果敏感的物种是关键的捕食者或是一个食物链的关键元素，那么这种间接作用的影响会非常显著，并且有可能导致基于单物种测试外推技术得到的风险水平与根据生态系统物种依存关系获得的生态风险评估结果之间存在较大偏差。

2. 以多物种测试为基础的生态风险评价（微宇宙）

一般认为生态系统需要从 3 个方面来表征：首先是数量，主要是通过生物数量和生产力来描述；其次是质量，主要是物种的组成和丰度；最后是系统稳定性，主要包括时间上的恒定性、对环境变化的抵抗能力以及受干扰后的恢复能力。因此，较严格的生态风险评估应该从生态系统的角度来描述物种的存在、丰度、生态系统的结构或功能、污染水平和有害效应，最终为生态风险管理提供时空响应的基础数据。在生态系统层次上开展生态风险评价是一种理想状态，在实际工作中很难找到应激因子与生态系统改变之间关系的直接证据。表征污染物对种群水平或生态系统的影响可以利用已经发展的微宇宙和中宇宙生态模拟系统。它是指应用小型或中型生态系统或实验室模拟生态系统进行试验的技术，能对生态系统的生物多样性及代表物种的整个生命循环进行模拟，并能表征应激因子作用下物种间通过竞争和食物链相互作用而产生的间接效应，探讨物种多样性与生态系统生产力及其可靠度的关系，也能在研究化学污染物质的迁移、转化及归宿的同时预测其对生态系统的整体效应。通过构建一个相对较小的生态系统研究某个局部大环境乃至整个生态系统的风险，可以在减少财力、物力、人力的前提下，达到区域生态风险评价的目的。

3. 以种群或生态系统为基础的生态风险评价

微宇宙或中宇宙模拟生态系统虽然能观察到化合物的间接作用及物种间的相互关联。但是进行微宇宙或中宇宙测试来评估化合物对生态系统的效应要包括复杂的技术和高昂的费用。此外，微宇宙或中宇宙生态模拟系统所用的物种多是易于饲养的生物，对于水生生物来说，这种生物大约只有 100 种，而实际的生态系统通常涵盖很宽范围敏感度不同的物种。在一定意义上，中宇宙实验中采用的生物物种也不符合生态系统随机采样的原则。因此在评估化合物的生态效应时，在考虑真实生态系统的基础上，人们需要寻求一种经济和可靠的方法，生态风险模型的出现使生态风险评价由单纯依靠生态毒理学实验工具向毒理学和模型模拟相结合并转化。

5.3.2 生态风险评价主要方法

5.3.2.1 区域生态风险评价法

区域生态风险评价过程中注重对复杂生态系统特征的了解，它具有多风险因子、多风险受体、多评价终点、强调不确定性因素以及空间异质性 5 个典型特点（表 5-2）。

表 5-2　生态风险评价的可能终点

受体	可能终点
个体水平	生理状态（及生长）；疾病或虚弱；回避行为；求偶行为（如鸟类）；迁徙行为；养育行为
种群水平	遗传多样性
群落和生态系统水平	营养结构；能量流；养分循环（生态系统以及湿地）；养分保持；分解速率；沉积物和物质传输；河口河滨生态系统面积和功能；恢复力；植物群落垂直结构；影响公众健康的属性
景观水平	空间格局（随机型、集群型或均一型、优势型、聚焦型、连通型、并列型）

1. 生态模拟

微宇宙技术（Microcrosmio Teohnique）也称模式生态系统。利用自然生态系统的生物学模型，将复杂和不均一的自然生态系统加以简化并对其过程进行模拟，以得到各种定量数据（如能量和营养流受到破坏的数据等）的技术。微宇宙技术始于 20 世纪 60 年代，70 年代有很大的发展。早期用于生态系统中群落的结构与功能的研究，近年来用于筛选有毒化学品的环境效应，了解有机毒性物质在环境中的实际浓度、半衰期和降解速率，合理地评价有机毒物的危险性。有机毒物对环境的危害并不完全取决于它的毒性，最主要的是看它在环境中的实际浓度和转变过程。因此，微宇宙技术已成为研究污染生态学、生态毒理学、污染物迅移转化规律，建立数学模型的有力工具。

2. 风险表征

可采用生态指数、生态损失度指数、生态脆弱指数和风险值来计算不同类型斑块生态风险值大小。

（1）生态指数。生态指数反映各斑块的生态完整性、生态重要性及自然性大小。本书中测量生态指数的指标有 3 个：物种原生性指数、生物多样性指数、自然度指数。

①物种原生性指数：用某斑块中本土物种数占矿区本土物种数的百分比表示。

$$O_i = C_i/C$$

式中　O_i——i 斑块的物种原生性指数；

　　　C_i——斑块中本土物种数；

　　　C——矿区总的本土物种数。

②生物多样性指数：用某一斑块中物种数占整个区域物种数的比例来表示。

$$V_i = N_i/N$$

式中　V_i——i 斑块的生物多样性指数；

　　　N_i——斑块中物种数；

　　　N——整个区域物种数。

③自然度与干扰强度呈负相关，干扰强度表示人类的干扰作用，可用单位面积斑块内的廊道（公路、沟渠等）长度来表示。

$$D_i = L_i/S_i$$

式中　D_i——受干扰强度；

L_i——斑块内廊道（公路、铁路、沟渠）的总长度；

S_i——斑块总面积。则 $Z_i = 1/D$，表示 i 斑块的自然度。

根据以上公式计算出 O、V 和 Z 3 个指数后，进行归一化处理，并加权合成各斑块的生态指数：

$$E_i = aO_i + bV_i + tcZ_i$$

式中　E_i——斑块的生态指数；

a、b、c——各指标的权重，$a+b+c=1$。

（2）生态脆弱指数 CR_i。生态脆弱度表示一个种群、生态系统或景观对外界施加胁迫或干扰的抵抗力，生态脆弱度指数反映了不同斑块的敏感度。如果抵抗力弱，就说它是脆弱的，则脆弱度高。它由敏感性和恢复力两个变量确定，是两者之间的关系函数。目前还没有准确、公认的脆弱度指标可借鉴应用。由于露天矿区生态系统的恶化主要表现在地形地貌变化、植被退化、生物生产能力降低、水土流失、土壤质量降低等方面，因此生态脆弱度指标考虑了植被因素：植被盖度 A、物种多样性 B（Shannon-Wiener 指数）；土壤因素：土壤无脊椎动物多样性 C（Shannon-Wiener 指数、土壤肥力 D（营养元素含量）、重金属污染指数 E（Hakanson 生态风险指数）。

$$CR = \frac{[1-F(A)] \cdot a_1 + [1-F(B)] \cdot a_2 + [1-F(C)] \cdot a_3 + [1-F(D)] \cdot a_4 + [1-F(E)] \cdot a_5}{\sum_{i=1}^{5} a_i}$$

式中　　　CR——i 斑块生态脆弱度，CR 值越大，表明斑块的生态脆弱度越大；

$F(A)$ 至 $F(E)$——A 至 E 项标准化后比值数，1 位最大值；

a_1 至 a_5——A 至 E 项的权重，权衡各指标的重要性，将 a_1 至 a_5 依次赋值为 0.3、0.25、0.25、0.1、0.1。

（3）生态损失度指数。生态损失度指数是指各斑块的生态指数和生态脆弱度指数的综合，在相同风险下，不同斑块的生态损失度指数是不同的。生态损失度指数表示如下：

$$SS_i = E_i \times CR_i$$

式中　SS_i——斑块生态损失度指数；

E_i——斑块的生态指数；

CR_i——斑块生态脆弱度指数。

（4）风险值。风险值是区域生态风险评价的表征。其综合了风险源的强度、风险受体的特征、风险源对受体的危害等信息。每个斑块受到多种类、多级别的风险源的叠加作用，求各斑块内综合风险值的公式为：

$$R_i = P_i \times SS_i$$

式中　P_i——i 斑块的风险度。

5.3.2.2　商值法

商值法是判定某一浓度化学污染物是否具有潜在有害影响的半定量生态风险评价方法，即依据已有文件或经验数据，设定需要受到保护的受体的化学污染物浓度标准，再将污染物在受体中的实测浓度与浓度标准进行比较而获得商值。

$$HQ = PEC \text{ 或 } CDI / PNEC \text{ 或 } ADI$$

由商值得出有/无风险的结论。当风险表征结果为无风险时，并不是表明没有污染发生，而是表示污染尚处于可以接受的程度。

第一类是根据研究对象的特点，设定多个风险等级，将实测浓度与浓度标准进行比较获得商值，用"多个风险等级"表示风险表征判断结果，划分了无风险、低风险、较高风险、高风险 4 个风险等级。

（1）单因子污染指数和内梅罗综合污染指数。

$$P_i = \frac{C_i}{S_i}$$

$$P_i = \sqrt{\frac{P_{max}^2 + P_{ave}^2}{2}}$$

式中　C_i——土壤重金属 i 的实测浓度；

S_i——国家土壤质量标准中重金属 i 的安全限值；

P_{max}——多种重金属单因子污染指数中的最大值；

P_{ave}——多种重金属污染物单因子污染指数的平均值。

单因子污染指数和内梅罗综合污染指数等级分类见表 5-3。

表 5-3　土壤环境质量污染指数等级分类

等级	单因子污染指数	内梅罗综合污染指数	污染等级
1	$P_i \leqslant 0.7$	$P_n \leqslant 0.7$	安全
2	$0.7 < P_i \leqslant 1.0$	$0.7 < P_n \leqslant 1.0$	警戒
3	$1.0 < P_i \leqslant 2.0$	$1.0 < P_n \leqslant 2.0$	轻微污染
4	$2.0 < P_i \leqslant 3.0$	$2.0 < P_n \leqslant 3.0$	中度污染
5	$3.0 < P_i$	$3.0 < P_n$	重度污染

第二类是以商值法为基础发展而成的地质累积指数法和潜在生态风险指数法。

（2）地质累积指数法：德国海德堡大学 Muller 等在 1969 年研究河底沉积物时提出的一种计算沉积物中重金属元素污染程度的方法，自然条件下或者人为活动影响下重金属在环境中的分布评价均可使用此方法。地质累积指数法通过测量环境样本浓度和背景浓度计算地质累积指数值 I_{geo}，以评价某种特定化学物造成的环境风险程度。计算公式如下：

$$I_{geo} = \log_2 \left[\frac{C_n}{k \times BE_n} \right]$$

式中　I_{geo}——地质累积指数；

C_n——样品中元素 n 的浓度；

BE_n——环境背景浓度值；

k——修正指数，通常用来表征沉积特征、岩石地质以及其他影响。

（3）潜在生态风险指数法：是瑞典 Hankson 于 1980 年研究水污染控制时建立的一种计算水体中重金属等主要污染物的沉积学方法。通过计算潜在生态风险因子 E_r 与潜在生态风险指数 RI，可以对水体沉积物中的重金属的污染程度进行评价（表 5-4）。计算公式如下：

$$C_f^i = \frac{C_D^i}{C_R^i}$$

$$C_d = \sum_{i=1}^{m} C_f^i$$

$$E_r^i = T_r^i \times C_f^i$$

$$RI = \sum_{i=1}^{m} E_r^i$$

式中　C_f^i——金属 i 污染系数；

　　　C_D^i——金属 i 实测浓度值；

　　　C_R^i——现代工业化以前沉积物中第 i 种重金属的最高背景值；

　　　C_d——多金属污染度；

　　　T_r^i——金属 i 的生物毒性系数；

　　　E_r^i——金属 i 的潜在生态风险因子；

　　　RI——多金属潜在生态风险指数。

表 5-4　潜在生态风险因子和潜在生态风险指数分级

生态风险程度	潜在生态风险因子 E_r^i	潜在生态风险指数 RI
极高	$E_r^i \geqslant 320$	—
很高	$160 \leqslant E_r^i < 320$	$RI \geqslant 600$
高	$80 \leqslant E_r^i < 160$	$300 \leqslant RI < 600$
中等	$40 \leqslant E_r^i < 80$	$150 \leqslant RI < 300$
轻微	$E_r^i < 40$	$RI < 150$

5.3.2.3　评估因子法

评估因子法（Assessment Factor，AF）是用单个物种的急性或慢性毒性数据除以某个评估因子得到环境无效应浓度，如用鱼对铜的短期急性毒性值 LC50 或 EC50 值除以相应的评估因子 1000，即得到铜的环境无效应浓度，然后用实测浓度除以环境无效应浓度值得到风险值，风险值越大，风险越大。一般取值为 10～100。对于易分解、低残留的污染物取 10～20；对于稳定、易富集的污染物取值为 20～100。

评估因子法是一种半定量的风险评价方法，常用于生态风险的简单评价中。该方法需要数据量较少，评价结果有较大的不确定性，经常导致明显的"过保护"。

5.3.2.4　物种敏感性分布曲线法

物种敏感性分布曲线法（Special Sensitivity Distribution，SSD）是基于不同物种对同一污染物敏感性的差异，以多个有代表性敏感物种的急性或慢性毒性数据为基础，用毒性数据值或转换值作横坐标，用毒性数据的累积概率作纵坐标构建统计分布模型，然后通过构建的分布模型定量计算出一定环境浓度会影响多大比例的生态系统物种（SSDs 曲线），一般使用 5% 危害浓度 HC5，通过 SSDs 计算已知污染物浓度情况下的潜在影响比例 PAF。该方法适用于数据较多的情况，不确定性较小，能定量表示评价结果，考虑了物种的多样性和生态系统的整体性，因而广泛应用于生态风险评价（表 5-5）。

表 5-5　评估因子法与物种敏感性分布曲线法的比较

方法	适用情况	数据量要求与处理	评价结果描述	不确定性
AF	评价要求低	最敏感物种的毒性数据除以相应的评价因子，与环境浓度比较	半定量	高
SSD	评价要求高	至少 9 种物种的毒性数据拟合 SSDs 曲线，推出环境浓度影响生态系统中物种的比例	定性和定量	低

物种敏感性分布曲线法的原理及步骤：生态系统中不同的物种对某一有害因素的敏感程度服从一定的累积概率分布。选取一组有代表性的敏感物种代表整个生态系统的敏感性，将不同生物的急性或慢性毒性数据的浓度值数据按大小排列，并以其分位数作图，并选用一个分布函数对这些点进行参数拟合，就得到了 SSD 曲线。通过 SSD 曲线确定保护一个生态系统中大部分物种的污染物浓度水平，一般使用 5% 危害浓度 HC5，与已知污染物浓度比较可确定有无生态风险；同时，通过 SSD 曲线计算已知污染物浓度情况下的潜在影响比例 PAF，表征生态风险大小 P。

根据物种敏感性分布法的原理，用 SSD 曲线法进行生态风险评价的基本步骤主要有五步：①收集和筛选数据；②确定拟合模型；③构建 SSD 曲线；④计算 PAF 和 HC5；⑤生态风险评价。其中数据收集和筛选、拟合模型确定是影响 SSD 法生态风险评价结果准确性的重要步骤。

5.3.2.5　生物有效性评估法

生物有效性的概念：污染物被生物吸收或对生物产生毒性的性状，可由间接的毒性数据或生物体浓度数据评价。

生物有效性有一个宽广的含义，研究内容包括：金属在外部环境中的形态及数量、不同形态金属与生物膜的反应、金属在生物体内的迁移积累和相应的毒性。

重金属经过 3 个过程便可对生物产生危害：重金属在外部环境中的形态，重金属和生物膜的反应，重金属在生物体内增加然后产生毒害反应。

（1）模型生物法：通过测定生物体内污染物浓度或暴露前后环境介质污染物浓度的变化等。常用的方法主要有生物指数法（BI）、微生物指示法、植物检测法、土壤指示动物监测法。

（2）化学浸提法：即采用一种适当组成与组成量度的试验溶液（一种或几种试剂）按照一定的土液比与浸提方法，浸提一次，或者几种不同的试剂溶液（浸提能力是依次加强的）按照一定的顺序依次浸提，然后测定浸提液中重金属的含量。从提取方案来看可以分为两类：一次浸提法和连续浸提法。连续浸提法通常将土壤中的重金属分为 5 种形态：可交换态、碳酸盐结合态、有机结合态、铁锰化合物结合态和残渣态（表 5-6）。

表 5-6 常用提取方法的形态及其优缺点

方法		形态	优点	缺点
一次提取法		有效态（生物课利用态）	操作简便，周期短，便于判断重金属潜在危害性	不能反映重金属的形态分布，无法说明生物吸收的重金属形态
连续提取法	Tessier 法	可交换态，碳酸盐结合态，有机结合态，铁锰化合物结合态，残渣态	划分详细，运用广泛	步骤多，周期长，结果重现性差，缺少标准物质且价格贵，无法进行数据的校正和对比，提取过程中已被再吸附
	BCR 法	可交换态，碳酸盐结合态，有机结合态，铁锰化合物结合态，残渣态	比 Tessier 法重现性好，氧化物的提取更有效	

5.3.2.6 生态系统服务功能评估

生态系统服务功能评估是生态风险评价的重要方面，生态系统生物多样性越丰富，生态平衡越稳定；生态服务功能越强大，抗干扰能力越强。

生态系统服务是指自然生态系统及其物种所提供的能够满足和维持人类生活所需的条件和过程。生态系统产品和服务统称为生态系统服务，并将生态系统服务具体分为 17 种类型，每一种类型又对应着不同的生态系统功能（表 5-7）。

表 5-7 联合国千年评估

生态系统服务功能的分类		
供给功能	调节功能	文化功能
食物	气候调节	精神和宗教
淡水	疾病控制	娱乐和生态旅游
薪材	水调节	美学
纤维	水净化	灵感
药材	传粉	教育
遗传资源		地方感
		传承
支持功能		
土壤形成	营养循环	第一性生产

生态系统服务功能评估模型是以已有的理论和研究成果为基础构建，用于评价多种生态系统服务功能（图 5-2）。

土壤生态系统服务功能条件下的生态风险评估程序：土地利用类型—生态服务需求—生态需求—终点指标—目标土壤质量数据输入与生态风险管理参数。

5.3.3 生态风险评价模型

生态风险评价模型的出现使生态风险评价由单纯依靠生态毒理学实验工具向毒理

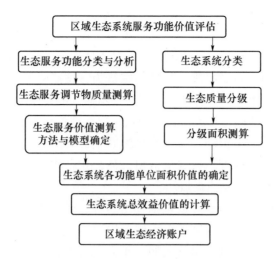

图 5-2　生态系统服务价值评估技术路线

学和模型模拟相转化相结合发展。目前这类模型主要有提出问题的概念模型，用于获得 PNEC 的生态风险分析模型。目前比较成功的模型有 AQUATOX 模型，重点对该模型进行介绍。AQUATOX 模型是一个水生态系统模型，可以用来预测水生生态系统中各种污染物，如营养盐、有机化合物等在环境中的归宿，以及它们对水生生态系统包括鱼类、无脊椎动物、水生植物的影响。可以同时计算模拟时段内每天发生的每一个重要化学或生物学过程，模拟生物量、能量及化学物质从生态系统一个部分到另一部分的转移。因此，有可能建立起水质、生物响应、水生物利用之间的因果关系链。此法的优点是使评价结果更接近实际情况；缺点是运行费用昂贵，对评价人员的专业技术要求较高。

状态变量：状态变量是模型模拟的生态系统要素，包括生物体和碎屑成分及与之相关的有毒物、营养物、溶解氧、其他传统驱动变量，如入流水量、温度、光、风。模型可以增删状态变量，甚至可以除去所有的生物组分来模拟储水池或其他消毒系统，模型状态变量的选择很大程度上取决于模型应用的目的。AQUATOX 模型通常更适于模拟食物网而非食物链，如检测环境扰乱出现时耐受度差的生物被耐受度好的生物取代的可能性。所有状态变量都需要输入初始条件和负荷，对稳定状态下多个反复年的模拟，可用前一时间段的结束值作为后一时间段的初始值。一般地，恒定负荷可视为"种子"值，尽管植物和无脊椎动物的小值负荷可能成为主导因素，如经过逆流冲洗残存下来的固着藻类和底栖动物。大型植物在冬天枯萎，从根茎发芽，因为不能对根茎进行明确模拟，一个小负荷是模拟中恢复种群的途径。

参数：参数为过程函数的系数提供值，尽管模型有默认值，用户仍有极大的灵活性来指定表示确定场址或确定群体的值。编辑参数一般在库模式下进行，以保证研究之间的一致性。有 5 个参数库可以载入模拟过程。

化学物质库：与模拟相关的有机化合物参数，包括化学物质名称、化学物质特性和归宿数据、化学文摘社登记号、分子量、离解常数、亨利常数、辛醇-水分配系数、温度活化能、微生物降解厌氧率、好氧微生物降解最大速率、无催化水解常数、酸催

化水解常数、碱催化水解常数、光解率、形状参数。

动物库：模拟相关的鱼类和无脊椎动物参数，包括动物名称、毒性记录、行业分类、动物数据、半饱和摄食量、最大消费量、最小捕食量、温度响应斜率、最适温度、最高温度、适应最低温、内源呼吸、物种动态行为、排泄呼吸比、生物体干重、干湿比、配子生物量、死亡率系数、容纳量、平均漂移率、最大速度、有毒物质生物积累。

植物库：模拟相关的藻类和大型植物参数，包括植物名称、毒性记录、行业分类、植物数据、日饱和光量、半饱和、无机碳半饱和、最大消费量、最小捕食量、温度响应斜率、最适温度、最高温度、适应最低温、最大光合作用速率、呼吸速率、死亡系数、生物体干重、干湿比、光消耗量。

场所库：能模拟的典型场所参数包括场所名称、场所数据、最大长度或范围、容积、表面积、平均深度、最大深度、表水层平均温度、表水层温度范围、滞水层平均温度、滞水层温度范围、纬度、平均光照、年光照范围、总碱度、硬度、浓度、总溶解固体、湖沼围垦面积、年平均蒸发量、水耗竭系数。

矿化库：与某一场所相关的碎石和营养物参数，大多数不会随场所而改变。有不稳定物质最大降解率、稳定物质最大降解率、最适温度、最高温度、适应最低温、降解最小值、降解最大值、生物体干重不稳定物质、生物体干重稳定物质、生物量呼吸、岩屑沉积率、厌氧沉积、有氧沉积、不稳定悬浮物湿干比、稳定悬浮物湿干比、不稳定沉积物湿干比、稳定沉积物湿干比。

毒性数据：①动物毒性资料参数：动物名称、杀死数量的毒物外用浓度、毒性确定的暴露时间、去除率常数、毒物生物转移的日速率、增长减少的毒物外用浓度、毒性确定的暴露时间、繁殖量减少的毒物外用浓度、毒性确定的暴露时间、有机物平均净重、生物体脂肪含量、急流初始浓度。②植物毒性参数：植物名称、光合作用减少的毒物外用浓度、毒性确定暴露时间、去除藻类的毒物外用浓度、去除率常数、杀死数量的毒物外用浓度、毒性确定暴露时间、生物体脂肪率。

模型特征：①时间变化达到指定精度，可改变不同方程解的时间步幅，也可使用不连续的时间步幅。时间步幅可降至低于30min，但是不会增至超过1d，以免忽略脉冲负荷；②空间单一，可以模拟热分层现象和盐度分层现象，但是模型不能独自模拟水平段，除非与水动力学模型结合；③模数与灵活性，由于用面向对象语言写成，可随意增删变量，模拟对象可小至烧瓶，大至河流、湖泊。模拟类型，为识别毒物影响，模型可进行扰动和控制模拟，意味着模拟不必进行完整的校正来评估影响。

5.4 土壤生态风险评价

5.4.1 土壤生态风险的特点

基于生态风险的概念，土壤生态风险可认为是由于自然或人为原因使土壤资源破坏或污染而对人类生存环境造成的一种危害状态，在这种状态下，土壤生态系统没有稳定、均衡、充裕的自然资源可供人类利用，土壤资源不能维持环境与人类的协调发展。其定义包括两层含义：一是由于土壤生态环境的破坏、退化对人类社会构成的生存威胁，主要指土壤资源的减少和退化及土壤生态系统的破坏削弱了对人类社会可持续发展的支撑能力；二是由于土壤环境质量下降对当地居民身体的危害。

土壤生态风险的特点主要包括：①相对性：土壤生态风险是相对于人类而言的，风险标准是以人类所要求的土壤生态环境质量来衡量的。土壤生态风险由众多因素构成，其对人类的健康和生存环境的危害程度各不相同，但只要其中一个或几个因子不能满足人类正常生存与发展的需求，土壤生态环境就是不合格的。②整体性：土壤资源在整个生态系统中都是相连相通的，任何局部环境的破坏，都有可能引发全局性的灾难，危及整个区域甚至全球的生存条件。③不可逆性：土壤生态环境的支撑能力有其一定限度，破坏一旦超过其自身修复的"阈值"，往往造成不可逆转的后果。④恢复治理具有长期性：许多土壤生态环境问题一旦形成，若想解决就要在时间和经济上付出巨大代价。

5.4.2　土壤生态风险评价的主要内容

土壤生态风险研究主要针对土壤资源开发利用与土壤持续、稳定、高效发展的关系进行定量描述、表达和模拟及调控，内容具体包括：①土壤生态系统风险源危害性、风险度诊断和风险"阈值"判定；②土壤生态系统风险评价方法、风险预测和预警；③土壤生态系统发展的可持续性评估、管理和维护的调控对策等。土壤生态风险源主要来自土壤生态系统的物理变化、化学变化和生物变化，其中由人类活动造成的潜在风险源见表 5-8。

表 5-8　人类活动造成的土壤生态风险潜在风险源

类型	人类活动	风险源
物理变化	工业、农业、商业、服务业、其他	土壤利用变化、水土流失、土壤沙漠化、盐碱化等
	工业	煤气厂、煤炭加工、提取工业、矿山、化学品生产或使用、电镀厂、木材防腐、金属生产/制造、化学品储存、农药配制、食品加工、造纸、纺织品生产、其他工业
化学变化	农业	农药的集约型使用、飞机喷雾作业、农药存放房屋
	商业	汽油加油站、运输维修/保养、机动车辆拆卸、废物再循环场
	服务行业	市政/工业废物填埋场、污水处理厂、燃料存放场、能量发生装置、实验室
	其他	废弃矿山、工厂或仓库火灾、化学品运输事故、废弃垃圾填埋场
生物变化	微生物、细菌	生活垃圾、医院垃圾、生物制药、生物实验

土壤污染风险评估分析污染场地土壤和浅层地下水中污染物通过不同暴露途径，对人体健康产生危害的概率，计算基于风险土壤修复限值以及保护地下水的土壤修复限值的过程，提出治理目标和推荐治理方案。场地环境污染的风险影响主要取决于场地的环境污染状况和场地的未来用途。土壤环境污染的风险评价的主要步骤包括：①风险识别：识别关注污染物及其释放率；②暴露评估：确认潜在暴露人口、暴露途径、暴露程度；③毒性分析：确定污染浓度水平与健康反应之间的关系；④风险评价：确定场地的环境及健康风险。图 5-3 为典型场地污染土壤生态风险评估技术流程图。

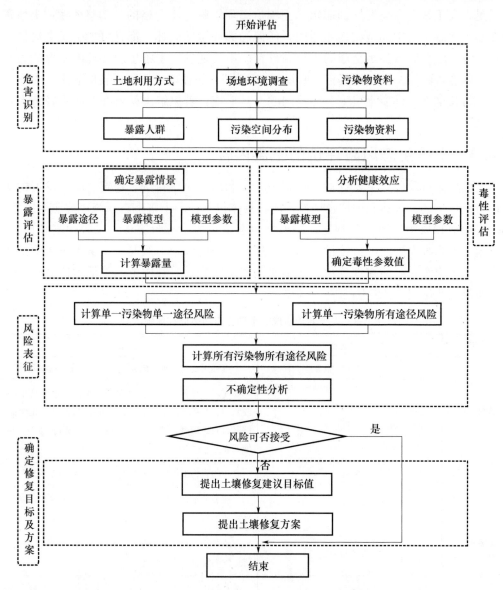

图 5-3　典型场地污染土壤生态风险评估技术流程图

5.4.2.1　风险识别

场地污染土壤风险识别的工作内容主要包括场地环境资料调查与收集、确定土地利用方式和重点关注污染物。

1. 资料收集

按照《建设用地土壤污染状况调查技术导则》（HJ 25.1—2019）的规定对场地进行污染识别，主要获得以下数据：

（1）较详尽的场地相关资料信息，如场地土地使用权及用途变更情况、与污染相关的人为活动、场地（邻近地区）平面分布测绘图、地表及地下设备设施和构筑物的分布等信息。

（2）场地土壤等环境样品中污染物的浓度数据，尤其重要的是不同深度土壤污染物浓度等。

（3）具有代表性的场地土壤样品的理化性质分析数据，如土壤 pH 值、重度、有机碳含量、含水量、质地等。

（4）场地（所在地）气候、水文、地质特征信息和数据，如地表年平均风速等。

（5）场地及周边地区土地利用方式、人群及建筑物等相关信息。

2. 确定土地利用方式

根据规划部门或评估委托方提供的信息，确定场地用地方式，并确定该用地方式下相应的敏感人群，如居住人群、从业人员等。场地及周边地区地下水作为饮用水或农业灌溉水时，应考虑土壤污染对地下水的影响，将地下水视为敏感受体之一。

3. 确定重点关注污染物

场地土壤等环境样品中浓度超过《污染场地风险评估技术导则（征求意见稿）》附录 A 所列土壤筛选值的污染物，或污染场地责任人、地方环境保护主管部门、公众等场地利益相关方一致认为应当进行评估的污染物，均为关注污染物。

5.4.2.2　暴露评估

暴露评估的工作内容包括确定特定土地利用方式下人群对污染场地内关注污染物的暴露情景、主要暴露途径、关注污染物迁移模型和暴露评估模型、模型参数取值，以及计算敏感人群的暴露量。

1. 确定暴露情景

根据不同土地利用方式下人群的活动模式，确定住宅及公共用地、商服及工业用地两类暴露情景，两类暴露情景对应的用地方式描述和敏感人群见表 5-9。

表 5-9　不同暴露情景分类

暴露情景	用地方式描述	敏感人群
住宅及公共用地	①普通住宅、公寓、别墅等； ②幼儿园、学校； ③医院； ④养老院； ⑤游乐场、公园等	儿童（非致癌效应） 成人（致癌效应）

暴露情景	用地方式描述	敏感人群
商服及工业用地	①商场、超市等各类批发（零售）用地及其附属用地； ②宾馆、酒店等住宿餐饮用地； ③办公场所、金融活动等商务金融用地； ④洗车场、加油站、展览场馆等其他商服用地； ⑤工业生产场所、工业生产附属设施用地、物资储备场所、物资中转场所等	成人（致癌和非致癌效应）

2. 确定暴露途径

根据场地调查的结果，本场地的关注污染物涉及一些挥发性污染物，且场地开发用途为住宅，因此暴露途径除了考虑经口摄入土壤、皮肤接触土壤、吸入土壤颗粒物之外，还考虑吸入室外空气中来自土壤和地下水的污染物蒸汽、吸入室内空气中来自土壤和地下水的污染物蒸汽途径的暴露量。图 5-4 表示了场地污染土壤污染风险评估常考虑的暴露途径。

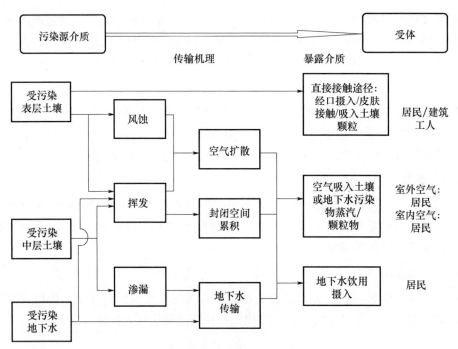

图 5-4　场地污染土壤污染风险暴露途径分析过程

5.4.2.3　毒性评估

1. 非致癌毒性

化学物质的非致癌毒性包括神经毒性、生殖发育毒性。神经毒性是指由于暴露于化学物质引起的中枢神经系统或周围神经系统在功能或结构上的不良变化。功能性神经毒害效应包括躯体/自主、感觉、运动或认知功能的不良变化；结构神经毒性效应定义为神经系统组织任何水平的神经解剖学变化。相应地，神经毒性化学物质可分为四类：中枢神经系统作用物、周围神经纤维作用物、周围神经末梢作用物和肌肉或其他组织作用物。神经毒性效应可在神经化学、解剖学、生理学或行为等各个水平中发生。在神经化学水平，神经毒物可抑制高分子或神经传递素的合成，改变离子渗透细胞膜的能力或抑制神经传递素从神经末梢上的释放。解剖学变化包括细胞核神经轴突变化。在生理学上，神经毒物可改变神经活化阈值或降低神经传递速度。行为变化包括视觉、听觉和触觉、反射和运动能力的变化，以及认知能力，如理解能力、记忆能力或注意力的改变、情绪变化以及方向感丧失，产生幻觉和错觉等。甲基汞、铝、汞、锰、铅、大部分杀虫剂、多氯联苯、氟化物、有机氯农药、有机磷、氨基甲酸盐、某些杀真菌剂和熏蒸剂等证实有神经毒性。生殖发育毒性是指由于暴露于环境毒物引起的雄性或雌性生殖系统产生不良反应，表现为对雄性或雌性生殖器官、内分泌系统和后代的毒性。迄今为止，研究发现至少有 50 种广泛使用的化学物质对实验动物具有生殖毒性，包括内分泌干扰物（如邻苯二甲酸酯类和双酚 A、有机氯和有机磷农药）、有机溶剂（如苯系物）和金属（如铅、镉、汞、砷和锰）等。

2. 致癌毒性

致癌物质分为基因致癌物和非基因致癌物。基因致癌物为直接 DNA 作用物，其致癌方式为致癌物或其代谢产物直接与 DNA 共价结合或直接改变染色体结构或数量。非基因致癌物即非直接 DNA 作用物，这类致癌物主要通过杀死细胞、诱导再生细胞增殖和通过与细胞感受器发生作用引起器官增生等继发方式致癌，包括细胞毒害物和致细胞分裂物。对于基因致癌物，一般认为致癌物的单个分子即可以诱发癌症，因此，在低剂量条件下，基因致癌物的剂量-反应关系呈线性变化趋势。对于非基因致癌物，除了通过继发方式诱导突变外，还可通过继发癌细胞形成等影响致癌过程，受这种致癌作用机制的影响，非基因致癌物的剂量-反应关系常表现为线性关系。

3. 剂量-反应关系

剂量-反应关系是指污染物质受试剂量或暴露剂量与受试物种或暴露人群不良反应发生率之间的关系，是开展毒性评估的基础。通过建立受试物的剂量-反应关系，采用合适的方法，可以获得估算人体暴露风险的评价指标。受人体生理特征的影响，污染物质进入人体经历物理和生化作用，其数量不断减少，采用潜在剂量、实用剂量、内部剂量、传递剂量和有效剂量等描述物质进入人体各个阶段的数量变化。皮肤吸收污染物可用菲克扩散定理描述。

5.5　地下水环境影响预测评价

5.5.1　地下水简介

地下水（Ground Water），是指储存于地表以下岩土层中水的总称。广义的地下水包括土壤、隔水层和含水层中的重力水和非重力水。狭义的地下水指土壤、隔水层和含水层中的重力水。地下水具有地域分布广、随时接受降水和地表水体补给、便于开采、水质良好、径流缓慢等特点，因此，具有重要的供水价值。世界许多国家都把地下水作为人类生活用水和饮用水源。地下水一旦受到污染，即使彻底消除其污染源，也得十几年，甚至几十年才能使水质复原。至于要进行人工的地下含水层的更新，就更复杂了。

5.5.1.1 地下水的分类

（1）按起源不同，可将地下水分为渗入水、凝结水、初生水和埋藏水。

渗入水：降水渗入地下形成渗入水。

凝结水：水汽凝结形成的地下水称为凝结水。当地面的温度低于空气的温度时，空气中的水汽便要进入土壤和岩石的空隙中，在颗粒和岩石表面凝结形成地下水。

初生水：既不是降水渗入，也不是水汽凝结形成的，而是由岩浆中分离出来的气体冷凝形成，这种水是岩浆作用的结果，成为初生水。

埋藏水：与沉积物同时生成或海水渗入原生沉积物孔隙中形成的地下水称为埋藏水。

（2）按含水层性质分类，可分为孔隙水、裂隙水、岩溶水。

孔隙水：疏松岩石孔隙中的水。孔隙水是储存于第四系松散沉积物及第三系少数胶结不良的沉积物的孔隙中的地下水。沉积物形成时期的沉积环境对于沉积物的特征影响很大，使其空间几何形态、物质成分、粒度以及分选程度等均具有不同的特点。

裂隙水：赋存于坚硬、半坚硬基岩裂隙中的重力水。裂隙水的埋藏和分布具有不均一性和一定的方向性；明显受地质构造的因素控制；水动力条件比较复杂。

岩溶水：赋存于岩溶空隙中的水。水量丰富而分布不均一，在不均一之中又有相对均一的地段；含水系统中多重含水介质并存，既具有统一水位面的含水网络，又有相对孤立的管道流；既有向排泄区的运动，又有导水通道与蓄水网络之间的互相补排运动；岩溶水既是赋存于溶孔、溶隙、溶洞中的水，又是改造其赋存环境的动力，不断促进含水空间的演化。

（3）按埋藏条件不同，可分为上层滞水、潜水、承压水。

上层滞水：埋藏在离地表不深、包气带中局部隔水层之上的重力水。一般分布不广，呈季节性变化，雨季出现，干旱季节消失，其动态变化与气候、水文因素的变化密切相关。

潜水：埋藏在地表以下、第一个稳定隔水层以上、具有自由水面的重力水。潜水在自然界中分布很广，一般埋藏在第四纪松散沉积物的孔隙及坚硬基岩风化壳的裂隙、溶洞内。

承压水：埋藏并充满两个稳定隔水层之间的含水层中的重力水。承压水受静水压；补给区与分布区不一致；动态变化不显著；承压水不具有潜水那样的自由水面，所以它的运动方式不是在重力作用下的自由流动，而是在静水压力的作用下，以水交替的形式进行运动。

5.5.1.2　地下水的物理、化学性质

1. 地下水的物理性质

地下水的物理性质包括颜色、透明度、气味、味道、温度、密度、导电性和放射性等。

（1）颜色。地下水一般是无色的，但由于化学成分的含量不同，以及悬浮杂质的存在而常常呈现出各种颜色（表5-10）。

表 5-10　地下水的颜色与水中存在物质的关系

存在物质	硬水	低铁	高铁	硫化氢	锰的化合物	腐殖酸盐
颜色	浅蓝	淡灰	锈色	翠绿	暗红	暗黄或灰黑

（2）透明度。常见的地下水大多是透明的，但其中如含有一些固体和胶体悬浮物时，则地下水的透明度有所改变。根据十字观测方法可以把水的透明度划为 4 级（表5-11）。

表 5-11　地下水透明度分级

分级	野外鉴别特征
透明的	无悬浮物及胶体，60cm 水深可见 3mm 的粗线
微浊的	有少量悬浮物，30～60cm 水深可见 3mm 的粗线
浑浊的	有较多的悬浮物，半透明状，小于 30cm 深可见 3mm 的粗线
极浊的	有大量悬浮物或胶体，似乳状，水深很浅也不能清楚看见 3mm 的粗线

（3）气味。一般地下水是无味的，当其中含有某种气体成分和有机物质时，产生一定的气味。如地下水含有硫化氢气体时则有臭鸡蛋味，有机物质使地下水有鱼腥味。

（4）味道。地下水的味道取决于它的化学成分及溶解的气体（表5-12）。

表 5-12　地下水味道与所含物质的关系

存在物质	$NaCl$	Na_2SO_4	$MgCl_2$ 及 $MgSO_4$	大量有机物	铁盐	腐殖质	H_2S 与碳酸气同时存在	CO_2、$CaHCO_3$ 和 $MgHCO_3$
味道	咸味	涩味	苦味	甜味	墨水味	沼泽味	酸味	可口

（5）温度。地下水的埋藏深度不同，温度变化规律也不同。近地表的地下水水温受气温的影响，具有周期性变化的特征。在常温层以下，地下水水温则随深度的增加而逐渐升高。其变化规律取决于一个地区的地热增温级。地热增温级是指在常温层以下，温度每升高 1.0℃ 所需增加的深度。地热增温级一般为 3℃/100m。在不同地区，地下水温度差异很大。地下水的温度差异可分为如表 5-13 所示的几类。

表 5-13　地下水温度分级

类别	非常冷的水	极冷的水	冷水	温水	热水	极热水	沸腾水
温度（℃）	<0	0～4	4～20	20～37	37～42	42～100	>100

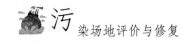

2. 地下水的化学性质

地下水中溶解的化学成分，常以离子、化合物、分子以及游离气体状态存在。地下水中常见的化学成分有以下几种：离子成分中阳离子有氢（H^+）、钾（K^+）、钠（Na^+）、镁（Mg^{2+}）、钙（Ca^{2+}）、铵（NH_4^+）、二价铁（Fe^{2+}）、三价铁（Fe^{3+}）、锰（Mn^{2+}）等；阴离子有氢氧根（OH^-）、氯根（Cl^-）、硫酸根（SO_4^{2-}）、亚硝酸根（NO_2^-）、硝酸根（NO_3^-）、重碳酸根（HCO_3^-）、碳酸根（CO_3^-）、硅酸根（SiO_3^{2-}）及磷酸根（PO_4^{3-}）等。

5.5.1.3　地下水污染

工业及城市废水、废渣的不合理排放、处置，农业生产中农药、化肥的淋溶等，造成很多地区的地下水水质恶化，影响经济发展，甚至威胁人民的身体健康和生命安全。对地下水污染的监测、预报和防护已成为地下水研究的重要课题。

5.5.2　地下水污染生态风险评价

5.5.2.1　地下水污染生态风险评价概述

地下水污染风险定义为由自发的自然原因或人类活动引起，通过地下水环境介质传播，能对人类社会及环境产生破坏、损害等不良影响后果事件的发生概率及其后果。

20世纪60年代法国学者Margat提出地下水脆弱性；考虑水文地质内部要素和气候条件的地下水本质脆弱性；考虑人类活动产生外部污染源与污染行为的特殊脆弱性；引入灾害风险理论后考虑地下水污染损失的风险评价。

地下水污染风险的属性特征应包括：

①自然属性：地下水系统自身对外界污染胁迫具有一定的抵御与恢复能力，当污染物浓度未超出地下水系统可接纳范围时，可通过自身调节恢复到平衡状态，其恢复与调节能力取决于含水层自然条件。

②社会属性：地下水污染风险的产生受人类活动的广泛影响。人类不合理的生产与生活方式，产生了大量污染物，也破坏了地下水环境，改变入渗、补给、径流等地下水循环过程。

③不确定性：地下水污染风险涉及多个因素与多个变量，它的不确定性是地下水系统客观随机特性的表现，包括系统变量的不均一性以及风险发生时间与空间的不确定性。

④动态性：地下水系统是一个巨大的动态开放系统，系统环境处于不断更新中。外界胁迫因素与地下水系统的动态性使得地下水的污染风险呈现出动态性特征。

5.5.2.2　地下水污染风险评价方法

地下水污染风险评价应该包括发生污染事故的概率与污染后果损害两个方面。即不仅要考虑含水系统抵御污染的能力以及人类活动产生的外界污染荷载的影响，还需将地下水价值功能的变化以及外界污染物在土壤-地下水系统中的迁移、衰减动态纳入考虑范畴。

目前地下水污染风险评价与研究的主要内容包括：地下水本质脆弱性评价；特殊

脆弱性评价；外界污染物种类与危险度识别；地下水价值功能评价。

地下水脆弱性是地下水系统对人类和（或）自然的敏感性。将脆弱性分为固有脆弱性（Intrinsic Vulnerability）和特殊脆弱性（Specific Vulnerability）两类（表 5-14）。

表 5-14　地下水污染脆弱性评价指标体系

脆弱性		脆弱性评价指标	
地下水污染脆弱性	固有脆弱性	地形	地形坡度
		土壤	土壤类型、有机物含量、厚度、含水量、渗透性等
		包气带	厚度、岩性、垂向渗透性数
		含水层	地下水埋深、岩性、厚度、渗透系数、溶质弥散系数
	胁迫脆弱性	气候	净补给量、补给模数、补给强度、蒸发强度
		人类活动　地下水开发	开采量、开采强度、累计地面沉降量、地下水位下降强度
		人类活动　土地利用	土地利用强度（土地利用/覆被类型）
		人类活动　污染负荷	污染物性质、类型、污染源类型、污染排放方式和排放强度

1. 地下水本质脆弱性评价

本质脆弱性又称为固有脆弱性，是地下水系统自身对外界环境变化适应能力的表现，强调区域含水层的自然属性，具有较高的稳定性特征。本质脆弱性的大小是由地下水位埋深、渗流区介质、含水层水力传导系数等多因素决定的。它反映了外界污染物抵达含水层的速度以及地下水环境消纳污染物的能力。USEPA 建立的 DRASTIC 模型如下：

$$V_i = D_w D_r + R_w R_r + A_w A_r + S_w S_r + T_w T_r + I_w I_r + G_w G_r$$

式中　V_i——本质脆弱性指数；

　　　D——地下水埋深；

　　　R——含水层净补给量；

　　　A——含水层介质类型；

　　　S——土壤介质；

　　　T——地形坡度；

　　　I——包气带影响；

　　　G——水力传导系数；

下标 r 和 w——各个指标的评级和权重（表 5-15～表 5-17）。

表 5-15　DRASTIC 模型评价指标范围和评分

地下水埋深		含水层净补给量		含水层介质		土壤类型		地形		包气带介质		水力传导系数	
范围(m)	评分	范围(mm)	评分	类别	评分	类别	评分	范围(%)	评分	类别	评分	范围(m/d)	评分
0～1.5	10	>254	9	岩溶发育灰岩	9～10	薄层或缺失	10	0～2	10	岩溶发育灰岩	8～10	>81.5	10

地下水埋深		含水层净补给量		含水层介质		土壤类型		地形		包气带介质		水力传导系数	
1.5~4.6	9	178~254	8	玄武岩	2~10	砾石	10	2~6	9	玄武岩	2~10	40.7~81.5	8
4.6~9.1	7	102~178	6	砂砾岩	4~9	砂	9	6~12	5	砂砾石	6~9	28.5~40.7	6
9.1~15.2	5	51~102	3	块状灰岩	4~9	涨缩性黏土	7	12~18	3	变质岩、火成岩	2~8	12.2~28.5	4
15.2~22.9	3	0~51	1	块状砂岩	4~9	砂质壤土	6	18	1	含较多的粉砂和黏土的砂砾石	4~8	4.1~12.2	24
22.9~30.5	2			层状砂岩、灰岩及页岩序列	5~9	壤土	5			层状灰岩、砂岩、页岩	4~8	0.04~4.1	1
>30.5	1			冰积层	4~6	黏质壤土	4			砂岩	4~8		
				风化变质岩、火成岩	3~5	黏质壤土	3			灰岩	2~7		
				变质岩	2~5	非涨缩性黏土	1			页岩	2~5		
				火成岩	1~3					粉土、黏土	1~2		

表 5-16　DRASTIC 模型评价指标的权重体系

评价指标	权重
地下水埋深（D）	5
含水层补给量（R）	4
含水层介质（A）	3
土壤类型（S）	2
地形坡度（T）	1
包气带介质（I）	5
含水层水力传导系数（G）	3

表 5-17　地下水脆弱性程度等级表

脆弱性综合指数	脆弱性	脆弱性程度	脆弱性级别
<70	不易受到污染	弱	I
70~100	可能受到污染	轻度	II
100~130	容易受到污染	中度	III
130~160	极易受到污染	强	IV
>160	特别容易受到污染	极强	V

2. 特殊脆弱性评价

特殊脆弱性表征了人类活动产生的污染源以及土地资源利用开发过程中对地下水的影响。它的大小由污染源类型、规模以及污染物在地下水的迁移转化规律共同决定。

特殊脆弱性评价的过程多是将外界污染源以及土地利用类型作为评价指数进行量化评分，并赋予权重，然后与本质脆弱性的最终结果进行叠加。它是在本质脆弱性评价研究的基础上发展起来的，是地下水污染风险评价过渡阶段的重要组成部分。

（1）土地利用类型。土地利用类型是指人类根据原有土地的特点对其开发和利用以满足人类生产、生活需求。土地利用类型可以反映人类对土地不同程度的开发利用，同时也反映人类活动对地下水脆弱性不同程度的影响。

（2）化肥综合使用量。水稻种植区一般施用复合肥、碳铵、尿素、钾肥等化肥。化肥一部分被植物吸收利用，另一部分通过垂向下渗最终进入含水层，因此，对稻田施用化肥必定会影响其地下水的水质。施用化肥量越大，地下水受到污染的可能性就越大，地下水脆弱程度越高，相应的评分值越大（表 5-18 和表 5-19）。

表 5-18　土地利用类型与其对应的评分值

土地利用类型	评分值
未开发的林地、荒地等	1
居民区	3
耕地、养殖区	5
河流、湖泊、池塘	7
加油站、垃圾填埋场、重污染工业区	10

表 5-19　化肥综合使用量与其对应的评分值

化肥综合使用量 [kg/（亩·年）]	评分值
未施肥	1
0~25	3
25~50	5
50~100	7
>100	10

3. 外界污染源种类与危险度识别

外界污染源种类与危险度识别建立在污染源类型、分布、负荷与迁移研究的基础上。目前地下水外界污染源种类与危险度的识别主要从定性与定量两个角度入手。Zaporozec 将污染物分为自然、农村、生活、工矿等 7 类，并依据经验将污染源风险划分为高、中、低 3 个等级。

4. 地下水价值功能评价

用地下水价值功能的变化来表征地下水系统发生污染风险的损害（图 5-5）。

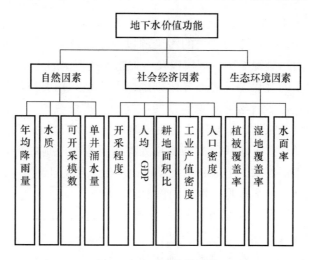

图 5-5　地下水价值功能

地下水价值功能评价方法较多，但研究方法大多是将地下水的价值或功能进行量化，可概括分为以下两种：

（1）基于地下水水质状况与地下水存储量的地下水价值评价方法，计算公式为：

$$V = GQ \times GS$$

式中　V——地下水价值量；

　　GQ——地下水水质状况；

　　GS——地下水存储量。

（2）基于开采价值与原位价值的评价。开采价值突出地下水的使用性与经济意义，包括各种人类活动所需要的地下水；原位价值包括地下水的生态与调节价值，以及维持地下水系统稳定与抗干扰的价值（图 5-6）。

$$V_j = \sum_{j=1}^{5} (\text{rating}_j \cdot \text{weight}_j)$$

式中　V_i——价值指数；

　rating_j——指标 j 的单因子评分；

　weight_j——指标 j 的熵权。

价值指数越高，地下水的价值相对越高。

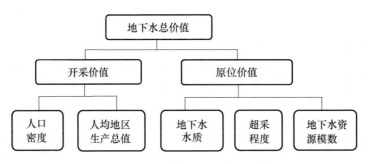

图 5-6　地下水开采价值与原位价值评估

5.5.2.3　地下水污染风险计算及评价方法

评价方法的选择，需要充分考虑区域资料与数据的详尽程度、风险评价模型的选取以及评价结果的可靠程度。当前地下水污染风险的评价方法较多，包括指数叠加法，污染物复杂物理、化学和生物过程模拟法，不确定性分析法以及数学统计方法，前 3 种方法应用最普遍（表 5-20）。

表 5-20　常用 4 种方法比较表

评价方法	在应用的侧重点				优缺点
	性质	对象	范围	结果	
迭置指数法	本质脆弱性或本质脆弱性和特殊脆弱性联合	潜层地下水	大范围	定性、半定量或定量	简单易操作，受人为主观影响
过程模拟法	特殊脆弱性	包气带、饱和带	小范围	定量	描述污染物的物化和生物迁移转化过程但需要大量的监测数据和资料
统计法	特殊脆弱性	潜水层	小范围	定量	比较客观的筛选出影响地下水污染的主要因素但统计显著的相关的因子不一定存在必然的因果关系
综合模糊评价法	特殊脆弱性	潜水层	大范围	定量	相对客观的反映出主要影响因子但需要大量的数据且计算过程复杂

1. 矩阵法

地下水被污染的概率可以用地下水的固有脆弱性以及污染源荷载来综合评价，污染后果用地下水的价值水平来评价（图 5-7）。

2. 风险分级体系

该方法基于源-路径-受体的思路，主要考虑 3 方面的内容，一是场地或潜在污染物质向环境释放的可能性；二是污染物的性质，如毒性及数量等；三是受体，即被污染

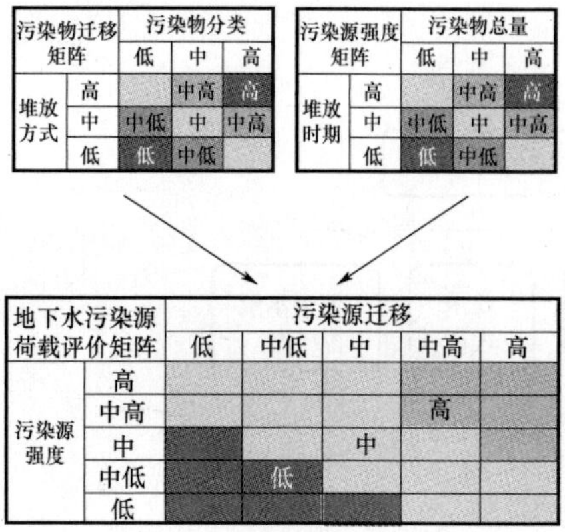

污染物迁移矩阵	污染物分类		
堆放方式	低	中	高
高		中高	高
中	中低	中	中高
低	低	中低	

污染源强度矩阵	污染物总量		
堆放时期	低	中	高
高		中高	高
中	中低	中	中高
低	低	中低	

地下水污染源荷载评价矩阵	污染源迁移				
	低	中低	中	中高	高
污染源强度	高					
	中高				高	
	中			中		
	中低		低			
	低					

被污染概率		地下水固有脆弱性		
		高	中	低
污染源荷载强度	高	高	高	中
	中	高	中	低
	低	中	低	低

图 5-7　短阵法

物影响的人群或敏感环境目标。分别计算以下 4 个指标的得分：地下水迁移（饮用水）、地表水迁移（饮用水、人类食物链、环境敏感性）、土壤暴露（常住人口、附近居民、环境敏感性）、空气迁移（人口、环境敏感性），之后利用均方根方程求取整体风险分值：

$$S = \sqrt{\frac{S_{gw}^2 + S_{sw}^2 + S_s^2 + S_a^2}{4}}$$

式中　S——场地分值；

S_{gw}——地下水迁移途径得分；

S_{sw}——地表水迁移途径得分；

S_s——土壤暴露途径得分；

S_a——空气迁移途径得分。

思考题

1. 什么是生态风险？其主要内容包括哪些？

2. 简述生态风险评价的主要方法。

3. 简述生态风险评价中风险因子的识别方法与步骤。

4. 生态风险评价中暴露评估的主要内容有哪些？

5. 简述场地污染土壤生态风险评估主要内容和流程。

6. 简述地下水环境生态风险评价的程序。

第6章　污染场地管理体系

我国土壤环境污染形势严峻，污染场地已对生态环境、食品安全和人体健康构成威胁。污染场地管理已成为环境保护领域的重点和难点。污染场地管理涉及法律法规、监管能力、科技支撑、资金投入、信息管理等各个方面，其管理体系的结构和功能将会体现复杂性和多样性的特点，需要进行系统性研究、设计并不断完善和创新。

污染场地管理面是一个系统工程，必须依靠健全的土壤环境监督管理体系加以管理控制，需要研究总结国内外污染场地环境管理的经验教训，综合运用法律、经济、技术等方面条件进行管理。目前作为单项研究的工作已取得一定进展，包括法规、标准、技术导则等方面，但随着污染场地存在问题的不断暴露和环境管理需求的不断增强，作为污染场地土壤综合性管理体系的系统研究已成为环境管理研究领域的重要和紧迫的任务。

我国污染场地管理工作处于起步阶段，尚未建立完整的污染场地管理体系。本章在借鉴国际经验的基础上，结合我国污染场地管理的实际经验，对建立适合我国的污染场地管理体系进行初步分析与探讨。

6.1　污染场地管理体系构成

污染场地一般指因从事生产、经营、使用、储存、堆放有毒有害物质，或者处理、处置有毒有害物质，或者因有毒有害物质迁移、突发事故造成不同程度的环境污染，涉及场地内部及周边的土壤和地下水、车间墙体和设备、各种废弃物，场地周边的土壤、地表水、空气、生物体及居民住地等，从而对人体健康、生态环境产生一定的风险或危害。在快速发展的中国，对污染场地进行环境管理已经成为一个不可忽视的重要问题。

污染场地管理体系是指从污染场地调查监测、风险评估及修复治理等全过程管理形式，涉及法律法规、资金筹措、信息交流、调查评估、环境影响、修复技术、社区参与及开发利用等社会、环境和经济相关方面。中国的污染场地管理体系涉及法律法规、监管能力、科技支撑和资金投入等各个方面，其结构和功能将会体现复杂性和多样性的特点，需要进行系统性规划设计并不断完善和创新。污染场地管理体系是一个结构与功能复杂的管理控制系统。

6.1.1 我国污染场地管理面临的挑战

当前我国土壤环境面临严峻形势，部分地区土壤污染严重，在重污染企业或工业密集区、工矿开采区及周边地区、城市和城郊地区出现了土壤重污染区和高风险区；土壤污染类型多样，呈现出新老污染物并存、无机有机复合污染的局面；土壤污染途径多，原因复杂。污染场地治理难度大、成本高、周期长。

频频发生的环境事故使得中国公众日益关注由环境污染造成的健康威胁，与此同时，快速的城镇化进程也推高了中国城市的土地价格。因此，城市中需要搬迁安置的工厂数目众多，主要涉及农药、炼焦、钢铁和化工等一些重污染行业。工厂搬迁在城市中留下了大量的污染场地，其中不少场地的污染状况十分复杂，污染物种类繁多，且土壤和地下水均受到严重污染。

在污染场地的再开发过程中，由于保护措施准备不足和安全防护不到位等原因，导致建设工人暴露于有害气体和有毒化学物质中，对工人的健康形成威胁。此类环境事故引发了公众的不安，也引起了我国各级政府的高度关注。由于公众对于在污染场地上建设的住宅可能带来的健康风险产生了担忧，因此造成了大量的污染场地的废弃和闲置。一个较典型的例子是武汉某场地，由于在建设期间发现该场地存在污染，该场地于 2006 年废弃，政府因此被起诉为此承担责任。因此，公众要求在再开发污染场地之前进行安全修复的呼声越来越大。鉴于这些压力，同时受到高地价、高房价和其他因素的影响，中国实施了越来越多的污染场地调查、风险评估和修复项目。中央和省级政府也对污染场地问题做出了积极响应，包括正在实施的污染场地政策调研和科学研究项目，以及资助技术研发和修复示范项目等。

在污染场地的修复与管理过程中，我国政府越来越清醒地认识到，一个综合考虑了政策法规、技术条件、资金支持和监督管理的框架，对于有效跟踪、评估与修复数目众多的污染场地至关重要。目前，我国尚没有专门的法律来规范污染场地的管理与修复问题。与土壤保护相关的法律条文更多地体现在其他环境保护法中，如现有的大气和水环境保护方面的法律，以及有关控制固体废物和有毒物质的法律等。但是，由于这些法律有其各自的立法目的和适用范围，且各有其侧重保护的环境要素，因此即使这些法律中与土壤保护相关的内容全部被执行，也无法完全满足污染场地管理的需要。鉴于此，我国政府在处理污染场地问题时，应积极学习其他国家的成功经验，以此加强自身的能力建设。

6.1.2 污染场地管理体系总体结构框架

目前，污染场地管理体系不够健全，主要表现为法律法规系统和技术管理系统不完善以及缺少信息管理系统、资质管理系统、资金管理系统、修复方案、环评机制、社区参与机制等子系统。

现阶段污染场地管理需求主要包括污染场地管理的法律法规、污染场地调查、评估、修复及验收资质管理系统、土壤修复环境影响评价机制、土壤修复标准、污染场地监理及验收技术、社区参与机制、污染场地数据库及信息管理系统、污染土壤修复技术与设备、实行绿色修复理念、多因素修复方案优化方法以及土壤环境监测与分析检测标准及能力等方面的需求。

污染场地管理体系管理对象、环节、目标涉及法律法规、资质、技术标准（规范）、资金筹措和使用、调查监测、风险评估、土壤修复、环境影响、监理和验收、社区参与和信息管理等诸多方面，因而结构较复杂，结构总体设计时应充分考虑了以下因素：

（1）弥补当前污染场地土壤环境管理体系中存在的不足。

（2）解决目前污染场地土壤环境管理实践中存在的实际问题。

（3）借鉴国外污染场地土壤环境管理的优点，完善和拓展体系。

基于以上分析可知，完善的管理体系包括法律法规系统、信息管理系统、资质管理系统、资金管理系统、技术管理系统、修复方案、环评机制、监理验收系统、社区参与机制等子系统相互协同，从而构成一个整体性的有效管理体系。

按照功能将管理体系设计成以下几个子系统：法律法规系统、资质管理系统、资金管理系统、技术管理系统、监理验收系统、修复方案、环评机制、社区参与机制、信息管理系统。

管理的实施机构为环境保护行政主管部门，管理的对象为污染场地所有人/责任人、调查、评估、评价、修复、监理及验收机构及从业人员。

管理的环节为污染场地土壤调查、评估、修复、监理及验收。

管理体系设计的原则是按照系统论、控制论及信息论理论原理，注重体系的整体性和子系统之间的协同性。该管理体系以法律法规系统为依据，以信息管理系统为基础平台，通过资质管理系统、资金管理系统、技术管理系统、社区参与机制等管理工具以求实现对污染场地管理的全过程、全方位管理。

6.1.2.1　法律法规规章系统

建立 3 个层次的污染场地土壤环境管理相关法律法规规章系统，明确污染场地所有人/责任人的法律责任、污染场地调查、评估、修复与验收的要求。

3 个层次分别如下：

综合性法律及专项法律层次，将有关污染场地管理的要求纳入综合性法律中，如修改现行的《中华人民共和国环境保护法》，增加有关条文；同时研究制定专项法律，如制定土壤和地下水污染防治法等。

法规层次，制定有关土壤污染防治条例，将污染场地的土壤环境管理内容纳入其中。

规章及规范性文件层次，制定规章及规范性文件，作为对法律、法规的实施细则所涉及污染场地的各个方面的内容做出具体规定。明确建立资质管理系统、资金管理系统、技术管理系统、信息管理系统、社区参与机制、环境影响评价机制等的具体内容和要求。

6.1.2.2　资质管理系统

污染场地土壤环境管理的资质管理系统的管理对象是从事污染场地调查、监测、评估、修复、监理及验收的机构。这些机构从事的工作技术性较强，所提供的技术服务内容应当合乎法律、法规及规章的要求，数据、资料应当具有科学性和准确性，建立资质管理体系是保障达到这些要求的重要手段。

资质管理系统包括资质的审查与颁发、定期考核、更新、吊销等管理内容。资质的级别可以根据机构的能力、条件划分为甲级或乙级两种。资质的类别可以分为机构资质证书及个人资质证书。

鉴于国家已建立有监测计量认证资格系统，环评资质管理系统，环保工程设计、施工资质管理系统等，因此污染场地的土壤环境管理的相关资质管理可在上述现有资质管理的基础上进行拓展，如因场地调查和评估与建设项目环评有类似之处，故可对持有环境影响评价资质的机构的职业工程师进行专项培训后，并在审查机构准入条件的基础上，对现有环评资质持证单位另行颁发场地调查、评估资质。同样对于场地土壤修复资质的管理可在现有环境保护工程设计与施工资质的基础上进行拓展。

污染场地管理的资质管理系统有关信息应当作为信息管理系统的组成部分。

6.1.2.3 技术管理系统

污染场地土壤的调查、评估、修复、监理及验收等环节均为技术性较强的工作，需要实施有针对性的技术管理。

污染场地的技术管理系统的管理环节包括土壤调查、评估、修复、监理及验收等。管理的手段是通过标准、技术导则、规范等的制定与执行以及绿色修复、环境影响评价、修复技术优化等手段进行有关污染场地土壤环境管理相关的技术管理。

6.2 污染场地管理的法律法规及标准

土壤污染在很多国家，包括我国，已经成为严重的环境和发展问题。污染场地（又称为"棕地"）若得到有效环境修复和管理，可以为城市发展提供良好的机会；反之，若因为法律责任不清晰、资金缺乏等因素被弃之不用，或未被适当修复，它们将对公众健康和环境构成严重威胁，并成为地方经济发展的瓶颈。

土壤污染的管理有经验可循，可供我国和其他发展中国家学习借鉴。很多发达国家和地区，如美国、加拿大和欧盟，均已在这方面积累了丰富的经验，制定了全面的，且被实践证明有效的棕地管理框架。本节通过评述美国、加拿大、欧盟成员国、日本和其他国家或地区与棕地有关的政策、法规和标准，总结可能对建立中国棕地管理框架有帮助的国际经验。

法律法规为污染场地的管理制定原则、规则和程序，是整个管理体系的基石。定义清晰、设计合理的法规体系是任何一个国家污染场地管理成功的前提条件。

6.2.1 中国法律法规系统状况分析

污染场地是指已被污染的场地，其历史遗留的危险物质和污染物使之再利用和重新开发变得复杂，并对环境和公众健康构成巨大威胁。因此，若要规避污染场地再开发的风险，减轻对环境和公众健康的压力，对污染场地进行环境管理和修复就显得非常必要，且有利于缓解经济社会发展用地的需求。

应该说，快速发展的中国，对污染场地进行环境管理已经成为一个不可忽视的重要问题。本节首先从中国国家层面和省级层面的法律、法规以及部门规章和规范性文件来了解中国污染场地管理法律法规系统。

6.2.1.1 中国国家层面法律法规及标准

在过去的近 20 年中，中国大量的工业场址搬迁使污染场地问题浮出水面。污染场地再开发过程中频发的事故被大众媒体广泛报道，引起了各级政府的注意和重视。相关的政策立法调研、技术研发以及修复示范项目在各级政府的组织下纷纷展开。

我国目前与土壤、地下水污染有关的立法尚处在初级阶段，但是发展迅速。从立法角度讲，一些原则性的有关土壤污染防治的法律规定散见于环境法律法规之中。针对污染场地，相关立法机关颁布了规范性法律文件，专门的部门规章草案和技术指南已经发布。

1. 与土壤污染防治相关的法律规定

中国目前与土壤污染防治相关的法律规定分散在一些一般性的环境法律法规之中。主要条款包括：《中华人民共和国土地管理法》第 35 条规定各级政府应采取措施防止污染土地；《中华人民共和国土地复垦规定》第 2 条规定对在生产建设过程中造成破坏的土地，应采取整治措施，使其恢复到可供利用的状态；《中华人民共和国固体废物污染环境防治法》第 35 条规定产生工业固体废物的单位需要终止的，应当事先对工业固体废物的储存、处置的设施、场所采取污染防治措施，并对未处置的工业固体废物做出妥善处理，防止污染环境；《中华人民共和国刑法》第 338 条规定了因排放、倾倒或者处置有放射性的废物、含传染病病原体的废物、有毒物质或者其他有害物质，造成环境严重污染的，追究刑事责任；而 2015 年实施的新《中华人民共和国环境保护法》中加严了对土壤污染相应的法律规定，如第 32 条提出要加强对大气、水、土壤等的保护，建立和完善相应的调查、监测、评估和修复制度。

目前《中华人民共和国土壤污染防治法》已被列入立法规划一类项目，由全国人大环境与资源保护委员会负责牵头起草和提请审议。2018 年 8 月 31 日，十三届全国人大常委会第五次会议全票通过了土壤污染防治法，自 2019 年 1 月 1 日起施行。

2. 规范性法律文件

我国当前的污染场地管理主要是依据几个规范性法律文件的规定展开的。这几个重要的文件分别是《关于切实做好企业搬迁过程中环境污染防治工作的通知》（环办〔2004〕47 号）、《国务院关于落实科学发展观加强环境保护的决定》（国发〔2005〕39 号）、《关于加强土壤污染防治工作的意见》（环发〔2008〕48 号）、《关于保障工业企业场地再开发利用环境安全的通知》（环发〔2012〕140 号）以及《关于加强工业企业关停、搬迁及原址场地再开发利用过程中污染防治工作的通知》（环发〔2014〕66 号）。

2004 年发布的《关于切实做好企业搬迁过程中环境污染防治工作的通知》是我国第一个对污染场地进行规范的法律文件。该通知规定所有产生危险废物的工业企业、实验室和生产经营危险废物的单位，在结束原有生产经营活动，改变原土地使用性质时，必须经具有认证资格的环境监测部门对原址土地进行监测分析，报送环境保护部门审查，并依据监测评价报告确定土壤功能修复实施方案。作为第一个法律文件，它开启了中国污染场地管理的序幕。但是，仅凭上述三条原则性的规定，其实施和执行都非常困难。

2005年发布的《国务院关于落实科学发展观加强环境保护的决定》旨在加强全国的环境保护工作。该决定要求以强化污染防治为重点，加强城市环境保护，特别要求对污染企业搬迁后的原址进行土壤风险评估和修复。

2008年颁布的《关于加强土壤污染防治工作的意见》是迄今为止指导全国土壤污染防治工作最为全面的法律文件，要求各级政府充分认识加强土壤污染防治的重要性和紧迫性，明确了土壤污染防治的指导思想、基本原则和主要目标。其中并未对污染场地的土壤修复问题做出明确规定，就污染场地管理而言，主要规定如下：①土壤污染防治工作必须坚持预防为主；②土壤污染防治要统筹规划，全面部署，分步实施；③结合各地实际，按照土壤环境现状和经济社会发展水平，采取不同的土壤污染防治对策和措施；④各级环保部门要积极协调国土、规划、建设、农业和财政等部门，共同做好土壤污染防治工作；⑤将规划调整为非工业用途的工业遗留遗弃污染场地土壤作为监管重点。

2012年环保部发布的《关于保障工业企业场地再开发利用环境安全的通知》主要针对一些重污染企业遗留场地的土壤和地下水受到污染，环境安全隐患突出的情况，为了保障场地再开发利用的环境安全，该通知对污染场地管理、修复以及保障工作等提出了具体的要求和目标。

首先，要求各级环保部门会同同级工业、经济、国土以及建设和规划等部门排查被污染场地，建立被污染场地数据库和环境管理信息系统并共享信息；相关部门在编制土地利用规划或城乡规划时，要充分考虑被污染场地的环境风险，合理规划土地用途，严格用地审批；严控被污染场地的流转，必须进行场地环境调查和风险评估工作。

其次，要因地制宜组织开展被污染场地的治理修复工作，并进行优先排序；严格环境风险评估和治理修复管理，要由具有相关资质的机构和个人开展相关工作，建立健全专家论证评审机制；要切实防范场地污染，提出防渗、监测等场地污染防治措施。

最后，本着"谁污染、谁治理"的原则，造成场地污染的单位是承担环境调查、风险评估和治理修复责任的主体，并在2009年发布的《污染场地土壤环境管理暂行办法（征求意见稿）》的基础上对责任人认定做了具体规定；要完善相关政策法规以及标准规范，开展试点示范工程，探索建立污染者付费、土地开发受益者出资的资金投入机制，支持和鼓励公众参与；加强组织领导。

2014年发布的《关于加强工业企业关停、搬迁及原址场地再开发利用过程中污染防治工作的通知》是为了防范工业企业关停搬迁过程中的偷排、偷倒、不规范拆迁等行为，防止加重场地污染，保障工业企业场地再开发利用的环境安全。要求强化工业企业关停搬迁过程中的污染防治，编制应急预案，规范拆除流程以及安全处置遗留固体废物等；要求开展企业场地环境调查，加强治理修复监管，严控污染场地流转和开发建设审批；加大信息公开力度。

前面所述皆是我国管理污染场地的重要法律文件，但由于仅仅是规范性法律文件，并不具有强制力，而且尚未涵盖污染场地管理的诸多方面。因此，我国亟须出台一部针对污染场地管理的专门法律或法规。

3. 国家标准

目前，中国与土壤和地下水相关的国家标准，可以分为以下三类：

（1）监测标准。

《土壤环境监测技术规范》（HJ/T 166—2004），该规范适用于土壤背景、农田土壤环境、建设项目土壤环境评价、土壤污染事故等类型的监测。

《地下水环境监测技术规范》（HJ/T 164—2004），该规范适用于地下水环境的监测，包括政府控制的监测井的背景值监测和污染控制监测。

（2）质量标准。

《地下水质量标准》（GB/T 14848—2017），该标准规定了地下水的质量分类、质量监测、评价方法和质量保护。

《土壤环境质量标准》（GB 15168—1995），该标准适用于农田，已于 2015 年进行全面修订；其修订草案《农用地土壤环境质量标准》与《建设用地土壤污染风险筛选指导值》已发布三次征求意见稿（环办函〔2016〕455 号），向社会公开征求意见。

《土壤环境质量评价技术规范（二次征求意见稿）》（环办函〔2016〕455 号），该标准规定了土壤环境质量评价的内容、程序、方法和要求，适用于不同土地利用方式的土壤环境质量评价。

（3）污染场地修复相关标准。

《展览会用地土壤环境质量评价标准（暂行）》（HJ 350—2007），该标准是为 2010 年在上海召开的世博会的场地修复临时制定的，无法适用于所有类型的污染场地。

《污染场地术语》（HJ 682—2014），规定了与场地环境管理相关的名词术语与定义，适用于污染场地环境管理中名词术语及定义的使用。

《场地环境调查技术导则》（HJ 25.1—2014），规定了场地土壤和地下水环境调查的原则、内容、程序和技术要求，适用于场地环境调查，为污染场地环境管理提供基础数据和信息。

《场地环境监测技术导则》（HJ 25.2—2014），规定了场地环境监测的原则、程序、工作内容和技术要求，适用于场地环境调查、风险评估以及污染场地土壤修复工程环境监理、工程验收、回顾性评估等过程的环境监测。

《场地风险评估技术导则》（HJ 25.3—2014），规定了开展污染场地人体健康评估的原则、内容、程序、方法和技术要求，适用于污染场地人体健康风险评估和土壤、地下水风险控制值的确定。

《污染场地土壤修复技术导则》（HJ 25.4—2014），规定了污染场地土壤修复技术方案编制的基本原则、程序、内容和技术要求，适用于污染场地土壤修复技术方案的制定，但不包括地下水修复技术方案。

为了配合 HJ25 系列关于污染场地修复相关标准的实施，环境保护部于 2014 年发布了环境技术文件《工业企业场地环境调查评估与修复工作指南（试行）》和《污染场地修复技术应用指南（征求意见稿）》（环办函〔2014〕564号），用于污染场地修复以及管理过程中的技术指导以及相应的技术支撑。

上述污染场地的相关技术导则以及技术指南开启了场地环境状况调查、风险评估修复治理的标准体系建设，其中所规定的内容，与美国和欧洲现行普遍适用的技术要求基本一致，但是规定过于笼统，不够具体，尚存在不足之处。其中最重要一点是国家关于"可接受风险水平"的界定，涉及国家经济、社会和环境效益的综合评估和平衡。《污染场地风险评估技术导则》中风险值使用 10^{-6}，过于保守，值得探讨。世界发达国家和地区的风险值一般为 $10^{-6} \sim 10^{-4}$。例如，荷兰使用 10^{-4}，一些国家使用 10^{-5}（如德国、法国和瑞典），美国使用 10^{-6}。同时该导则中还存在着其他问题，如用于挥发性有机物（VOCs）风险评估的方法过于保守，易导致场地过度修复；风险评估中的土地利用类型不全面，污染物的风险筛选指导值也难以满足要求；一些采样细节缺乏详细的技术要求，难以判定结果准确性等。

4. 管理办法

在污染场地管理的立法方面，环境保护部于2009年年底发布了《污染场地土壤环境管理暂行办法（征求意见稿）》（以下简称《暂行办法》），并于2011年3月原则性通过。该办法第一次对污染场地土壤修复做出具体规范，并针对环境调查、风险评估、治理修复以及监督管理等做了规定。

《暂行办法》第3条将污染场地定义为因从事生产、经营、使用、储存有毒有害物质，堆放或处理处置有害废弃物，以及从事矿山开采等活动，使土壤受到污染的土地。

根据该定义，污染场地被分为三种类型，即"有毒有害物质"的场地、"有害废弃物"的场地和"矿山开采"的场地。此外，值得注意的是《暂行办法》定义的污染场地仅针对受污染的土壤，整个《暂行办法》也是仅规范污染场地的土壤环境，地下水不在管理范围之内。

《暂行办法》第2条规定本办法适用于污染场地土地利用方式或土地使用权人变更时，场地土壤环境的调查、评估和治理修复等活动。而土地利用方式变更，按照第4条的规定，是指污染场地开发利用为住宅、商业区、学校、公园、绿地、游乐场以及农业用地等敏感性用地。按照这两条的规定，如果一个工业场地存在污染，在不发生土地使用权人变更，且继续保持工业用地的情况下，是不需要进行污染土壤的修复的。而美国、荷兰等国家只要调查发现场地的污染超过法律所规定的标准，就必须对场地进行治理。

5. "十三五"期间的政策支持

土壤与地下水的污染问题在"十二五"规划期间就受到高度重视，土壤环境保护被视作"十二五"期间亟待解决的四大突出环境问题之一。根据《国家环境保护"十二五"规划》的规定，各级政府要加强土壤环境保护制度建设、强化土壤环境监管并推进重点地区污染场地和土壤修复。《国务院办公厅关于印发近期土壤环境保护和综合治理工作安排的通知》（国办发〔2013〕7号）就"十二五"土壤保护工作提出了具体目标。"十二五"期间对土壤环境质量标准进行了修订，并加快编制《土壤污染防治行动计划》。

《"十三五"规划纲要》则要求创新环境治理理念和方式，实行最严格的环境保护制度，强化排污者主体责任，形成政府、企业、公众共治的环境治理体系，实现环境质量总体改善。对于土壤环境保护实施土壤污染分类分级防治，优先保护农用地土壤环境质量安全，切实加强建设用地土壤环境监管。目前已出台的《国家环境保护"十三五"规划基本思路》（以下简称《基本思路》）提出到 2020 年，全国土壤污染加重趋势得到遏制，土壤环境质量总体稳定，农用地土壤环境得到有效保护，建设用地土壤环境安全得到基本保障；到 2030 年，土壤环境质量得到好转，生态环境质量全面改善。

"十三五"规划纲要将土壤环境治理纳入环境治理保护重点工程，要求开展土壤污染加密调查。完成 100 个农用地和 100 个建设用地污染治理试点。建设 6 个土壤污染防治先行示范区，做好化工企业安全环保搬迁后的土壤污染治理工作。开展 1000 万亩受污染耕地治理修复和 4000 万亩受污染耕地风险管控。深入推进以湘江流域为重点的重金属污染综合治理。

《全国地下水污染防治规划（2011—2020）》是"十二五"期间所颁布的十年规划，延续至"十三五"期间，这是指导我国地下水污染防治的第一个全国性规划。它制定了指导思想、基本原则和规划目标，规定八项主要任务，列出规划项目和投资估算，并提出保证上述任务完成和目标实现的保障措施。在污染场地管理方面，该规划提出了下述具体要求：

（1）开展危险废物污染场地地下水污染调查评估；

（2）开发利用污染企业场地和其他可能污染地下水的场地，按照"谁污染、谁治理"的原则，被污染的土壤或地下水，由造成污染的单位和个人负责修复和治理；

（3）开展典型地下水污染场地修复，在地下水污染问题突出的工业危险废物堆存、垃圾填埋、矿山开采、石油化工行业生产等区域，筛选典型污染场地，积极开展地下水污染修复试点工作；

（4）开展典型场地地下水污染预防示范项目，从控制污染源出发，示范性开展工业危险废物堆放场、石化企业、矿山渣场、加油站及垃圾填埋场等污染场地的预防工作；

（5）围绕地下水饮用水水源污染防治、典型场地地下水污染治理、地下水污染修复等内容，不断加大科技投入。

6.2.1.2　中国省级法律法规

为对污染场地进行有效的管理，制定地方法律法规是至关重要的。我国各地区的差异性巨大，不同的经济发展水平、土壤类型、自然和地质水文条件等对各地区的污染场地管理提出了不同的要求。目前，一些经济发达的地区和以工业为主的省市已经着手研究和建立适合各自地方的法律法规和标准，以规范推动本地区污染场地的管理和再开发利用。其中，北京和重庆是我国最早开始实施场地修复项目的城市，并颁布了相关的法规和标准，做出了有益的尝试。

1. 北京

北京处于城市化的快速发展时期，对公共设施、居住和商业用地的需求越来越大，因此将工业场址搬出城区，对原有场地进行再开发成为必然的趋势。2001—2005年，北京搬迁了142家工厂，置换出878万 m^2 的土地可供再开发。另一项统计数据显示，有300多家工厂被搬迁出城市中心地带，空出900多万平方米土地[①]。

为管理这些搬迁后遗留的污染场地，从2007年至今，北京颁布了几个重要的规范性法律文件、规范和标准。它们分别是2007年发布的《关于开展工业企业搬迁后原址土壤环境评价有关问题的通知》（京环发〔2007〕151号）、2009年发布的《场地环境评价导则》（DB11/ T 656—2009）、2011年发布的《污染场地修复验收技术规范》（DB11/T 783—2011）和《场地土壤环境风险评价筛选值》（DB11/T 811—2011）以及2015年发布的《污染场地挥发性有机物调查与风险评估技术导则》（DB11/T 1278—2015）、《污染场地修复工程环境监理技术导则》（DB11/T 1279—2015）、《污染场地修复技术方案编制导则》（DB11/T 1280—2015）和《污染场地修复后土壤再利用环境评估导则》（DB11/T 1281—2015）。

《场地环境评价导则》最早由北京市环境保护局于2007年发布，用于指导当时已开展的场地修复示范项目。后于2009年经由北京市质量技术监督局作为北京市地方标准予以正式发布。该标准规定了场地环境评价所适用的三阶段式工作程序，即污染识别、现场采样分析和风险评估。

2011年，为满足北京市污染场地修复示范项目的实际需要，北京市发布了《污染场地修复验收技术规范》和《北京市场地土壤环境风险评价筛选值》。其中《污染场地修复验收技术规范》是规范如何对已经完成的场地修复项目进行验收；而《北京市场地土壤环境风险评价筛选值》适用于判定潜在污染场地开发利用时是否需要开展土壤环境风险评估，它规定了住宅用地、公园与绿地、工业/商业用地等不同土地利用类型下土壤污染物的环境风险评估筛选值。

2015年北京市发布了《污染场地修复技术方案编制导则》和《污染场地修复工程环境监理技术导则》。其中《污染场地修复技术方案编制导则》对修复策略选择、修复技术筛选与评估、修复技术方案确定、修复技术方案报告编制做了规定；而《污染场地修复工程环境监理技术导则》规定了污染场地修复工程环境监理的工作程序、工作内容、工作方法、工作制度等技术要求。针对目前国内的场地现有导则中推荐的VOCs风险评估方法过于保守以及VOCs污染土壤及地下水样品采集具体技术要求缺乏的现状，2015年北京市发布了《污染场地挥发性有机物调查与风险评估技术导则》，形成了VOCs污染场地调查评估与风险评估工作程序、相关介质样品采集、风险评估方法的完整技术导则。

基于上述法律文件和技术规范，北京已经建立起以再开发为目的的污染场地管理体系，确立了"污染者负担"的责任体系，并提供了一套污染场地调查、评估、修复、验收和修复后土壤再利用的方法和程序。

---

① 谢剑，李发生. 中国污染场地的修复与再开发的现状分析//世界银行研究报告，2010：22.

2. 重庆

重庆是中国西南部的大型工业城市。从 2004 年开始，重庆将老旧的工业企业从市中心迁出，列入搬迁名单的企业共 137 家。这些遗留的工业企业原址大部分将进行再开发利用。重庆市政府已经充分认识到污染场地管理的重要性和紧迫性，相继颁布了一系列相关的政策和法律文件如下：

（1）法规：《重庆市环境保护条例》（2007）。

①第 47 条：生产经营单位在转产或搬迁前，应当清除遗留的有毒、有害原料或排放的有毒、有害物质，并对被污染的土壤进行治理。

②第 104 条：擅自将收集、储存、运输、处置危险废物的场所退役或转为他用以及未按规定治理被污染的土壤的，由环境保护主管部门责令改正，处 1 万元以上 10 万元以下的罚款。

（2）规范性法律文件。

规范性法律文件包括《重庆市人民政府关于加快实施主城区环境污染安全隐患重点企业搬迁工作的意见》（渝府发〔2004〕59 号）、《关于切实做好企业搬迁后原址土地开发中防治土壤污染工作的通知》（渝环函〔2005〕249 号）、《关于加强关停破产搬迁企业遗留工业固体废物环境保护管理工作的通知》（渝环发〔2006〕59 号）、《关于加强我市工业企业原址污染场地治理修复工作的通知》（渝办发〔2008〕208 号）、《关于进一步规范和加强我市关破及搬迁企业原址污染场地监督管理工作的请示》（渝环发〔2008〕49 号）。

为了给污染场地环境管理提供技术支撑，重庆市加快推动地方标准体系建设。基于风险管理的理念，于 2010 年出台了《重庆市场地污染环境风险评估技术指南》和《重庆市场地污染环境验收技术指南》，规定了场地调查、环境风险评估的一般原则程序、方法、标准及污染土壤的修复和遗留工业固体废物处置，还涵盖了治理修复技术遴选优化等内容，从技术上支持污染场地环境管理的需要。并于 2015 年为已拟定的《重庆市场地风险评估技术导则》《重庆市场地土壤环境风险评估筛选值》《重庆市污染场地治理修复验收技术导则》和《重庆市污染场地治理修复工程环境监理技术导则》举行专家咨询会，这些导则已陆续出台；同时为规范污染场地风险评估和治理修复工作，促进从业单位技术水平的提升，重庆市环保局还发布了《重庆市污染场地评估咨询和治理修复单位名录申报指南（试行）》（渝环发〔2013〕48 号）。

3. 其他地方法规

上海市自 2010 年的上海世博会后，开始关注污染场地问题，启动污染场地管理的相关工作。从 2013 年以来，上海市发布了《关于加强工业及市政场地再开发利用环境管理的通知》（沪环保防〔2013〕530 号）和《关于保障工业企业及市政场地再开发利用环境安全的管理办法》（沪环保防〔2014〕0188 号），遵循"谁污染、谁治理"的原则，加强了工业企业及市政场地的环境监督管理。为规范环境风险评估和治理修复，上海市还制定发布了《上海市场地环境调查技术规范（试行）》《上海市场地环境监测技术规范（试行）》《上海市污染场地风险评估技术规范（试行）》《上海市污染场地修复方案编制规范（试行）》《上海市场地土壤环境健康风险评估筛选值（试行）》《上海市污染场地修复工程验收技术规范》和《上海市污染场地修复工程环境监理技术规范（试行）》7 项地方性技术标准。

浙江省颁布的《浙江省固体废物污染环境防治条例》（2006）规定工业企业、垃圾填埋场所、农业生产单位等应当采取有效措施，防止污染土壤，对污染土壤实行环境风险评估和修复制度。在责任认定方面，污染土壤的清理和处置费用，由造成污染的单位和个人承担；无明确责任人或者责任人丧失责任能力的，由县级以上人民政府承担。

此外，浙江省政府颁布了《浙江省清洁土壤行动方案》，其中要求在 2015 年全省形成较完善的土壤污染防治工作机制。随着一系列污染场地治理修复试点工作的开展，为了加强污染场地的监管和推进场地的治理修复，浙江省于 2013 年陆续发布了《关于加强工业企业污染场地开发利用监督管理的通知》（浙环发〔2013〕28 号）以及《污染场地风险评估技术导则》（DB33/T 892—2013）。但仍需制定污染场地评估、修复和再开发的政策和制度，提供场地修复示范性项目的资金支持，扶持土壤监测、评估和修复的专业机构、企业，培养污染场地修复的专业人才。

江苏省出台了《关于规范工业企业场地污染防治工作的通知》（苏环办〔2013〕246 号），用于规范工业企业场地污染的防治工作，并根据《国务院办公厅关于印发近期土壤环境保护和综合治理工作安排的通知》（国办发〔2013〕7 号）的要求编制了《江苏省近期土壤环境保护和综合治理方案》，提出了近期（2013—2015 年）土壤环境保护目标、任务、重点工程和保障措施。其下辖的南京市制定了《南京固体废物污染环境防治条例》（2009）规定对受固体废物污染的土壤应当进行环境风险评估、修复和处置。当对化工、印染、电镀等单位停产、关闭、搬迁后的工厂原址和危险废物的堆放填埋场地进行再开发时，开发利用者应当进行环境影响评估，评估受污染的程度，并明确修复和处置的要求，按照污染者承担治理责任的原则进行修复和处置。

在辽宁省，污染场地修复是《辽宁省环境保护"十二五"规划》的主要任务。要求开展污染土壤修复试点示范；明确优先控制区及控制对象；建立污染土壤风险评估和环境现场评估制度以及初步建立土壤污染防治和修复机制。另要求搬迁企业必须做好原厂址土壤修复工作。其下辖的沈阳市，早在 2007 年，就由沈阳市环境保护局与沈阳市规划和国土资源局联合发布了《沈阳市污染场地环境治理及修复管理办法（试行）》，共 6 章 32 条，包括污染场地的监督管理、污染场地的评估与认定、污染场地的治理及修复以及法律责任等具体制度。

6.2.2 中国与土地修复相关的机构设置

6.2.2.1 中央层级

中国城市工业土地为国家所有，政府是国有土地使用权的主体。由国土资源部代表国务院依据法律和国务院的规定行使中央政府统一管理土地的职权。具体管理部门为国家土地管理局，统一主管全国土地的工作，包括拟订和贯彻、执行关于土地的法律、法规与方针、政策；主管全国土地的调查、统计、登记和发证工作；组织有关部门编制土地利用总体规划；管理全国土地征用和划拨工作，负责需要国务院批准的征、拨用地的审查、报批；调查研究，解决土地管理中的重大问题；对各地、各部门的土地利用情况进行检查、监督，并做好协调工作；会同有关部门解决土地纠纷，查处重大违法案件等。

除国土资源部以外，还有其他一些部委也就土地问题的相关方面不同程度地参与土地管理。主要有[①]：

（1）环境保护部：负责环境污染防治的监督管理；制定水体、大气、土壤、固体废物等污染防治管理制度并组织实施；

（2）发展改革委：参与编制生态建设、环境保护规划，协调生态建设能源资源节约和综合利用的重大问题，综合协调环保产业和清洁生产促进有关工作；

（3）住房城乡建设部：负责国务院交办的城市总体规划、省域城镇体系规划的审查报批和监督实施，参与土地利用总体规划纲要的审查，拟订住房和城乡建设的科技发展规划和经济政策。会同或配合有关部门组织拟订房地产市场监管政策并监督执行，指导城镇土地使用权有偿转让和开发利用工作，提出房地产业的行业发展规划和产业政策。

因此城市工业污染土地的管理涉及国土资源部、环境保护部、住房城乡建设部、发展改革会等多个部委。尽管国家对各部委的职责有界定与划分，但从实际情况来看，目前国内各大部委的职责和权限划分界限有时不是很清晰，还存在交叉管理及管理缺位的现象。特别是在污染土地问题的管理上，由于缺乏相关法律法规，管理程序尚未步入正轨，大多采取具体场地具体处理的做法。从先期开展的几个场地再开发管理来看，基本是在摸索中前进。因此，《中华人民共和国土壤污染防治法》需要厘清各部门的责权利。

6.2.2.2　地方层级

在地方层面（县、市、省），县级以上地方人民政府土地管理部门（一般为土地管理局）负责本行政区域内土地的统一管理工作，地方的城市规划行政主管部门是城市规划管理局。

1. 北京

在北京，企业搬迁需要"四委"（市经委、市发改委、市规委和市管委）批复才能实现搬迁企业土地使用权的转让。他们各自的职责如下：

（1）北京市经济和信息化委员会（简称"北京经委"）：研究拟订并组织实施本市工业、软件和信息服务业、信息化发展规划和产业政策，推进产业布局调整和产业结构优化升级。

（2）北京市发展和改革委员会（简称"北京发改委"）：承担规划本市重大建设项目和生产力布局的责任；推进可持续发展战略，参与编制本市土地利用总体规划和土地供应计划；参与编制生态建设、环境保护规划。

---

①　谢剑，李发生. 中国污染场地的修复与再开发的现状分析//世界银行研究报告，2010：14.

（3）北京市规划委员会（简称"北京规委"）：负责组织编制本市城市总体规划、中心城和新城规划、城市设计导则、特定地区规划；负责本市城乡建设用地和建设工程的规划管理；负责城乡发展建设中重大项目的选址论证工作；承担土地储备和土地供应工作的规划研究和规划审查；负责建设用地、建设工程规划行政许可工作。负责城乡规划、建设工程规划实施的监督管理。

（4）北京市市政市容管理委员会（简称"北京市管委"）：负责本市环境卫生的组织管理和监督检查工作；会同市环境保护部门核准生活垃圾处置设施、场所的关闭、闲置或拆除；制定工程施工过程中产生的固体废物利用或处置规定，并组织实施。

在搬迁过程中，北京市管委协调北京市环保局负责固体废物的管理。然而，作为地方环境保护的主管部门，市环保局并未被列入企业搬迁审批程序的主管机构中，而仅仅是根据其环境管理的职责监督企业搬迁过程中的环境管理问题。但北京市环保局发布了几个重要的导则和标准，促进了污染场地的治理和修复。

2. 重庆

在机构层面上，重庆市环保局通过市固体废物管理中心负责对全市的污染场地进行管理。此外，国土资源部门和土地规划部门负责企业搬迁和污染场地再开发的审批。三个政府职能部门之间建立了良好的协调机制。

2008 年，重庆市政府办公厅发布通知规定环保先行，即利用环保财政对污染场地进行调查与评估，待土地的污染情况定性后，再由环保局发文告知国土资源部门和土地规划部门完成土地规划。这一机制的运行在污染场地的修复和土地规划之间建立了正确的逻辑关系，保证了可以依据风险管理的理念对污染场地进行修复。换句话说，环保部门先对土地的污染情况进行摸底，并将土地的污染状况告知土地规划部门，这样土地规划部门才能有据可依地制订土地规划，防止产生将严重污染场地规划用作居民住宅的情况。待土地规划完成之后，场地修复即可以按照土地的未来用途，制定基于风险管理的修复目标，在有效控制风险的同时，降低修复成本。

6.2.3　欧美等发达国家有关污染场地管理的政策、法规及修复标准

6.2.3.1　美国

1. 政策与法规框架

美国污染场地管理框架主要由 1980 年通过的《综合环境反应、赔偿与责任法案》（Comprehensive Environmental Response，Compensation and Liability Act，CER-CLA，通常称为《超级基金法》）及其修正法案和相关计划组成。美国《超级基金法》是最全面的规范污染场地修复的法律，不仅对美国污染场地的管理起到了重要作用，同时也给其他国家和地区（日本、加拿大、中国台湾等）污染场地管理体系的制定提供了重要的法律框架。世界上许多国家在一定程度上都参照了《超级基金法》来编制本国的相应法规。在多年的执行过程中，《超级基金法》的弊端不断暴露出来，因而美国政府对该法案进行了一系列的修正、补充和重新授权。

（1）《超级基金法》。

在美国，污染场地引起政府和公众的关注源于 20 世纪 70 年代末的一系列危害巨大、影响恶劣的环境事故，如拉夫运河事件[①]、时代海滩事件和鼓谷事件。为应对这些环境灾难，美国国会通过了《综合环境反应、赔偿与责任法案》。由于该法案制定了设立特别信托基金的条款，因此通常又称为《超级基金法》。

《超级基金法》主要是针对"历史遗留"的污染场地，特别是工业危废填埋场、露天化工废物倾倒场地和回收利用拆解场地。《超级基金法》确立了"污染者付费原则"，规定不同当事人（在法律上被定义为"潜在责任方"）承担修复历史上被污染场地的责任。此外，《超级基金法》授权美国环境保护署，可以强制任一潜在的责任方支付场地的修复费用，包括不在土地被污染时期经营该块土地的所有者。场地修复费用的分担和责任的分摊将在各潜在责任方之间解决，减轻危险废弃场地对公众健康和环境产生的威胁乃至危害。该法案规定污染者需要为场地修复行动付费，或者修复费用由美国环境保护署先行支付，再通过诉讼等方式向责任方索回。在《超级基金法》下，四类"潜在责任方"（potential responsible parties，PRP）有可能需要为修复场地污染负责；他们是：

①该场地现在的所有者和经营者［CERCLA 第 107 条（a）款（1）项］；

②危险物质、污染物或致污物在该场地上被处置时的场地所有者和经营者［CERCLA 第 107 条（a）款（2）项］；

③安排将危险物质、污染物或致污物在该场地处置的人［CERCLA 第 107 条（a）款（3）项］；

④将危险物质、污染物或致污物运送至该场地的人，且是由该运输者选择了该场地处置危险废物、污染物或致污物［CERCLA 第 107 条（a）款（4）项］。

该法案最重要的条款之一，就是针对责任方建立了"严格、连带和具有溯及力"（strict，joint and several and retroactive）的法律责任。严格和具有溯及力的责任意味着无论潜在责任方是否实际参与或者造成了场地污染，也无论污染行为在污染行为发生时是否合法，潜在责任方都必须为场地污染负责。

该法案也存在着不足，包括：引起大量的法律诉讼，使小企业承受不公平的负担，州政府和当地社区的参与不充分（主要行动由联邦政府负责）。特别是由于潜在的责任方可能承担无限的且不确定的责任，这使得投资者和开发商望而却步，致使场地闲置，无法开发，最终变成棕地。

《超级基金法》规定了针对污染场地可采取的两类应对措施：

①污染清除行动（removal actions）：典型的短期反应行动，指的是从环境中清除已经泄漏或即将泄漏的危险物质的应急行动。根据时间紧迫程度，清除行动可分为紧急性（emergency）、紧迫性（time-critical）和非紧迫性（non-time-critical）。

---

① 拉夫运河与纽约尼亚加拉瀑布毗邻，该河谷之前为胡夫化学公司所有，由于该场地以往大量埋藏的有毒物质未经处理，就转让给建筑商盖起了住宅并造成了恶劣的环境危害。"拉夫运河家园主人协会"的一项调查显示，业主中 1974—1978 年出生的儿童约 56% 先天缺陷，因此一时成为美国和国际社会关注的焦点。

②场地修复行动（remedial actions）：相对于污染清除行动，修复行动通常是指长期的反应行动。修复行动将显著地减少因危险物质的释放或潜在的释放威胁所构成的风险。

"清除行动"和"修复行动"在《超级基金法》中是两个完全不同、严格区分的概念和实际程序。简单的区分：一个是应急，针对污染源的清理和扩散控制行动；另一个是长期的场地土壤和地下水修复。

（2）《超级基金修正与重新授权法案》。

当美国政府于1980年通过《超级基金法》时，其相应的准备并不充分，美国政府对于污染场地的实际状况了解甚少，而且可供选择的污染场地修复技术也十分有限。这些因素导致超级基金场地的修复行动进展十分缓慢且费用高昂。此外，该法案将执行污染场地修复和实施等诸多超级基金行动的权力都赋予了联邦一级政府，导致州和地方社区的参与力度不足。更重要的是，信托基金很快就耗费殆尽。鉴于此，美国政府于1986年10月17日通过了《超级基金修正与重新授权法案》（Superfund Amendments and Reauthorization Act，SARA），修正法案重新授权并扩大了超级基金。《超级基金修正与重新授权法案》在很大程度上吸取了美国在执行超级基金计划初始阶段（前6年）的经验，对超级基金计划做出了几项重大的调整与补充：

①强调了在修复危险废物场地过程中，永久性修复与修复技术革新的重要性；

②在实施超级基金行动时，应同时考虑联邦政府和各州的环境法律和标准；

③提出了新的执行机构和争端解决机制；

④使各州政府更多地参与超级基金计划每阶段的行动；

⑤更加关注危险废物场地所引发的人体健康问题；

⑥鼓励更多的市民参与场地修复的决策过程；

⑦增加信托资金的投入。

（3）《小规模企业责任减轻与棕地振兴法案》。

《超级基金法》中规定的严厉法律责任使得潜在的土地开发商和投资者尽量避开污染场地，因而留下了大量废弃和闲置的土地。这些土地被称为"棕地"。棕地是一些不动产，这些不动产因为现实的或潜在的危险物质、污染物或致污物的存在而影响它们的扩展、再开发和重新利用。美国公法第107～118条中有关棕地的定义是"那些因已经证实的或潜在的危险物质、污染物或致污物的存在，而在其扩展、再开发和重新利用等方面受到影响的不动产"。20世纪90年代早期，美国市长会议就曾指出棕地是城市面对的最严峻的问题之一。据美国环境保护署估计，在美国分布有50万～100万个棕地场地。日益加剧的棕地问题导致《超级基金法》的几次重大修正，其中一个重要的修正便是2002年的《小规模企业责任减轻与棕地振兴法案》（Small Business Liability Relief and Brownfields Revitalization Act），又称《棕地法案》（Brownfield Act）和其他与棕地有关的多个项目和计划。该法案规定，当存在以下情况时责任可以被免除：

①小企业责任豁免：对于那些能证明其向污染场地排放的液态污染物少于110gal（1gal＝4.5461L）、固态污染物少于200lb（1lb＝454g）的潜在责任方，以及仅处理了生活固体废物的小企业，可以免除其修复国家优先控制场地名录中污染场地的责任；

②免除承担联邦政府执行的修复行动的责任：已在州政府的自愿修复计划下实施了修复行动的责任方，可以免除承担未来联邦政府执行的修复责任；

③污染迁移：若场地的污染是因受到其他场地的污染迁移而致，法案规定该场地的利益方可以免于承担修复场地污染的责任；

④尽职调查（due diligence，DD）：法案允许不知情的购买者通过尽职调查以避免承担《超级基金法》所规定的法律责任。尽职调查的前提是买方必须在购买不动产之前实施《所有适当的调查》（all appropriate inquiries，AAI）。"所有适当的调查"指必须对不动产所在的环境状况进行全面而适当的调查，同时还需对场地上的所有污染做出可能承担的潜在责任的专业评价。在尽职调查方面，环境保护署采纳了美国试验与材料协会（American Society for Testing and Materials，ASTM）所制定的《所有适当的调查》标准（E1527-05）。如果潜在责任方按照美国试验与材料协会的标准进行尽职调查，则不知情的土地所有者将免于追究责任。

美国环保局相继出台了系列场地环境调查和风险评估技术导则，并于 1989 年，发布了《超级基金场地风险评估导则第一卷健康风险评估手册》，详细规定了开展超级基金污染场地风险评估的技术方法，即包括场地数据采集整理与分析、暴露评估、毒性评估和风险表征的四步评估法。1995 年，美国材料与试验协会（ASTM）出台了《石油泄漏场地基于风险的纠正行动标准导则》以及《建立污染场地概念暴露模型的标准导则》，并分别于 2002 年和 2003 年重新审定。1996 年，美国环保局发布了基于污染土壤健康风险评估方法确定土壤筛选值的技术导则，2001 年发布了补充技术导则文件，建立了基于健康风险评估确定住宅、商业和工业等用地方式下土壤筛选值的技术方法。

美国土壤质量的标准和规范主要有 EPA 方法和美国测试与材料学会（ASTM）标准，主要以采样和质量控制为主，包括《土壤采样质量保证导则》（EPA/600/8-89/046）、《土壤采样的准备规范》（EPA-600/4-83-020）等。ASTM 建立的有关土壤采样的标准方法已被许多国家采用（如日本和加拿大等）。

2. 修复标准

超级基金计划下的修复行动，必须确保修复后的场地达到保护人体健康和环境的目的。《超级基金修正与重新授权法案》特别要求，修复行动必须达到《安全饮用水法案》推荐的污染物最高含量水平，以及《清洁水法案》中的水质标准。目前，美国试验与材料协会发布的"基于风险管理的矫正行动"（Risk Based Corrective Action，RB-CA）方法已被美国许多州采用，并以此为框架制定基于风险管理的修复标准。

在美国和国际上广泛应用的两套污染场地修复标准的指导值是美国环境保护署土壤筛选指导值和美国第 9 区初步修复目标值。

（1）美国环境保护署土壤筛选指导值。美国环境保护署于 1996 年发布了《土壤筛选导则》（Soil Screening Guidance，SSG），该导则由一系列促进污染场地评估和修复的标准化指南组成。《土壤筛选导则》为场地管理者提供了分层次的管理框架，用来确定基于风险管理和场地的土壤筛选水平（Soil Screening Levels，SSLs）或指导值。土壤筛选水平并不是国家的修复标准，而是在《超级基金法》的指导下，用来确定污染场地的面积、化学物质种类和暴露途径，以此决定是否需要通过"修复调查"和"可行性研究"实施进一步的调查，或者决定不需要采取修复行动。环境保护署于 2002 年更新了《土壤筛选导则》，保留了原有导则中的土壤筛选框架，但增加了新的暴露场景和暴露途径，以及新的模型数据，这表明环境保护署将精力更多地投入研究场地的土壤筛选水平方面（USEPA，2002）。

（2）美国第 9 区初步修复目标值和区域筛选水平。美国第 9 区初步修复目标值（EPA Region 9 Preliminary Remediation Goals，PRGs），通常简称为 9 区修复目标值。9 区修复目标值不仅以表格形式给出了土壤修复值，还提供了计算场地修复目标的详细技术信息。修复目标值会根据毒理学参数和物理化学常数的修正而实时更新。超过修复目标值意味着场地需要实施进一步的污染风险评估。

修复目标值是与特定风险水平对应的物质浓度，如土壤、大气和水体中有害物质达到百万分之一（即 10^{-6}）为致癌风险，或非致癌危害为商数 1（USEPA，1996）。

尽管制定土壤筛选水平和修复目标值的目的和不同用途，但实际上它们都是依据风险评价的理论获得，计算方法也非常相似。鉴于此，美国环境保护署将 9 区初步修复目标值与 3 区和 6 区的基于风险管理的筛选水平合并，制定了最新的超级基金场地化学污染物的区域筛选水平（Regional Screening Levels for Chemical Contaminants at Superfund Sites）。最新的区域筛选水平以及详细的导则和相关表格可以直接在环境保护署网站上查询[①]。

6.2.3.2　加拿大

作为联邦制国家的加拿大污染场地修复立法以及相关政策的基本框架与美国的比较相似，不同的是加拿大赋予了各省和地区更大的自主权责。联邦政府的立法重点为各类"联邦设施"，如联邦所有土地、原住民土地、联邦政府各部、铁路等；对于污染场地的立法权限则主要属于各省和地区的管辖范围。为了协调联邦与各省、区之间的环境管理，在联邦政府层面设立了加拿大环境部长理事会（Canadian Council of ministers of the environment，CCME），由联邦和各省、区的环境部长组成，以推动环境治理的跨部门合作。

加拿大环境部门颁布的加拿大环境保护法和环境评估法，界定了危险的化学物，为棕地治理和再开发提供了科学的建议和先进的环境技术。

1. 政策与法规

（1）联邦法律法规和规划。

联邦政府环境立法的目的是防止污染场地的出现以及解决遗留的与污染场地有关的风险问题。相关的法律与管理政策包括 1998 年的《加拿大环境保护法》、1996 年的《加拿大污染场地土壤质量修复目标值制定导则》以及 1997 年的《加拿大推荐土壤质量导则》。加拿大环境部长理事会也制定了许多与污染场地相关的技术指南。

作为加拿大近 40% 土地面积的托管人，联邦政府在确保其职责范围内污染场地的有效管理方面承担着重要责任。加拿大环境部长理事会于 1989 年投资 1.5 亿加元出台

---

① 见 http://www.epa.gov/region9/superfund/prg/index.html。

了一项为期五年的《国家污染场地修复计划》(National contaminated sites remediation program，NCSRP)。该项计划提供人员与资金，支持联邦对管辖区域内的污染场地，如高风险的"遗弃场地"(如无主废弃场地)，进行调查、评估和修复，并支持与场地修复技术、法律责任和修复标准相关的研究。但是，联邦污染场地管理在早期的努力中未能充分治理好污染场地，批评的声音主要指向缺乏联邦污染场地名录；未能及时制订处理高风险场地的行动计划以及缺乏长期、稳定的资金支持[①]。

在此背景下，1992 年加拿大环境部长理事会出台了"国家污染场地分类系统"(National Classification System for Contaminated Sites，NCSS 或简称 NCS)，专门用于污染场地的分类和优先排序。在此基础上，联邦政府于 2002 年颁布了《联邦污染场地管理政策》(Federal Contaminated Sites Management Policy)，要求采用连贯的方法来管理联邦辖区内的污染场地，并开始制定联邦污染场地名录。此外，在 2005 年，耗资 35 亿加元的《联邦污染场地行动计划》(Federal contaminated sites action Plan，FCSAP) 正式实施，帮助联邦一级的管理人员确定场地污染情况和污染程度推进由联邦政府负责的污染场地修复行动，在需要时为可能对环境和人类健康构成风险的场地治理提供财政援助。自该计划成立以来到 2011 年为止，对加拿大 9400 多个场地进行了评估（已经完成了 6400 个），并对其中 1400 个场地进行了修复（超过 650 个场地已经完成了行动）[②]。

(2) 省级法律法规。

在加拿大，各省级和地区政府是污染场地的主要立法机关，并负责制定其辖区内的污染场地修复标准、指导值导则以及场地风险评估的执行程序。

在大不列颠哥伦比亚省和育空地区，综合性立法规定了污染场地的管理问题，污染场地管理的所有方面均由一个环保部门负责监管，严格规范污染场地的修复与再开发程序。其他地区，如安大略省、阿尔伯塔省、曼尼托巴省、新斯科舍省、新不伦瑞克省、爱德华王子岛省以及魁北克省，都采用非强制性的修复与再开发行动指南，允许私人部门更灵活地进行污染场地的修复。而萨斯喀彻温省、纽芬兰和西北地区，正在更新它们的政策，采取与后者相似的灵活方法。

尽管各省的管理模式不同，但大多数省份的法规都具备如下特点：污染者付费原则；污染者责任可追溯力；出于控制污染行为或污染场地的考虑，非污染者也可能被追究责任；个人责任，在某些情况下公司主要管理人员和股东将承担相应责任；不知情的当事方，如购买者，无法获得责任豁免，贷款者也可能在收回污染场地时承担责任。

加拿大的污染场地修复立法、政策与导则清单的基本框架与美国的十分相似。

2. 修复标准

加拿大各省和地区负责制定各自的通用标准和基于场地的修复指南。同时，加拿大环境部长理事会制定并更新了（1991、1996、1997）国家修复指南，包含制定场地

---

① 参见 http：//www. federalcontaminatedsites. gc. ca/history_historique/index-eng. aspx。

② 参见 http：//www. federalcontaminatedsites. gc. ca/default. asp。

标准的通用指数和建议。这些国家修复指南仅被西北地区和曼尼托巴省全部采用，其他地区仅将其作为制定当地标准的依据。修复标准仅在大不列颠哥伦比亚省和育空地区具有法律约束力，其他各省均采用更加灵活的、不具法律约束力的指南。最近，一些地区以美国使用的基于风险管理的矫正行动模型为基础，制定了修复的管理方法（Rodrigues，2009）。

（1）加拿大暂行污染场地环境质量标准。

在加拿大，场地评价标准和场地修复标准分别被用来进行污染场地的调查和界定修复目标值。国家指南既包括通用土壤质量标准，也包含制定场地标准的导则。加拿大国家污染场地修复计划公布了土壤和水体的环境质量标准指南（评价标准），以供初步场地评估使用，以及针对特定土地用途设定修复目标值的环境质量标准（修复标准）。

暂行评价标准接近于背景浓度值，作为基准值用来进行场地污染程度的初步评估。暂行土壤修复标准将土地利用方式划分为三种：农业用地、住宅/公园用地和商业/工业用地。该标准通常用来保护特定土壤和水体用途下的人体与健康。

（2）加拿大土壤质量指导值。

加拿大土壤质量指导值（Canadian Soil Quality Guidelines，CSoQGs）同时考虑了人体健康与生态受体。最终的指导值取值原则是保护两者之中更敏感的受体。土壤质量指导值可以用作评估场地是否需要进行进一步的调查，或根据特定的土地用途进行修复。指导值可用来识别和对场地进行归类，评价场地的总体污染程度，确定是否需要进一步行动，以及作为确定修复目标值的基准。

6.2.3.3 欧洲

欧洲各国的污染场地管理政策差异较大。但欧洲正在考虑制定新的土地框架指令。

1. 英国

（1）污染场地管理框架。

在英国，污染场地再开发跨部门委员会（ICRCL）是首个为解决污染场地问题设立的机构。该机构于 1976 年成立，负责提供关于污染场地再利用引发的健康危害的建议和指导，并协调关于修复措施的建议。该委员会于 1987 年发布了指南须知 59/83（第二版，1987 年 7 月），以指导实践者处理不同类型的危害和污染。该须知定义了三类不同的主要污染物及不同规划用途的土地的"触发值"（阈值和行动值）。这些触发值于 2002 年被英国环境、食品和农村事务部（DEFRA）正式取消。

目前在英国，污染场地界定是在风险评估的基础上确定的。在英格兰、苏格兰和威尔士，污染场地制度是通过《污染场地法规》实施的，该法是执行 1990 年《环境保护法案》第Ⅱa 部分的规定。第Ⅱa 部分第 57 条是经 1995 年《环境法案》纳入《环境保护法案》的，并分别于 2000 年 4 月在英格兰、2000 年 7 月在苏格兰、2001 年 7 月在威尔士开始实施。第Ⅱa 部分为英国确定、评估和修复污染场地建立了一个新的规则体系，按照这一规则体系的要求，英国环境、食品和农村事务部和环境署已经制定了基于风险管理的程序用以评估污染场地对生态系统（包括地表水）和人类受体的危害。英国环境、食品和农村事务部与环境署还针对因长期暴露于土壤污染物而引起的健康风险，建立了一系列全面的评估技术导则。在污染场地的管理方面，英国的整体政策是确保土地"适合"其实际的或预期的用途，因此选择制定指导值，而不是制定统一适用的标准进行评估（Luo，2008）。

根据《污染场地法规》所制定的政策，英国采用了基于风险管理的方法管理污染场地。当发生如下情形时，需要采取相应的修复行动：

污染对健康或环境造成不可接受的实际的或潜在的风险；

在考虑了场地的实际或预期用途基础上，有适当的和经济可行的方法处理污染的土地；

修复也可以在"自愿"的基础上进行，如作为再开发计划的一部分。

污染土地的风险评估主要包括三个方面：污染源（即污染）、受体（即可能受到影响的个体）和暴露途径（受体接触到污染的途径）。

2002 年，英国环境署发布了《污染土地暴露评估模型：技术基础和算法》和《污染土地管理的模型评估方法》等系列技术文件，初步建立了英国污染土地风险评估的框架体系。2009 年，英国环境署修订后发布了最新的污染土地健康风险评估的技术方法。

英国明确指出了法律责任等级制度和污染者付费的基本原则［英国环境、食品和农村事务部（DEFRA），2006］，并可归纳为如下两部分：污染者——如果公司或个人被认定造成了污染，那么他们将首先承担责任；所有者——如果通过合理调查无法找到污染者，在默认情况下污染场地的所有者将承担法律责任。

英国污染场地管理体系的特点是重点强调"棕地"改造。在战略层面上，英国政府将"棕地"改造作为实现城市复兴和可持续发展的一个关键举措，致力于通过"棕地"改造减少对"绿地"的需求压力。政府的目标（公共服务协议目标 6）是至少60％以上的新住房应建在"棕地"之上或通过对现有建筑物的改建完成。在 2005 年该目标已经实现，超过 74％的新住房是建在改造后的"棕地"之上。

英国成功改造"棕地"的原因之一就是严格区分"棕地"与"受污染土地"。"受污染土地"是指当土地满足以下条件时：①当地表或地下的土壤受到，或可能会受到重大损害时；②当受控水域被污染，或可能被污染时（《环境保护法案》第 2A 部分）。而"棕地"是指曾经被开发的土地，即曾经被永久的建筑物和任何相关固定表面的基础设施所占用，并没有被打上"受污染土地"的标签。因此，"棕地"的概念易于被公众接受，成功地与房地产开发相连，促进了"棕地"的再开发。严格地讲，英国"棕地"和美国等其他国家的"棕地"概念有较大的差别。

此外，英国并没有特别强调污染场地的修复，而是将"改造"作为这些项目的最高目标。"改造"被看作是一种更为全面的措施，能为一个地区的经济、物质、社会和环境等方面带来长期改善。

（2）标准。

英国采用分层的方法评估污染场地对人类和生态系统的风险。人类健康风险评估的第一层是采用合理的概念模型确定污染物、受体和途径之间的相互关联。第二层是一个通用的定量风险评估，而第三层是一个详细的定量风险评估。在第二层的评估中，应通过污染场地暴露评估模型（CLEA）计算土壤指导值（SGVs）。这些土壤指导值实际上是干预值，当超过这些指导值时需对污染场地进一步评估或采取修复行动。污染场地暴露评估模型中的一部分需要通过概率运算，即受体的各暴露参数不是单个的值，而是基于概率分布函数的范围值，以获得总体的风险概率。这种方法有利于排列污染场地的优先次序，以决定哪些场地应优先实施进一步的调查，以及随后"决定"污染场地潜在的暴露的严重程度（即要求在一定时间内必须进行修复）。英国污染场地管理制度积极鼓励当地社区在风险管理的最初阶段就开始参与决策程序。此外，土壤修复与规划制度和土地开发过程密切相关。

英国环境署和环境、食品与农村事务部公布了 10 种物质的土壤指导值（DEFRA，2008）。这些土壤指导值是以健康标准值（HCVs）为基础，通过以下 4 种土地利用情况模型：带花园的住宅区、不带花园的住宅区、园地、商用/工业用地，来描述土壤中污染物分别在何种浓度下能对人体健康构成最小风险。

健康标准值是物质的浓度水平，在该浓度水平下，可能对人体健康不造成任何可感知的风险或构成最小风险，健康标准值的确定取决于该物质是否具有阈值效应。英国环境署和环境、食品与农村事务部已经发布了 23 种物质的健康标准值，包括二噁英。

2. 德国

（1）联邦层面的土壤保护立法。

德国规范污染场地的最主要法律是《联邦土壤保护法》及其配套的法规《联邦土壤保护和污染场地条例》。该条例对《联邦土壤保护法》中的重点内容予以细化[1]，使其更具可实施性。还颁布了对实际操作有着具体指导意义的工作指南，如针对联邦所属不动产的土壤和地下水污染的识别、调查和修复，《土壤和地下水保护的工作指南》[2]规定了操作流程和指导相关文件的编制；《污染场地调查指南》为专家、调查人员以及政府职能机构提供针对调查的操作指南。

根据《联邦土壤保护法》，污染场地是指曾经处理、堆放和收集过废物，后被关闭的废物处理设施及其他场所（旧储置场所），曾处理过环境有害物质的设施所在的土地和其他地块，以及依据《原子能法》批准关闭的废弃设施（旧经营场所），由此导致土壤不利改变[3]和对个体或公众造成其他危害。

污染场地的责任人包括污染场地的污染者及其全部权利继承人、土地所有权人和土地使用权人。这些责任人应当确保在采取相应的措施后，治理后的污染场地对个体

---

① 该条例分为正文与附件两个部分，其中条例正文分为 8 个部分共 16 条，分别为总则、对受疑土地进行调查和评价的规范、对土地退化和污染场地修复的规范、对污染场地的补充规定、例外情形、对防止水土流失造成土壤发生不利变化的风险的补充规定、对土地退化的预防、其余规定。另外还规定了用于具体操作的 4 个附件，分别为对于调查中取样、分析和质量保证的规定；触发值、行动值和预防值；对于修复调查和修复规划的规定；对因水土流失而被怀疑土地发生有害改变的场地进行调查和评定的规定。

② 具体见 www. arbeitshilfen-bogus. de。

③ "土壤不利改变"在《联邦土壤保护法》中的定义为：对土壤功能造成消极影响，并对个人和公众造成危害、明显的不利和重大的妨害。

或公共不会再产生危害、显著的不利或妨害，并防止污染转移。此外，德国非常注重预防污染场地的产生（预防工作）。一方面，《联邦土壤保护法》规定土地所有权人、使用权人和在土地上通过或被允许通过的人，只要可能致使土地特征改变，都有义务进行预防，以避免或减少对土地的影响，同时其所实施的预防措施应考虑与土地使用目的相适应；另一方面，其他环境立法通过控制性许可、审批等手段预防污染源的产生。

《联邦土壤保护法》的第四部分覆盖农业土地利用和保护的规定。该部分明确要求州法律规定的农业主管机构应当制定良好农业规范，建立合理利用土壤、保全或改良土壤结构、考虑土壤类型和土壤湿度、保存土壤自然结构要素、避免水土流失、轮耕轮作以保全土壤生物活性等理念原则。换句话讲，《联邦土壤保护法》不仅是一个土壤污染防治法，也是一个土壤功能保护法。

（2）州和地区的土壤保护立法。

为贯彻落实《联邦土壤保护法》并对该法的内容进行进一步丰富和补充，德国各州分别制定了地区性土壤保护法，如《下萨克森土壤保护法》《巴伐利亚土壤保护法》《萨尔州土壤保护法》《萨克森-安哈特土壤保护实施法》《不莱梅土壤保护法》《图林根土壤保护法》《巴登-符腾堡土壤保护和污染场地法》以及《莱茵兰-普法尔兹土壤保护法》等①。

从总体上讲，德国已逐渐形成以欧盟相关土壤保护指令和政策为指导，以《联邦土壤保护法》为核心，以《联邦土壤保护与污染场地条例》为细则，以《循环经济与废弃物管理法》《联邦污染控制法》《肥料和植物作物保护法》《建设条例》和《土壤评价法》等联邦法律为配套，以地方各州土壤保护法为补充的土壤环境保护立法体系②。

3. 荷兰

（1）污染场地管理框架。

荷兰是欧盟成员国中最先制定土壤保护专门立法的国家之一。荷兰于 1983 年开始土壤修复的立法，1987 年《土壤保护法》生效。荷兰土地政策首先制定法律标准（即干预值），以此作为多功能修复方法的规范土壤修复工作。荷兰的土壤政策在随后的 20 年里逐渐发展，主要发展进程包括：修复标准的修订；土壤质量目标和风险评估程序的制定；增加地方当局管理污染场地的灵活性；鼓励当地居民参与决策过程；土壤污染在迁移和稳定情况下的区别；以及刺激土壤修复的私人融资（Rodrigues，2009）。

1994 年，荷兰提出了开展污染土壤健康风险评估的技术方法，探讨了人群对土壤污染的暴露途径及模型评估方法，并将该方法用于保护人体健康的土壤基准的制定，2008 年荷兰环境部修订印发了最新的污染土壤风险管理和修复技术文件。根据 2008 年 1 月生效的《荷兰土壤质量法令》，荷兰建立了新的土壤质量标准框架。该框架在人类健康风险、生态风险和农业生产基础上，设立 10 种不同土壤功能的国家标准（并简化

---

① 罗丽，袁泉. 德国土壤环境保护立法研究 [J]. 武汉理工大学学报（社会科学版），2013，26（6）：965-972.

② 秦天宝. 德国土壤污染防治的法律与实践 [J]. 环境保护，2007（05B）：68-71.

为三大类：自然/农业；住宅区；工业）。它还包括制定地方标准的系统。总之，新标准体系包括目标值（基于荷兰的背景值）、干预值（基于严重风险水平，确定修复的紧迫性）和国家土壤用途值（基于特殊土壤用途的相关风险，确定修复目标）。

国家土壤用途值是一般性的土壤质量标准，用以确定土壤是否适用于特定的土壤用途。地方当局也可制定地方土壤用途值。若某一块已被定义场地的土壤污染浓度值高于干预值，可适用逐级风险评估系统（土壤修复标准）以确定修复的紧迫性。

（2）修复标准。

以下修复标准方法用以确定污染场地是否存在对人类或生态系统不可接受的风险，或是否污染已渗透至地下水（VROM Circular, 2006）。

第一步，详细调查是否存在严重污染，确定污染严重性。

严重污染是否存在取决于：①当土壤严重污染时，在至少 $25m^3$ 的土壤中，一种或多种物质的平均浓度超出干预值；②当地下水严重污染时，在至少 $100m^3$ 孔隙饱和的土壤中，一种或多种物质的平均浓度超出干预值。

第二步，利用通用模型进行标准化的风险评估。

该模型的计算是基于详细的调查结果，区分对人类的风险、对生态系统的风险及污染扩散至地下水的风险。

第三步，特定场地的风险评估，包括补充测量或补充模型计算。

该模型中的浓度值可由现场的污染物实测浓度值替换，这使得第三步能够根据现场的特征做出更准确的评估。但并不是第二步中通用模型计算使用的每个参数都需要经过补充测量或利用补充模型计算。

6.2.3.4 国外污染场地管理及其对中国的影响

针对发达与发展中国家污染场地管理的政策法规框架的研究显示，世界各国污染场地制度及其相关风险管理方法之间既有相似之处又有差异。现将在各管理框架中最相关且有助于中国建立有效的污染场地管理框架的要素总结如下：

（1）责任及污染者付费原则。一般来说，尽管在场地污染案例中责任划分问题并非易事，大多数国家法规和政策框架均坚持"污染者付费原则"。一些国家已确定具体办法来划分法律责任，处理废弃场地，并联合私人和公共资金进行场地修复和开发。

从美国的超级基金的经验还可以获得以下启发：

①须为有多方排污的场地寻求确定污染责任方的方法，如垃圾填埋厂和倾倒场地的责任方；

②须寻求有效方法降低政府和小企业因场地修复责任风险而承担的法律和管理费用；

③管理和执法机构须考虑追踪无力承担修复费用的责任方的效果有限性。

在我国，土地是属于国家所有，由政府代表管理。对于大多数工业用地而言，工厂也都是国有企业。如果业主或经营者首先要为污染付费，那么责任最终将落在国家身上，由政府支付修复费用。若涉及合资企业、垃圾填埋厂和倾倒场地这类污染事项时，赔偿责任的认定将变得复杂，无法像美国超级基金计划的责任认定那样容易执行。

（2）中央/联邦与当地政府。

在美国，大多数联邦法律将管理权力下放至经批准的州计划（如"地下储罐计划"）。每个州拥有管辖权也有责任按照联邦法律（如清洁水法、清洁空气法）的要求保护环境。但是，1980 年《超级基金法》未将管理权力下放至州和地方政府，该法的早期实践证明这种做法对于法律实施是低效的。通过多次改革和修订（《超级基金修正与重新授权法案》），超级基金允许联邦与州和地方社区进行有效的合作。

污染场地的管理权限往往因为联邦政府和州政府之间的责任分工而变得复杂化。当土壤和地下水污染涉及跨境问题，联邦政府即可进行干预。在欧盟也存在同样的争议，《土壤框架指令》仍然停留在草案阶段，短期之内很难形成最终的法律文本。

在我国，制定棕地管理的政策和法规框架需考虑我国国情，如不同地区之间在经济和社会发展水平上存在较大差异；配套基础设施的可利用性问题，如垃圾填埋场及运输、储存及处置设施；知识和技术技能等能力水平；污染历史的长短、场地污染的程度和性质；最重要的是，按照人口密度得出暴露风险的影响后果。因此，选择区域和分阶段的方法建立污染场地管理的框架似乎更审慎。

（3）历史、当前和未来污染。

在美国，超级基金计划针对的是历史遗留的废弃场地，该法律具有追溯效力。在荷兰，法律规定划分历史污染的分割日期是 1987 年。对于 1987 年以前的污染，责任方可立即采取基于风险管理方法进行修复，可以获得国家的支持。对于 1987 年以后的污染，责任方有责任"无论污染物的浓度和风险如何，都应尽快进行污染修复"。总体来说，《欧盟土壤框架指令》是未来解决土地历史污染问题的希望。

在我国，大多数国有企业都经历了某种形式的所有制重组，这些所有权变更的日期是有迹可寻的。但是，改制过程中鲜有进行任何场地环境评价，也没有实施所有适当的调查来划定基准线或参考点。因此，我国是否应为历史污染赔偿责任设定分割日期仍有待讨论。可以明确的是，我国应制定法规防止污染和避免产生新的污染场地。

（4）可接受风险水平与社会、经济和政治影响。

在多数国家，土壤筛选值都建立在健康暴露和毒理学建模的基础上。非阈值污染物（致癌物）的"可接受风险"用生命期增加的致癌风险表示，各国的风险值在 $10^{-6} \sim 10^{-4}$。例如，荷兰使用 10^{-4} 而美国使用 10^{-6}，许多国家使用 10^{-5}，其中包括德国和瑞典。对于阈值物质，所有国家都规定其暴露浓度只要在一个阈值剂量之内即被认为是可接受的（基于毒理学证据和评估因素）。

基于风险管理设定的筛选值和修复值往往受到科学、社会经济和政治的影响。修复标准制定的一个重要工具是建立暴露概念模型，即确定污染土壤对人类和生物受体的潜在暴露途径。这可解释为一个科学问题，但它也不是纯粹的科学问题。通过定义潜在受体和土地利用类型，概念模型设定/锁定了需要对土地用途，以及对哪类人群和生物群体的关注。在筛选值选择及场地风险评估中都融合科学和政治的判断。

6.2.4　我国棕地治理与再开发的政策、法规

在我国解决污染场地的问题，其优势在于可以从其他国家吸取处理类似问题的经

验，加快建立一个良好的管理框架。在过去的 40 年中，许多发达国家都建立了污染场地的政策框架和实施了相应的管理系统，也不可避免地犯了许多错误，付出了高昂的代价，这些经验和教训都值得我国参考和借鉴。

基于对国外主要的政策和法规框架的分析，可以得出以下关键性的结论：

（1）明确认定各利益方及责任的分担。我国需要在按照"污染者付费"认定责任方和有效执行修复任务之间找到一个平衡点，以此避免冗长、昂贵且不利于污染场地有效管理的诉讼程序。

（2）制定政策遏制现有污染场地所造成的风险。在许多情况下，与其直接进行场地修复，不如先采取保障措施，阻隔乃至封闭污染场地，以切断暴露途径，从而尽量减少对公众或环境造成直接的威胁或风险。

（3）设定基于风险管理的修复工作目标。各国的经验表明，污染场地的完全修复往往过于昂贵，最佳的修复目标是基于污染场地对环境和周边人口构成的风险来决定的，而这又在很大程度上取决于污染场地的使用目的以及污染场地与人口中心的距离。

（4）建立污染场地修复的融资机制。依照美国与其他国家的经验，我国需要建立污染场地修复活动的可持续筹资机制，以便尽快对高风险急需修复的场地展开修复行动。

随着近年来我国经济的迅速发展，不少城市和地区已进入快速城市化过程，在这样的背景下，土地供需矛盾也愈发尖锐。根据世界银行东亚基础设施部 2005 年 5 月发表的城市发展工作报告《中国废弃物管理：问题与建议》可以得知我国各个城市目前大约有 5000 块棕地。这些棕地正在严重影响着公共卫生、环境质量及土地的价值。

由于我国工业化时间短，棕地问题没有欧美那么严重，我国对棕地问题的关注还较少。我国没有明确提出棕地的定义，也没有直接关于棕地再开发方面的法规、政策，只是在环保相关法律、法规中对土地污染问题有所涉及。这些相关法律法规如下：

（1）2001 年 11 月 26 日，国务院在《国务院关于国家环境保护"十五"计划的批复》中就明确指出要积极推进污染治理的企业化、产业化、市场化。

（2）2006 年 2 月 10 日，国家环保总局联合财政部、国土资源部发布了《关于逐步建立矿山环境治理和生态恢复责任机制的指导意见》，提出从 2006 年起逐步建立矿山环境治理和生态恢复责任机制。

（3）2006 年 11 月 23 日，国家环保总局发出《关于发布"十一五"国家科技支撑计划"国家环境管理决策支撑关键技术研究"重点项目课题申请指南》的通知，明确将典型工业污染场地分类管理、风险评估与土壤修复技术筛选研究列为重点项目课题。

根据国家环境保护"十一五"规划，中国将要逐步实行环境分类管理。"规划"强调，据全国主体功能区划分要求，对四类主体功能区制定不同环境政策和评价指标体系，实行分类管理。这四类功能区分别是优化开发区域、重点开发区域、限制开发区域、禁止开发区域。

6.2.5 建议和思考

基于代表性国家和地区的法规体系，以及我国政策和法规的发展现状，笔者就我国建立污染场地管理的法规体系提出如下建议：

6.2.5.1　专门立法

发达国家和地区的立法经验显示，虽然各国和地区的立法背景和管理需求各不相同，但是大部分国家和地区为污染场地管理制定了专门的法律或法规，专门立法已经成为世界污染场地管理的主要立法模式或趋势。

研究还表明这些专门立法既侧重于管理已经被污染的场地，同时也兼顾预防新污染场地的产生。预防一般是通过多种途径实现的：一种途径是在污染场地管理的专门立法中，建立严重处罚的责任制度，这样可以起到有效的威慑作用，使企业在经营管理过程中必须考虑造成场地污染的治理成本，敦促其改善生产、经营行为，减少产生场地污染的可能性。如美国和我国台湾的责任制度就在这方面起到了良好的作用。另一种途径是增设土壤污染预防和土壤环境保护条款。如德国、韩国的土壤环境保护法（而不是简单的污染防治法）。

"土十条"明确要求推进专门立法并称为《土壤污染防治法》（而不是《土壤环境保护法》）。土壤作为一种环境资源，保护土壤环境和预防土壤污染应该优先并贯彻到专门立法之中。所以土壤污染防治立法应坚持以污染成因、问题和立法目的为导向，预防、控制和修复相结合的原则，确保与其他大气、水和固体专门环保法紧密衔接。

6.2.5.2　完整有效的法规体系要素

在一项专门法律的基础之上，一些国家和地区均制定了配套的法规、标准和指南，从而形成了一个完整有效的法规体系，对污染场地治理各方面和各阶段的内容进行管理。例如，美国经过 30 多年的法规建设，已经形成了一套覆盖面广、规定细致的综合性法规体系。

通过对美国法规体系的分析，笔者认为一个针对污染场地管理的完整有效的法规体系应包括如下主要内容：

①责任体系：专门立法应建立明确的责任体系，即说清楚谁是污染场地治理的责任方、归责原则、责任分摊的方法和法律是否具有溯及力的问题。

②资金支持：美国和我国台湾的专门立法都明确建立了资金机制，以支持污染场地的调查、评估和修复。

③机构设置：专门立法应明确负责污染场地管理的政府职能部门。

④技术标准或指南：因为污染场地管理涉及的技术内容繁多，一个专门的法律或法规无法涵盖其全面内容，制定相关的技术标准或指南是通用的做法。主要的技术标准或指南可以分为以下几类：修复标准（如指导值、质量标准、控制标准），场地优先排序指南，场地调查、评估、修复方案制订和修复程序指南，以及修复过程中环境管理（二次污染防护）计划指南。

我国目前与土壤和地下水有关的标准远远不能适应污染场地管理的技术要求。虽然环境保护部已于 2009 年年底和 2014 年公布了《污染场地土壤环境管理暂行办法（征求意见稿）》和其他 4 个涵盖场地调查、风险评估、修复技术和监测的技术导则，但是笔者认为这几个导则的规定不够详细，无法有效地指导行业中尚不具备专业知识

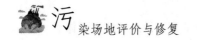
和经验的个人从事现场工作。技术指南的规定应尽可能地具体详细，以指导这一新型环保领域的实践工作。

6.2.5.3　责任体系

发达国家和地区几乎都采用了"污染者负担"这一原则来规定污染场地的责任方。

我国目前指导污染场地工作的几个核心规范性法律文件都规定了"污染者负担"的原则，要求场地的原生产和经营单位承担责任。而且《污染场地土壤环境管理暂行办法（征求意见稿）》认定了两类责任人，一类是污染者，另一类是土地使用权人。当污染责任人找不到时，由当地政府承担场地修复的责任。但是，在下面几种情况下，"污染者负担"的原则可能不现实，立法者应考虑寻找其他的资金支持方式。

（1）绝大部分工业污染场地是老旧工厂搬迁后遗留的场址，而这些老的工厂都是国有企业。因为国有企业已经将收入和利润上交政府，或者根本无力承担修复的费用，让他们负责场地修复很可能无济于事。有限追溯也许更符合国情。

（2）对于大量的露天非法倾倒场地，若想找到这些场地的责任方是难上加难。像美国的《棕地法案》一样，提供适当的豁免条款也许更现实可行。

（3）高速公路两边的污染场地，污染者众多且难以确定。增加燃油费税用于修复也许更合理。

（4）农业污染（化肥、农药、污水灌溉等），让农民承担修复责任不现实。除养殖和矿山等直接污染外，政府兜底似乎更现实。征收化肥和农药税费是合理的解决途径。

《污染场地土壤环境管理暂行办法（征求意见稿）》将土地使用权人定义为除污染者之外的责任人是明智的选择。吸取美国和日本因追究土地所有者责任所导致的"棕地"问题和教训，笔者建议中国在规定土地使用权人的责任时，应考虑如何清楚地界定此类责任人在何种情况下承担修复责任，以及如何规定责任豁免的问题，以确保潜在的土地开发商愿意开发污染场地，不至于产生美国和日本的"棕地"问题。

6.2.5.4　分地区、分阶段的方法

国际经验证明了若想达到污染场地的管理目标，中央、省市和地方的充分合作是必不可少的。美国1980年的《超级基金法》开始时没有赋予州和地方政府参与权，由联邦政府专断，这是导致该法早期的执行效果不尽人意的主要原因之一。此后，美国修改了相关规定，州、地方政府和社区的充分参与推动了《超级基金法》的有效实施。

我国各地区、省市之间的差异巨大，因此，在国家进行专门立法和配套法规、标准和指南建设的同时，各省市应根据各地区的情况，制定符合本地区实际情况的法规体系。具体地说，中央政府可以制定全国统一的风险管理的政策和法规，并制定最低的修复标准或指导值。省市政府可以根据本地区的土地规划和开发需求，制定当地的法规和标准。

6.2.5.5　改革和前瞻性工作

我国目前最大的国情是急剧的社会和制度变革，所以土壤立法必须具有一定的前瞻性。下面针对目前已知的变革和未来趋势，就立法前瞻性做简要的评述。

（1）行政许可：公司资质是政府管理公司的主要工具之一。土壤污染涉及公众健康和生命安全，鉴于目前我国从业公司的专业和社会服务水平，对公司设立相应资质有合理性的一面。但是，实施土壤从业行政许可具有重大的挑战性。这是因为：①没有上位法支持；②不符合目前资质管理改革（从公司转向个人）趋势；③国际经验也不支持公司资质。公司资质符合计划经济时代的特点，市场经济下人员流动大。设立从业人员个人资质要求似乎更符合国际经验和我国改革潮流。

（2）终身责任制：与上述相关的是相关方的终身责任制。相关方应包括所有参与污染场地管理和修复并有直接影响的政府负责人、企事业单位和从业人员等。目前场地修复管理普遍采用"专家评审"和"政府审批或备案"制度。从业单位、评审专家和审批官员的终身责任制是确保依法依规修复和管理的重要制度保障。

（3）环境影响评价制度改革：在 2015—2016 年最大的环保改革应该是环境影响评价制度改革。环境影响评价制度正在从刚性的"前置审批"走向"过程监管和后验收"。如果环评审批前置条件改为过程和事后监管，如何确保土壤质量符合土地规划或使用功能是土壤立法应该明确的重要条款。建设项目开工后或建设中发现污染或风险不可接受，恐怕至少会影响建设进度，违背环境影响评价制度改革的初衷。

（4）第三方治理：近年来环保部大力推进环保第三方治理和服务，这符合国际经验和经济学理论。专业分工有利于规范市场、提高治理质量和提升经济效益。

（5）环境监理制度：污染场地修复和管理是十分复杂的专业活动，需要专业的第三方进行环境监理。环境监理制度对规范修复市场十分重要。新土壤立法应该厘清环境监理的责任，规定相关的制度建设（如会议制度、培训制度、监测制度、报告制度和验收要求等）。

（6）风险管控制度：既然我国已经采用发达国家的风险管理理念，允许一定程度的污染（风险）留在场地，实施工程和制度控制，那么这些场地的使用（土地用途）必然受到限制。建立污染场地跟踪、监控和管理体系是当务之急，从而确保任何土地流转、用途变更能及时重新评估其风险并实施新的修复或管控措施。

（7）生态损害补偿制度：生态文明建设是国家重大深化改革领域之一。土壤是生态系统最重要的组成部分之一。土壤污染防护和治理应该服务于生态文明建设的大潮流。具体地讲，应该实施（污染）损害赔偿和（保护）生态补偿制度。

（8）财政体制改革：PPP① 是国家目前大力推动的融资制度，新的 PPP 立法在即。

土壤修复费用高昂，国际经验表明 PPP 是一个很好的污染场地融资机制。土壤立法需要充分利用和衔接这一轮的 PPP 改革。

6.3　污染场地环境风险管理

污染场地分类、环境风险评价技术体系建立以及污染场地环境风险土壤质量指导

---

① 　Public-private Partnership，政府和社会资本合作。

值制定的核心是构建适于污染场地环境风险管理系统。因此，本节在对污染场地环境风险管理内涵与决策流程框架研究与分析的基础上，分析风险管理技术的构成与技术有效性，明确污染场地风险控制的制约因素，形成污染场地监控决策模式，为建立和完善我国污染场地的管理和决策支持系统奠定基础。

6.3.1　污染场地环境风险管理内涵

环境风险管理（Environmental Risk Management，ERM）是指以环境风险评价结果为基础，根据相关的法规条例，通过有效的控制技术，利用费用和效益分析，确定可接受风险程度和可接受的损害水平。根据政策分析，兼顾社会经济和政治因素，确定科学合理的管理措施，降低或消除环境风险水平，保护人体健康与生态系统安全。

风险管理的目标是将环境风险减少到最小。环境风险管理决策是污染场地环境风险管理技术体系的重要组成部分，风险评价为风险管理决策的执行提供科学基础，包括：①为决策者提供量化环境风险的方法。②评价可能或已出现的环境风险源，加强对风险源的控制。

风险管理属于决策制定过程，通过风险评估与技术、政治、法律、社会和经济因素的综合考虑，提出污染场地的环境管理决策方案，制定污染场地控制与修复的补救策略。

由于目前我国正处于社会经济的转型期，承受巨大的生态与环境变化的压力，环境风险水平逐渐增高，风险评估和管理的重要性开始凸显。目前，针对各种突发性公共事件，我国已初步建立了总体应急预案、专项应急预案、部门应急预案、地方应急预案和企事业应急预案 5 个层次的应急预案体系。但是，缺乏针对污染场地的系统完整的环境风险管理体系。因此，制定污染场地环境风险管理技术体系对于我国环境管理、决策和资金投入，完善相关的标准与技术规范体系，具有重要的指导作用。

6.3.2　污染场地环境风险管理决策流程

6.3.2.1　风险管理流程框架

风险管理具有平衡社会、经济、政治、法律、技术和科学方面因素的作用，属于决策支持过程，确定修复目标，制定相应修复措施或政策。一般情况下，风险评估与管理分项实施，以保证为制定决策提供"客观的科学依据"，避免按照预先确定的管理决定而进行风险评估。但是，风险评估与风险管理并不是相互排斥，而是相互影响、相互制约、相互依存，保证环境风险管理决策的科学性和合理性。

风险管理主要由两个部分构成：风险评估和管理，涵盖 4 个阶段：规划、风险评价、管理和管理决策阶段。

规划阶段：作为风险评估的前期准备阶段，对风险管理策略的成功具有十分关键的作用。重点考虑不同部门的职能和需求，明确各部门义务与职责，争取各利益相关方的参与；识别污染场地存在的问题，设定保护目标，同时对场地污染特征进行表征和分类，评估污染场地预期用途及可能造成的土地/水体污染。

风险评价阶段：根据相关环境质量标准和特定场地的风险评估，基于环境风险水平确定污染场地的修复目标。

管理阶段：涉及可能的修复方案、各种方案对污染场地风险水平的可能影响、每个方案相关的成本与效益、基于风险修复方案的不确定性程度，以及人类与生态环境健康之间的平衡性。

决策阶段：在分析以上 3 个阶段研究结果基础上，为达到污染场地修复的目标，综合考虑各方面利益，达到最优和合理的决策过程。

1. 规划阶段

污染场地管理策略的制定受到不同部门的功能与职责影响，因此，规划阶段要求各部门向公众说明其所具有的法律责任与义务，以便制定出切实可行的、各部门达成一致性的控制措施目标。同时污染场地管理考虑场地未来的利用用途，以便设定具有法律效应的保护目标。

另外，规划阶段须明确风险评估可能遇到的限制条件，如资金、后勤保障、场地条件等，这些条件影响风险评估的程度和范围。可以通过场地信息的收集，对污染场地分类和污染程度初步评估，筛选污染场地。根据相关标准对污染状况进行比较分析，以判断是否能够支持预期的用途，制订进一步行动方案，明确管理目标。通过比较污染场地风险管理决策管理目标，判断风险管理决策的有效性。

2. 风险评价阶段

风险评价阶段进行问题识别和评价目标的确立，识别场地中可能存在的不可接受的潜在风险，明确下一步行动方案。构建特定场地的评价标准，对风险进行详细的定量评价，确定是否存在不可接受的风险，决定是否需要对场地采取控制措施或其他管理措施。

3. 管理阶段

（1）污染场地优先污染物筛选。

若场地介质中某些化学物含量高于背景值，按照污染含义，将这些化学物视为场地污染物；若污染物含量不高于污染场地土壤环境风险指导值，则无须进行环境风险评价；若高于指导值，则需要进行环境风险评价；若某些化学物含量高于背景值，且无相应指导值作为标准对此进行评价，原则上都需要进行环境风险评价。

将数据整理成风险评价所需的格式，根据上述分析综合筛选需要进行定量风险评价的化学物，并按下列公式对筛选出的化学物进行危险等级排序：

$$R_{ij} = C_{ij} \times T_{ij}$$

式中　R_{ij}——化学物 i 在介质 j 中的危险指数；

　　　C_{ij}——化学物 i 在介质 j 中的含量；

　　　T_{ij}——化学物 i 在介质 j 中的毒性值。

各种化学物危险指数之和$R_j = R_{1j} + R_{2j} + \cdots + R_{ij}$，表示 j 介质中总污染物危险性，根据某种化学物 i 在介质 j 中危险指数所占所有化学物的比例R_{ij}/R_j进行介质 j 的危险排序。

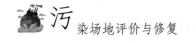
（2）环境风险管理技术构成。

污染场地环境风险管理涵盖场地调查、环境风险评价、污染场地修复的全过程，技术标准规范和技术体系构成污染场地环境风险管理技术体系。

①相关技术标准与规范。国家与地方相关的法律法规构成了场地风险管理的重要基础，调查—评价—修复技术标准与规范构成了污染场地环境风险管理技术规范的关键要件，全面系统指导和规范污染场地调查、评价和修复行动。其主要包括：

a. 污染场地环境——调查技术规范：规范污染场地功能属性、物理与生物特性、场地污染特征等调查。

b. 污染场地环境风险土壤质量指导值：界定污染场地环境风险的土壤化学物含量的限定值，初步判别污染场地环境风险水平。

c. 污染场地环境风险评价技术导则：指导污染场地环境风险的科学评价，规范污染场地高风险区域、修复目标与修复终点的评估。

d. 污染场地修复技术规范：保障污染场地修复工程建设和管理的规范化，规范污染场地修复的基本步骤和技术与工程要点，指导场地调查、风险评价、修复目标的确定、总体技术方案的制定和评估、修复工程设计与施工、修复系统运行监测/维护、修复系统终止和场地清理等。

②调查、评价和修复技术体系。通过不同污染场地不同类型的修复技术综合分析比较，基于技术有效性、可操作性、修复工程周期、公众接受程度和资金投入等方面，筛选有效的污染场地调查、评价和修复技术，形成的完整技术体系和有效性评估方法与指标体系，构成污染场地环境风险管理的关键技术体系，为污染场地的环境风险管理提供必要的技术支撑。

（3）修复方案的选择与评估。

如果风险评价表明场地中存在潜在的健康和环境风险，需采取修复行动，则场地的管理进入修复方案的选择和评估阶段。修复方案的评估首先通过建立特定场地的修复目标识别出可行的方案，并针对污染场地中存在的污染对可行的修复方案进行详细的评价，提出最合适的修复方案或组合方案，最后制定修复策略和实施办法。

修复方案的选择是一个较复杂的过程，需要考虑技术因素、经济因素、法律因素、场地因素（如污染物的种类、含量、侧向和垂向分布，受污染的介质，暴露途径的特点等，其他场地因素还包括场地的大小、位置、准入情况、地形、环境设施和建筑结构等）、成本效益、场地的规划利用、利益相关者的意见和管理机构与公众的接受程度等。修复目标的设置明显影响修复方案的选择，如风险降低程度、修复策略生效时间、修复策略可操作性，对修复策略技术效能，修复策略有效时间，修复策略可持续性的要求，对修复策略成本-效益的要求和法律、经济、商业的要求等。修复方案的选择往往要对各种影响因素进行平衡，以保证最终选择的修复方案达到目标要求的适合度为宜。

（4）修复措施的实施。

修复策略可能会包含一系列的修复活动和长期的监测计划。首先是准备实施计划，即施工计划的制订，人员的到位和落实，相关管理手续和证照的办理，合约的签订和技术规范的拟定，时间进度的安排等。其次是修复行动的设计、实施和论证，即最终设计的形成，物资采购，撰写修复是否达标的论证报告，明确是否需要进行长期的监测和维护。最后是长期监测与维护，即评价项目的运行情况，确定是否还需要进一步地监测与维护。修复的实施过程是整体实现修复目标的阶段，在技术上要充分考虑需要应对的所有污染链，体现高度凝练和统一的特点，符合法律法规的要求，人员和进度安排要合理，经费充分到位，要有质量保证措施，有技术论证过程和专家系统支撑，并做好场地的监测与维护。

4. 管理决策

污染场地的最终风险管理决策是基于上述多种因素均衡考虑的结果，没有绝对唯一的决策行动，因为牵扯到不同的利益群体，而这些利益群体有着不同的利益和矛盾，所以针对不同污染场地、考虑不同的利益部门所采取的决策行动是不同的。为了确保达到最优和合理的决策，需要对所有影响决策的因素和所做决策的根本原因进行记录，同时必须对所有修复措施的结果与污染场地确定的目标相比较。如果监测/监控结果表明没有达到污染场地确定的目标，那么需要重新对风险管理决策流程进行评估，并且必须对污染场地残留的所有风险进行记录与管理，以评估修复技术等原因造成的修复失败。

6.3.2.2　污染场地风险控制与管理影响因素分析

污染场地的风险管理与控制不但由风险评价来确定，而且要由其他因素来确定，如实施场地修复的驱动力即修复目标和要求，场地的可持续发展策略，修复与管理技术的可行性和适用性（技术因素），场地修复的成本与效益（经济因素），场地利益相关者的意见等，见图 6-1[①]，此外还有社会、政治和法律法规因素以及场地本身的因素等。

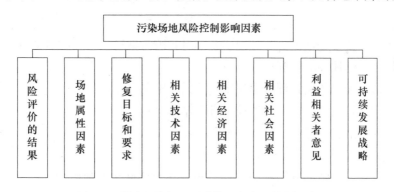

图 6-1　影响污染场地风险管理的主要控制因素

风险评价结果是对特定场地进行反复调查与分析，逐级评估与论证后所产生的科学结论，具有场地特异性和一定的不确定性，评价结果直接影响场地后期的风险控制与管理决策。对场地进行风险管理决策时要明确场地的风险水平和需要采取的管理决

① 李广贺，李发生，张旭，等. 污染场地环境风险评价与修复技术体系［M］. 北京：中国环境科学出版社，2010.

定，一般的风险决策结果有以下几种：

（1）不采取行动：若风险评价认为对象场地没有潜在的风险，且高度确信场地中的人群与环境可以得到充分的保护，则可以考虑不采取进一步的行动，场地评价过程到此结束。

（2）监测：若风险评价认为当前场地中没有不利风险，但因数据的不确定性和其他因素可能会导致风险随着时间推移发生改变，则此时需要对场地进行监测。

（3）管理或修复：若风险评价认为场地中存在潜在的风险，则可能要做出进行场地管理或修复的决定。场地管理包括为将风险降低到可以接受的水平而采取的主动控制措施，如隔离、固定、封闭等，修复也是场地管理的一种方式。

场地本身的因素对场地的控制与管理也有很大的影响，这些因素包括场地的大小、土地的价值、场地未来的规划利用、场地中污染物的类型与危害方式、场地周边土地的环境与利用情况、场地中的生物区系组成与生态价值和意义等。

影响场地风险管理与控制的经济因素一般包括场地的成本收益和成本效益关系、场地的评价与修复周期、场地管理的金融风险以及影响场地管理与监测的其他开支、物质资源的可供给等。

技术上主要考虑评价数据的可获得性和评价结果的可信度与不确定性，管理和控制技术的适用性、实用性或可行性，修复目标的可达性等。所有的场地管理与控制都要受到国家法律法规的管制，社会民众尤其是场地利益相关者的参与也影响场地的控制与决策。任何场地的风险控制和管理都是上述各种因素综合考虑与平衡的结果，其最终目的是在场地风险得到有效控制的条件下使人群与生态环境得到有效的保护，同时实现土地的再利用或增值，体现场地的可持续发展与利用。

思考题

1. 试述国外污染场地环境管理现状及其对我国污染场地管理的借鉴意义。
2. 试述污染场地环境管理现状。
3. 我国污染场地环境管理法律规定及责任原则是怎样的？
4. 怎样构建较健全的污染场地环境管理体系？

第7章 污染场地修复技术体系

7.1 污染场地修复定义及其分类

7.1.1 污染场地修复概念

污染场地修复技术的定义：针对污染场地的污染特性、土地功能、地下水环境特点等，采取各种物理、化学、生物学及其复合方式与技术对污染场地进行修复与净化，改变待处理污染物的结构，或减小污染物毒性、迁移性，最终使得场地风险降到可接受水平的技术体系。

场地污染的修复应对措施可分为3类：①对正在产生危害的及时清除；②对场地的用途进行限制或禁入（制度控制）；③用工程手段对场地进行修复。

7.1.2 污染场地修复流程（图7-1）

1. 确定修复目标

修复目标由场地环境调查和风险评估确定的目标污染物对人体健康和生态受体不产生直接或潜在危害，或不具有环境风险的污染修复终点。

修复目标是修复成效衡量的重要指标，也是修复技术选择与方案制订的重要依据。修复目标不仅包括目标污染物及其修复目标值，还包括修复范围，某些特殊情况下还包括对场地污染感官的控制，如对气味、颜色的控制等。

修复目标确定的原则：科学性、保守性、可行性原则，用科学的方法，最大限度地保护人体健康和生态受体，修复目标合理可行。

2. 选择修复模式

修复模式可分为三类：污染源处理、途径阻断和制度控制。

污染源处理：生物修复（植物修复、生物通风、自然降解、生物堆）、化学氧化、土壤淋洗、电动分离、气相抽提技术、热处理、挖掘处置等，包括原位修复、异位修复、异地修复、自然修复。

途径阻断：固化/稳定化、覆盖清洁土、建立阻截工程等。污染途径阻断不能彻底去除场地污染物，需要定期检测和评估。

制度控制：通过制定和实施相应的条例、准则、规章或制度，减少或阻止人群对

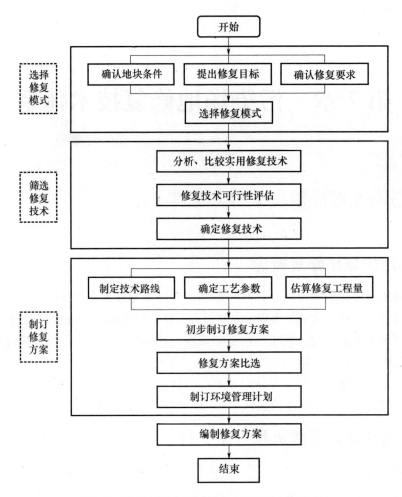

图 7-1　污染场地修复流程图（HJ 25.4—2019）

污染场地的暴露，从而达到利用行政管理手段对污染场地的潜在风险进行管理与控制的目的。

3. 筛选修复技术

根据污染场地的具体情况，按照确定的修复模式，筛选实用的土壤修复技术，开展必要的实验室小试和现场中试，或对土壤修复技术应用案例进行分析，从适用条件、对本场地土壤修复效果、成本和环境安全性等方面进行评估。

4. 制订修复方案

修复技术路线应反映污染场地修复总体思路和修复方式、修复工艺流程和具体步骤，还应包括土壤修复过程中受污染水体、气体和固体废物等的无害化处理处置等。

采用异位修复方式，技术路线内容主要包括土壤挖掘、清理、运输、堆放、预处理、进料方式、处理过程以及土壤修复后的处置方式等。

土壤修复技术工艺参数通过小试和中试获得。工艺参数主要包括修复材料投加量或比例、设备影响半径、设备处理能力、处理需要时间、处理条件、能耗、设备占地面积或作业区面积等。

7.1.3　污染场地修复技术分类体系

污染场地修复技术的分类方法有多种：

（1）根据修复处理工程的位置可以分为原位修复技术与异位修复技术（图7-2）。

原位修复：在现场条件下直接修复污染的土壤。

异位修复：将受污染的土壤挖出后用化学物理方法清洗、焚烧处理、热处理及生物反应器等多种方法治理。

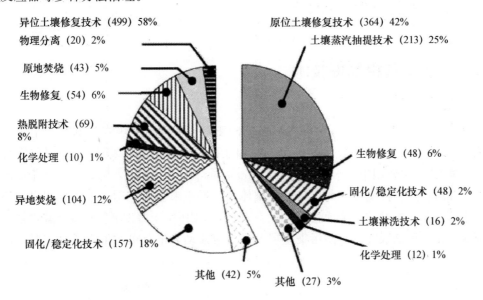

异位土壤修复技术（499）58%
物理分离（20）2%
原地焚烧（43）5%
生物修复（54）6%
热脱附技术（69）8%
化学处理（10）1%
异地焚烧（104）12%
固化/稳定化技术（157）18%
其他（42）5%
原位土壤修复技术（364）42%
土壤蒸汽抽提技术（213）25%
生物修复（48）6%
固化/稳定化技术（48）2%
土壤淋洗技术（16）2%
化学处理（12）1%
其他（27）3%

图 7-2　原位修复技术与异位修复技术体系

（2）根据修复原理可分为物理技术、化学技术、热处理技术、生物技术、自然衰减和其他技术等（表7-1）。

表 7-1　按修复原理划分的污染源处理技术类型

原理	污染源处理技术类型
物理技术	酸提取、多相萃取、碳吸附、油水分离、土壤蒸汽抽提、除毒、土壤清洗、脱水、固定化/稳定化、电分离、固相萃取、溶剂萃取、过滤、淋洗、离子交换、挥发、磁分离、物理分离、膜分离
化学技术	化学氧化（催化氧化、过氧气体）、金属离子沉淀、化学还原、中和、化学处理、渗透性反应屏障法、脱卤、紫外光氧化、絮凝
热处理技术	—
生物技术	好氧、生物真空抽提、生物堆积、生物通风、生物反应器
其他技术	—

（3）根据修复介质的不同可分为污染源（是指污染场地的土壤、污泥、沉积物、非水相液体和固体废物等）修复技术和地下水修复技术。

155

（4）根据修复方式可分为对污染源的处理技术和对污染源的封装技术。

（5）根据污染场地修复技术运行和成本数据的充分性和可获得性，可分为成熟技术与创新技术（指那些虽然经过试验或曾在某场地试用，但缺少完整的费用与运行参数等的技术）。

此外，一些技术本身虽然已存在很多年，但在污染场地修复领域的实际应用时间不长，因此仍有可能被认为是创新技术。

7.2　污染土壤修复技术

7.2.1　土壤气相抽提技术

1. 基本原理

土壤气相抽提（soil vapor extraction，SVE）也被称作土壤真空抽取或土壤通风（soil venting），是一种有效去除土壤不饱和区挥发性有机物（VOCs）的原位修复技术。早期 SVE 主要用于非水相液体（non-aqueous phase liquids，NAPLs）污染物的去除，也陆续应用于挥发性农药污染的土壤体系，近年来主要应用于苯系物和汽油类污染的土壤修复。典型的系统示意图如图 7-3 所示，在污染土壤设置气相抽提井，采用真空泵从污染土层抽取气体，使污染土层产生气流流动，把有机污染物通过抽提井排出处理。

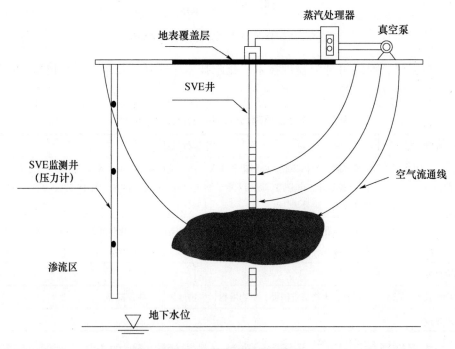

图 7-3　土壤气相抽提示意图

　　土壤气相抽提主要基于原位物理脱除，通过在包气带抽提气相来强迫土壤空气定向流动并夹带 VOCs 迁移到地上得以处理，该技术具有低成本、高效率等显著特点。目前国内主要停留在实验室研究阶段，现场试验研究不够，工程化应用问题亟待解决。

　　SVE 工程技术最早由英国 Terra Vac 公司于 1984 年开发成功并获得专利权，逐渐发展成为 20 世纪 80 年代最常用的土壤及地下水有机物污染的修复技术。美国自 20 世纪 80 年代中期以来投入大量资金用于土壤修复，其中土壤气相抽提是去除不饱和带土壤中挥发性有机污染物的有效经济的方法，被美国环保局（USEPA）列为"革命性技术"大力倡导应用。据不完全统计，到 1991 年为止，美国共有几千个地点使用该技术。SVE 技术有成本低、可操作性强、可采用标准设备、处理有机物的范围宽、不破坏土壤结构、处理周期短、可与其他技术联用等优点，但是也存在对含水率高和透气性差的土壤效率低下、处理效率很难高于 90%，而且连续操作的去除速率随时间而下降、达标困难、二次污染等缺点。近年来，SVE 又开始深入土壤生物修复与地下水修复等多学科交叉领域，其应用前景广阔。

　　2. 系统构成

　　SVE 系统的设计基于气相流通路径与污染区域交叉点的相互作用过程，其运行以提高污染物的去除效率及减少费用为原则。SVE 系统中的关键组成部分为抽提系统，抽提体系的选择常见方法有竖井、沟壕或水平井、开挖土堆。其中竖井应用最广泛，具有影响半径大、流场均匀和易于复合等特点，适用于处理污染至地表以下较深部位的情况。工程应用中根据污染源性质及现场状况可确定抽提装置的数目、尺寸、形状及分布，并对抽气流量及真空度等操作条件加以控制。

　　（1）SVE 系统运行。土壤中 VOCs 的抽提速率通过取样测量尾气流动中的单位时间的质量流量获得。许多研究显示 VOCs 的抽提速率开始很高，但由于传质及扩散的限制随时间增加会逐渐减少。由于扩散速率慢于流动速率，连续操作的去除速率随时间增加而下降。

　　（2）SVE 系统监测。SVE 的运行必须进行监测以保证某系统有效运行及确定关闭系统的合适时间。推荐测量和记录以下参数：测量日期及时间；每个抽提井及注射井的气相流动速率，测量仪器可采用不同的流量计，包括皮管、子流量计、旋涡流量计等；每个抽提井及注射井的压力监测用压力计或真空表读数；每个抽提井的气相浓度及组成的分析可采用 VOCs 检测分析仪；土壤及环境空气的温度；水位提升监测，通过安装在监测井内的电子传感器测量；气象数据，包括气压、蒸发量及相关数据。

　　（3）气分离装置及排放控制系统的设置。气/水分离装置的设立是为防止气相中的水或沉泥进入真空泵或引风机而影响系统的运行。排放控制系统是 SVE 系统收集的气相中的污染物在排放到大气之前进行处理的系统。用活性炭吸附是近年来处理含有挥发性有机物气体的常用技术。

　　3. 影响因素

　　（1）土壤的渗透性。土壤的渗透性影响土壤中空气流速及气相运动，直接影响 SVE 的处理效果。土壤的渗透性越高，气相运动越快，被抽提的量越大（表 7-2）。另外，土壤的渗透性与土壤的粒径分布相关，土壤的粒径分布也决定了 SVE 的适用性，如果土壤粒径过小，土壤的平均孔隙也会越小，阻碍土壤中空气流动，使得气相抽提污染物无法进行。因此，气体在土壤中的通透性是 SVE 技术的主要影响因素，是设计 SVE 装置的主要参数。根据土壤的种类其固有渗透系数差异很大，一般在 $10^{-16} \sim 10^{-3} \, cm^2$，土壤的渗透系数不仅与土壤的种类有关，而且随着水分的增加而变小，尤其对黏土等超细土壤影响大。

表 7-2 土壤的渗透系数对 SVE 使用影响

固有渗透系数（cm^2）	SVE 适用性
$k \geq 10^{-8}$	适用
$10^{-8} \geq k \geq 10^{-10}$	一般
$k \leq 10^{-10}$	不适用

（2）蒸汽压与环境温度。SVE 技术受到有机污染物蒸汽压的影响很大，即使气体流动良好，污染物质的挥发性低，也不能使土壤中的 VOCs 随气流挥发去除，因此低挥发性有机污染物不宜使用 SVE。饱和蒸汽压（saturated vapor pressure）是指在一定温度下，与液体或固体处于相平衡的蒸汽所具有的压力。同一物质在不同温度下有不同的蒸汽压，并随着温度的升高而增大饱和蒸汽压越高越有利于 SVE 技术的实施，气相抽提一般适用于饱和蒸汽压大于 0.5mmHg 的污染物，一般来说，SVE 对汽油等高挥发性有机污染物去除效果佳，对柴油等低挥发性有机污染物的处理效果一般，不适用于绝缘油、润滑油等污染土壤的修复。表 7-3 列出了常见石油类化合物的饱和蒸汽压。

表 7-3 常见石油类化合物的饱和蒸汽压

石油类化合物	饱和蒸汽压 mHg（20℃）
甲基丁基醚（methyl-butyl ether）	245
苯（benzene）	76
甲苯（toluene）	22
二溴化乙烯（ethylene dibromide）	11
乙苯（ethylbenzene）	7
二甲苯（xylene）	6
萘（naphthalene）	0.5
四乙铅（tetraethyl lead）	0.2

沸点也是评价石油类污染物挥发性的重要指标，世界卫生组织对 VOCs 的定义为熔点低于室温而沸点在 50～260℃的挥发性有机化合物的总称。石油类污染物往往组成复杂，含有多种化合物，表 7-4 列出了不同种类油品的沸点范围，沸点小于 300℃的油品污染土壤适合采用 SVE 技术，重油、润滑油等沸点较高油品污染土壤不适合采用 SVE 技术，但是也可以采用生物通风等增强技术。

表 7-4　石油类化合物的沸点

石油类化合物	沸点（℃）
汽油	40～205
煤油	175～325
柴油	200～338
重油	＞275
润滑油	难挥发

亨利定律描述了 VOCs 在气液相的分配规律，在环境科学与工程领域中有着广泛应用，亨利常数也是表征有机污染物挥发性的一种指标。通过查询文献与 USEPA 等数据库可以得到大部分 VOCs 的亨利常数（HLC），但是环境领域中的许多 VOCs 的还没有基于实验获得的 HLC，目前通过实验测得 VOCs 的亨利常数的方法分为两大类：动态平衡系统的气提技术与静态热力学方法。一般认为污染物质的亨利常数大于 100atm 时才适合于采用 SVE 技术，表 7-5 列出了一些常见石油类化合物的亨利常数。

表 7-5　常见石油类化合物的亨利常数

石油类化合物	饱和蒸汽压 mHg（20℃）
四乙铅（tetraethyl lead）	4700
乙苯（ethylbenzene）	359
二甲苯（xylene）	266
苯（benzene）	230
甲苯（toluene）	217
萘（naphthalene）	72
二溴化乙烯（ethylene dibromide）	34
甲基丁基醚（methy-butyl ether）	27

除了污染物质固有特性外，环境温度也是影响 VOCs 蒸汽压的主要因素，温度对纯有机物蒸汽压的影响可由安托因（Antoine）方程决定。

安托因方程是一个最简单的用来描述纯液体饱和蒸汽压的三参数方程。它是由工程经总结而得到的，该方程适用于大多数化合物，其一般形式为：

$$\lg p = A - B/(t+C) \qquad (7-1)$$

式中　A、B、C——物性常数，不同物质对应于不同的 A、B、C 的值；

　　　P——温度 t 对应下的纯液体饱和蒸汽压，mmHg；

　　　t——温度（℃）。

对于另外一些只需常数 B 与 C 值的物质，则可采用下式进行计算。

$$\lg p = -52.23B/T + C \qquad (7-2)$$

式中　P——温度 t 对应下的纯液体饱和蒸汽压（mmHg）；

　　　T——绝对温度（K）。

（3）地下水深度及土壤湿度。土壤的地下水位随季节波动很大，有时也会有可观的日变化。一般情况下，地下水深度小于 1m 不适合采用 SVE 技术；地下水深度大于 3m，有利于 SVE 技术对该地块的 VOCs 污染的净化修复；介于两者之间时可根据地块及污染物特性合理选择（表 7-6）。土壤湿度对 SVE 修复效果影响也很大。一方面，土壤含水率增加会降低土壤通透性，而且随着气流水分也会蒸发进入气流中，不利于有机污染物的挥发；另一方面，土壤水分的增加降低了土壤表面对有机分子的吸附程度，促进污染物的去除。因此，SVE 合适的土壤水分含水率一般为 20%～30%。

表 7-6 地下水位对 SVE 技术的适用性

地下水位（m）	SVE 适用性
>3m	适用
3m>地下水位>1m	一般
<1m	不适用

（4）土壤结构和分层。土壤结构和分层（土壤层结构的多向异性）影响气相在土壤基质中的流动程度及路径。其结构特征（如夹层、裂隙的存在）导致优先流的产生，若不正确引导就会使修复效率降低。

（5）气相抽提流量和 Darcy 流速。不考虑污染物由土壤中迁移过程的限制，去除速率将正比于抽提流量。对含有机化合物和 VOCs 的土壤进行原位修复使用气相抽提系统时，通过一些改进可提高剩余有机物的去除率。这包括在污染区域的外地区设置流入井，在污染区域内设置抽取井，并在抽取井上安装真空或抽吸式吹风器，以形成从流入井穿过土壤孔隙进入抽取井的空气环流。这一改进提高了空气的流速，加强了空气作用，有利于将污染物从土壤表面和孔隙中去除，从而提高污染物的去除率，缩短运行时间，节省成本。

粗粒径土壤对有机污染物的吸附容量较低，如沙地和砂砾，与细粒径土壤相比，污染物更易被真空抽取法去除。通风效果受污染物的水溶性和土壤性质（如空气导电率、温度及湿度）的影响。高温可促进挥发，因而在真空抽取井周围的渗流区中输入热量，可增加污染物的蒸汽压，提高污染物去除率。还可以采用电加热或热空气等技术来提高土壤温度。

4. 适用性

适用该技术进行污染场地处理的一般要求如下：

（1）所治理的污染物必须是挥发性的或者是半挥发性有机物，蒸汽压不能低于 0.5Torr（1Torr=1mmHg）；

（2）污染物必须具有较低的水溶性，并且土壤湿度不可过高；

（3）污染物必须在地下水位以上；

（4）被修复的污染土壤应具有较高的渗透性，而对于密度大、土壤含水量大、孔隙度低或渗透速率小的土壤，土壤蒸汽迁移会受到很大限制。

为了评估该技术在特定污染点的可行性，首先应对该污染点的土壤特性进行分析，包括控制污染土壤中空气流速的物理因素和决定污染物在土壤与空气之间分配数量的化学因素，如土壤密度总孔隙度（土壤颗粒之间的空隙）、充气孔隙度（由空气所占的那部分土壤孔隙）、挥发性污染物的扩散率（在一定时间内通过单位面积的挥发性污染物的数量）、土壤湿度（由水填充的那部分空间所占百分比）、气体渗透率（空气穿过土壤的难易程度）、质地、结构、黏土矿物、表面积、温度、有机碳含量、均一性、空气可渗入区的深度和地下水埋深等。表7-7概述了影响土壤气相抽提技术应用的条件。

表7-7 影响土壤气相抽提技术应用的条件

条件		适宜的条件	不利的条件
污染物			
土壤	主要形态	气态或蒸发态	固态或强烈吸附于土壤
	蒸汽压	>100mmHg	<10mmHg
	水中溶解度	<100mmHg	>1000mg/L
	亨氏定律常数	>0.01	<0.01
	温度	>20℃（通常需要额外加热）	<10℃（通常在北方气候下）
	湿度	<10%（体积）	>10%（体积）
	空气传导率	>10^{-1}cm/s	<10^{-1}cm/s
	组成	均匀	不均匀
	土壤表面积	<0.1m^2/g 土壤	>0.1m^2/g 土壤
	地下水深度	>20m	<20m

在初步选定SVE技术之后，要进行进一步的适用性评价，主要评价土壤渗透性、土壤和地下水结构水分含量等影响土壤渗透性的因素和蒸汽压、污染物质构成、亨利系数等影响污染物挥发性的因素，见表7-8。

表7-8 土壤渗透性和污染物挥发性的影响因子

影响土壤渗透性的因子	影响污染物挥发性的因子
土壤固有渗透系数	蒸汽压
土壤和地层结构	污染物构成和升华温度
水分含量	亨利系数
土壤pH值	—
地下水位	—

SVE通过机械作用使气流穿过土壤多孔介质并携带出土壤中挥发性或半挥发性有机污染物，该法较适合于由汽油、JP-4型石油、煤油或柴油等挥发性较强的石油类污染物所造成的土壤污染。SVE技术受土壤均匀性和透气性以及污染物类型限制。

针对于VOCs和油类污染物的净化，SVE适用于亨利系数大于0.01或者蒸汽压大于0.5mmHg的污染物的去除，同时也要考虑土壤渗透性、含水率、地下水深度、污染物浓度等。原位SVE技术不适合去除重油、重金属、PCBs、二噁英等污染物。有机质含量高或非常干的土壤对VOCs的吸附能力很强，从而导致SVE的去除效率降低。

从原位SVE系统排放的废气需要进一步处理，以消除对公众和周边环境的影响。

5. 费用

根据修复场地规模、土壤性质和气相抽提井的设置数量等主要成本动因，可以采用 RACER（remedi alaction cost engineeringand requirements）软件分析 SVE 技术费用。原位 SVE 技术费用因污染场地特点而有所不同，采用 RACER 软件分析美国部分 SVE 技术费用列于表 7-9 中。SVE 技术费用主要依赖场地规模、污染物的性质、数量以及水文地质条件，小规模地块的处理费用是大规模地块的 1.5～3 倍，污染类型等对小规模地块的处理费用影响较小，对大规模地块影响较大。这是由于地块规模等因素影响抽提井的数量、风机容量和所需的真空度以及修复所需时间，另外废水和废气的处理与处置也会极大地增加成本。

表 7-9　美国部分地块 SVE 技术费用分析结果

地块规模	小		大	
处理难易程度	容易	难	容易	难
费用（美元/m³）	1275	1485	405	975
相对费用	3.2	3.7	1	2.4

6. 气相抽提增强技术

20 世纪 80 年代后，发达国家开始重视土壤污染问题。美国于 20 世纪 90 年代的 10 年间花费了上千亿美元以鼓励一些新兴的原位土壤修复技术，其中修复不饱和区的土壤气相抽提和生物通风（bio venting，BV）技术以及修复饱和区土壤的空气喷射（air sparging，AS）技术。因其效率高、成本低、设计灵活和操作简单等特点而得到迅速发展，成为"革命性"土壤修复技术中应用最广的几种方法。其他气相抽提增强技术主要包括双相抽提技术（dual phase extraction，DPE）、直接钻进技术（directional drilling，DD）、风力和水力压裂技术（pneumaticand hydraulic fracturing，PHF）、热强化技术（thermal enhancement，TE）等。

（1）空气喷射修复技术（AS）。主要用于地下水修复，土壤修复也用到，又称土壤曝气。该技术源于 20 世纪 80 年代，主要原理是通过开挖地下井，压缩新鲜空气到受到污染的土壤中，加快土壤污染物的生物降解，将污染物变成无毒的物质。该项技术主要用于低渗透性受到污染的黏土地质，采用生物技术分解污染物从而达到修复作用。但是该项技术工艺复杂度高，主要应用在欧洲和美国地区，对开挖地下井空气流通通道的分布有严格要求，适用于湿度较低的土壤。

（2）双相抽提修复技术（DPE）。主要原理是联合修复受到污染的土壤和该土壤受到污染的地下水，对整体污染地区修复的一种技术。该项技术最为复杂，但修复效果最好，只被美国少数企业所掌握，由于采取了多种加强版的抽提技术，因此该技术成本最高。

（3）直接钻入修复技术（DD）。原理是安装取污井和注入井，直接钻孔抽取土壤中的污染物，直接直观。直接钻入井可分为水平井和垂直井，一般垂直井造价低，但短路回流风险高。水平井则造价相对高昂，但修复效果发展有待提高，得益于工艺的进步，其效果可进一步提高，造价也持续走低。直接钻井技术在 20 世纪 80 年代就开始流行，技术和规模逐年增长，但由于是直接钻井，对土壤区域要求长而窄、土壤各异性高，且钻井工具安装困难等。

（4）热强化修复技术（TE）。也称土壤原位加热技术。加热方式主要为微波、热空气和电波加热以及蒸汽注入加热等，热效应能加快土壤中挥发性有机物的气化挥发，从而减小土壤中重油类和轻油类的含量，减小土壤毒性，特别适合在突然性燃油泄漏时采用。但其缺点也较明显，热效应只针对挥发性强的有机物，对于那些低挥发性物质，热强化修复技术不仅不会起到土壤修复的目的，反而加快这些污染物在土壤中的扩散。

（5）风力和水力压裂修复技术（PHF）。通俗来讲，与热强化技术只能在中/高渗透性土壤中应用不同，它适用于低渗透性土壤，并且修复后可改善土壤的通透性。但该技术对土壤单一性地质条件较苛刻，成本相较其他技术昂贵。但是这项技术始于 20 世纪 90 年代，发展至今已有二十几年，修复技术成熟，在大规模土壤修复工程中通常都是联合其他修复技术使用。

7.2.2　土壤淋洗技术

1. 基本原理

土壤淋洗（soil leaching flushing washing）技术是指将能够促进土壤中污染物溶解或迁移作用的溶剂注入或渗透污染土层中，使其穿过污染土壤并与污染物发生解吸、螯合、溶解或络合等物理化学反应，最终形成迁移态的化合物，再利用抽提井或其他手段把包含有污染物的液体从土层中抽提出来，进行处理的技术。土壤淋洗主要包括三个阶段：向土壤中施加淋洗液、下层淋出液收集以及淋出液处理。在使用淋洗修复技术前，应充分了解土壤性状、主要污染物等基本情况，针对不同的污染物选用不同的淋洗剂和淋洗方法，进行可处理性实验，才能取得最佳的淋洗效果，并尽量减少对土壤理化性状和微生物群落结构的破坏。

2. 技术分类

土壤淋洗法按处理土壤的位置可以分为原位土壤淋洗和异位土壤淋洗；按机理可分为物理淋洗和化学淋洗；按运行方式分为单级淋洗和多级淋洗。

单级淋洗中主要原理是物质分配平衡规律，即在稳态淋洗过程中从土壤中去除的污染物质的量应等于积累于淋洗液中污染物质的量。单级淋洗又可分为单级平衡淋洗和单级非平衡淋洗。当淋洗浓度受平衡控制时，淋洗只有达到平衡状态，才可能实现最大去除率，这是达到平衡状态的淋洗。污染物的去除不受平衡条件限制时，淋洗速率就成了一个重要因子，这种条件下的淋洗称为单级非平衡淋洗。当淋洗受平衡条件限制时，通常需要采用多级淋洗的方式来提高淋洗效率，多级淋洗主要有以下两种运行方式。

（1）反向流淋洗（counter current leaching）这种运行方式下，土壤和淋洗液的运动方向相反，但难点在于使土壤和淋洗液向相反的方向流动。反向流淋洗可以把土壤固定于容器内，让淋洗液流过含土壤的容器，并逐步改变入流和出流点来实现。当土壤固体颗粒较大流速符合条件时，可以采用固化床淋洗技术实现反向流淋洗（图7-4）。

图7-4　反向流淋洗法

（2）交叉流淋洗（cross-currentwashing）是多级淋洗的另一种形式，它是由几个单级淋洗组合而成（图7-5）。

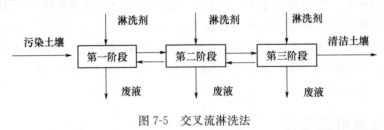

图7-5　交叉流淋洗法

（3）原位淋洗技术。原位土壤淋洗通过注射井等向土壤施加淋洗剂，使其向下渗透，穿过污染物并与之相互作用。在此过程中，淋洗剂从土壤中去除污染物，并与污染物结合，通过脱附、溶解或络合等作用，最终形成可迁移态化合物。含有污染物的溶液可以用提取井等方式收集、存储，再进一步处理，以再次用于处理被污染的土壤。从污染土壤性质来看，适用于多孔隙、易渗透的土壤；从污染物性质来看，适用于重金属、具有低辛烷/水分配系数的有机化合物、羟基类化合物、低分子量醇类和羟基酸类等污染物。该技术需要在原地搭建修复设施，包括清洗液投加系统、土壤下层淋出液收集系统和淋出液处理系统。同时，有必要把污染区域封闭起来，通常采用物理屏障或分割技术。

影响原位化学淋洗技术的因素很多，起决定作用的是土壤、沉积物或者污泥等介质的渗透性。该技术对于均质、渗透性土壤中污染物具有较高的分离与去除效率。其优点：无须进行污染土壤挖掘、运输；适用于包气带和饱水带多种污染物去除，适用于组合工艺。其缺点：可能会污染地下水，无法对去除效果与持续修复时间进行预测，去除效果受制于场地地质情况等。

（4）异位淋洗技术。异位土壤淋洗指把污染土壤挖掘出来，通过筛分去除超大的组分并把土壤分为粗料和细料，然后用淋洗剂来清洗、去除污染物，再处理含有污染物的淋出液，并将洁净的土壤回填或运到其他地点。通常先根据处理土壤的物理状况，将其分成不同的部分，然后根据二次利用的用途和最终处理需求，采用不同的方法将这些部分清洁到不同程度。在固液分离过程及淋出液的处理过程中，污染物或被降解破坏，或被分离，最后将处理后的清洁土壤转移到恰当位置。该技术操作的核心是通过水力学方式机械地悬浮或搅动土壤颗粒，土壤颗粒尺寸的最低下限是9.5mm，大于这个尺寸的石砾和粒子才会较易由该方式将污染物从土壤中洗去。通常将异位土壤淋洗技术用于降低受污染土壤土壤量的预处理，主要与其他修复技术联合使用。当污染土壤中砂粒与砾石含量超过 50％时，异位土壤淋洗技术就会十分有效。而对于黏粒、粉粒含量超过 30％～50％，或者腐殖质含量较高的污染土壤，异位土壤淋洗技术分离去除效果较差。

土壤淋洗异位修复包括如下步骤：①污染土壤的挖掘；②污染土壤的淋洗修复处理；③污染物的固液分离；④残余物质的处理和处置；⑤最终土壤的处置。在处理之前应先分选出粒径＞5cm 的土壤和瓦砾，然后土壤进入清洗处理。由于污染物不能强烈地吸附于砂质土上，因此砂质土只需要初步淋洗；而污染物容易吸附于土壤的细质地部分，则壤土和土通常需要进一步修复处理。然后是固液分离过程及淋洗液的处理过程，在这个过程中，污染物或被降解破坏，或被分离，最后把处理后土壤置于恰当的位置，流程图见图 7-6。

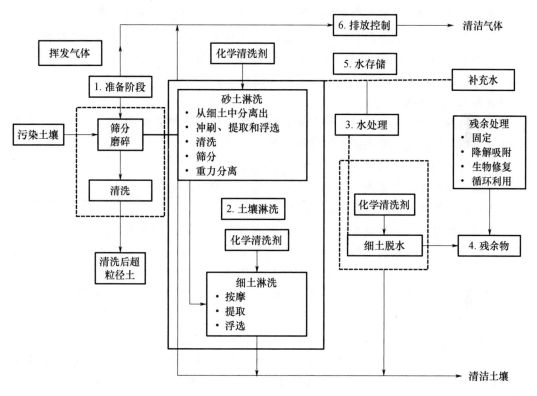

图 7-6　土壤异位淋洗法流程

3. 影响因素

（1）土壤质地特征。

土壤质地特征对土壤淋洗的效果有重要影响。把土壤淋洗法应用于黏土或壤土时，必须先做可行性研究，一般认为土壤淋洗法对含 20％以上的黏质土/壤质土效果不佳。对于砂质土、壤质土、黏土的处理可以采用不同的淋洗方法，对于质地过细的土壤可能需要使土壤颗粒凝聚来增加土壤的渗透性。在某些土壤淋洗实践中，还需要打碎大粒径土壤，缩短土壤淋洗过程中污染物和淋洗液的扩散路径。

土壤细粒的百分含量是决定土壤洗脱修复效果和成本的关键因素。细粒一般是指粒径小于 0.075mm 的粉/黏粒。通常异位土壤洗脱处理对于细粒含量达到 25％以上的土壤不具有成本优势。

（2）污染物类型及赋存状态。

对于土壤淋洗来说，污染物的类型及赋存状态也是一个重要影响因素。污染物可能以一种微溶固体形态覆盖于或吸附于土壤颗粒物表层，或通过物理作用与土壤结合，甚至可能通过化学键与土壤颗粒表面结合。土壤内多种污染物的复合存在也是影响淋洗效果的因素之一，因为土壤受到复合污染，且污染物类型多样，存在状态也有差别，常常导致淋洗法只能去除其中某种类型的污染物。

污染物在土壤中分布不均也会影响土壤淋洗的效果。例如，当采集污染土壤时，为了确保有污染土壤都被处理，必须额外采集污染土壤周围的未污染土壤。有时未搅动系统内污染物的分布对淋洗速率有影响，但是对这个问题面面俱到的研究是很不切实际的，因为这些影响不但与污染物的分布方式有关，还与土壤与淋洗液的接触方式有关。当土壤污染历时较长时，通常难以被修复，因为污染物有足够的时间进入土壤颗粒内部，通过物理或化学作用与土壤颗粒结合，其中长期残留的污染物都是土壤自然修复难以去除的物质。

污染物的水溶性和迁移性直接影响土壤洗脱，特别是增效洗脱修复的效果。污染物浓度也是影响修复效果和成本的重要因素。

（3）淋洗剂的类型及其在质量转移中受到的阻力。

土壤污染源可以是无机污染物或有机污染物，淋洗剂可以是清水、化学溶剂或其他可能把污染物从土壤中淋洗出来的流体，甚至是气体。

无机淋洗剂的作用机制主要是通过酸解或离子交换等作用来破坏土壤表面官能团与重金属或放射性核素形成络合物，从而将重金属或放射性核素交换脱附下来，从土壤中分离出来。络合剂的作用机制是通过络合作用，将吸附在土壤颗粒及胶体表面的金属离子解络，然后利用自身更强的络合作用与重金属或放射性核素形成新的络合体，从土壤中分离出来。

目前，大部分研究者认为表面活性剂去除土壤中有机污染物主要通过卷缩和增溶。卷缩就是土壤吸附的油滴在表面活性剂的作用下从土壤表面卷离，它主要靠表面活性剂降低界面张力而发生，一般在临界胶束浓度（critical micelle concentration，CMC，表面活性剂分子在溶剂中缔合形成胶束的最低浓度）以下就能发生；增溶就是土壤吸附的难溶性有机污染物在表面活性剂作用下从土壤脱附下来而分配到水相中，它主要靠表面活性剂在水溶液中形成胶束相，溶解难溶性有机污染物。增溶一般要在 CMC 以上才能发生。还有的研究者认为表面活性剂的乳化、起泡和分散作用等也在一定程度上有助于土壤中有机污染物的去除。

淋洗剂的选择取决于污染物的性质和土壤的特征，这也是大量土壤淋洗法研究的重点之一。酸和螯合剂通常被用来淋洗有机物和重金属污染土壤；氧化剂（如过氧化氢和次氯酸钠）能改变污染物化学性质，促进土壤淋洗的效果；有机溶剂常用来去除土壤中的疏水性有机物，淋洗过程包括了淋洗液向土壤表面扩散、对污染物质的溶解淋洗出的污染物在土壤内扩散、淋洗出的污染物从土壤表面向流体扩散等过程。淋洗剂在土壤中的迁移及其对污染物质的溶解也受到了多种阻力作用，产生影响淋洗率的某些机制见表 7-10。一般有机污染选择的增效剂为表面活性剂，重金属增效剂可为无机酸、有机酸、络合剂等。增效剂的种类和剂量根据可行性实验和中试结果确定。对于有机物和重金属复合污染，一般可考虑两类增效剂的复配。

表 7-10　影响淋洗率的某些机制

液膜质量转移	淋洗液向土壤表面扩散 污染从土壤表面扩散
土壤孔隙内扩散	淋洗液在土壤孔隙内的扩散 污染物的土壤孔内的扩散
土壤粒的破碎	增加表面积，缩短扩散途径 被束缚污染物的暴露

（4）淋洗液的可处理性和可循环性。

土壤淋洗法通常需要消耗大量淋洗液，而且这一方法从某种程度上说只是将污染物转入淋洗液中，因此有必要对淋洗液进行处理及循环利用，否则土壤淋洗法的优势也难以发挥。有些污染淋洗液可送入常规水处理厂进行污水处理，有些需要特殊处理。

对于土壤重金属洗脱废水，一般采用铁盐＋碱沉淀的方法去除水中的重金属，加酸回调后可回用增效剂；有机物污染土壤的表面活性剂洗脱废水可采用溶剂增效等方法去除污染物并实现增效剂回用。

（5）水土比。采用旋流器分级时，一般控制给料的土壤浓度在 10％左右；机械筛分根据土壤机械组成情况及筛分效率选择合适的水土比，一般为（5～10）：1。增效洗脱单元的水土比根据可行性实验和中试的结果来设置，一般水土比为（3～10）：1之间。

（6）洗脱时间。物理分离的物料停留时间根据分级效果及处理设备的容量来确定；洗脱时间一般为 20min～2h，延长洗脱时间有利于污染物去除，但同时也增加了处理成本，因此应根据可行性实验、中试结果以及现场运行情况选择合适的洗脱时间。

（7）洗脱次数。当一次分级或增效洗脱不能达到既定土壤修复目标时，可采用多级连续洗脱或循环洗脱。

4. 适用性

土壤淋洗技术能够处理地下水位以上较深层次的重金属污染，也可用于处理有机物污染的土壤。土壤淋洗技术最适用于大孔隙、易渗透的土壤，最好用于沙地或砂砾土壤和沉积土等，一般来说渗透系数大于 10^{-3} cm/s 的土壤处理效果较好。质地较细的土壤需要多次淋洗才能达到处理要求。一般来说，当土壤中黏土含量达到 25％～30％时，不考虑采用该技术。但淋洗技术可能会破坏土壤理化性质，使大量土壤养分流失，并破坏土壤微团聚体结构，低渗透性、高土壤含水率、复杂的污染混合物以及较高的污染物浓度会使处理过程较困难；淋洗技术容易造成污染范围扩散并产生二次污染。

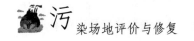

7.2.3 固化/稳定化技术

固化/稳定化技术（solidfication/stabilization，S/S）是将污染土壤与粘结剂或稳定剂混合，使污染物实现物理封存或发生化学反应形成固体沉淀物（如形成氢氧化物或硫化物沉淀等），从而防止或者降低污染土壤释放有害化学物质过程的一组修复技术，实际上分为固化和稳定化两种技术。其中，固化技术是将污染物封入特定的晶格材料中，或在其表面覆盖渗透低的惰性材料，以限制其迁移活动的目的；稳定化技术是从改变污染物的有效性出发，将污染物转化为不易溶解、迁移能力或毒性更小的形式，以降低其环境风险和健康风险。一般情况下，固化技术和稳定技术在处理污染土壤时是结合使用的，包括原位和异位固化/稳定化修复技术。

固化/稳定化技术可以用于处理大量的无机污染物，也可适用于部分有机污染物，与其他技术相比，突破了将污染从土壤中分离出来的传统思维，转而将其固定在土壤介质中或改变其生物有效性，以降低其迁移性和生物毒性。其处理后所形成的固化物（称 S/S 产物）还可被建筑业所采用（路基地基建筑材料），而且具有费用低、修复时间短、易操作等优点，是一种经济有效的污染土壤修复技术，目前已从场测试阶段进入了商用阶段。

EPA 已把它确定为一种"最佳的示范性实用处理技术"（best demonstrated available treatment technology，简称 BDAT），是污染场地的 5 大常用修复方法之一。

但固化/稳定化技术最主要的问题在于它不破坏、不减少土壤中的污染物，而仅仅是限制污染对环境的有效性。随着时间的推移，被固定的污染物可能重新释放出来，对环境造成危害，因此它的长期有效性受到质疑。

1. 基本原理

固化/稳定化技术包括固化和稳定化两个概念，这两个专业术语常常结合使用，但是它们具有不同的含义。

固化技术是将低渗透性物质包裹在污染土壤外面，以减少污染物暴露于淋溶作用的表面，限制污染物迁移的技术，其中污染土壤与粘结剂之间可以不发生化学反应，只是机械地将污染物固封在结构完整的固态产物（固化体）中，隔离污染土壤与外界环境的联系，从而达到控制污染物迁移的目的。固化技术涉及包裹污染物以形成一个固化体，是通过废物和水泥、炉灰、石灰和飞灰等固化剂之间的机械过程或者化学反应。在细颗粒废物表面的包囊作用称为微包囊作用，而大块废物表面的包囊作用称为大包囊作用。

稳定化技术是用化学反应来降低废物的浸出性的过程，是通过和污染土壤发生化学反应或者通过化学反应来降低污染物的溶解性来达到目的。在稳定化的过程中，废物的物理性质可能在这个过程中改变或者不变。

在实践上，商业的固化技术包括了某种程度的稳定化作用，而稳定化技术也包括了某种程度的固化作用，两者有时是不容易区分的。图 7-7 是污染土壤的固化/稳定化修复示意图。

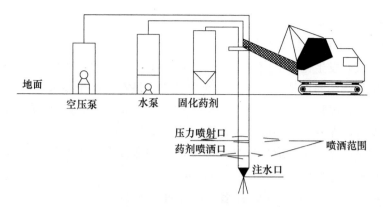

图 7-7　污染土壤的固化/稳定化修复示意图

2. 原位固化/稳定化修复技术

原位固化/稳定化修复技术是指直接将修复物质注入污染土壤中与污染物相互混合，通过固态形式利用物理方法隔离污染物或者将污染物转化成化学性质不活泼的形态，从而降低污染物质的毒害程度。原位固化/稳定化修复不需要将污染土壤从污染场地挖出，其处理后的土壤仍留在原地，用无污染的土壤进行覆盖，从而实现对污染土壤的原位固化/稳定化。

原位固化/稳定化修复技术是少数几个能够原位修复重金属污染土壤的技术之一，由于有机物不稳定，易于反应，原位固化/稳定化技术一般不适用于有机污染物污染土壤的修复。固化/稳定化技术一度用于异位修复，近年来才开始用于原位修复（图 7-8）。

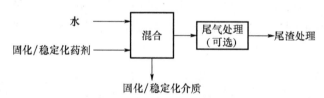

图 7-8　污染土壤原位固化/稳定化修复工艺流程图

影响原位土壤固化/稳定化修复的应用和有效性的发挥因素，主要包括：①许多污染物固化/稳定化过程相互复合作用的长期效应尚未有现场实际经验可以参考；②污染物的埋藏深度会影响、限制一些具体的应用过程；③必须控制好粘结剂的注射和混合过程，防止污染物扩散进入清洁土壤区域；④与水的接触或者结冰/解冻循环过程会降低污染物的固定化效果；⑤粘结剂的输送和混合要比异位固化稳定化过程困难，成本也相对较高。

为克服上述因素对原位土壤固化/稳定化修复有效性的影响，一些新型固化/稳定化修复技术得到了研制，主要有：a. 螺旋搅拌土壤混合，即利用螺旋土钻将粘结剂混合进入土壤，随着钻头的转动，粘结剂通过土钻底部的小孔进入待处理的土壤中与之混合，这一技术主要用于待处理土壤的地下深度可达 15m；b. 压力灌浆，利用高压管道将粘结剂注入待处理土壤孔隙中。

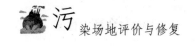

3. 异位固化/稳定化技术

异位固化/稳定化土壤修复技术通过将污染土壤与粘结剂混合形成物理封闭（如降低孔隙率等）或者发生化学反应（如形成氢氧化物或硫化物沉淀等），从而达到降低污染土壤中污染物活性的目的。这一技术的主要特征是将污染土壤或污泥挖出后，在地面上利用大型混合搅拌装置对污染土壤与修复物质（如石灰或水泥等）进行完全混合，处理后的土壤或污泥再被送回原处或者进行填埋处理。异位固化/稳定化技术用于处理挖掘出来的土壤，操作时间取决于处理单元的处理速度和处理量等，通常使用移动的处理设备，目前一般处理能力为 $8\sim380\text{m}^3/\text{d}$。

在异位固化/稳定化过程中，许多物质都可以作为粘结剂，如硅酸盐水泥、火山灰、硅酸和沥青以及各种多聚物等。硅酸盐水泥以及相关的铝硅酸盐（如高炉熔渣、飞灰和火山灰等）是最常使用的粘结剂利用黏土拌合机、转筒混合机和泥浆混合器等将污染土壤、水泥和水混合在一起。有时可能会根据需要，适当地加入一些添加剂以增强具体污染物质的稳定性，防止随时间推移而发生的某些负面效应。

异位固化/隐定化通常用于处理无机污染物质，对于半挥发性有机物质及农药、杀虫剂等污染物污染的情况，进行修复的适用性有限。但目前正在进行能有效处理有机污染物的粘结剂的研究。可望在不久的将来也能应用于有机污染物污染土壤的修复。

影响异位土壤固化/稳定化修复的应用和有效性的发挥因素，主要包括：①最终处理时的环境条件可能会影响污染物的长期稳定性；②一些工艺可能会导致污染土壤或固体废物体积显著增大（甚至为原始体积的两倍）；③有机物质的存在可能会影响粘结剂作用的发挥；④VOCs 通常很难固定，在混合过程中会挥发逃逸；⑤对于成分复杂的污染土壤或固体废物还没有发现很有效的粘结剂；⑥石块或碎片比例太高会影响粘结剂的注入和与土壤的混合，处理之前必须除去直径大于 60mm 的石块或碎片。

4. 常用系统

固化/稳定化修复技术常用的胶凝材料可以分为：无机粘结物质，如水泥、石灰、碱激发胶凝材料等；有机粘结剂，如沥青等热塑性材料；热硬化有机聚合物，如尿素、酚醛塑料和环氧化物等；以及化学稳定药剂。

由于技术和费用问题，水泥和石灰等无机材料在污染土壤修复的应用最广泛，占项目总数的 94%，水泥或石灰为基础的无机粘结物质固化/稳定化修复技术可以通过以下几种机制稳定污染物：在添加剂表面发生物理吸附；与添加剂中的离子形成沉淀或络合物；污染物被新形成的晶体或聚合物所包被，减小了与周围环境的接触界面。

（1）水泥固化/稳定化。水泥是以石灰石和黏土在水泥回转窑中高温煅烧而成的，其主要成分为硅酸三钙和硅酸二钙。水泥是水硬性胶凝材料，加水后能发生水化反应，逐渐凝结和硬化，水泥中的硅酸盐阴离子以孤立的四面体存在，水化时逐渐连接成二聚物以及多聚物——水化硅酸钙，同时产生氢氧化钙。水化硅酸钙是一种由不同聚合度的水化物所组成的固体凝胶，是水泥凝结作用的最主要物质，可以对土壤中的有害物质进行物理包裹吸附，化学沉淀形成新相以及离子交换形成固溶体等作用，是污染物稳定化的根本保证。同时其强碱性环境有利于重金属转化为溶解度较低的氢氧化物或碳酸盐，从而对固化体中重金属的浸出性能有一定的抑制作用。其类型一般可分为普通硅酸盐水泥、火山灰质硅酸盐水泥、矿渣硅酸盐水泥、矾土水泥以及沸石水泥等，可根据污染土壤的具体性质和需要对其进行有效选择。

水泥固化有着独特的优势：固化组织比较紧实，耐压好；材料易得、成本低；技术成熟，操作处理比较简单；可以处理各种污染物，处理过程所需时间较短，在国外已有大量的工程应用。而目前国内还缺乏工程实践的经验，因而有必要加强该技术的研究，为实际工作提供基础数据。

但水泥固化也有一定的局限性，其增容很大，一般可达 1.5～2，这主要是由于硫酸钠、硫酸钾等多种硫酸盐都能与硅酸盐水泥浆体所含的氢氧化钙反应生成硫酸钙，或进一步与水化铝酸钙生成钙矾石，从而使固相体积大大增加，造成膨胀；且水泥固化稳定化污染土壤，仅仅是一种暂时的稳定过程，属于浓度控制，而不是总量控制，我国很多地区酸雨较严重，硅酸盐水泥的不抗酸性使得经水泥固化的重金属在酸性环境中重新溶出，其长期有效性值得怀疑。

（2）石灰固化/稳定化。石灰是一种非水硬性胶凝材料，其中的 Ca 能与土壤中的硅酸盐形成水化硅酸钙，起到固定/稳定污染物的作用。与水泥相似，以石灰为基料的固化/稳定化系统也能够提供较高的 pH 值，但是石灰的强碱性并不利于两性元素的固化/稳定化。另外，该系统的固化产品具有多孔性，有利于污染物质的浸出，且抗压强度和抗浸泡性能不佳，因而较少单独使用。

石灰可以激活火山灰类物质中的活性成分以产生粘结性物质，对污染物进行物理和化学稳定，因此石灰通常与火山灰类物质共用。石灰/火山灰固化技术指以石灰、水泥窑灰以及熔矿炉炉渣等具有波索来反应的物质为固化基材而进行的固化/稳定化修复方法。火山灰质材料属于硅酸盐或铝硅酸盐体系，当其活性被激发时，具有类似水泥的胶凝特性，包括天然火山灰质材料和人工火山灰质材料。根据波索来反应（Pozzolanicreaction），在有水的情况下，细火山灰质粉末能在常温下与碱金属和碱土金属的氢氧化物发生凝硬反应，在适当的催化环境下进行波索来反应，可将污染土壤中的重金属成分吸附于所产生的胶体结晶中。

（3）土聚物固化/稳定化。土聚物是一种新型的无机聚合物，其分子链由 Si、O、Al 等以共价键连接而成，是具有网络结构的类沸石，通常是以烧结土（偏高岭土）、碱性激活剂为主要原料，经适当工艺处理后，通过化学反应得到的具有与陶瓷性能相似的一种新材料，能长期经受辐射及水作用而不老化；聚合后的终产物具有牢笼型结构，它对金属元素的固化是通过物理束缚和化学键合双重作用而完成的。因此，如能把含重金属污泥制备成土聚水泥，以土聚物的形式来固化重金属，则会取得比硅酸盐水泥更令人满意的效果。同时由于它的渗滤性低，对重金属元素既能物理束缚也能化学键合，加上它的强度又比由硅酸盐水泥制成的混凝土高出许多，因此其固化物及产物可被应用于道路或其他建设领域，作为资源化应用具有广阔的发展前景。

（4）化学药剂稳定化技术。化学药剂稳定法一般是通过化学药剂和土壤所发生的化学反应，使土壤中所含有的有毒有害物质转化为低迁移性、低溶解性以及低毒性物质。

药剂稳定法中所使用药剂一般可分为有机和无机两大类，根据污染土壤中所含重金属种类，最常采用的无机稳定药剂有硫化物（硫化钠、硫代硫酸钠）、氢氧化钠、铁酸盐以及磷酸盐等。有机稳定药剂一般为螯合型高分子物质，如乙二胺四乙酸二钠盐（一种水溶性螯合物，简称 EDTA），它可以与污染土壤中的重金属离子进行配位反应从而形成不溶于水的高分子络合物，进而使重金属得到稳定。还有一种应用较多的有机稳定药剂硫脲（H_2NCSNH_2），其稳定机理与硫化钠以及硫代硫酸钠基本相同，主要是利用污染土壤中的重金属与其所生成的硫化物的沉淀性能来对其实现有效固化/稳定化，但当达到相同稳定效果时，其用量为硫化钠最佳用量的 1/2。

5. 影响因素

无机材料在污染土壤修复过程中的水化作用是其凝固和硬化的必要条件，因此影响水化反应的因素都会影响污染土壤固化/稳定化的效果。根据污染土壤的理化性质主要可以分为以下几类：

（1）土壤 pH 值特征。水泥或石灰为基料的系统在凝结及硬化阶段都需要碱性环境（pH＞10），高碱度环境能加强水泥水化反应进程，促使较多水化产物（水化硅酸钙以及水合硫铝酸钙等）的产生。有研究表明将重金属以硝酸盐形式加入水泥浆体固化时发现，铜元素会以氢氧化物形式出现，或与钙反应生成更复杂的化合物。体系中 pH＞8 时，锌会以氢氧化物形式 [$Zn(OH)_4^{2-}$ 或 $Zn(OH)_5^{3-}$] 出现，或与钙反应生成 $CaZn_2(OH)_6 \cdot H_2O$。在 pH 值较低时，铅以溶解状态 [Pb^{2+}、$Pb(OH)^+$、$Pb(OH)^{3-}$] 出现，但随着系统 pH 值的升高，铅同样会以氢氧化物沉淀出现，或为更难溶的 PbO 形式，这表明介质的碱性特征也有利于重金属的沉淀反应，对重金属固化的长期稳定性起到十分重要的作用。Cheng 等（1992）在研究固化/稳定化重金属过程中其吸附效果时发现，不同重金属离子的吸附与其存在系统的 pH 值也密切相关。

为了保证碱性环境，固化前需要添加相应的碱性物质（如石灰、粉煤灰等），而土壤 pH 值特征将关系碱性物质的用量。

（2）土壤物质组成。

①物理组成影响。有学者表明在固化/稳定化处理重金属危险废弃物时发现，其固化效果与固化体的微观结构密切相关，尤其是固化体的孔径尺寸分布和其孔结构，直接影响固化体的强度和抗渗透性，另外还发现重金属离子的扩散系数与半径小于 2nm 的胶凝孔数量密切相关。

②化学组成影响。与其他污染介质相似，土壤中的 Mn、Zn、Cu 和 Pb 的可溶性盐类会延长水泥的凝固时间并大大降低其物理强度。Cr^{6+} 能够与水泥的 Ca^{2+} 发生反应形成 $CaCrO_4$，从而抑制水泥的水化过程。硫酸盐可以与水泥反应生成"水泥杆菌"，这种晶体较强的体积膨胀会使混凝土受到破坏；硝酸盐、硫酸盐也会强烈地影响水泥固化体的水化和硬化。有机污染物会抑制水泥的凝固和硬化，影响固化体中晶体结构的形成；由于极性的差异，有机污染物不易与无机固化剂发生反应，因此在无机材料固化体中的稳定性不高，通常需要添加有机改性石灰和黏土等物质来屏蔽这些影响。

③土壤氧化还原电势。氧化还原电势会影响污染物的沥出性，而且在不同的氧化还原条件下，不同污染物的可溶性不同，这就加大了固化难度。

6. 技术应用

在对污染土壤进行修复工程前首先要在恒定温度和湿度环境条件下进行实验室内的可行性研究，确定固化特定污染土壤的最佳固化剂，现场小型试验之后再应用于污染场地处置工程的实施，它通常包括以下阶段：

(1) 修复材料。固定/稳定化技术使用的修复材料，根据其化学性质分为 3 类：无机黏合剂、有机黏合剂和专用添加剂。无机黏合剂是最主要的黏合剂，有水泥、火山灰质材料、石灰、磷灰石和矿渣等。目前报道的固定/稳定化项目约有 90% 是使用无机黏合剂；有机黏合剂包括有机黏土、沥青、环氧化物、聚酯和蜡类等；专用添加剂包括活性炭、pH 值调节剂、中和剂和表面活性剂等。针对不同类型的污染物质，有机黏合剂和无机黏合剂既可单独使用也可混合使用，专用添加剂通常与其他两种黏合剂混用以加速修复过程、稳定修复结果。

(2) 土壤样品采集。污染样品采集为了全面了解研究区的土壤污染状况和机械特性等性质，需要采集足够数量的土壤样本。场地历年的使用状况资料对掌握其污染类型和范围是十分重要的。值得注意的是，当采集挥发性机物污染土壤样品时，要尽量减少这些物质的损失或变化。也有研究者根据污染土壤的特征，利用模拟土壤进行实验固化试验，这种方法可能会导致模拟土壤与现场土壤的差异，给污染场地土壤修复工程带来困难。

(3) 土壤物理化学性质分析。一般而言，土壤酸碱度、含水量、机械组成、污染物质种类和含量是主要指标。在分析结果的基础上确定主要关注的是土壤污染物种类，为后续处理确立目标污染物。

(4) 固化/稳定化修复工艺确定。根据目标污染物性质，确定样品前处理过程设置多种胶凝材料和添加剂的批量试验，根据评价指标来确定最佳组合。由于影响因素太多，为了抓住最主要因素，简化试验过程，目前的大多数实验研究通常采用恒定的水分添加量，固定的混合手段、养护温度和养护时间。

(5) 固化/稳定化效果评价。目前，对于固化/稳定化处理效果的评价，主要可以从固化体的物理性质、污染物的浸出毒性和浸出率、形态分析与微观检测、小型试验等方面予以评价。

①物理性质。经过固化/稳定化处理后的固化体可以进行资源化利用，通常可以把它们作为路基或者一些建筑材料，因此处理后的固化体应具有良好的抗浸出性、抗渗透性及足够的机械强度等。同时，为了节约成本，固化过程中材料消耗要低，增容比也要低。抗压强度和增容比是评价固化体作为路基、建筑材料或者填埋处理的主要指标。

②浸出毒性。目前主要是通过污染物的浸出效应来评价添加剂对污染物的固化/稳定化效果。固体废物遇水浸沥，浸出的有害物质迁移转化，污染环境，这种危害特性称为浸出毒性。判别一种废物是否有害的重要依据是浸出毒性，为了评价固体废物遇水浸溶浸出的有害物质的危害性，我国颁布了《固体废物浸出毒性浸出方法水平振荡法》和《固体废物浸出毒性浸出方法硫酸硝酸法和固体废物浸出毒性浸出方法醋酸缓冲溶液法》，浸出液中任一种污染物的浓度超过《危险废物鉴别标准浸出毒性鉴别》规

定的浓度限值，则判定该固体废物是具有浸出毒性特征的危险废物。毒性特性浸出程序（toxicity characteristic leaching procedure，TCLP）是 EPA 指定的重金属释放效应评价方法，用来检测在批处理试验中固体、水体和不同废弃物中重金属元素迁移性和溶出性，应用最广泛。其采用乙酸作为浸提剂，土水比为 1∶20，浸提时间 18h。

有害废物经过固化处理后所形成的固化体应具有良好的抗渗透性、抗浸出性、抗干湿性、抗冻融性及足够的机械强度等，最好能作为资源加以利用。固化过程中材料和能量消耗要低，增容比也要低。浸出率指固化体浸于水中或其他溶液中时，其中有毒（害）物质的浸出速度。浸出率的数学表达式如下：

$$R_m = (a_r/A_n)/[(F/M)t] \tag{7-3}$$

式中　R_m——标准比表面的样品每天浸出的有害物质浸出率 [g/（d·m²）]；
　　　a_r——浸出时间内浸出有害物质的量（mg）；
　　　A_n——样品中有害物质的量（mg）；
　　　F——样品暴露的表面积（cm²）；
　　　M——样品质量（g）；
　　　t——浸出时间（d）。

增容比指所形成的固化体体积与被固化有害废物体积的比值。增容比的数学表达式如下：

$$CR = V1/V2 \tag{7-4}$$

式中　CR——增容比；
　　　$V1$——固化前危险废物体积；
　　　$V2$——固化后产品的体积。

增容比是鉴别处理方法好坏和衡量最终成本的一项重要指标。

③形态分析与微观检测。形态分析是表示重金属生物有效的一种间接方法，利用萃取剂提取重金属可以明确重金属在土壤中的化学形态分布以及可被溶出的能力。Tessier 等于 1979 年提出的五步连续提取法，简称 Tessier 法，该法是目前应用最广泛的方法。通过形态分析可以了解土壤中重金属的转化和迁移，还可以预测其生物有效性，间接地评价重金属的环境效应。通过分析土壤中重金属在固定前后微观结构上的变化，可以推测固化/稳定剂与重金属之间的相互作用以及结合机制。X 射线衍射可以分析固化体矿物组成。扫描电子显微镜可以测定固化体的形貌、组成、晶体结构等。这两种分析手段已被众多研究者用于测定新物质的形态和研究不同添加剂对重金属离子的固化机理，结合形态分布的结果，还可以发现固定后各种形态分布比例的变化。

7. 污染场地处置实例

在美国超级基金项目的支持下，固化/稳定化修复技术应用于美国处理各类废弃物已有 20 余年的历史，20 世纪 80 年代末期开始应用该技术的场地数量迅速上升，到 1998 年开始有所下降，大部分工程获得了圆满成功。超级基金项目支持的固化/稳定化技术多数属于异位固化/稳定化，使用无机黏合剂和添加剂来处理含金属的固体废物，有机黏合剂处理放射性和含有特殊有害有机废弃物的特殊污染物。只有少数固化/稳定化项目用于有机化合物的处理。

美国威斯康星州德马尼托沃克河的一段受多环芳烃和重金属严重污染的底泥曾采用原位固化/稳定化修复技术加以治理。该河段水深 6m，工程采用长 7.6m、直径 1.8m 的空心钢管为混合器和泥浆注射管，钢管深入沉积层 1.5m，矿渣水泥灰浆则通过钢管注入底泥与之混合，每平方米底泥大约混合 237kg 水泥泥浆。但是该工程在修复过程中产生了诸多技术问题，如搅拌导致的底泥中大量油类和其他液态污染物进入上层水体；大量泥浆注入导致钢管内沉积层上升 1～1.2m，并处于半固化状态；钢管内水面比河流高出 1.8m，大量底泥悬浮上升导致需长时间沉降；钢管顶部安装气囊加速沉降时压力过大导致混合过程中底部底泥翻涌滋出等。他们总结经验教训认为导致上述问题的原因是注入矿渣水泥、灰浆的物料平衡考虑不周和混合条件及温度控制不利。这为今后采用类似方法加以污染修复提供了可以借鉴的经验。

8. 固化/稳定化优缺点

相较于其他土壤修复技术，固定/稳定化技术具有明显的优势：①操作简单，费用相对较低；②修复材料大多是来自自然界的原生物质，具有环境安全性，如较典型的一个固化剂配方是 $67\%CaO+22\%SiO_2+5\%Al_2O_3+3\%Fe_2O_3+3\%$其他物质，基本不存在次生污染；③固定后土壤基质的物化性质具有长期稳定性，综合效益好；④固化材料的抗生物降解性能强且渗透性低。同样地，这种方法也存在一些局限性，如虽然降低了污染物的可溶性和移动性，但并没有减少土壤中污染物的总含量，反而增加了污染土壤的总体积；固定化后的土壤难以进行再利用；土壤的 pH 值会影响修复材料的耐久性和污染物的溶解性；修复后的残留物需要进行后续处理等。

7.2.4　电动修复技术

1. 基本原理

电动修复技术（electro kinetic remediation）是 20 世纪 80 年代末兴起的一门技术，这个技术早期应用在土木工程中，用于水坝和地基的脱水和夯实，目前移用到土壤修复方面。当前，电动修复技术作为一种对土壤污染治理颇具潜力的技术受到了国内外研究者的广泛关注。电动力学修复技术的基本原理类似电池，是在土壤/液相系统中插入电极，在两端加上低压直流电场，在直流电的作用下，发生土壤孔隙水和带电离子的迁移，水溶的或者吸附在土壤颗粒表层的污染物根据各自所带电荷的不同而向不同的电极方向运动，使污染物富集在电极区得到集中处理或分离，定期将电极抽出处理去除污染物。电动力学修复技术可以用于抽提地下水和土壤中的重金属离子，也可对土壤中的有机物进行去除。污染物的去除过程主要涉及 3 种电动力学现象，即电迁移（electromigration）、电泳（electrophoresis）和电渗析（electroosmosis）。

（1）电渗析。电渗析是指由外加电场引起的土壤孔隙水运动。大多数土壤颗粒表面通常带负电荷。当土壤与孔隙水接触时，孔隙水中的可交换阳离子与土壤颗粒表面的负电荷形成扩散双电层。双电层中可移动阳离子比阴离子多，在外加电场作用下过量阳离子对孔隙水产生的拖动力比阴离子强，因而会拖着孔隙水向阴极运动（图 7-9）。

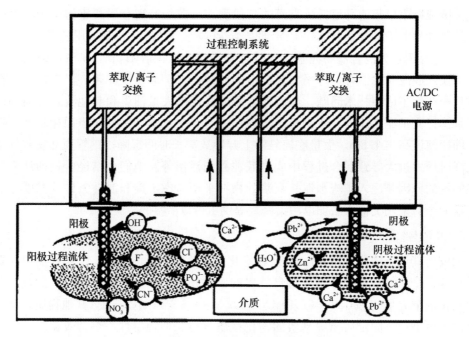

图 7-9　土壤电渗析示意图

电渗析流与外加电压梯度成正比。在电压梯度为 1V/cm 时，电渗析流量可高达 $10^{-4}\,cm^3/s$，其关系可用以下方程描述：

$$Q = k_c \times i_c \times A \tag{7-5}$$

式中　Q——体积流量；

　　　k_c——电渗析导率系数，一般在 $1\times10^{-9}\sim10\times10^{-9}\,m^2/\,(V\cdot s)$；

　　　i_c——电压梯度；

　　　A——截面面积。

（2）电迁移。电迁移是指土壤中带电离子和离子性复合物在外加电场作用下的运动。阳离子型物质向阴极迁移，阴离子型物质向阳极迁移。

（3）电泳。电泳是指土壤中带电胶体颗粒（包括细小土壤颗粒、腐殖质和微生物细胞等）的迁移运动。在运动过程中，电极表面发生电解。阴极电解产生氢气和氢氧根离子，阳极电解产生氢离子和氧气。电解反应导致阳极附近 pH 值呈酸性，pH 值可能低至 2，带正电的氢离子向阴极迁移；而阴极附近呈碱性，pH 值可高至 12，带负电的氢氧根离子向阳极迁移，氢离子的迁移与电渗析流同向，容易形成酸性带。酸性迁移带的好处是氢离子与土壤表面的金属离子发生置换反应，有助于沉淀的金属重新离解为离子进行迁移。

2. 系统构成

（1）电极材料。电动修复中所使用的电极材料包括石墨铁、铂、钛铱合金等。由于在阳极发生的是失电子反应，且水解反应阳极始终处于酸性环境，因此阳极材料很容易被腐蚀。而阴极相对于阳极则只需有良好的导电性能即可。能作为电极的材料需满足的条件为良好的导电性能、耐腐蚀、便宜易得等。由于场地污染修复的规模较大，电极材料的成本和经济性需要认真考虑；在场地污染土壤电动修复中，通常要对修复过程中的电解液进行循环处理，因为电极要加工成多孔和中空的结构，所以电极的易加工和易安装性能也非常重要。通常石墨和铁都是选用较多的电极材料。

（2）电极设置方式。在实际的场地污染土壤中，由于污染场地面积大、土壤性质复杂，因此采取合适的电极设置方式直接关系到修复成本和污染物去除效率。二维电极设置方式通常在田间设置成对的片状电极，形成均匀的电场梯度，是比较简单、成本较低的电极设置方式。但这种电极设置方式会在相同电极之间形成一定面积电场无法作用的土壤，从而影响部分污染土壤的修复。在二维电极设置方式中，可在中心设置阴极/阳极，四周环绕阳极/阴极，带正电/带负电污染物在电场作用下从四周迁移到中心的阴极池中。电极设置形状可为六边形、正方形和三角形等。这种电极设置方式能够有效扩大土壤的酸性区域而减少碱性区域，但形成的电场是非均匀的。一般情况下，六边形是最优的电极设置方式，可同时保持系统稳定性和污染物去除均匀性。在 3 种电极设置方式中，通常阴极和阳极都是固定设置的，电动处理过程中土壤中的重金属等污染物会积累到阴极附近的土壤中，完全迁移出土体往往需要耗费较多时间，同时阳极附近土壤中重金属已经完全迁移出土体，此时继续施加电场也会浪费电能。

（3）供电模式。一般电动修复中采取稳压和稳流两种供电方式。在稳压条件下，电动修复过程中电流会随土壤电导率的变化而发生变化，由于在电动修复过程中土壤导电粒子会在电场作用下向阴阳两极移动，土壤的电导率会逐渐下降，电流逐渐减小，因此修复过程中的电流不会超过直流电源的最大供电电流。在稳流条件下，电动修复过程中电压会随着土壤电导率的逐渐下降而升高，有时电压会超过直流电源的最大供电电压，这对直流电源的供电电压要求比较高。一般而言，电动修复中的电场强度为 $50\sim100\mathrm{V/m}$，电流密度为 $1\sim10\mathrm{A/m^2}$，在实际的操作中采用较多的是稳压供电模式，具体采用的供电模式和施加电场大小要根据实际情况而定。近年来也有报道展示了新的供电方式，即通过原电池或太阳能作为电源供应进行污染土壤电动修复，这些方式充分利用自然能源，降低了电能消耗，但其对电动修复的效率和稳定性仍需进一步研究。

3. 影响因素

影响电动修复的因素有许多，如电解液组分、pH 值、土壤电导率、电场强度、土壤的 zeta 电势、土壤含水率、土壤结构、重金属污染物的存在形态以及电极分步组织等都可能对电动修复过程和效率产生影响。

（1）电解液组分和 pH 值。电解液组分随着修复的时间不断发生变化阳极产生 H^+，阴极产生 OH^-；土壤中的重金属污染物、离子（H^+、Na^+、Ca^{2+}、Mg^{2+}、Al^{3+}、$Cr_2O_4^{2-}$、OH^-、Cl^-、SO_4^{2-} 等）在电场的作用下，分别进入阴、阳极液中；H^+、Me^{n+}（如 Cu^{2+}、Pb^{2+} 和 Cd^{2+} 等）分别在阴极发生还原反应，生成 H_2（气体）和金属单质（固体）；OH^- 在阳极发生氧化反应，生成 O_2（气体）。

电解水是电动修复的重要过程。电解水产生 H^+（阳极）和 OH^-（阴极），它们导致阳极区附近的土壤酸化，阴极区附近的土壤碱化。土壤 pH 值的变化对土壤产生一系列的影响，如土壤毛细孔溶液的酸化可能会导致土壤中的矿物溶解。

电动力修复过程中，阳极产生一个向阴极移动的酸区；阴极产生一个向阳极移动的碱区。由于 H^+ 的离子淌度 $[36.25m^2/(V \cdot s)]$ 大于 OH^- 的离子淌度 $[20.58m^2/(V \cdot s)]$，所以酸区的移动速度大于碱区的移动速度。除了土壤为碱化，土壤具有很强的缓冲能力时，或者用铁作为阳极时，通常通电一段时间后，土壤中邻近阳极的大部分区段都会呈酸性。酸区和碱区相遇时 H^+ 和 OH^- 反应生成水，并产生一个 pH 值的突跃。这将导致污染物的溶解性降低，进一步降低污染物的去除效率。

对特殊的金属污染物来说，在不同的 pH 值条件下，它们都能以稳定的离子形态存在。如锌在酸性条件下，它以 Zn^{2+} 形态稳定存在；碱性条件下，它以 ZnO_2^{2-} 形态稳定存在。pH 值突跃点，即离子（大部分以氢氧化物沉淀的形式存在）浓度最低点，这种现象类似于等电子聚焦。在实验过程中，很多种金属离子产生这种现象，如 Pb^{2+}、Cd^{2+}、Zn^{2+}，以及 Cu^{2+}。由于重金属污染物能否去除与污染物与土壤中是否以离子状态（液相）存在直接相关，因此控制土壤 pH 值是电动力修复重金属污染土壤的关键。

（2）土壤电导率和电场强度。

由于土壤电动力修复过程中，土壤 pH 值和离子强度在不断地变化，致使不同土壤区域的电导率和电场强度也随之变化，尤其是阴极区附近土壤的电导率显著降低、电场强度明显升高，这些现象是由于阴极附近土壤 pH 值突跃以及重金属的沉降引起的。阴极区的土壤高电场强度将引起该区域的 zeta 电势（为负号）增加，进一步导致这一区域产生逆向电渗，并且逆向电渗通量有可能大于其他土壤区域产生的向阴极迁移的物质通量，从而使系统的污染物流动产生动态平衡，再加上阳极产生的向阴极迁移的酸区，降低了土壤中污染物的迁移量，以及重金属氢氧化物和氢气的绝缘性最终使得整个土壤中的物质流动逐渐降为最小。

当土壤溶液中离子浓度达到一定程度时，土壤中的电渗量降低甚至为零，离子迁移将主导整个系统的物质流动。然而，由于 pH 值的改变，引起在阴极附近土壤中的离子被中和、沉降、吸附和化合，导致电导率迅速下降，离子迁移和污染物的迁移也随之下降。但在一些以实际污染土壤为样品的实验中，可能是由于离子溶解和土壤温度升高，导致土壤电导率时间增加逐渐升高。

（3）zeta 电势。zeta 电势是指胶体双电层之间的电势差。Helmholtz（1879）设想胶体的双电层与平形板电容器相似，即一边是胶体表面的电荷，另一边是带相反电荷的粒子层。两电层之间的距离与一个分子的直径相当，双电层之间电势呈直线迅速降低。

Smoluchowski 和 Perrin 根据静电学的基本定理，推导出双电层的基本公式如下：

$$\zeta = \frac{4\pi\sigma d}{D} \tag{7-6}$$

式中　ζ——两电层之间的电势差；

　　　σ——表面电荷密度；

　　　d——两电层之间的距离；

　　　D——介质的介电常数。

而后，Gouy、Chapman 和 Stern 先后对双电层理论进行了完善，其中尤其以 Stern 的理论最为流行。其认为双电层是由紧固相表面的密致层和与密致层连接的渐向液相延伸的扩散层两部分组成的。

根据胶体双电层的概念，胶体电层内的电势随着离胶体表面的距离增大而减小。当胶体颗粒受外力而运动时，并不是胶体颗粒单独移动，而是与固相颗粒结合着的一层液相和胶体颗粒一起移动。这一结合在固相表面上的液相固定层与液体的非固定部分之间的分界面上的电势，即是胶体的 zeta 电势。zeta 电势可以用动电实验方法测量出来，其大小受电解质浓度、离子价数、专性吸附、动电电荷密度、胶体形状大小和胶粒表面光滑性等一系列因素影响。

由于土壤表面一般带负电荷，因此土壤的 zeta 电势通常为负。这使得土壤溶液电渗流方向一般是向阴极迁移。然而，土壤酸化通常会降低 zeta 电势，有时甚至引起 zeta 电势改变符号，进一步导致逆向电渗。

（4）土壤的化学性质。土壤的化学性质对土壤电动力修复也会产生一定的影响。如土壤中的有机物和铁锰氧化物含量等。土壤的化学性质可以通过吸附、离子交换和缓冲等方式来影响土壤污染物的迁移。离子态重金属污染物首先必须脱附以后，才能迁移。实验发现，当土壤中重金属浓度超过土壤的饱和吸附量时，重金属更容易去除；由于伊利土和蒙脱土比高岭土饱和吸附量高，在相同条件下，它们中的重金属污染物更难被去除。土壤 pH 值的改变也会影响土壤对污染物的吸附能力。阳极产生的 H^+ 在土壤中迁移的过程中，置换土壤吸附的金属阳离子；同样，阴极产生的 OH^- 置换土壤吸附的 CrO_4^{2-}。H^+ 和 OH^- 对污染物的脱附作用又取决于土壤的缓冲能力。由于实验室常用的土壤都是纯高岭土，而实际土壤通常具有一定的缓冲能力，因此电动力修复技术在实际应用中还必须进行一定的改进。

（5）土壤含水率。水饱和土壤的含水率是影响土壤电渗速率的因素之一，在电动力修复过程中，土壤的不同区域有着不同的 pH 值，pH 值的差异导致不同区域的电场强度和 zeta 电势不同，进一步使得不同土壤区域的电渗速率不同，这就使得土壤中水分分布变得不均匀，并产生负毛细孔压力。电动力修复过程中，土壤温度升高引起的水分蒸发也会对土壤中的水分含量产生影响。尽管温度升高可以加快土壤中的化学反应速率，但是在野外和大型试验中，通常会导致土壤干燥。

（6）土壤结构。电动力土壤修复过程中，土壤的结构和性质会发生改变。有些黏性土壤如蒙脱土，由于失水和萎缩，物理化学性质都会发生很大的变化。重金属离子和阴极产生的氢氧根离子化合产生的重金属氢氧化物堵塞土壤毛细孔从而阻碍物质流动。例如，土壤中铝在酸的作用下，转化为 Al^{3+}，Al^{3+} 在阴极区附近生成氢氧化物沉淀，对土壤毛细孔造成堵塞。由上可知，电动力土壤修复过程中，必须尽量减少重金属污染物在土壤内沉降和转化为难溶化合物。

（7）重金属在土壤中的存在形态。土壤中的重金属有六种存在形态：①水溶态；②可交换态；③碳酸盐结合态；④铁锰氧化物结合态；⑤有机结合态；⑥残留态。不同的存在形态具有不同的物理化学性质。Zagury 的研究表明：电动力修复效率与重金属的存在形态有关。除了 Zn 以外，Cr、Ni 和 Cu 的残留态含量在试验前后几乎没有变化。

（8）电极特性分布和组织。电极材料能影响电动力土壤修复的效果，但是在实际应用中由于受成本消耗的限制，常用电极必须具备以下几大特点：易生产、耐腐蚀以及不引起新的污染。有时为了特殊需要也采用还原性电极（如铁电极）作为阳极。实验室和实际应用中最常用的电极是石墨电极，膜钛电极在实际中也有一些应用。电极的形状、大小、排列以及极距，都会影响电动力修复效果。Alshawabkeh 曾用一维和二维模型研究过电极的排列对电动力土壤修复的影响，但关于这些参数优化的研究不足，此后也未看见相关研究的报道。

4. 适用性

(1) 优点。电动力学修复技术可以适用于其他修复技术难以实现的污染场地，可以去除可交换态、碳酸盐和以金属氧化物形态存在的重金属，不能去除以有机态、残留态存在的重金属。Reddy 等（1997）研究发现土壤中以水溶态和可交换态存在的重金属较易被电动修复，去除率可达 90%，而以硫化物、有机结合态和残渣态存在的重金属较难去除，去除率约为 30%。

(2) 缺点。电动力学修复是指在污染土壤中插入电极对，并通以直流电，使重金属在电场作用下通过电渗析向电极室运输，然后通过收集系统收集，并做进一步的集中处理。电动力修复技术只适用于污染范围小的区域，但是受污染物溶解和脱附的影响，且不适于酸性条件。该项技术虽然在经济上是可行的，但是由于土壤环境的复杂性，常会出现与预期结果相反的情况，从而限制了其运用。

(3) 修复存在的问题。

①修复过程中土壤 pH 值的突变。电动力学修复过程中，水的电解使得阴、阳极分别产生大量 OH^- 和 H^+，使电极附近 pH 值分别上升和下降。同时，在电迁移、电渗流和电泳等作用下，产生的 OH^- 和 H^+ 将向另一端电极移动，造成土壤酸碱性质的改变，直到两者相遇且中和，在相遇的地点产生 pH 值突变。如果 pH 值的突变发生在待处理土壤内部，则向阴极迁移的重金属离子会在土壤中沉淀下来，堵塞土壤孔隙而不利于迁移，从而严重影响其去除效率，这一现象称为聚焦效应。以该区域为界线将整个治理区划分为酸性带和碱性带。在酸性带，重金属离子的溶解度大，有利于土壤中重金属离子的解吸，但同时低 pH 值会使双电层的 zeta 电位降低，甚至改变符号，从而发生反渗流现象，导致去除带正电荷的污染物需要更高的电压和能耗，增加重金属离子迁移的单位耗电量，降低了电流的利用效率。

②极化现象。电极的极化作用增加了电极上的分压，使电极消耗的电量增加，降低电动修复的能量效率。极化现象包括 3 类：①活化极化（activation polarizatlon）。电极上水的电解产生气泡（H_2 和 O_2）会覆盖在电极表面，这些气泡是良好的绝缘体，从而使电极的导电性下降，电流降低。②电阻极化（resistance polarization）。在电动力学过程中会在阴极上形成一层白色膜，其成分是不溶盐类或杂质。这层白膜吸附在电极上会使电极的导电性下降，电流降低。③浓差极化（concentration polarization）。这是由于电动力学过程中离子迁移的速率缓慢，从而使得电极附近的离子浓度小于溶液中的其他部分，从而使电流降低。

5. 改进技术工艺

(1) 电化学地质氧化法技术工艺（electro chemical geoxidation，ECGO）。电化学地质氧化法的原理是给插入地表的电极通以直流电，引用电流产生的氧化还原反应使电极间的土壤及地下水的有机物矿化或无机物固定化。ECGO 优点是靠土壤及岩石颗粒表面自然发生传导而引发的极化现象，如土壤本身含有铁、镁、钛和碳等，可起到催化作用，因此，无须在污染土壤修复时外加催化剂。其缺点是难以准确判断现场的情形、难易度及欲去除的化学成分，且修复的时间较长，需 60～120d，而且许多机理尚不明确。该技术已经应用于德国的污染土壤和地下水的修复。

（2）电化学离子交换技术工艺（eleochemical ion exchange，EIX）。电化学离子交换技术是由电动修复技术和离子交换技术相结合去除自然界中的离子污染物。其技术原理是在污染土壤中插入一系列的电极棒使电极棒置于可循环利用的电解质的多孔包覆材料中，离子化的污染物被捕集至这些电解质中并抽之地表。被回收的溶液在地表，过电化学离子交换材料后，将污染物交换出来，电解质经离子交换后回至电极周围以循环利用。据有关报道，该技术能够独立回收去除土壤中的重金属、卤化物和特定的有机污染物。在理想状态下，当污染物进流浓度在 100～500mg/L 时，可去除至低于 1mg/L。

（3）生物电动修复技术工艺（electrokinetic bioremediation technique，EBT）。生物电动修复技术是活化污染土壤中的休眠微生物族群，并通过电动技术向土壤中的活性微生物和其他生物注入营养物，促进微生物的生长、繁殖及代谢以转化为有机污染物，并利用微生物的代谢作用改变重金属离子的存在状态从而增强迁移性或降低其毒性；同时在施加电场的作用下可以加速传质过程，提高微生物与重金属离子的接触效率并可以将改变形态的重金属离子去除。

电动生物修复技术的优点：经济性好，不需外加微生物和营养剂，能均匀地扩散到污染土体或直接加在特定的地点，可以降低营养剂的成本，且避免了因微生物穿透细致土壤时所衍生的问题。其缺点：高于毒性受限阈值的有机污染物浓度将限制微生物族群，混合的有机污染物的生物修复可能产生对微生物有毒性的副产品。限制微生物的降解电动生物修复技术存在的问题：缺少电场作用下微生物在土壤中的活动情况研究；如何避免重金属离子和其他阴离子对微生物造成的不利影响；缺少异氧生物在直流电场下行为的有效数据以及如何刺激微生物的新陈代谢，当前生物电动修复技术是电动法修复土壤的主要方向之一，且有广阔的应用前景。

（4）Lasagna 技术工艺。Lasagna 技术工艺始于 1994 年，由美国环保署（USEPA）与辛辛那提大学针对低渗透性土壤研究的一种原位修复技术。在 1995 年已经成功应用于美国肯塔基州的 Paduch 实际场地。其主要方法是将含有吸附降解/降解功能的处理区域安置在污染土壤的两电极之间，使土壤中污染物迁移至处理区域，在处理区域内的污染物可通过吸附固化、降解等方式从水相中被去除。理论上 Lasagna 用于处理无机、有机以及混合污染物。

该技术的主要特点：

①通入直流电的电极使水及溶解性污染物流入并穿过处理层组，加热土壤；

②处理区域内含有可分解有机污染物或污染物吸收后固定再将之移除或处置的化学药剂；

③水管理系统将积累在阴极高 pH 值的水循环送至阳极低 pH 值进行酸碱中和；

④将电极极性周期性交替互换，以回转电透析流动方向及中和 pH 值。

Lasagna 处理法中电极棒的方位及处理区域依场址及污染物的特性而定，一般分为两种：一种是用于处理浅层（距地面 15m 内）污染物的垂直方式；另一种是处理深层污染物的水平方式。

（5）电动分离技术工艺（Electrical-Klean Technique）。Electrical-Klean 是由位于美国路易斯安那州的 Incorporated of Baton Rouge 公司发展的电动修复土壤技术。其原理是通以直流电的电极放置于受污染土壤的两侧，在电极添加或散布调整液，如适当的酸以促进污染土的修复效果，离子或孔隙流体流动的同时将从污染土壤中去除污染物，同时，污染物向电极移动。该技术的处理效率则依化学物质种类、浓度及土壤的缓冲能力而定。据报道，当酚的浓度达到 500mg/L 时有 85%、95% 的去除效率，铅、铬、镉、铀的浓度达到 2000mg/kg 去除效率可达到 75%、95%。其缺点是处理多种高浓度有机污染物共存的土壤时，修复期长，成本高。

（6）电动吸附技术工艺（electrosorb technique）。电动吸附技术已经实际应用于美国路易斯安那州。其原理是在电极表面涂装高分子聚合物（polymer）形成圆筒状电极棒组。电极放置于土壤开孔中通以直流电且在 Polymer 中充满 pH 值缓冲试剂以防止因 pH 值变化而产生的胶凝。离子在电流的影响下穿过孔隙水在电极棒高分子上富集。在设计中高分子聚合物可含有离子交换树脂或其他吸收物质将污染物离子在到达电极前加以捕集。该技术在修复土壤过程中 pH 值的突变对污染物的富集能力影响较大，因此，所用的高分子聚合物应先浸渍 pH 值缓冲试剂。

（7）电动配氧化还原法工艺（electro kinetically depolyed oxidation technique）。该技术原理是通过向污染土中加入氧化还原剂，使低溶解度或沉淀态的污染物转化为溶解性的物质得以去除。Cox 等使用电动配置氧化还原法对 HgS 污染的土壤进行室内修复实验，向污染土壤中加入 I_2/I^- 复合液，复合液在电迁移的过程中从阴极往阳极迁移。其反应原理如下：

$$HgS + I_2 + 2I^- \longrightarrow HgI_4^{2-} + S$$
$$Hg + I_2 + 2I^- \longrightarrow HgI_4^{2-} \qquad (7\text{-}7)$$
$$HgO + 4I^- \longrightarrow HgI_4^{2-} + O^{2-}$$

结果表明 99% 的 Hg 可以被去除。Suer 等在实际治理汞污染的土壤应用中，经过 50d 的时间，50% 的总汞迁移到阳极区，25% 的总汞在阳极区附近的土壤水溶液中收集，在整个过程中没有形成挥发性汞的化合物。

改进技术工艺汇总列于表 7-11。

表 7-11 改进技术工艺汇总

修复技术	技术特点	适用土壤	使用修复	主要优点	主要缺点
电动力学生物修复	通过生物电技术向土壤土著微生物加入营养物	饱和及非饱和土壤	原位	不需要外加微生物群体	高浓度污染物会毒害微生物，需要的修复时间长

修复技术	技术特点	适用土壤	使用修复	主要优点	主要缺点
电吸附	电极外包裹合材料以俘获向电极迁移的离子	不详	原位	聚合材料内的填充物可调节 pH 值，防止其突变	仍有必要进一步研究其经济性
电化学自然氧化	利用土壤中催化剂作污染物的氧化降解剂	不详	原位	不需要外加催化剂，而利用天然存在的铁、镁、钛和碳元素	需要的修复时间长
Electroklean	向土壤外加电压时加入增强剂（主要是酸类）	饱和及非饱和土壤	原位或异位	去除范围广，可去除重金属离子、放射性核素和挥发性污染物	对缓冲能力高的土壤和存在多种污染物的土壤去除效果差
Lasagna	由几个渗透反应区组成	饱和黏性土	原位	循环利用阴极抽出水，成本相对较低	电解产生的气泡覆盖在电极旁，使电极导电性降低

7.2.5　化学氧化技术

1. 技术概要

化学氧化法已经在废水处理中应用了数十年，可以有效去除难降解有机污染物，已逐渐应用于土壤和地下水修复中。化学氧化技术（chemical oxidation remediation）主要是通过掺进土壤中的化学氧化剂与污染物所产生的氧化反应，使污染物快速降解或转化为低毒、低移动性产物的一项修复技术。化学氧化技术将氧化剂注入土壤中，通过氧化剂与污染物的混合、反应使污染物降解或导致形态的变化。成功的化学氧化修复技术离不开向注射井中加入氧化剂的分散手段，对于低渗土壤，可以采取创新的技术方法如土壤深度混合、液压破裂等方式对氧化剂进行分散。为了同时处理饱和区和包气带的有机污染物，一般采用联合气提和热脱附复合技术，也有利于收集处理化学氧化法产生的尾气。

原位化学氧化修复技术主要用来修复被油类、有机溶剂、多环芳烃（如萘）、PCP（penta chloro phenol）、农药以及非水溶态氯化物（如 TCE）等污染物污染的土壤。氧化修复技术不但可以对这些污染物起到降解脱毒的效果，而且反应产生的热量能够使土壤中的一些污染物和反应产物挥发或变成气态溢出地表，这样可以通过地表的气体收集系统进行集中处理。其缺点是加入氧化剂后可能生成有毒副产物，使土壤生物量减少或影响重金属存在形态（图 7-10）。

异位化学氧化技术是向污染土壤添加氧化剂或还原剂，通过氧化或还原作用，使土壤中的污染物转化为无毒或相对毒性较小的物质。常见的氧化剂包括高锰酸盐、过氧化氢、芬顿试剂、过硫酸盐和臭氧。

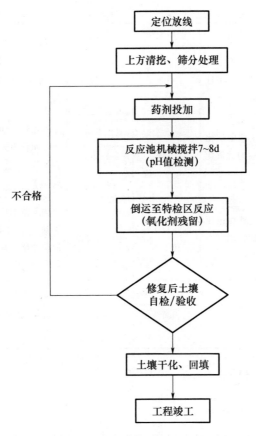

图 7-10　化学氧化处理工艺流程

2. 系统构成和主要设备

（1）原位化学氧化。由药剂系统制备/储存系统、药剂注入井（孔）、药剂注入系统（注入和搅拌）、监测系统等组成，其中药剂注入系统包括药剂储存罐、药剂注入泵、药剂混合设备、药剂流量计、压力表等组成，药剂通过注入井注入污染区，注入井的数量和深度根据污染区的大小和污染程度进行设计。在注入井的周边及污染区的外围还应设计监测井，对污染区污染物及药剂的分布和运移进行修复过程中及修复后的效果监测。可以通过设置抽水井，促进地下水循环以增强混合，有助于快速处理污染范围较大的区域。

（2）异位化学氧化。修复系统包括土壤预处理系统、药剂混合系统和防渗系统等。

①预处理系统。对开挖出的污染土壤进行破碎、筛分或添加土壤改良剂等。该系统设备包括破碎筛分铲斗、挖掘机、推土机等。

②药剂混合系统。将污染土壤与药剂进行充分混合搅拌。按照设备的搅拌混合方式，可分为两种类型，采用内搅拌设备，即设备带有搅拌混合腔体，污染土壤和药剂在设备内部混合均匀；采用外搅拌设备，即设备搅拌头外置，需要设置反应池或反应场，污染土壤和药剂在反应池或反应场内通过搅拌设备混合均匀。该系统设备包括行走式土壤改良机、浅层土壤搅拌机等。

③防渗系统。防渗系统为反应池或是具有抗渗能力的反应场，能够防止外渗，并且能够防止搅拌设备对其损坏，通常做法有两种：一种是采用抗渗混凝土结构，另一种是采用防渗膜结构加保护层。

3. 影响因素

化学氧化技术主要影响因子列于表 7-12。

表 7-12 化学氧化技术主要影响因子

土壤特性	污染物特性
渗透系数	污染物种类
土壤及土层结构	化学性质
水力梯度	溶解度
地下水中溶解的铁等还原性物质	分配系数

（1）土壤的渗透性。

土壤渗透系数 k 是一个代表土壤渗透性强弱的定量指标，也是渗流计算时必须用到的一个基本参数。不同种类的土壤，k 值差别很大，一般在 $10^{-16} \sim 10^{-3} \, cm^2$。化学氧化技术适用于渗透系数大于 $10^{-9} \, cm^2$ 的土壤，随着化学氧化技术对土壤的净化，渗透系数由于二价铁离子等被氧化沉淀，堵塞土壤微孔而有所降低。土壤的非均质性也会影响氧化剂、催化剂和活化剂在土层中的扩散，如在沙质、淤泥和黏土混杂土壤中，沙质中的污染物相对比较容易被氧化去除。如果淤泥和黏土层较厚而且污染较小，氧化剂会向沙土层扩散，净化达不到预期效果，采用芬顿试剂或者臭氧时，还容易使污染扩散，加大修复难度。很多土壤中土、淤泥和沙质土壤混杂在一起，需要调查污染物分别在各种土质中的分布，分别考虑不同土质中的净化效率，以判断是否能够到达总净化效率目标。化学氧化剂在土壤中的输送还与地下水水力梯度相关，土壤多孔介质中，流体通过整个上层横截面面积的流动速度称为渗流速度，渗流速度与地下水水力梯度和水力渗透系数呈正比，与土壤孔隙体积呈反比。地下水中的还原态物质，如二价铁与氧化剂反应后容易产生沉淀，堵塞土壤微孔，影响氧化剂的输送和扩散。

（2）土壤有机碳。有机污染物种类繁多，如油类污染物质就由成百上千种碳水化合物组成，由于其结构不同其被氧化分解的特性也不同，上述所有氧化剂都可以氧化分解除苯系物以外的大部分油类碳水化合物，但氧化剂对苯系物和甲基叔丁基醚（MTBE）等污染物的实际现场修复经验还不足。大部分油类污染物在水中的溶解度都较低，油类污染物分子量越小、极性越大其溶解度也越高；反之，水中溶解度低的物质在土壤中的吸附能力较强，而且更难以用化学氧化法降解。污染物在地下水中的溶解浓度和土壤中有机碳吸附之间的相关关系称为有机碳分配系数（Koc），有机碳分配系数由污染物的性质和土壤中有机碳含量决定，一般表土中有机碳含量为 $1\% \sim 3.5\%$，深层土一般为 $0.01\% \sim 0.1\%$，因此同一污染物在不同土壤中的分配系数也不尽相同。化学氧化技术更适用于溶解度高、有机碳分配系数小的有机污染土壤的修复。

（3）氧化剂。化学氧化剂、催化剂和活化剂等注入土壤饱和带后，在输送和扩散过程中，不断与土壤和地下水中有机质和还原性物质反应而消耗，从而在计算氧化剂投加量时，要考虑上述自然需氧量（natural oxidant demand，NOD）。自然需氧量与土壤中有机质（natural organic material，NOM）和地下水中还原性物质含量相关，实际工程中很难准确估算自然需要量。为了达到土壤修复目标，往往要注入高出 3～3.5 倍理论值的氧化剂（表 7-13）。

表 7-13 常见化学氧化剂的优点

优点	H_2O_2/Fenton	高锰酸盐	臭氧	过硫酸盐
快速	★			
不产生尾气	★			★
持续生效		★		
人体健康风险小		★		★
增加氧气含量	★	★		
可氧化 MTBE 和苯	★		★	★
可自动化			★	
不能氧化 MTBE 和苯		★	★	
产生尾气，人体健康风险	★			
扰动污染云分布形态	★		★	
氧化剂注入缓慢	★	★		★
需要氧化剂储罐	★	★	★	
需要臭氧生产系统				
在土壤中产生副产物	★	★	★	★
产生沉淀堵塞孔隙	★		★	★

注："★"代表具有这种优点。

4. 常用氧化剂

最常用的氧化剂是 K_2MnO_4、H_2O_2、过硫酸盐和臭氧气体（O_3）等。

（1）过氧化氢和芬顿（Fenton）试剂。过氧化氢化学式为 H_2O_2，纯过氧化氢是淡蓝色的黏稠液体，可任意比例与水混合，是一种强氧化剂，水溶液俗称双氧水，为无色透明液体，在一般情况下会缓慢分解成水和氧气。过氧化氢可以直接以 5%～50%浓度注入污染土壤中，与土壤中有机污染物和有机质发生反应，或者在数小时之内分解为水和二氧化碳，并放出热量，所以要采取特别的分散技术避免氧化剂的失效。

也可以利用 Fenton 反应（加入 $FeSO_4$）开展原位化学氧化技术，产生的自由基·OH 能无选择性地攻击有机物分子中的 C—H 键，对有机溶剂如酯类、芳香烃以及农药等有害有机物的破坏能力高于 H_2O_2 本身。芬顿试剂反应 pH 值相对较低，一般在 pH＝2～4，因此需要调节过氧化氢溶液 pH 值，硫酸铁同时具有提供催化剂和调节 pH 值的作用。由于在高碱度土壤、含石灰岩土壤或者缓冲能力很强的土壤中使用芬顿试剂，将消耗大量的酸，不利于经济高效修复土壤。

由于烃基自由基反应速率很快，一般很难提供与目标污染物接触的有效时间。因此可以处理渗透性强的土壤，但是难以处理渗透性弱的土壤中的有机污染物。基于这些局限，许多研究正在开展。

（2）高锰酸盐。高锰酸盐又名过锰酸盐，是指所有阴离子为高锰酸根离子（MnO_4^-）的盐类的总称，其中锰元素的化合价为 +7 价。通常高锰酸盐都具有氧化性，常见的高锰酸盐，如 $KMnO_4$，$NaMnO_4$ 易溶于水，与有机物反应产生 MnO_2、CO_2 和反应中间产物。锰是地壳中储量丰富的元素，MnO_2 在土壤中天然存在，因此向土壤中引入 $KMnO_4$，氧化反应产生 MnO_2 没有环境风险，并且 MnO_2 比较稳定，容易控制；不利因素在于对土壤渗透性有负面影响。

高锰酸盐的氧化性弱于臭氧、过氧化氢等其他氧化剂，难以氧化降解苯系物、MTBE 等常见的有机污染物，但是有 pH 值适用范围广，氧化剂持续生效，不产生热、尾气等二次污染物的优点。但是由于价格低廉的高锰酸盐采自矿石，一般钾矿都伴随砷、铬、铅等重金属，使用时要避免二次污染，另外注意对注入井和格栅的堵塞问题。

（3）臭氧。臭氧（O_3）是氧气（O_2）的同素异形体，在常温下它是一种有特殊臭味的淡蓝色气体。

臭氧主要存在于距地球表面 20～35km 的同温层下部的臭氧层中。在常温常压下，稳定性较差，可自行分解为氧气。臭氧具有青草的味道，吸入少量对人体有益，吸入过量对人体健康有一定危害，氧气通过电击可变为臭氧。O_3 是活性非常强的化学物质，在土壤下表层反应速率较快。因此，一般在现场通过氧气发生器和臭氧发生器制备臭氧，然后通过管道注入污染土层中，另外也可以把臭氧溶解在水中注入污染土层中，使用的臭氧混合气体浓度在 5% 以上，臭氧可以直接降解土壤中的有机污染物，也会溶解于地下水中，与土壤和地下水中的有机污染物发生氧化反应，自身分解为氧气，也可以在土壤中一些过渡金属氧化物的催化下产生氧化能力更强的羟基自由基，分解难降解有机污染物，臭氧氧化法可以降解 BTEX、PAHs、MTBE 等难降解有机污染物。臭氧氧化技术在净化土壤的过程中会产生大量氧气，使土壤中的好氧微生物活跃起来，臭氧在水中的溶解度远大于氧气，臭氧的注入往往使局部地下水的溶解氧达到饱和，这些都有助于土壤中微生物的繁衍和持续对有机污染物的降解。

（4）过硫酸盐。过硫酸盐也称为过二硫酸盐，常温常压下为白色晶体，65℃熔化并有分解，有强吸水性，极易溶于水，热水中易水解，在室温下慢慢地分解，放出氧气。过硫酸盐具有强氧化性，酸及盐的水溶液全是强氧化剂，常用作强氧化剂。过硫酸盐技术处理有机污染物也受环境温度、pH 值、反应中间产物、过渡金属等因素的影响，一些研究表明，在不同 pH 值下活化过硫酸盐氧化降解有机污染物的效率会不同。

过硫酸盐在一定的活化条件下可产生硫酸自由基，具有强氧化性，它在环境污染治理领域的应用前景越来越广，所以有关它的研究十分有意义。但是目前有关活化过硫酸盐氧化技术的研究还主要集中在实验规模上，缺少实际应用实例。

5. 适用性

采用化学氧化技术修复有机污染土壤时，针对土壤和污染物特性，首先快速判断化学氧化技术处理目标污染土壤的可行性，然后通过实验试验，研究各种影响因子，评价化学氧化的技术和经济可行性，进而考察各种设计参数的可靠性，然后要充分考虑试运行、调试、运营，监理、监控指标、应急预案等。

（1）原位化学氧化技术。原位化学氧化技术能够有效处理的有机污染物包括挥发性有机物如二氯乙烯（DCE）、三氯乙烯（TCE）、四氯乙烯（PCE）等氯化溶剂，以及苯、甲苯、乙苯和二甲苯（BTEX）苯系物；半挥发性有机化学物质，如农药、多环芳烃（PAHs）和多氯联苯（PCBs）等。对含有不饱和碳的化合物（如石蜡、氯代芳香族化合物）的处理十分高效且有助于生物修复作用。

（2）异位化学氧化技术。异位化学氧化技术可处理石油烃、BTEX（苯、甲苯、乙苯、一甲苯）、酚类、MTBE（甲基叔丁基）、含氯有机溶剂、多环芳烃、农药等大部分有机物异位化学氧化，不适用于重金属土壤的修复，对于吸附性强、水溶性差的有机污染物应考虑必要的增溶、脱附方式。

7.2.6　溶剂萃取技术

1. 基本原理

溶剂萃取是一种利用溶剂来分离和去除污泥、沉积物、土壤中危险性有机污染物的修复技术，这些危险性有机污染物包括多氯联苯（PCBs）、多环芳烃（PAHs）、二噁英、石油产品、润滑油等。这些污染物通常都不溶于水，而会牢固地吸附在土壤以及沉积物和污泥中，从而使得用一般的方法难以将其去除。而对于溶剂萃取中所用的溶剂，则可以有效地溶解并去除相应的污染物。

由于溶剂萃取可以有效地清除污染介质中的危险性污染物，对于从土壤中提取或浓缩后的污染物，具有一定经济价值的部分可以进行回收利用，而对于不可利用的部分可进行相应的无害化处理。从物质循环的角度讲，由于溶剂萃取技术在运行过程中不破坏污染物的结构，可以使得污染物的资源化和价值化达到最大值。同时，萃取过程中所使用的溶剂也可以再生和重复利用，因此，可以说溶剂萃取技术是一种可持续的修复技术。

溶剂萃取技术的运行过程如图 7-11 所示，具体操作方法：首先对污染的土壤进行筛分处理以除去较大的石块和植物根茎；然后将过筛后的土壤加入萃取设备中，溶剂与土壤经过充分混合接触后可使得污染物溶解到溶剂中。通常所用溶剂的类型取决于污染物和污染介质的性质，而且萃取过程也分为间歇、半连续和连续模式。其中在连续操作过程中，通常需要较多的溶剂来使得土壤呈流化状态以便于输送；当污染物溶解到溶剂中后需要进行分离处理。通过分离设备的作用，溶剂可实现再生并可重复使用。对于浓缩后的污染物，也可以重复利用具有一定经济价值的部分，或者利用其他技术进行进一步的无害化处理；最后需要对残余在土壤中的溶剂进行处理。由于所用的溶剂会对人类健康和环境带来一定的危害，因此对于残余在土壤中的溶剂，若处理不当将会引发二次污染问题。

综上所述，溶剂萃取过程可分为 5 个部分：①预处理（土壤、沉积物和污泥）；②萃取；③污染物与溶剂的分离；④土壤中残余溶剂的去除；⑤污染物的进一步处理。

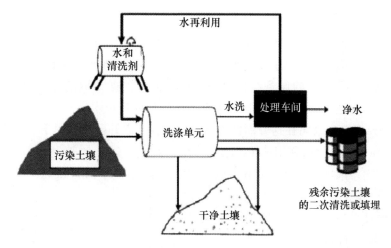

图 7-11　溶剂萃取过程

2. 系统构成

如图 7-12 所示，溶剂萃取系统构成包括污染土壤收集与杂物分离系统、溶剂萃取系统、油水分离系统、污染物收集系统、萃取剂回用系统、废水处理系统等。

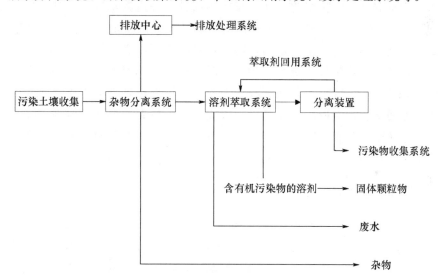

图 7-12　溶剂萃取系统构成

3. 影响因素

在溶剂萃取过程中，对污染物的萃取效率通常会受到很多因素的影响，如溶剂类型、溶剂用量、水分含量、污染物初始浓度等。吸收剂必须对被去除的污染物有较大的溶解性，吸收剂的蒸汽压必须足够低，被吸收的污染物必须容易从吸收剂中分离出来，吸收剂要具有较好的化学稳定性且无毒无害，吸收剂摩尔质量尽可能低，使它吸收能力最大化。其他影响因素还有黏土含量、土壤有机质含量、污染物浓度、水分含量等。

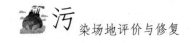
4. 适用性

溶剂浸提修复技术是一种利用溶剂将有害化学物质（如 PCBs、油脂类等不溶于水的）从污染介质中提取出来或去除的修复技术，使土壤中 PCBs 与油脂类污染物的处理成为现实。溶剂浸提技术的设备组件运输方便，可以根据土壤的体积调节系统容量，一般在污染地点就地开展。溶剂萃取技术是土壤异位处理技术。

美国 Terra-Kleen 公司在这方面做了许多有益的探索并已成功用于土壤修复。到目前为止，Terra-Kleen 公司利用该技术已经修复了大约 $2 \times 10^4 \, m^3$ 被 PCBs 和二噁英污染的土壤和沉积物，浓度高达 $2 \times 10^4 \, mg/kg$ 的 PCBs 被减少到 $1 mg/kg$，二噁英的浓度减幅甚至达到了 99.9%。

溶剂萃取技术一般适用于处理多氯联苯（PCBs）、石油烃、氯代烃、多环芳烃（PAHs）、多氯二苯-P-二噁英（PCDD）以及多氯二苯呋喃（PCDF）等有机污染物污染的土壤。同时，这项技术也可用在农药（包括杀虫剂、杀真菌剂和除草剂等）污染的土壤上。湿度大于 20% 的土壤要先风干，避免水分稀释提取液而降低提取效率，黏土含量高于 15% 的土壤不适于采用这项技术。

溶剂萃取技术中常用的萃取溶剂有三乙胺、丙酮、甲醇、乙醇、正己烷等。

由于溶剂萃取过程中所用的大部分有机溶剂具有一定的毒性，且具有易挥发和易燃易爆的特点。因此，在萃取过程中任何溶剂的挥发以及萃取后土壤中任何溶剂的存在都会对人类健康和环境带来一定的风险。在实际的萃取操作过程中，通常大部分萃取设备的运行都在密封条件下进行。另外，对于萃取后滞留在土壤中的残余溶剂，可通过相应的处理方法来进行去除和回收。如使用土壤加热处理的方法，使残余溶剂由液态变成气态而从土壤中逸出，冷却后又变成液态，从而达到残余溶剂去除和再生的目的。最后，还要监测修复后的土壤中所含污染物和溶剂的含量是否已经降到所要求的标准以下。通过适当的设计和操作，溶剂萃取技术是一种非常安全的土壤修复技术。

7.2.7　热脱附技术

热脱附是用直接或间接的热交换，加热土壤中有机污染组分到足够高的温度（通常被加热到 $150 \sim 540 ℃$），使其蒸发并与土壤介质相分离的过程。空气、燃气或惰性气体常被作为被蒸发成分的传递介质。热脱附系统是将污染物从一相转化成另一相的物理分离过程，热脱附并不是焚烧，因为修复过程并不出现对有机污染物的破坏作用，而是通过控制热脱附系统的床温和物料停留时间可以有选择地使污染物得以挥发，而不是氧化、降解这些有机污染物。因此，人们通常认为，热脱附是一种物理分离过程，而不是一种焚烧方式。

1. 基本原理

热脱附修复技术是利用直接或间接热交换，通过控制热脱附系统的床温和物料停留时间有选择地使污染物得以挥发去除的技术。热脱附技术可分为两步，即加热污染介质使污染物挥发和处理废气，防止污染物扩散到大气。

（1）直接接触热脱附修复技术。直接接触热脱附修复采用的是直接接触热脱附系统，它是一个连续的给料系统，已经过了 3 个发展阶段。第一代直接接触热脱附系统采用最基础的处理单元，依次为旋转干燥机、纤维过滤设备和喷射引擎再燃装置，只适用于低沸点（低于 260～315℃）的非氯代污染物的修复处理，整个系统加热温度为 150～200℃。第二代直接接触热脱附系统在原来的基础上，扩大了可应用范围，对高沸点（大于 315℃）的非氯代污染物也适用，系统中依次包括旋转干燥机、喷射引擎再燃装置、气流冷却设备和纤维过滤设备等基本组成部分；第三代直接接触热脱附系统是用来处理高沸点氯代污染物的，旋转干燥机内的物料通常被加热到 260～650℃。

（2）间接接触热脱附修复技术。间接接触热脱附修复包括两个阶段：在第一阶段，污染物被脱附下来，也就是在相对的温度下使污染物与污染介质相分离；在第二阶段，它们被浓缩成浓度较高的液体形式，适合运送到特定地点的工厂做进一步的传统处理。在这类热脱附修复中，污染物不是通过热氧化方式降解，而是从污染介质中分离出来在其他地点做后续理。这种处理方法减少了需要进一步处理的污染物的体积。

间接接触热脱附修复系统也是连续给料系统，它有多种设计方案。其中，有一种双板旋转干燥机，在两个面的旋转空间中放置几个燃烧装置，它们在旋转时加热包含污染物的内部空间。由于燃烧装置的火焰和燃烧气体都不接触污染物或处理尾气，可以认为这种热脱附系统采用的是非直接加热的方式。

热脱附技术分成两大类：土壤或沉积物加热温度为 150～315℃的技术为低温热脱附技术；温度达到 315～510℃的为高温热脱附技术。目前，许多此类修复工程已经涉及的污染物包括苯、甲苯、乙苯、二甲苯或石油烃化合物（TPH）。对这污染物采用热脱附技术，可以成功并很快达到修复目的。通常，高温修复技术费用较高，并且对这些污染物的处理并不需要这么高的温度，因此利用低温修复系统就能满足要求。

2. 原位热脱附技术

原位热脱附技术（ISTT）是石油污染土壤原位修复技术中的一项重要手段，主要用于处理一些比较难开展异位环境修复的区域，如深层土壤以及建筑物下面的污染修复。原位热脱附技术是将污染土壤加热至目标污染物的沸点以上，通过控制系统温度和物料停留时间，有选择地促使污染物气化挥发，使目标污染物与土壤颗粒分离、去除。热脱附过程可以使土壤中的有机化合物产生挥发和裂解等物理化学变化。当污染物转化为气态之后，其流动性将大大提高，挥发出来的气态产物通过收集和捕获后进行净化处理。

原位热脱附技术特别适合重污染的土壤区域，包括高浓度、非水相的、游离的以及源头的有机污染物。目前，原位热脱附技术可用于处理的污染物主要为含氯有机物（CVOCs）、半挥发性有机物（SVOCs）、石油烃类（TPH）、多环芳烃（PAHs）、多氯联苯（PCBs）以及农药等。目前，热脱附技术在石化工厂、地下油库、木料加工厂和农药库房等区域以及在一些污染物源头修复治理工作中广泛应用。原位热脱附技术不仅可以用于修复大型石化厂区域，针对一些小的区域污染也可以进行修复。例如，干洗店甚至有居民居住的建筑物等，但是在修复过程中必须对室内的空气质量进行全程的监控，防止污染物超标。

原位热脱附技术最大的优势就是可以省去土壤的挖掘和运输，这样可以减少大部分的费用。然而，原位热脱附需要的时间比异位处理要长得多，而且由于土壤的多样性以及蓄水层的特性，很难用一种加热方式用于土壤原位热脱附处理，需要根据实际情况进行技术选择。

目前，主要应用的原位热脱附技术为电阻热脱附技术（ERH）、热传导热脱附技术（TCH）以及蒸汽热脱附技术（SEE）。在实际应用过程中，基于复杂的土壤水文地质环境，往往是 SEE 和 ERH 以及 SEE 和 TCH 联合处理污染土壤，其中 SEE 一般为补充热源。此外，TCH 技术也在土壤异位热脱附过程中成熟应用。

（1）电阻热脱附技术（ERH）。这技术是以一个核心电极为中心，周围建立一组电极阵，这样所有电极与核心电极形成电流。由于土壤是天然的导体，靠土壤电阻产生热量，进行脱附处理。一般电阻热脱附技术可以使土壤温度高于 100℃，然后通过地面的抽提设备将产生的气态污染物导出。电阻热脱附技术是一个非常有效的、快速的土壤和地下水污染修复技术。一般修复时间少于 40d。

（2）热传导热脱附技术（TCH）。这技术是在土壤中设置不锈钢加热井或者用电加热布覆盖在土壤表面，这样使得土壤中的污染物发生挥发和裂解反应。一般不锈钢加热井用于土壤深层修复，而电加热布用于表层污染治理。一般情况下，会配有载气或者进行气相抽提对挥发的水分和污染物进行收集和处理。

（3）蒸汽热脱附技术（SEE）。这技术不仅可以使土壤和地下水中有机物黏度降低，加速挥发，释放有机污染物，而且热蒸汽可以使一些污染物结构发生断裂等化学反应。一般情况下，热气从注射井中喷出，呈放射状扩展。在土壤饱和区中，蒸汽使污染物向地下水中转移，从而通过对地下水的抽提进而达到污染物回收；而在通气区域，则是通过对气态挥发物的气相抽提进行污染物回收处理。

（4）热空气热脱附技术。这是将热空气通入土壤水中，通过加热土壤使污染物挥发在深层土壤修复阶段，往往采用的热空气压力较高，存在一定的技术风险。

（5）热水热脱附技术。这技术是采用注射井将热水注入土壤和地下水中，加强其中有机污染物的汽化，降低非水相和高浓度的有机污染物黏度，使其流动性更好，从而可以更好地进行污染物回收。

（6）高频热脱附技术。该方法是采用电磁能对土壤进行加热，通过嵌入不同的垂直电极对分散的土壤区域进行分别加热处理。一般被加热的土壤由两排电极包围，能量由中间第一排电极来提供，整个二排电极类似一个一相电容体，一旦供能整个电极由上向下开始对土壤介质进行加热，一般情况下土壤温度可达到 300℃ 以上。

3. 异位热脱附技术

异位热脱附技术的主要实施过程如下所述：

（1）对地下水位较高的场地挖掘土壤，挖掘时需要降水使土壤湿度符合处理要求。

（2）土壤预处理对挖掘后的土壤进行适当的预处理，如筛分、调节土壤含水率、磁选等。

（3）土壤热脱附处理根据目标污染物的特性，调节合适的运行参数（脱附温度、停留时间等），使污染物与土壤分离。

（4）气体收集。收集脱附过程产生的气体，通过尾气处理系统对气体进行处理后达标排放。

异位热脱附技术工艺流程如图 7-13 所示。

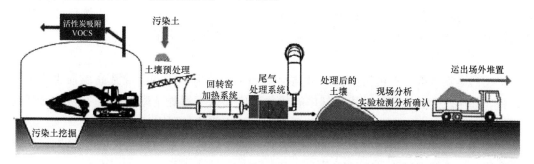

图 7-13 异位热脱附技术工艺流程

4. 系统构成和主要设备

热脱附系统可分为直接热脱附和间接热脱附，也可分为高温热脱附和低温热脱附。

（1）直接热脱附。直接热脱附由进料系统、脱附系统和尾气处理系统组成。

①进料系统。通过筛分、脱水、破碎、磁选等预处理，将污染土壤从车间运送到脱附系统中。

②脱附系统。污染土壤进入热转窑后，与热窑燃烧器产生的火焰直接接触，被均匀加热至目标污染物气化的温度以上，达到污染物与土壤分离的目的。

③尾处理系统。富集气化污染物的尾气通过旋风除尘、焚烧、冷却降温、布袋除尘、碱液淋洗等环节去除尾气中的污染物。

（2）间接热脱附。间接热脱附由进料系统、脱附系统和尾气处理系统组成，与直接热脱附的区别在于脱附系统和尾气处理系统。

①脱附系统。燃烧器产生的火焰均匀加热转窑外部，污染土壤被间接加热至污染物的沸点后，污染物与土壤分离，废气经燃烧直排。

②尾气处理系统。富集气化污染物的尾气通过过滤器、冷凝器、超滤设备等环节去除尾气中的污染物。气体通过冷凝器后可进行油水分离，浓缩、回收有机污染物。

主要设备包括：①进料系统，如筛分机、破碎机、振动筛、链板输送机、传送带、除铁器等；②脱附系统，回转干燥设备或是热螺旋推进设备；③尾气处理系统，旋风除尘器、二燃室、冷却塔、冷凝器、布袋除尘器、淋洗塔、超滤设备等。

5. 影响因素

应用热脱附系统应考虑的问题：场地特性、水分含量、土壤粒级分布与组成、土壤密度、土壤渗透性与可塑性、土壤均一性、热容量、污染物与化学成分。热脱附技术的影响因素主要包括土壤特性和污染物特性两类。

（1）土壤特性。

①土壤质地。土壤质地一般划分为沙土、壤土、黏土。沙土质疏松，对液体物质的吸附力及保水能力弱，受热易均匀，故易热脱附；黏土颗粒细，性质正好相反，不易热脱附。

②水分含量：水分受热挥发会消耗大量的热量。土壤含水率在 5%～35%，所需热量在 117～286kcal/kg。为保证热脱附的效能，进料土壤的含水率宜低于 25%。

③土壤粒径分布。如果超过 50% 的土壤粒径小于 200 目，细颗粒土壤可能会随气流排出，导致气体处理系统超载。最大土壤粒径不应超过 5cm。

（2）污染物特性。

①污染物浓度。有机污染物浓度高会增加土壤热值，可能会导致高温损害热脱附设备，甚至发生燃烧爆炸，故排气中有机物浓度要低于爆炸下限 25%。有机物含量高于 1%～3% 的土壤不适用直接热脱附系统，可采用间接热脱附处理。

②沸点范围。一般情况下，直接热脱附处理土壤的温度范围为 150～650℃，间接热脱附处理土壤温度为 120～530℃。

③二噁英的形成。多氯联苯及其他含氯化合物在受到低温热破坏时或者高温热破坏后低温过程易产生二噁英。故在废气燃烧破坏时还需要特别的急冷装置，使高温气体的温度迅速降低至 200℃，防止二噁英的生成。

6. 适用性

热脱附技术具有污染物处理范围宽、设备可移动、修复后土壤可再利用等特点，特别对 PCBs 这类含氯有机物，非氧化燃烧的处理方式可以显著减少二噁英的生成。目前欧美国家已将土壤热脱附技术工程化，广泛应用于高污染场地有机污染土壤的异位或原位修复。但是诸如相关设备价格昂贵、脱附时间过长、处理成本过高等问题尚未得到很好解决，限制了热脱附技术在持久性有机污染土壤修复中的应用。发展不同污染类型土壤的前处理和脱附废气处理等技术，优化工艺并研究相关的自动化成套设备正是共同努力的方向。

热脱附技术可以用在广泛意义上的挥发态有机物、半挥发态有机物、农药甚至高沸点氯代化合物，如 PCBs、二噁英和呋喃类污染土壤的治理与修复上。待修复物除了土壤外，也包括化合物污泥、沉积物等。但是，热脱附技术不适用于无机物污染土壤（汞除外），也不适用于腐蚀性有机物、活性氧化剂和还原剂含量较高的土壤。

7.2.8　水泥窑协同处置技术

水泥窑协同处置是将满足或经过预处理后满足入窑要求的固体废物投入水泥窑，在进行水泥熟料生产的同时实现对废物的无害化处置的过程。水泥窑协同处置具有焚烧温度高、停留时间长、焚烧状态稳定、良好的湍流、碱性的环境气氛、没有废渣排出、固化重金属离子、焚烧处置点多和废气处理效果好等特点，其作为一种成熟的处理废物的技术，在国内外均得到了广泛的研究和应用。水泥窑协同处置技术由于受污染土壤性质和污染物性质影响较小，焚毁去除率高和无废渣排放等特点，而成为一项极具竞争力的土壤修复技术。

1. 基本原理

水泥窑协同处置技术的基本原理是利用水泥回转窑内的高温、气体长时间停留、热容量大、热稳定性好、碱性环境、无废渣排放等特点，在生产水泥熟料的同时，焚烧固化处理污染土壤。有机物污染土壤从窑尾烟气室进入水泥回转窑，窑内气相温度最高可达1800℃，物料温度约为1450℃，在水泥窑的高温条件下，污染土壤中的有机污染物转化为无机化合物，高温气流与高细度、高浓度、高吸附性、高均匀性分布的碱性物料（CaO、CaCO$_3$等）充分接触，有效地抑制酸性物质的排放，使得硫和氯等转化成无机盐类固定下来；重金属污染土壤从生料配料系统进入水泥窑，使重金属固定在水泥熟料中。水泥窑协同处置技术不宜用于汞、砷、铅等重金属污染较重的土壤；由于水泥生产对进料中氯、硫等元素的含量有限值要求，在使用该技术时需慎重确定污染土的添加量。

2. 系统构成和主要设备

水泥窑协同处置技术包括污染土壤储存、预处理、投加、焚烧和尾气处理等过程。在原有的水泥生产线基础上，需要对投料口进行改造，还需要必要的投料装置、预处理设施、符合要求的储存设施和实验室分析能力。水泥窑协同处置主要由土壤预处理系统、上料系统、水泥回转窑及配套系统、监测系统组成。土壤预处理系统在密闭环境内进行，主要包括密闭储存设施（如充气大棚）、筛分设施（筛分机）、尾气处理系统（如活性炭吸附系统等）、预处理系统产生的尾气经过尾气处理系统后达标排放。上料系统主要包括存料斗、板式喂料机、皮带计量秤、提升机，整个上料过程处于密闭环境中，避免上料过程中污染物和粉尘散发到空气中，造成二次污染。水泥回转窑及配套系统主要包括预热器、回转式水泥窑、窑尾高温风机、三次风管、回转窑燃烧器、篦式冷却机、窑头袋收尘器、螺旋输送机、槽式输送机。监测系统主要包括氧气、粉尘、氮氧化物、二氧化碳、水分、温度在线监测以及水泥窑尾气和水泥熟料的定期监测，保证污染土壤处理的效果和生产安全。

3. 影响因素

影响水泥窑协同处置效果的因素包括水泥回转窑系统配置、污染土壤中碱性物质含量、重金属污染物的初始浓度、氯元素和氟元素含量、硫元素含量、污染土壤添加量。

（1）水泥回转窑系统配置。采用配备完善的烟气处理系统和烟气在线监测设备的新型干法回转窑，单线设计熟料生产规模不宜小于2000t/d。

（2）污染土壤中碱性物质含量。污染土壤提供了硅质原料，但由于污染土壤中K$_2$O、Na$_2$O含量高，会使水泥生产过程中中间产品及最终产品的碱当量高，影响水泥品质，因此，在开始水泥窑协同处置前，应根据污染土壤中的K$_2$O、Na$_2$O含量确定污染土壤的添加量。

（3）重金属污染物初始浓度。入窑配料中重金属污染物的浓度应满足《环境保护应用软件开发管理技术规范》（HJ 622—2011）的要求。

（4）污染土壤中的氯元素和氟元素含量。应根据水泥回转窑工艺特点，控制随物料的入窑的氯和氟投加量，以保证水泥回转窑的正常生产和产品质量符合国家标准，入窑物料中氟元素含量应不大于0.5%，氯元素含量应不大于0.04%。

（5）污染土壤中硫元素含量。水泥窑协同处置过程中，应控制污染土壤中的硫元素含量，配料后的物料中硫化物硫与有机硫总含量应不大于 0.014%。从窑头、窑尾高温区投加的全硫与配料系统投加的硫酸盐硫总投加量应不大 3000mg/kg。

（6）污染土壤添加量。应根据污染土壤中的碱性物质含量，重金属含量，氯、氟、硫元素含量及污染土壤的含水率，综合确定污染土壤的投加量。

4. 水泥窑协同处置技术工艺

（1）技术应用基础和前期准备。在利用水泥窑协同处置污染土壤前，应对污染土壤及土壤中污染物质进行分析，以确定污染土壤的投加点及投加量。污染土壤分析指标包括污染土壤的含水率、烧失量、成分等，污染物质分析指标包括污染物质成分；重金属；氯、氟、硫元素含量等。

（2）主要实施过程。水泥窑协同处置工艺流程见图 7-14。

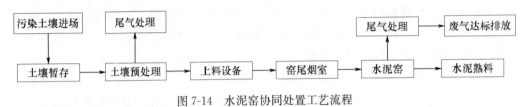

图 7-14　水泥窑协同处置工艺流程

①将挖掘后的污染土壤在密闭环境下进行预处理（去除砖头、水泥块等影响工业窑炉工况的大颗粒物质）；

②对污染土壤进行检测，确定污染土壤的成分及污染物含量，计算污染土壤的添加量；

③污染土壤用专门的运输车转运到喂料斗，为避免卸料时扬尘造成的一次污染，卸料区密封；

④计量后的污染土壤经提升机由管道进入投料口；

⑤定期监测水泥回转窑烟气排放口污染物浓度及水泥熟料中污染物含量。

（3）运行维护和监测。因水泥窑协同处置是在水泥生产过程中进行，协同处置不能影响水泥厂正常生产、不能影响水泥产品质量、不能对生产设备造成损坏，因此水泥窑协同处置污染土壤过程中，除了需按照新型干法回转窑的正常运行维护要求进行维护外，为了掌握污染土壤的处置效果及对水泥品质的影响，还需定期对水泥回转窑排放的尾气和水泥熟料中特征污染物进行检测，并根据检测结果采取应对措施。

（4）修复周期及参考成本。水泥窑协同处置技术的处理周期与水泥生产线的生产能力及污染土壤投加量相关，而污染土壤投加量又与土壤中污染物特性、污染程度、土壤特性等有关，一般通过计算确定污染土壤的添加量和处理周期，添加量一般低于水泥熟料量的 4%。水泥窑协同处置污染土壤在国内的工程应用成本为 $800 \sim 1000$ 元/m^3。

5. 技术应用

水泥窑是发达国家焚烧处理工业危险废物的重要设施，已得到了广泛应用，即使难降解的有机废物（包括 POPs）在水泥窑内的焚毁去除率也可达到 99.99% ~ 99.9999%。从技术上水泥窑协同处置完全可以用于污染土壤的处理，但由于国外其他污染土壤修复技术发展较成熟，综合社会、环境、经济等多方面考虑，在国外水泥窑协同处置技术在污染土壤处理方面应用相对较少。表 7-14 列出的是国外水泥窑协同处置技术在污染土壤修复方面的应用情况。

表 7-14　国外水泥窑协同处理技术在污染修复方面的应用情况

序号	场地名称	目标污染物
1	美国得克萨斯州拉雷多市某土壤修复工程（U. S-Mexico Environmental Program）	PAHs
2	澳大利亚酸化土壤修复	多种有机污染物及重金属等
3	美国 Dredgtng Operationsand Environmental Research Program	PAHs、PCBs
4	德国海德尔堡某场地修复	PCDDs/PCDFs
5	斯里兰卡锡兰电力局土壤修复工程	PCBs

7.2.9　其他物理化学修复技术

1. 物理分离技术

物理分离技术来源于化学、采矿和选矿工业中。在原理上，大多数污染土壤的物理分离修复基本上与化学、采矿和选矿工业中的物理分离技术一样，主要是根据土壤介质及污染物的物理特征而采用不同的操作方法：

（1）依据粒径大小，采用过滤或微过滤的方法进行分离；

（2）依据分布、密度大小，采用沉淀或离心分离；

（3）依据磁性有无或大小，采用磁分离的手段；

（4）依据表面特性，采用浮选法进行分离。

物理分离技术包括水力分选、重力浓缩、泡沫浮选、磁分离、静电分离、摩擦洗涤以及各种物理分离过程的结合，其中重力浓缩和泡沫浮选在土壤修复中是最主要的物理分离技术，物理分离的效率与土壤性质密切相关，如土壤粒度分布、颗粒形状、黏土含量、水分含量、腐殖质含量、土壤基质的异质性、土壤基质和污染物之间的密度差异、磁性能和土壤颗粒表面的疏水性质等。物理分离修复的主要属性见表 7-15。

表 7-15　物理分离修复的主要属性

技术类别	粒径分离	脱水分离	重力分离	浮选分离	磁分离
技术优点	设备简单、费用低廉、可持续高产出	设备简单、费用低廉、可持续高产出	设备简单、费用低廉，可持续高产出	尤其适合细粒级处理	如采用高梯度场，可恢复宽范围的污染介质
局限性	筛孔容易被堵塞，干筛过程产生粉尘	当土壤中存在较大比例黏粒和腐殖质时很难操作	当土壤中存在较大比例黏粒和腐殖质时很难操作	颗粒浓度不宜过高	处理费用比例高
所需设备	筛子、过筛品	澄清池、水力旋风器	振荡床、螺旋浓缩器	空气浮选塔	电磁装置、磁过滤器

物理分离技术主要应用在污染土壤中无机污染物的修复技术上，它最适合用来处理小范围污染的土壤，从土壤、沉积物、废渣中分离重金属，清洁土壤，恢复土壤正常功能。大多数物理分离修复技术都有设备简单，费用低廉，可持续高产出等优点。

物理分离技术在应用过程中还有许多局限性，如用粒径分离时易塞住或损坏筛子；用水动力学分离和重力分离时，当土壤中有较大比例的黏粒、粉粒和腐殖质存在时很难操作；用磁分离时处理费用比较高等。这些局限性决定了物理分离修复技术只能在小范围内应用，不能被广泛地推广。

2. 阻隔填埋技术

土壤阻隔填埋技术（soil barrier and landfill）是将污染土壤或经过治理后的土壤置于防渗阻隔填埋场内，或通过敷设阻隔层阻断土壤中污染物迁移扩散的途径，使污染土壤与四周环境隔离，避免污染物与人体接触和随降水或地下水迁移进而对人体和周围环境造成危害。按其实施方式，可以分为原位阻隔覆盖和异位阻隔填埋。

原位阻隔覆盖是将污染区域通过在四周建设阻隔层，并在污染区域顶部覆盖隔离层，将污染区域四周及顶部完全与周围隔离，避免污染物与人体接触和随地下水向四周迁移；也可以根据场地实际情况结合风险评估结果，选择只在场地四周建设阻隔层或只在顶部建设覆盖层。异位阻隔填埋是将污染土壤或经过治理后的土壤阻隔填埋在由高密度聚乙烯（HDPE）等防渗阻隔材料组成的防渗阻隔填埋场里，使污染土壤与四周环境隔离，防止污染土壤中的污染物随降水或地下水迁移，污染周边环境，影响人体健康。该技术虽不能降低土壤中污染物本身的毒性和体积，但可以降低污染物在地表的暴露及其迁移性。

原位土壤阻隔覆盖系统主要由土壤阻隔系统、土壤覆盖系统、监测系统组成。土壤阻隔系统主要由 HDPE 膜、泥浆墙等防渗阻隔材料组成，通过在污染区域四周建设阻隔层，将污染区域限制在某一特定区域；土壤覆盖系统通常由黏土层、人工合成材料衬层、砂层、覆盖层等一层或多层组合而成；监测系统主要是由阻隔区域上下游的监测井构成。

异位土壤阻隔填埋系统主要由土壤预处理系统、填埋场防渗阻隔系统、渗滤液收集系统、封场系统、排水系统、监测系统组成。其中，填埋场防渗系统通常由 HDPE 膜、土工布、钠基膨润土、土工排水网、天然黏土等防渗阻隔材料构筑而成。据项目所在地地质及污染土壤情况需要，通常可以设置地下水导排系统与气体抽排系统或者地面生态覆盖系统。

主要设备包括：阻隔填埋技术施工阶段涉及大量的施工工程设备，土壤阻隔系统施工需冲击钻、液压式抓斗、液压双轮铣槽机等设备；土壤覆盖系统施工需要挖掘机、推土机等设备；填埋场防渗阻隔系统施工需要吊装设备、挖掘机、焊膜机等设备；异位土壤填埋施工需要装载机、压实机、推土机等设备；填埋封场系统施工需要吊装设备、焊膜机、挖掘机等设备。阻隔填埋技术在运行维护阶段需要的设备相对较少，仅异位阻隔填埋土壤预处理系统需要破碎、筛分、土壤改良机等设备。

3. 可渗透反应墙技术

可渗透反应墙技术（permeable reactive barrier，PRB）于 20 世纪 90 年代初在美

国和加拿大兴起，可用于截留或原位处理迁移态的污染物，通过浅层土壤与地下水构筑一个具有渗透性、含有反应材料的墙体，墙体一般由天然材料和一种或多种活性材料混合而成，污染水体经过墙体时其中的污染物与墙内反应材料发生物理、化学反应而被净化除去。无机和有机污染物均可以通过不同活性材料组成的反应墙得以固化或降解，包括有机物、重金属、放射性元素等。但该技术不能保证所有扩散出来的污染物完全按处理的要求予以拦截和捕获，且外界环境条件的变化可能导致污染物重新活化。该技术目前仅用于浅层污染土壤（3~12m）的修复。

由于污染组分是在天然水力梯度作用下流经反应墙，经过活性材料的降解、吸附等作用而被去除，因此该技术不需额外能量提供和地面处理系统，而且活性介质消耗很慢，有几年甚至十几年的处理潜力，反应墙一旦安装完毕，除某些情况下需要更换墙体反应材料外，几乎不需要其他运行和维护费用。与传统的泵处理方式相比，该技术至少能节省 30% 以上的操作费用。目前，在欧美等国，该技术已进行了大量的工程研究及试验研究，并已开始商业应用。

通常情况下，可渗透反应墙的建造是把原来的土壤基质挖掘出来，代替具有一定渗透性的介质。可渗透反应墙墙体可以由特殊种类的泥浆填充，再加入其他被动反应材料，如降解易挥发有机物的化学品，滞留重金属的螯合剂或沉淀剂，以及提高微生物降解作用的营养物质等。理想的墙体材料除了要能够有效进行物理化学反应外，还要保证不造成二次污染。墙体的构筑是基于污染物和填充物之间化学反应的不同机制进行的。通过在处理墙内填充不同的活性物质，可以使多种无机和有机污染物原位吸附而失活。根据污染物的特征，可分别采用不同的吸附剂，如活性铝、活性炭、铁铝氧石、离子交换树脂、三价铁氧化物和氢氧化物、磁铁、泥炭、褐煤、煤、钛氧化物、黏土和沸石等，使污染物通过离子交换、表面络合、表面沉淀以及对非亲水有机物而言的厌氧分解作用等不同机制进行吸附、固定。很多学术机构、政府实验室的学者热衷于用 FeO 作墙体材料降解取代程度较高的 PCE（perchlorothylene）和 TCE（trichloroethylcne）等氯代试剂，并且取得了一些成功的经验。

需要注意的是，为了保证修复工作的高效率，原位处理墙必须建得足够大，确保污染物流全部通过。同时，为使反应墙长期有效，设计方案要考虑众多的自身因素和影响因子。首先，墙体的渗透性是优先考虑因素。一般要求墙体的渗透性要达到含水土层的 2 倍以上，但理想状态是 10 倍及以上，因为土壤环境的复杂性、地下水及污染物组分的变化等不确定因素，使系统的渗透性逐渐下降。细粒径土壤颗粒的进入和沉积、碳酸盐、碳酸亚铁、氧化铁、氢氧化铁以及其他金属化合物的沉淀析出，难以控制微生物增长所造成的"生物阻塞"现象，以及其他未知因素，都有可能降低墙体的渗透性。为了尽可能克服上述不利影响，可以在墙体反应材料中附加滤层和筛网；其次，墙体内应包含管道，用于注入水、空气，缓解沉积或泥沙堵塞状况；最后，反应墙应为开放系统，便于技术人员进行检查和监测，更新墙体材料。

活性材料的选择是可渗透反应墙修复效果良好与否的关键。通常来说，活性材料的选择应该考虑：①抗腐蚀性好，活性保持时间长，活性材料的粒度要均匀；②对污染物吸附和降解能力强，在地下水环境中稳定，不会对环境造成污染；③易于施工安

装，环境相容性好，对污染物处理后不会对地下水环境产生二次污染。

7.2.10 污染土壤的微生物修复

7.2.10.1 重金属的微生物修复

1. 重金属的微生物修复机制

重金属对生物的毒性作用常与它的存在状态有密切的关系，这些存在形式对重金属离子的生物利用活性有较大影响。重金属的存在形式不同，其毒性作用也不同。不同于有机污染物，金属离子一般不会发生微生物降解或者化学降解，并且在污染以后会持续很长时间。金属离子的生物利用活性（bioavailability）在污染土壤的修复中起着至关重要的作用。根据 Tessier 的重金属连续分级提取法，可以将土壤中的重金属分为水溶态与交换态、碳酸盐结合态、铁锰氧化物结合态、有机结合态和残渣态五种存在形式。不同存在形式的重金属其生物利用活性有极大的区别。处于水溶态与交换态、碳酸盐结合态和铁锰氧化物结合态的重金属稳定性较弱，生物利用活性较高，因而危害强；而处于有机结合态和残渣态的重金属稳定性较强，生物利用活性较低，不容易发生迁移与转化，因而所具有的毒性较弱，危害较低。土壤中的微生物可以对土壤中的重金属进行固定或转化，改变它们在土壤中的环境化学形态，达到降低土壤重金属污染毒害作用的目的。

一些重金属的生物学毒性和它的价态有着密切的关系。典型的如 Cr^{3+} 和 Cr^{6+}、As^{3+} 和 As^{5+} 之间的毒性差别，Cr^{6+} 的毒性远高于 Cr^{3+}，而 As^{3+} 的毒性远高于 As^{5+}。一些土壤微生物能够通过氧化还原作用改变土壤重金属的价态，进而降低它们的生物学毒性以及土壤中的存在形态，这些都有助于降低重金属对生态环境的污染。此外，一些土壤微生物能够将 Hg^{2+} 还原成低毒性可挥发的 Hg 单质，进而挥发至大气中，达到去除土壤中汞的目的。

微生物对土壤中重金属活性的影响主要体现在 4 个方面：生物富集作用、氧化还原作用、沉淀及矿化作用以及微生物—植物相互作用。

（1）微生物对重金属的生物富集作用。1949 年，Ruchhoft 首次提出了微生物吸附的概念，他在研究活性污泥去除废水中污染物时发现，污泥内的微生物可以去除废水中的 Pb，主要是因为大量的微生物对 Pb 具有一定的吸附能力。由于死亡细胞对重金属的吸附难以实用化，因此目前研究的重点是活细胞对重金属离子的吸附作用。活性微生物对重金属的生物富集作用主要表现在胞外络合、胞外沉淀和胞内积累 3 种形式，其作用方式有：①金属磷酸盐、金属硫化物沉淀；②细菌胞外多聚体；③金属硫蛋白、植物螯合肽和其他金属结合蛋白；④铁载体；⑤真菌来源物质及其分泌物对重金属的去除。微生物中的阴离子型基团，如—NH、—SH、PO_4^{3-} 等，可以与带正电的重金属离子通过离子交换、络合、螯合、静电吸附以及共价吸附等作用进行结合，从而实现微生物对重金属离子的吸附。微生物富集是一个主动运输的过程，发生在活细胞中，在这个过程中需要细胞代谢活动来提供能量。在一定的环境中，以通过多种金属运送机制如脂类过度氧化、复合物渗透、载体协助、离子泵等实现微生物对重金属的富集。

由于微生物对重金属具有很强的亲和吸附性能，有毒重金属离子可以沉积在细胞的不同部位或结合到胞外基质上，或被轻度螯合在可溶性或不溶性生物多聚物上。研究表明，许多微生物，包括细菌、真菌和放线菌可以生物积累（bioaccumulation）和生物吸附（biosorption）环境中多种重金属和核素。一些微生物如动胶菌、蓝细菌、硫酸盐还原菌以及某些藻类，能够产生胞外聚合物如多糖、糖蛋白等具有大量阴离子的基团，与重金属离子形成络合物。

（2）微生物对重金属离子的氧化还原作用。金属离子如铜、砷、铬、汞、硒等，是最常发生微生物氧化还原反应的金属离子。生物氧化还原反应过程可以影响金属离子的价态、毒性、溶解性和流动性等。例如，铜和汞在其高价氧化态时通常是不易溶的，其溶解性和流动性依赖其氧化态和离子形式。重金属参与的微生物氧化还原反应可以分为同化（assimilatory）氧化还原反应和异化（dissimilatory）氧化还原反应。在同化氧化还原反应中，金属离子作为末端电子受体参与生物体的代谢过程，而在异化氧化还原反应中，金属离子在生物体的代谢过程中未起到直接作用，而是间接地参与氧化还原反应。

微生物氧化还原反应在降低高价重金属离子毒性方面具有重要地位，该过程受到环境、pH 值、微生物生长状态，以及土壤性质、污染物特点等多种因素的共同影响。

（3）微生物对重金属离子的沉淀作用及矿化作用。一般认为，重金属沉淀是微生物对金属离子的氧化还原作用或是微生物自身新陈代谢的结果。一些微生物的代谢产物（如硫离子、磷酸根离子）与金属离子发生沉淀反应，使有毒有害的金属元素转化为无毒或低毒金属沉淀物。生物矿化作用是指在生物的特定部位，在有机物质的控制或影响下，将离子态重金属离子转变为固相矿物。生物矿化作用是自然界广泛发生的一种作用，它与地质上的矿化作用明显不同的是无机相的结晶严格受生物分泌的有机质的控制。生物矿化的独特之处在于高分子膜表面的有序基团引发无机离子的定向结晶，可对晶体在三维空间的生长情况和反应动力学等方面进行调控。

2. 影响重金属污染土壤微生物修复的因素

（1）菌株。不同类型的微生物对重金属的修复机理各不相同，如原核微生物主要通过减少重金属离子的摄取、增加细胞内重金属的排放来控制胞内金属离子浓度。细菌的修复机理主要在于改变重金属的形态从而改变其生态毒性。而真核微生物能够减少破坏性较大的活性游离态重金属离子，其原理是其体内的金属硫蛋白可以螯合重金属离子。不同类型微生物对重金属污染的耐性也不同，通常认为：真菌＞细菌＞放线菌。目前，研究较多的微生物修复金属的种类见表 7-16。

表 7-16　微生物修复金属的种类

细菌	假单胞菌属、芽孢杆菌属、根瘤菌属（包括特殊的趋磁性细菌和工程菌等）
真菌	酿酒酵母、假丝酵母、黄曲霉、黑曲霉、白腐真菌、食用菌等
藻类	绿藻、红藻、褐藻、鱼腥藻属、颤藻属、束丝藻、小球藻等

（2）其他理化因素。pH 值是影响微生物吸附重金属的重要因素之一。在 pH 值较低时，水合氢离子与细菌表面的活性点位结合，阻止了重金属与吸附活性点位的接触；随着 pH 值的增加，细胞表面官能团逐渐脱质子化，金属阳离子与活性电位结合量增加。pH 值过高也会导致金属离子形成氢氧化物而不利于菌体吸附金属离子。

7.2.10.2　有机污染土壤的微生物修复

1. 有机污染物的微生物降解作用

近 20 年来，随着工、农业生产的迅速发展，农业污染特别是土壤受污染的程度日趋严重。据粗略统计，我国受农药、化学试剂污染的农田达到 6000 多万公顷，污染程度达到了世界之最。有机物污染土壤的修复及治理已经成为环境科学领域的热门话题之一。目前国内外相关研究，从有机物污染种类而言，主要集中于多环芳烃（polycyclic aromatic hydrocarbons，PAHs）和多氯联苯（polychlorinated biphenyl，PCBs）污染的土壤修复研究；从污染源进行划分，则主要集中于农药和石油污染土壤的修复研究。

微生物降解和转化土壤中有机污染物，通常主要依靠氧化作用、还原作用、基团转移作用、水解作用以及其他机制进行。

（1）土壤有机污染修复中的氧化作用包括：

①醇的氧化，如醋化醋杆菌将乙醇氧化为乙酸，氧化节杆菌可将丙二醇氧化为乳酸；

②醛的氧化，如铜绿假单胞菌将乙醛氧化为乙酸；

③甲基的氧化，如铜绿假单胞菌将甲苯氧化为安息香酸，表面活性剂的甲基氧化主要是亲油基末端的甲基氧化为羧基的过程；

④氧化去烷基化，如有机磷杀虫剂可进行此反应；

⑤硫醚氧化，如三硫磷、扑草净等的氧化降解；

⑥过氧化，艾氏剂和七氯可被微生物过氧化降解；

⑦苯环羟基化，2，4-D 和苯甲酸等化合物可通过微生物的氧化作用使苯环羟基化；

⑧芳环裂解，苯酚系列的化合物可在微生物作用下使环裂解；

⑨杂环裂解，五元环（杂环农药）和六元环（吡啶类）化合物的裂解；

⑩环氧化，环氧化作用是生物降解的主要机制，如环戊二烯类杀虫剂的脱卤、水解、还原及羟基化作用等。

（2）还原作用：

①乙烯基的还原，如大肠杆菌可将延胡索酸还原为琥珀酸；

②醇的还原，如丙酸梭菌可将乳酸还原为丙酸；

③芳环羟基化，甲苯酸盐在厌氧条件下可以羟基化；也有醌类还原、双键、三键还原作用等。

（3）基团转移作用：

①脱羧作用，如戊糖丙酸杆菌可使琥珀酸等羧酸脱羧为丙酸；

②脱卤作用，是氯代芳烃、农药、五氯酚等的生物降解途径；

③脱烃作用，常见于某些有烃基链接在氮、氧或硫原子上的农药降解反应；

④脱氢卤以及脱水反应等。

（4）水解作用主要包括酯类、胺类、磷酸酯以及卤代烃等的水解类型。而一些其他的反应类型包括酯化、缩合、氨化、乙酰化、双键断裂及卤原子移动等。

2. 影响有机污染土壤微生物修复的因素

影响微生物修复石油污染土壤效果的因素很多，除有机污染物自身的特性外，还包括土壤中微生物的种类、数量以及生态结构、土壤中的环境因子等。另外，由于表面活性剂在有机污染物的微生物修复中扮演着重要角色，本小节也将简单进行介绍。

（1）有机污染物的理化性质。有机污染物的生物降解程度取决于它的化学组成、官能团的性质及数量、分子量大小等因素。通常来说，饱和烃最容易被降解，其次是低分子的芳香族烃类化合物，高分子量的芳香族烃类化合物、树脂和沥青等则极难被降解。不同烃类化合物的降解率高低顺序是正烷烃、分支烷烃、低分子量芳香烃、多环芳烃。官能团也影响有机物的生物可利用性，分子量大小对生物降解的影响也很大，高分子化合物的生物可降解性是较低的。此外，有机污染物的浓度对生物降解活性也有一定的影响。当浓度相对低时，有机污染物中的大部分组分都能被有效降解；但当有机污染物的浓度提高后，由于其自身的毒性会影响土壤微生物的活性，使得降解率相应降低。

（2）微生物种类和菌群对修复的影响。微生物在生物修复过程中既是石油降解的执行者，又是其中的核心动力。土壤中微生物的种类及构成是影响有机污染土壤微生物修复的重要因素。因此，寻找高效污染物降解菌是当前微生物修复技术的研究热点。用于生物修复的微生物有三类：土著微生物、外来微生物和基因工程菌。当前国内相关研究单位在寻找高效有机污染物的降解菌方面仍然以土著微生物为重点。用传统的微生物培养、纯化的方法从污染环境中筛选出目标菌。因为自然界中存在着数量巨大的各种各样的微生物，在遭受有毒的有机物污染后，可出现一个天然的驯化选择过程，使适合的微生物不断增长繁殖，数量不断增多。由于土著微生物降解污染物的巨大潜力，因此在生物修复工程中充分发挥土著微生物的作用，不仅必要而且有实际应用的可能。但当在天然受污染环境中合适的土著微生物生长过程慢、代谢活性不高，或者由于污染物毒性过高造成微生物数量反而下降时，可人为投加一些适宜该污染物降解的与土著微生物有很好相容性的高效菌，即外来微生物。目前用于生物修复的高效降解菌大多是多种微生物混合而成的复合菌群，其中不少已被制成商业化产品，如光合细菌。目前广泛应用的光合细菌菌剂多为红螺菌科，对有机物有很强的降解转化能力。

7.2.11　植物修复

植物修复旨在以植物忍耐、分解或超量积累某种或某些化学元素的生理功能为基础，利用植物及其共存微生物体系来吸收、降解、挥发和富集土壤中的污染物，是一种绿色、低成本的土壤修复技术。植物修复的概念是由美国科学家 Chaney 于 1983 年提出的，主要包括植物提取（phytoextraction，又译作植物萃取或植物吸取）、植物稳定（phytostabilization）、植物挥发和植物降解（phytodegredation）等。

　　植物修复是以植物积累、代谢、转化某些有机物的理论为基础，通过有目的地优选种植植物，利用植物及其共存土壤环境体系去除、转移、降解或固定土壤有机污染物，使之不再威胁人类健康和生存环境，以恢复土壤系统正常功能的污染环境治理措施。植物修复是颇有潜力的土壤有机污染治理技术。与其他土壤有机污染修复措施相比，植物修复经济、有效、实用、美观，且作为土壤原位处理方法，其对环境扰动少；与微生物修复相比，植物修复更适用于现场修复且操作简单，能够处理大面积面源污染的土壤；另外，植物修复土壤有机污染的成本远低于物理、化学和微生物修复措施（表7-17），这为植物修复的工程应用奠定了基础。

表 7-17　土壤有机污染的修复成本

土壤有机污染修复方法	成本（美元/t）
植物修复（phytoremedlation）	10～35
原位生物修复（insitubioremediation）	50～150
间接热解吸（indirectthermal）	120～130
土壤冲洗（swashing）	80～200
固定/稳定化（solidification/stabilization）	240～340
溶剂萃取（solventextration）	360～440
焚烧（Incineratlon）	200～1500

　　相对于传统的物理化学方面的土壤修复技术，植物修复不需要土壤的转移、淋洗和热处理等过程，因而经济性较高，对土壤的扰动小，对环境也更加友好，在重金属污染土壤修复中显示出了良好的应用前景。现如今，在欧洲和北美地区，采用植物修复技术治理重金属污染土壤的年均市场价值高达40亿美元。在我国，植物修复研究已经列入国家863计划，我国学者在锌、砷和铜等超富集植物的研究中也取得了一定的进展，但总体研究水平与发达国家仍有较大的差距，主要体现在：研究面狭窄，研究对象集中于超富集植物种类；理论性基础研究少，创新少，大部分研究都在照搬国外的研究方法；研究队伍结构单一，缺乏跨学科的合作与交流；研究成果实用性和可推广性不够，限制了研究成果的应用。

7.2.11.1　重金属污染土壤的植物修复

　　重金属污染土壤的植物修复是一种利用自然生长植物或者遗传工程培育植物修复金属污染土壤环境的技术总称。它通过植物系统及其根际微生物群落来移去、挥发或稳定土壤环境污染物，已成为一种修复金属污染土壤的经济、有效的方法。植物修复的成本仅为常规技术的一小部分，而且达到美化环境的目的。正因其技术和经济上优于常规方法和技术，植物修复被当今世界迅速而广泛接受，正在全球应用和发展。

　　1. 修复机制

　　根据其作用过程和修复机制，金属污染土壤的植物修复技术可归成三种类型：植物稳定、植物挥发和植物提取。下面对这三种植物修复技术的国际研究和发展的态势做进一步描述。

（1）植物稳定。植物稳定是利用植物吸收和沉淀来固定土壤中的大量有毒金属，以降低其生物有效性和防止其进入地下水和食物链，从而减少其对环境和人类健康的污染风险。植物在植物稳定中有两种主要功能：保护污染土壤不受侵蚀，减少土壤渗漏来防止金属污染物的淋移；通过在根部累积和沉淀或通过根表吸收金属来加强对污染物的固定。此外，植物还可以通过改变根际环境（pH 值、氧化还原电位）来改变污染物的化学形态。在这个过程中根际微生物（细菌和真菌）也可能发挥重要作用。植物稳定，不管是否与原位钝化（无效化）相结合，来改变土壤环境中的有害金属污染物的化学和物理形态，进而降低其化学和生物毒性的能力，是很有前途的。

（2）植物挥发。植物挥发是与植物提取相连的。它是利用植物的吸取、积累、挥发而减少土壤污染物。目前在这方面研究最多的是类金属元素汞和非金属元素硒，但尚未有植物挥发砷的报道。通过植物或与微生物复合代谢，形成甲基砷化物或砷气体是可能的。在过去的半个世纪中汞污染被认为是一种危害很大的环境灾害，在一些发展中国家的很多地方，还存在严重的汞污染，含汞废弃物还在不断产生。工业产生的典型含汞废弃物中，都具有生物毒性，如离子态汞（Hg^{2+}），它在厌氧细菌的作用下可以转化成对环境危害最大的甲基汞。用细菌先在污染位点存活繁衍，然后通过酶的作用将甲基汞和离子态汞转化成毒性小得多、可挥发的单质汞（Hg），已被作为一种降低汞毒性的生物途径之一。当今的研究目标是利用转基因植物降解生物毒性汞，即运用分子生物学技术将细菌体内对汞的抗性基因（汞还原酶基因）转导入植物（如烟草和郁金香）中，进行汞污染的植物修复。研究证明，将来源于细菌中的汞的抗性基因转导入植物中，可以使其具有在通常生物中毒的汞浓度条件下生长的能力，而且还能将从土壤中吸取的汞还原成挥发性的单质汞。植物挥发为土壤及水体环境中具有生物毒性汞的去除提供了一种潜在可能性。植物对汞的脱毒和活化机制如果能做进一步调控，使单质汞变成离子态汞滞留在植物组织内，然后集中处理，不失为汞的植物修复的另一种思路。从硒的植物吸取-挥发研究中可以进一步看到这种技术的修复潜力和研究与发展的态势。许多植物可从污染土壤中吸收硒并将其转化成可挥发状态（二甲基硒和二甲基二硒），从而降低硒对土壤生态系统的毒性。

（3）植物提取。植物稳定和植物挥发这两种植物修复途径有其局限性。植物稳定只是一种原位降低污染元素生物有效性的途径，而不是一种永久性的去除土壤中污染元素的方法。植物挥发仅是去除土壤中一些可挥发的污染物，并且其向大气挥发的速度应以不构成生态危害为限。相对地，植物提取是一种集永久性和广域性于一体的植物修复途径，已成为众人瞩目、风靡全球的一种植物去除环境污染元素（特别是重金属）的方法。植物提取是利用专性植物根系吸收一种或几种污染物特别是有毒金属，并将其转移、储存到植物茎叶等地上部分，然后收割茎叶，异地处理。专性植物，通常指超积累植物，可以从土壤中吸取和积累超寻常水平的有毒金属，如镍浓度可高达3.8％以上。越来越多的金属积累植物被发现，据报道，现已发现 Cd、Co、Cu、Pb、Ni、Se、Mn、Zn 超积累植物 400 余种，其中 73％ 为 Ni 超积累植物。可能有更多的分布于世界各地的超积累植物尚待发现。要注意对一些稀有的超积累植物种子资源的保护。从事植物修复研究与发展的国际著名美籍科学家 Chaney 博士预言，总有一天这些很有价值的植物会被用来清洁金属（Cd、Pb、Ni、Zn）或放射性核素（U、Cs、Sr、Co）污染的农地和矿区。其成本可能不到各种物理化学处理技术的1/10。并且通过回收和出售植物中的金属（phytomining）还可进一步降低植物修复的成本。

除加强超积累植物资源的发现和开发利用外，还亟须研究和发展能提高超积累植物的金属浓度水平和产量的方法与技术。一种使超积累高产的途径是寻找负责金属积累植物的基因或基因组，并将其导入一般高产植物。另一种选择是运用传统育种办法促进植物快生快长。目前，除原始性筛选工作外，分子生物学研究植物新变种正在欧美国家研究实验室进行。这些实验室试图通过金属积累基因的转导培育多元素高效修复植物，以调控有毒金属吸收为目标的植物基因操纵和高效型修复植物培育已成为现代研究的前沿课题。将金属积累植物与新型土壤改良剂相结合使植物高产和植物对金属积累速率水平的提高是另一种研究趋势。多个田间试验证明这种化学与植物综合技术是可行的。

植物提取修复的首要目标应是减少土壤生物有效态金属浓度而不是土壤金属总量，这就是所谓的"土壤生物有效态元素吸蚀概念"。近年来，对重金属超积累植物及其修复重金属污染土壤机理已有较系统的综述，这些综述反映了国外的最新研究进展，对国内在相关领域开展研究工作有很好的指导意义。

2. 影响重金属植物修复的因素

影响植物修复重金属污染土壤效果的因素很多，主要有重金属在土壤中的赋存形态、植物品种和环境因素等。

（1）重金属土壤赋存形态对植物修复的影响。重金属的形态可影响植物对重金属离子的吸收。土壤污染物中常见的重金属形态有可交换态、碳酸盐结合态、铁锰氧化物结合态、有机态、硫化物结合态、残渣态等。改变重金属的形态对于重金属离子由植物根部转运到地上部有很大影响。

可交换态重金属可通过离子交换和吸附而结合在颗粒表面，其浓度受控于重金属在介质中的浓度和介质颗粒表面的分配常数。可交换态重金属对环境变化敏感，易于迁移转化，能被植物吸收。

（2）植物修复品种对重金属修复的影响。目前，应用于植物修复的植物材料多为超富集植物（hyper accumulator，也称超积累植物）。超富集植物是指能够超量吸收重金属并将其运移到地上部的植物。由于各种重金属在地壳中的丰度及在土壤和植物中的背景值存在较大差异，因此，对不同重金属，其超富集植物富集质量分数界限也有所不同。目前采用较多的是Baker和Brooks提出的参考值，即把植物叶片或地上部分（干重）中含Cd达到$100\mu g/g$，含Co、Cu、Ni、Pb达到$1000\mu g/g$，含Mn、Zn达到$10000\mu g/g$以上的植物称为超富集植物。为了反映植物对重金属的富集能力，Chamberlain曾定义过富集因子（concentration factor）的概念，并得到了不少学者的认可，即

$$富集因子＝植物中的金属含量/基质中的金属含量$$

显然，富集因子越高，表明植物对该金属的吸收能力越强。

我国在超富集植物筛选方面的研究起步较晚，近年来也取得了系列成果。目前，

我国对植物富集重金属 Cd 的研究较多。黄会一报道了某种旱柳品系可富集大量的 Cd，最高可达 719mg/kg。魏树和等对铅锌矿各主要坑口的杂草进行富集特性研究发现，全叶马兰、蒲公英和鬼针草地上部分对 Cd 的富集系数均大于 1，且地上部分 Cd 含量大于根部含量；他们还首次发现龙葵是 Cd 超富集植物，在 Cd 浓度为 25mg/kg 的条件下，龙葵茎和叶片中 Cd 含量分别达到了 103.8mg/kg 和 124.6mg/kg，其地上部分 Cd 的富集系数为 2.68。

（3）环境因素对重金属植物修复的影响。pH 值是影响土壤中重金属形态的一个重要因素。以镉的植物固定为例，许多研究发现，在镉污染程度不等的各种土壤中，pH 值对植物吸收、迁移镉的影响非常大。莴苣、芹菜各部位的 Cd、Zn 的浓度基本遵循随土壤 pH 值升高而呈下降趋势的规律。国外许多研究者也发现，随着土壤 pH 值的降低，植物体内的镉含量增加。Tudoreanu 和 Phillips 发现这两者之间呈线性关系。我国南方的稻田多半是酸性土壤，这种土壤有利于水稻对镉的吸收。

因此，可以通过往土壤里施加石灰以提高土壤 pH 值的方式，改变土壤的 pH 值以降低镉在红壤里的活性，减少植物对镉的吸收，这也是解决镉大米问题的一个有效思路。

氧化还原电位是影响土壤中重金属形态的重要因子。土壤中重金属的形态、化合价和离子浓度都会随土壤氧化还原状况的变化而变化。如在淹水土壤中，往往形成还原环境。在这种状态下，一些重金属离子就容易转化成难溶性的硫化物存在于土壤中，使土壤溶液中游离的重金属离子的浓度大大降低，进而影响植物修复。而当土壤风干时，土壤中氧的含量较高，氧化环境明显，则难溶的重金属硫化物中的硫易被氧化成可溶性的硫酸根，提高游离重金属的含量。因此，通过调节土壤氧化还原电位（Eh）来改变土壤中重金属的存在形式，可以有效提高植物修复的效率。

许多研究表明，土壤中的有机质含量也是影响重金属形态的重要因素。进入环境中的重金属离子会同土壤中的有机质发生物理或化学作用而被固定、富集，从而影响它们在环境中的形态、迁移和转化。营养物质浓度也同样影响重金属的植物修复。用 Hoagland 营养液做实验，证明重金属在植物体内的迁移与营养液的浓度有关。在镉污染的溶液里，营养液浓度越小，富集在植物各部分的镉浓度就越高。这是由于很多重金属离子与诸如铁离子、铜离子等营养元素使用着共同的离子通道进入植物细胞内。当植物体内富余或者缺乏这些营养元素时，这些离子通道的开关将影响植物对重金属离子的吸收。因此在镉污染的土壤中，适当增加土壤溶液中的营养物质浓度能够影响植物对镉离子的吸收。同时也有学者对其中的重要营养元素分别做了研究，证明营养元素的施用可以缓解重金属对植物的毒害作用。

7.2.11.2　有机污染土壤的植物修复

植物修复是颇有潜力的土壤有机污染治理技术。与其他土壤有机污染修复措施相比，植物修复经济、有效、实用、美观，且作为土壤原位处理方法，其对环境扰动少；修复过程中常伴随土壤有机质的积累和土壤肥力的提高，净化后的土壤更适合作物生长；植物修复中植物根系的生长发育对于稳定土表、防止水土流失具有积极生态意义；与微生物修复相比，植物修复更适用于现场修复且操作简单，能够处理大面积面源污染的土壤；另外，植物修复土壤有机污染的成本远低于物理、化学和微生物修复措施，这为植物修复的工程应用奠定了基础。由于植物修复技术是一种绿色、廉价的污染治理方法，已成为近年来修复土壤非常有效的途径之一。

植物修复同时也有一定的局限性。植物对污染物的耐受能力或积累性不同，且往往某种植物仅能修复某种类型的有机污染物，而有机污染土壤中的有机污染物往往成分较复杂，这会影响植物修复的效率；植物修复周期长，过程缓慢，且必须满足植物生长所必需的环境条件，因而对土壤肥力、含水量、质地、盐度、酸碱度及气候条件等有较高的要求；另外，植物修复效果易受自然因素如病虫害、洪涝等的影响；而且植物收获部分的不当处置也可能会在一定程度上产生二次污染。

1. 修复机制

植物修复根据有机污染物修复发生的区域分为植物提取（包括根吸收和体内降解）和根际降解两大方面。有机污染物的根际降解根据其修复机制，可分为根系分泌物促进有机污染物降解和植物强化根际微生物降解。植物修复功能主要有植物根系的吸收、转化作用以及分泌物调节和分解有机污染物的作用，而且植物的根系腐烂物和分泌物可以为微生物提供营养来源，有调控共代谢作用，一部分植物还决定着微生物的种群。植物提取就是植物将有机污染物吸收到体内储存、降解或通过蒸腾作用将污染物从叶子表面挥发到大气中，从而清除或降低土壤污染物。

（1）植物吸收转运机制。植物对有机污染物的吸收主要有两种途径：一是植物根部吸收并通过植物蒸腾流沿木质部向地上部分迁移转运；二是以气态扩散或者大气颗粒物沉降等方式被植物叶面吸收。研究表明，对于低挥发性有机污染物，植物对其吸收积累主要是通过根部吸收的方式，而对于高挥发性有机污染物则主要是通过植物叶片的吸收富集。植物提取有机污染物的效果与植物的种类、部位和特性的不同而有所差异。植物提取污染物的效果也与有机污染物性质、土壤性质、修复时间等因素有关。

（2）根际降解。根际降解包括植物根系分泌物、根际微生物、根际微生物与植物相互作用对有机污染物的降解作用。有机污染物的根际修复主要是植物-微生物的协同修复。根系分泌物是植物根系释放到周围环境（包括土壤、水体等）中的各种物质的总称。根系分泌物营造了特殊的根际微域环境，影响了根际环境的微生物活性和有机污染物生物可利用性。根系分泌物为根际的微生物提供了丰富的营养和能源，使植物根际的微生物数量、群落结构和代谢活力比非根际区高，增强了微生物对有机污染物的降解能力；而且植物根系分泌到根际的酶可直接参与有机污染物降解的生化过程，提高降解效率。土壤本源的氧化还原酶对土壤中的有机污染物有较强的去除作用。氧化还原酶如加氧酶酚氧化酶、过氧化物酶等能够催化多种芳香族化合物如多环芳烃的氧化反应。植物来源的酶对土壤中有机污染物的降解也发挥着重要作用。研究表明，植物可以增加根际酶活性，而根际酶活性的提高促进了有机污染物的降解。

2. 影响有机污染土壤微生物修复的因素

影响有机污染物植物修复的因素主要有有机污染物的物理化学特性和污染物种类、浓度及滞留时间，以及用于污染修复的植物种类、植物生长的土壤类型、环境及气象条件等。

（1）有机污染物的物理化学特性。控制植物对外来污染物摄取的主要因素是化合物的物理化学特性，如辛醇-水分配系数（lgKow）、酸化常数（PK）、有机化合物的亲水性、可溶性、极性和分子量、分子结构、半衰期等。疏水性较强、蒸汽压较大（$H>10^{-4}$）的污染物主要以气态形式通过叶面气孔或角质层被植物吸收。因此，土壤中半衰期小于 10d、$H>10^{-4}$ 的有机污染物不宜采用植物修复。有机质亲水性越强，被植物吸收就越少，最可能被植物摄取的有机物是中等憎水的化合物。污染物的水溶性越强，通过植物根系内表皮硬组织带进内表皮的能力越小，但进入内表皮后，水溶性大的污染物更易随植物体内的蒸腾流或汁液向上迁移。植物根对有机物的吸收与有机物的相对亲脂性有关，某些化合物被吸收后，有的以一种很少能被生物利用的形式束缚在植物组织中。如利用胡萝卜吸收 2-氯-2-苯基-1 和 3-氯乙烷，然后收获胡萝卜，晒干后完全燃烧以破坏污染物。在这一过程中，亲脂性污染物离开土壤进入胡萝卜根中，也有某些有机污染物进入植物体内后，其代谢产物可能黏附在植物的组分（如木质素）中。

污染物的分子量和分子结构会影响植物修复的效率。植物根系一般容易吸收分子量小于 50 的有机化合物，分子量较大的非极性有机化合物因被根表面强烈吸附，不易被植物吸收转运，如石油污染土壤中的短链低分子量的有机物更易被植物微生物体系降解。分子结构不同的污染物会因其对植物的毒害性不同而影响植物修复效率，通常多环芳烃环的数目越多，越难被植物降解。不同取代基苯酚化合物在消化污泥中完全降解所需时间不同，硝基酚和甲氧酚较易消失，而氯酚和甲基酚所需时间较长。就是具有同一取代基的苯酚物，由于取代位置不同，其消失时间也不同，以氯的位置而言，苯环上间位取代的类型最难降解。苯环上取代氯的数目越多，降解越困难。植物修复能力与污染物的生物可利用性有关，即在土壤中微生物或其胞外酶对有机污染物的可接近性，它受土壤理化性质和微生物种类等许多因素的综合影响。促进土壤中污染物和微生物的解吸附，增强非水相基质的溶解，加速土壤污染物与微生物之间的能量传递，可以增强污染物的可利用性和生物降解的速率。利用表面活性剂和电动力学方法可明显增强有机污染物的水溶性与微生物的降解，有效地增强污染物的生物可利用性。

另外，植物修复能力与土壤中微生物的活性关系密切，而土壤中微生物的活性又受多种因素影响，如农药的浓度、土壤的理化特性、有机物种类和含量、微生物区系组成等。

（2）植物修复品种的影响。植物种类是植物修复的关键因子。植物对有机污染物的吸收分为主动吸收与被动吸收，被动吸收可看作污染物在土壤固相-土壤水相、土壤水相-植物水相、植物水相-植物有机相之间一系列分配过程的组合，其动力主要来自蒸腾拉力。不同植物的蒸腾作用强度不同，对污染物的吸收转运能力也不同。另外，由于组织成分不同，不同植物积累、代谢污染物的能力也不同。脂质含量高的植物对亲脂性有机污染物的吸收能力强，如花生等作物对艾氏剂和七氯的吸收能力大小顺序为：花生＞大豆＞燕麦＞玉米。植物种类不同，其对污染物的吸收机制存在差异，即使同类作物间也会有所区别。对多数植物来说，根系累积污染物的能力大于茎叶和籽实，如农药被植物通过根系吸收后在植物体内的分布顺序为：根＞茎＞叶＞果实。此外，植物不同生长季节，由于生命代谢活动强度不同，吸收污染物的能力也不同，如水稻分蘖期以后，其根、茎、叶中1,2,4-三氯苯等污染物的浓度大幅度增加。

植物根系类型对污染物的吸收具有显著的影响。须根比主根具有更大的比表面积，且通常处于土壤表层，而土壤表层比下层土壤含有更多的污染物，因此须根吸收污染物的量高于主根。这一区别是禾本植物比木本植物吸收和累积更多污染物的主要原因之一。另外，根系类型不同，根面积、根分泌物、酶、菌根菌等的数量和种类都不同，也会导致根际对污染物降解能力存在差异。

（3）土壤性质对修复的影响。土壤不仅是有机污染物的载体，也是植物生长的基本载体。以植物对有机污染物的直接吸收为例，其吸收作用取决于植物对污染物的吸收效率和植物生物量；吸收效率与植物、污染物固有性质有关，而生物量则取决于土壤的理化性质。

土壤理化性质对植物吸收污染物具有显著影响。土壤颗粒组成直接关系土壤颗粒比表面积的大小，影响其对有机污染物的吸附能力，从而影响污染物的生物可利用性。土壤酸碱性不同，其吸附有机物的能力也不同。碱性条件下，土壤中部分腐殖质由螺旋态转变为线形态，提供了更丰富的结合位点，降低了有机污染物的生物可利用性；相反，当pH＜6.0时，土壤颗粒吸附的有机污染物可重新回到土壤水溶液中，随植物根系吸收进入植物体。另外，土壤性质的变化，直接影响植物的生长状况，从而影响植物修复的效率。土壤中矿物质和有机质的含量是影响植物修复有机污染物的两个重要因素。矿物质含量高的土壤对离子性有机污染物吸附能力较强，有机质含量高的土壤会吸附或固定大量的疏水性有机物，降低其生物可利用性。植物主要从土壤水溶液中吸收污染物，土壤水分能抑制土壤颗粒对污染物的表面吸附能力，促进其生物可利用性；但土壤水分过多，处于淹水状态时，会因根际氧分不足，而减弱对污染物降解的能力。

7.3 地下水修复技术

地下水修复技术主要包括原位修复技术、异位修复技术与监测自然衰减技术（natural attenuation，NINA）。原位修复技术主要有原位空气扰动技术（airs parging，AS）/曝气技术（bios parging）、可渗透反应墙技术（permeable recative barrier，PRB）、地下水循环井技术（groundwater circulation well，GCW）、原位化学氧化技术（chemical oxidation，ISCO）、原位反应带技术（insitu reaction zone，IRZ）、表面活性剂强化含水层修复技术（surfactant-enhanced aquifer remediation，SEAR）等；异位修复技术主要有抽出-处理技术（pump&treat，P&T）。地下水修复技术类型及主要修复技术简介见表7-18和表7-19。

表 7-18　地下水修复技术类型

原位修复技术	原位生物修复技术	强化生物降解；植物修复，生物空气扰动、生物通风；生物可渗透反应墙
	原位物理/化学修复技术	空气扰动；化学氧化；化学还原；热处理；土壤气相抽提；电化学分离；循环井；可渗透反应墙；原位冲洗；原位固化/稳定化；定向井；水力压裂
异位修复技术	异位生物修复技术	生物反应器/生物堆；人工湿地；土地处理
	异位物理/化学修复技术	地下水抽取；两相抽提；吸附/吸收；化学萃取；氧化还原、高级氧化；气提；离子交换；混凝/沉淀多脱卤；分离
自然衰减		监测自然衰减

表 7-19　地下水污染控制修复领域主要技术简介

中文名称	简介
曝气/空气扰动	向受污染含水层注入空气或氧气，使挥发性污染物进入非饱和带。常与土壤气提技术联合使用
生物修复	使用微生物降解地下水中的污染物
原位化学修复	使用还原剂（如零价铁）降解地下水中的有毒有机污染物和无机污染物，或者通过吸附及沉淀反应去除地下水中的重金属污染物
原位氧化	使用氧化剂对挥发性及半挥发性污染物进行降解
多相提取	使用真空系统去除受污染地下水、分离态的石油污染物及挥发性污染物
纳米技术	使用纳米材料（如零价铁、二氧化钛等）降解污染物
自然衰减	由自然环境中发生的物理化学生物反应降解或使污染物浓度降低
可渗透反应墙	由反应填料构建地下反应墙使流经的受污染地下水得到净化
土壤气提	常与空气扰动法联用，使用真空装置清除土壤（非饱和带）中的挥发性/半挥发性污染物
原位热处理	使用电阻加热、高频加热等使污染物气化进入土壤（非饱和带），进而由收集井等提取污染物
地下水循环井修复技术	由内井管和外井管组合嵌套、气水分离形成三维循环，曝气吹脱去除，内井管中可设置生物反应器、活性炭吸附罐等
抽出-处理	布设抽水井将受污染地下水（污染物）抽出后进行处理

7.3.1　空气注入修复技术

1. 地下水曝气法（AS）

地下水曝气法是将空气注进污染区域以下，将挥发性有机污染物从饱和土壤和地下水中解吸至空气流并引至地面上处理的原位修复技术。它是 20 世纪 80 年代末发展起来的一种处理地下水饱和带挥发性有机污染物的原位修复技术，将压缩空气注入地下水饱和带，提高污染场地内氧气浓度，挥发及半挥发性有机污染物通过挥发、好氧降解等过程被去除。由于具有成本低、效率高且可原位施工等优点，挥发性有机污染物地下水曝气修复技术近年来在国际上得到了快速发展，多应用于分子量较小、易从液相变为气相的污染物。

地下水曝气技术将压缩空气注入地下水饱和带，气体向上运动过程中引起挥发性污染物自土体和地下水进入气相，当含有污染物的空气升至非饱和带，再通过气相抽提系统处理从而达到去除污染物的目的，如图 7-15 所示。对于有机烃类污染，可用空气冲洗，即将空气注入受污染区域底部，空气在上升过程中，污染物中的挥发性组分会随空气一起逸出，再用集气系统将气体进行收集处理；也可采用蒸汽冲洗，蒸汽不仅可以使挥发性组分逸出，还可以使有机物热解；另外，用酒精冲洗即可。理论上，只要整个受污染区域都被冲洗，则所有的烃类污染物就都会被去除。

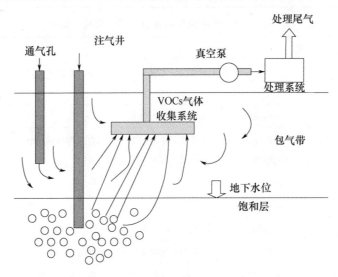

图 7-15　地下水曝气原位修复示意图

2. 溶气水供氧技术

溶气水供氧技术是由维吉尼亚多种工艺研究所的研究人员开发的技术。它能制成一种由 2/3 气和 1/3 水组成的溶气水，气泡直径可小到 $55\mu m$ 或形成纳米气泡。把这种气水混合物注入受污染区域，可大大提高氧的传递效率。

注入 AS 和 BS 是两种去除饱和区有机污染物的土壤原位修复方法。空气喷射（air sparging）将压缩空气注入水平面以下的非承压含水层中，通过挥发作用去除 VOC 的同时，可以刺激好氧生物降解过程。该方法适用于渗透性好和均质的土壤。BS 是将空气注进污染区域以下，将挥发性有机污染物从饱和土壤和地下水中解吸至空气流并引至地面上处理的原位修复技术，该技术被认为是去除饱和区土壤和地下水中挥发性有机化合物的最有效方法。BS 是在 AS 基础上发展起来的，实际上是一种生物增强式 AS 技术，首要目标是增强氧气的传送和使用效率来促进生物降解。

抽出-处理技术是去除和抑制地下水有机污染采用最广泛的一种方法，但是由于 DNAPLs 的低水溶性和弱迁移性，因此要达到处理目标耗时较长，耗资也较大，特别是治理裂隙基岩含水层有机物污染时，很少或几乎没有水能冲洗到裂隙死角及其间的孔隙，应用化学试剂如表面活性剂、酒精或环糊精来减弱水相和 DNAPLs 间的表面张力，可以增加 DNAPLs 的溶解度或增强 DNAPLs 的迁移性来提高抽出-处理技术的修复效果。目前研究较多的是表面活性剂（SEAR）和酒精。

空气注入技术中的物质转移机制依靠复杂的物理、化学和微生物之间的相互作用，由此派生出原位空气清洗、直接挥发和生物降解等不同的具体技术与修复方式，常与真空抽出系统结合使用，成本较低。通过向地下注入空气，在污染物下方形成气流屏障，防止污染源进一步向下扩散和迁移，在气压梯度作用下，收集地下可挥发性污染物，并以供氧作为主要手段，促进地下污染物的生物降解可以修复溶解在地下水中、吸附在饱和区土壤上和停留在包气带。土壤孔隙中的挥发性有机污染物为使其更有效，可挥发性化合物必须从地下水转移到所注入的空气中，且注入空气中的氧气必须能转移到地下水中以促进生物降解。该技术的修复效率高、治理时间短。

空气注入技术可用来处理地下水中大量的挥发性和半挥发性有机污染物，如汽油、苯系物以及其他碳氢化合物等。受地质条件限制，不适合在低渗透率或高黏土含量的地区使用，不能应用于承压含水层及土壤分层情况下的污染物治理，而适用于具有较大饱和厚度和埋深的含水层。如果饱和厚度和地下水埋深较小，那么治理时需要很多扰动井才能达到目的，可有效去除由 BTEX、PCE、TCE、MTPE 等造成的土壤和地下水污染。

3. 地下水循环井技术

地下水循环井技术（GCW）早期被称为"井中曝气、井中处理技术"，最早出现于 1974 年 Raymond 的原位微生物修复实验中。地下水循环井技术是在 AS 修复技术上的改进，结合了原位气提、吹脱、抽提，增强地下水的生物效应及氧化效果等技术。通过井管的特殊设计，分上、下两个过滤器，通过气体提升或机械抽水使地下水在上、下两个过滤器形成循环，通过在内井曝气，形成的气水混合物不断上升至循环井内井顶端后自由跌落，由外井上部穿孔花管反渗回含水层，气体则经气水分离器排出；在循环井的下部，由于曝气瞬回形成的井内外流体密度差异，井周围的地下水不断流入循环井；通过持续曝气，最终在循环井周围形成地下水的三维循环。通过气、水两相间传质，地下水中的挥发和半挥发性有机物由水相挥发进入气相，通过曝气吹脱作用去除；同时，空气中携带的氧气溶解进入水相，并在浓度梯度作用下不断扩散，在循环井周围形成一个强化原位好氧生物降解区域。GCW 运行稳定后，地下水在循环井的周围形成一个三维椭圆形流场，其中垂直水力冲刷作用可以使吸附或残留在介质孔隙中的有机物逐渐解吸或溶解进入水相，最终通过物理化学方法或生物降解去除。

地下水循环井的鼓气装置用于降低水的密度，并提升井周围的水面高度，依次在井内产生负压，导致水流回井内。鼓气装置产生向上的动力，导致气压和浓度梯度由低到高的区间差异，以驱动地下水的循环运动。井顶部安装真空密封装置用以从地下抽取蒸汽。

蒸汽抽提装置产生的负压会引起井内水位抬升，增加梯度差异，该装置还可去除井周围非饱和带中的气体。土壤抽提装置和鼓气装置能进一步扩大水流的影响半径。井的底部安装潜水泵，将水提升至井顶部后通过喷头向下喷洒。水流在井及管道系统中如瀑布般落下，增加了物质转移的接触面积，类似于气体吹脱塔。同时，通过井底部的鼓气装置可以增强吹脱效果。实质上，地下水循环井扮演着地下吹脱塔的角色，经过抽提、吹脱后富含溶解氧的水流在井系统中下落，水位抬升后溢流回地下含水层渗流区域。水头压力可以扩大该区域内水力影响半径并增强对污染物的冲洗效果。紫外线处理装置或添加臭氧到鼓气装置产生的气流中可与工艺结合使用，且费用不高，容易实现。

在应用该技术时需要清楚地层地球化学条件、微生物环境条件变化带来的系统变化，如金属氧化物的沉淀、地层的生物堵塞。含水层厚度小需要更多的循环井，每个井的影响范围是井花管长度与两个花管间距离的函数。一般污染含水层的厚度不应小于 1.5m，但厚度超过 35m 时又难以形成水的循环。循环井可能会导致自由相 NAPLs 发生迁移扩散，应先对自由相的污染物进行抽提去除。当含水的水平渗透系数大于 10^{-5} cm/s 时效果较好，如存在低渗透性的 NAPLs 透镜体，修复效里会变差。地下水流速太大时，将会导致地下水的绕流，效果变差，当地下水流速大于 0.3m/d 时，则应注意绕流。GCW 的优、缺点见表 7-20。

表 7-20   GCW 的优、缺点

优点	缺点
① 费用少、技术简单，只需一口井就可以进行修复，运行与维护费用低，效果好； ② 周围三维水流的形成有利于低渗透层中污染物的挥发与微生物降解； ③ 容易与其他技术（SVE）联合使用； ④ 对亨利常数大或误认为浓度高的有机物去除效果好	① 化学沉淀易导致堵塞； ② 含水层太浅时效果不佳。若井内设计不合理则会导致污染扩散； ③需要对场地条件与污染物进行详细分析； ④ 在亨利常数小或污染物浓度低时去除效果差，对大分子量有机化合物或流水性有机污染物的效果相对较差

7.3.2   可渗透反应墙技术

原位可渗透反应墙技术（PRB）是一种实用的现场修复技术。按照美国国家环境保护局（USEPA）的定义，可渗透反应墙是一个被动的反应材料的原位处理区，这些反应材料能够降解和滞留流经该墙体地下水的污染组分，从而达到治理污染组分的目的。在地下水走向下游区域内的土壤具有一定的可渗透能力，使处于地下水走向上游的"污染斑块"中的污染物能够顺着地下水流以自身水力梯度进入"处理装置"（反应墙），而处理装置通常通过挖一人工沟渠建成，沟渠中则装填着渗透性较差的化学活性物质。污染地下水斑块流经反应墙，经过介质的吸附、淋滤以及化学和生物降解，去除溶解的有机质、金属、放射性物质以及其他的污染物质。与传统的地下水处理技术相比较，可渗透反应墙技术是一个无须外加动力的被动系统，特别是该处理系统的运转在地下进行，不占地面空间，比原来的泵取地下水的地面处理技术要经济、便捷。但渗透反应墙一旦安装完毕，除某些情况下需要更换墙体反应材料外，几乎不需要其他运行维护费用。实践表明，与传统的地下水抽出再处理方式相比，该技术操作费用至少能够节约 30%。

可渗透反应墙借助充填于墙内的、针对不同污染物质的不同反应材料与污染物质进行化学反应与生物降解，达到去除溶解相污染物的目的。其主要由可渗透反应单元组成，通常置于地下水污染物羽状体的下游，与地下水流相垂直。PRB 的填充介质比含水层的渗透性更大一些，以利于污染地下水的流入，并不会明显改变地下水的流场。污染物去除机理包括生物和非生物两种，污染地下水在水力梯度作用下通过反应单元时，产生沉淀、吸附、氧化还原和生物降解反应，使水中污染物得到去除。其修复效果受到污染物类型、地下水流速、其他水文地质条件等因素的影响。相对于抽出处理等传统方法，可渗透反应墙具有能持续原位处理污染物（5～10 年）、同时处理多种污染物、性价比相对较高等优点。纳米技术的发展给氯代烃类污染地下水环境的可渗透性反应墙修复带来了一种新的颇具潜力的方法。但可渗透反应墙具有易被堵塞、地下水的氧化还原电位等天然环境条件遭破坏、工程措施及运行维护相对复杂等特点，加上双金属系统、纳米技术成本较高，阻碍了可渗透反应墙的进一步发展及大力推广。

PRB 按照结构分为漏斗门式 PRB 和连续透水的 PRB。漏斗门式 PRB 由不透水的隔墙、导水门和 PRB 组成，适用于埋深浅、污染面积大的潜水含水层；连续透水的 PRB 适用于埋深浅、污染物流规模较小的潜水含水层。其特点表现为 PRB 垂直于污染物流运移途径，在横向和垂向上，横切整个污染物流。PRB 按照反应性质可分为化学沉淀反应墙、吸附反应墙、氧化还原反应墙、生物降解反应墙等。PRB 中填充的介质包括零价铁、螯合剂、吸附剂和微生物等，可用来处理多种多样的地下水污染物，如含氯溶剂、有机物、重金属、无机物等。污染物通常会在反应墙材料中发生浓缩、降解或残留等反应，所以墙体中的材料需要定期更换，更换可能会产生二次污染。该技术较成熟，成本较低，已有较多应用。但可渗透反应墙克服了抽出-处理系统因许多化合物溶解度和溶解速率低而带来的限制。在过去的 10 年中，应用粒状零价铁已被证明能有效地原位修复氯代有机溶剂污染物。

PRB 可用于多种目的，如在处理污染源时可减少污染物迁移的通量，用于污染源的控制与修复。在污染物下游使用，可保护下游地下水受体，用于污染物的去除。

PRB 技术的优、缺点见表 7-21。

表 7-21　PRB 技术的优、缺点

内容	优点	缺点
处理范围	由于可以设置多个墙体，因此可以处理多种不同污染物	只能处理通过墙体的污染物，同时对场地的性质、含水层以及水文地质条件有较高要求
工程施工	治理工程中，场地区域的表面土地可以正常使用，同时避免因抽出大量地下水而引起的地下水损失	安装前需要对污染物的范围进行确定，对于地下 20m 以下的 PRB 安装需要进行大量施工
运行监测	① 由于污染物不会被带到土壤表面，因此没有交叉污染的情况； ② 只需要偶尔进行检测就可以保证正常运行	① 地下部分的性能以及结构可能会产生问题且不易调整，反应填料可能需要移除或替换； ② 只需要偶尔进行检测就可以保证正常运行

可渗透反应墙技术存在的弊病包括：首先，不可能保证把"污染斑块"中扩散出来的污染物完全按处理的需要予以拦截和捕捉；其次，随着有毒金属、盐和生物活性物质在可渗透反应墙中的不断沉积和积累，该被动处理系统会逐渐失去其活性，所以需要定期地更换填充的化学活性物质；最后，环境条件发生改变时，这些被固定的有毒金属可能重新活化。

7.3.3 化学氧化还原技术

化学氧化还原技术（chemical oxidation/reduction）通过采用渗透格栅控制氧化剂或还原剂的释放形式，可以使这些地球化学变化或其他感官指标的变化对直接处理区以外地方的影响减至最小。由于注入井数量有限和水力传导系数分布的问题，通过水相注入系统控制氧化剂或还原剂的用量非常困难。无论是采用渗透格栅还是水相注入，都要对含水层的性质、地球化学变化的可逆性（如溶解作用、解吸作用、pH值变化）、污染物的分布和通量进行详细的评价，以设计出有效的原位处理系统。常用的氧化药剂包括二氧化氯、次氯酸钠、次氯酸钙、过氧化氢、过硫酸盐、高锰酸钾和臭氧等。常用的还原药剂包括零价铁、双金属还原、连二亚硫酸钠、多硫化钙等。注入污染区，可氧化大分子及多类有机污染物，也可氧化分解柴油、汽油、含氯溶剂等。

原位化学氧化的Fenton高级氧化技术、臭氧处理技术、高锰酸钾氧化技术、过硫酸盐高级氧化技术能有效去除DCE、TCE、PCE等氯化溶剂以及苯、甲苯、二甲苯、乙苯等苯系物，对半挥发性有机物如农药、PAHs、PCBs也有一定效果，对于非饱和碳键的化合物如石蜡、氯代芳香族十分有效并有助于生物修复作用。

常用化学氧化还原技术如下所述：

（1）Fenton试剂与类Fenton试剂。Fenton试剂是通过Fe^{2+}与H_2O_2之间的链式反应，氧化生产烃基自由基（·OH）的试剂。其氧化还原电位为2.8V，由法国科学家Fenton在1894年发现。反应控制在pH=3的条件下，使得Fe^{2+}不易控制，极易被氧化为Fe^{3+}。传统的Fenton试剂反应条件为酸性，易破坏生态系统，不能应用于工程实验。因此，科研人员在传统的Fenton试剂（Fe^{2+}/H_2O_2）的基础上，通过改变和耦合反应条件，改善反应机制，制备机理相似的类Fenton试剂。如利用铁盐溶液、可溶性铁以及铁的氧化矿物（赤铁矿、针铁矿），同样可以使H_2O_2催化产生·OH，达到降解有机物的目标。在中性条件下以铁螯合剂作催化剂、H_2O_2为氧化剂构成Fenton试剂，氧化有机物。如Fe^{3+}的络合物代替Fe^{2+}的Fenton反应在接近中性条件下与H_2O_2发生反应产生·OH，氧化土壤中的农药和多环芳烃。

（2）臭氧。臭氧略溶于水，标准还原电位为2.07V；可处理柴油、汽油、含氯溶剂、PAHs。

（3）高锰酸盐。高锰酸钾的还原电位为1.491V，可将三氯乙烯、四氯乙烯氧化为CO_2。高锰酸钾对微生物无毒，可与生物修复联合使用。超声波与高锰酸钾联合修复硝基苯具有较好的效果。

（4）过硫酸盐。过硫酸盐本身氧化性稍弱于O_3，强于H_2O_2和$KMnO_4$，却很容易被过渡性金属、热、UV（254nm）等条件激活产生强氧化剂过硫酸根自由基（SO_4^-，

$E^e=2.6V$），且地下水和土壤本身就含有大量的过渡性金属离子（Fe^{2+}等）。当 pH$>$8.5 时，过硫酸盐（$M_2S_2O_8$，M＝Na、K、NH_4^+）对有机物的氧化在热、紫外线、过渡金属（Fe^{2+}、Ag^+、Ce^{2+}、Co^{2+}）等条件的激发下产生硫酸根自由基（$\cdot SO_4^-$）。如将 Fe-C 加入地下水污染中，8h 后加入过硫酸盐，利用 Fe 氧化为 Fe^{2+} 激发硫酸盐产生硫酸根自由基（$\cdot SO_4^-$）对污染物进行降解。如果有锰，催化效果会更佳。在基于 $\cdot SO_4^-$ 的高级氧化体系中，酸性条件下，硫酸根自由基（$\cdot SO_4^-$）是主要自由基；中碱性条件下，$\cdot OH$ 是主要自由基。理论上完全有能力降解大多数的有机污染物，并将其矿化为 CO_2 和无机酸。根据目标污染物对 $\cdot SO_4^-$ 和 $\cdot OH$ 敏感度的不同调节 pH 值，从而控制体系中的主要自由基，以期达到最大去除率。如含氮杂环化合物可能对 $\cdot OH$ 更敏感，pH＝9.0 更有利于过硫酸盐对它们的降解。

常用氧化剂在地下水和土壤修复中的优、缺点比较见表 7-22。

表 7-22 常用氧化剂在地下水和土壤修复中的优、缺点比较

氧化剂	优点	缺点
H_2O_2	Eh＝1.70V，易产生 $\cdot OH$（Eh＝2.8V）、O 等强氧化剂；氧化产物 H_2O 无毒无害	仅在酸性条件下才具有较强的氧化能力，在中碱性条件下，由于铁聚集和沉淀会形成含铁污泥，不利于碱性地下水和土壤的修复；市场价格昂贵，不宜大规模使用
O_3	Eh＝2.07V；无二次污染问题	长期储备不便，经注射井以气体的形式注入污染区，存在气相传质的问题
$KMnO_4$	Eh＝1.68V；固体强氧化剂，便于运输，水溶性好，存在时间长，pH 值适应范围广	强氧化性溶解地下水和土壤中的重金属，加剧污染，改变土壤结构，使其渗透性下降；固态还原产物 MnO_2 容易堵塞含水层
过硫酸盐	Eh＝2.01V，易产生 SO_4^-（Eh＝2.6V）、良性的终产物 $\cdot SO_4^-$；比 Fenton 试剂的分解速率慢，且 $\cdot SO_4^-$ 表现出比 $\cdot OH$ 更高的选择性	过硫酸盐氧化之后会引起地下水和土壤 pH 值下降，硫酸根超标等问题

7.3.4 生物修复技术

生物修复必须遵循的四项原则是使用适合的生物，在适合的场所、适合的环境条件和适合的技术费用下进行。适合的生物是生物修复的先决条件，它是指具有正常生理和代谢能力，并能以较大的速率降解或转化污染物，且在修复过程中不产生毒性产物的生物体系。适合的场所是指要有污染物与合适的生物相接触的地点，污染场地不含对降解菌种有抑制作用的物质且目标化合物能够被降解。适合的环境条件是指要控制或改变环境条件，使生物的代谢与生长活动处于最佳状态。环境因子包括温度、湿度、O_2、pH 值、无机养分、电子受体等，见表 7-23。适合的技术费用是指升温修复技术费用必须尽可能低，至少低于同样可以消除该污染物的其他技术。

表 7-23　微生物修复的环境条件

环境因子	最佳条件
利用的土壤水分	25%~85%的含水率
氧气	好氧代谢：$DO>0.2mg/L$，空气饱和度$>10\%$，加入 H_2O_2 可提高地下水中氧浓度厌氧代谢；氧气的体积分数$<1\%$
氧化还原电位	好氧和碱性厌氧$>50mV$；厌氧$<50mV$
营养物	足够 N、P 及其他营养，$C：N：P=120：10：1$ 较佳
pH 值	大多数细菌为 5.5~8.5
温度	25~45℃

（1）原位微生物处理法（in-situ microorganism degradation）是利用微生物的代谢活动减少现场环境中有毒有害化合物的工程技术系统。用于原位微生物修复的微生物一般有土壤微生物、外来微生物和基因工程菌。微生物修复污染地下水的方法有包气带生物曝气、循环生物修复、生物注射法、地下水气修复、有机黏土法、抽提地下水系统和回注系统相结合法、生物反应器法、自然生物修复法等。原位微生物修复技术通常用来治理地下饱和带（饱水带及毛细饱和带）的有机污染，是处理地下水及包气带土层有机污染的最新方法，也是最有前途的方法。原位微生物修复技术有其独特的优势，表现在：①现场进行，从而减少运输费用和人类直接接触污染物的机会；②以原位方式进行，可使对污染位点的干扰或破坏达到最小；③使有机物分解为二氧化碳和水，可永久地消除污染物和长期的隐患，无二次污染，不会使污染物转移；④可与其他处理技术结合使用，处理复合污染；⑤降解过程迅速、费用低，费用仅为传统物理、化学修复法的 30%~50%。

其缺点：①耗时长；②运行条件苛刻；③对污染物有选择性，低浓度生物有效性、高浓度与难降解性常使生物修复不能进行，见表 7-24。

表 7-24　原位微生物技术的优、缺点

优点	缺点
①对溶解于地下水、吸附或封闭在含水层中的污染物均有效果； ②设备简单，操作方便，扰动小； ③抽出、处理修复时间短，费用低，可联合使用； ④无二次污染产生； ⑤在地下水中的溶解性 $Fe^{2+}<10mg/L$ 时效果较好	①注入井或入渗廊道，可能由于微生物的生长或矿物的沉淀发生堵塞； ②很高的污染物浓度或较低的溶解度可能对微生物具有毒性或生化降解性差； ③在低渗透地层或黏土中难以应用； ④需要监测评估修复效果，进行分析调整； ⑤$Fe^{2+}>20mg/L$ 时容易发生氧化物沉淀，导致注入井堵塞而效果较差

（2）原位强化生物修复技术（in-situ enhanced bioremedianon）的成功应用还需要有充足的碳源、能源、电子供/受体、营养物质如 N、P、S、微量金属元素和适宜的环境条件，如温度、pH 值、盐度等。可以通过传输系统提供电子受体（氧、硝酸盐等）、营养［氮、磷、能量源（碳）］。其局限性在于许多有机污染物在地下很难被降解，通

常需要驯化某特种微生物。典型的原位强化微生物修复系统包括利用水井抽取地下水，进行必要的过滤或处理，然后与电子受体和营养物混合，再注入污染物上游，可采用注入井或入渗廊道进行地下水的回注，形成封闭循环。好氧原位微生物修复对脂肪烃和芳香族石油烃（苯、萘等）有效，但对 MTBE 效果差。缺氧、厌氧和共代谢条件下可处理氯代有机物，但速度较慢，对短链、小分子、易溶于水的有机组分和低残余污染物具有快速降解能力，而对长链、大分子、难溶于水的有机物则降解较慢。

（3）植物修复广泛用于土壤及地下水中的有机物、重金属、微量元素的修复。由于特定的超累积植物生长速度慢，受到气候、土壤等环境条件限制，很难得到广泛应用。目前研究集中在基因转移技术与植物修复的结合与应用以及植物修复的影响因素和植物修复的机理上。低 pH 值下重金属易于被吸附，加入 EDTA 有助于增加金属离子的活性和溶解度，这样有助于被植物吸收；有机污染物的亲水性越强越容易被植物吸收降解；植物的根系分布越广，扎根越深，修复效果越好；污染物的浓度太高会对修复植物产生毒害作用，影响修复效果。

7.3.5 原位反应带技术

原位反应带技术（IRZ）是美国 Suthersan 教授等在 2002 年提出的。本技术通过注入井将化学试剂、微生物营养物质注入地下水环境中，在地下水中创建一个或者多个人为地带，在反应带中，地下水中的污染物被拦截、固定或降解。原位反应带技术原理与 PRB 技术类似，主要是指通过向地下注入化学试剂或微生物来创建一个或多个反应区域，用来截留、固定或者降解地下水中的污染组分。在实际场地的工程应用过程为：在污染源地下水下游方向设置注入井（井排），通过重力流入或压力注入的方式使反应试剂进入地下环境，并在注入井（井排）周围形成反应带，当污染物随地下水流过反应带时与反应试剂发生作用，对迁移过程中的污染物起到阻截、固定或者降解的作用。不同于传统的 PRB 技术，IRZ 技术不需要挖掘土体来填充反应材料，对周围环境破坏程度较小，且修复范围不受污染物地下深度限制，见表 7-25。

表 7-25 不同的原位反应带及其适宜处理的污染物

反应带类型	注入的试剂	处理的污染物
原位化学氧化带	高锰酸盐、次氯酸盐、Fenton 试剂、类 Fenton 试剂、过硫酸盐	BTEX、三氯乙烯、四氯乙烯、烯烃、酚类、硫化物、MTBE
原位化学还原带	零价铁、Fe^{2+}、硫化物、硫代硫酸钠、硼氢化钠	三氯乙烯、硝基芳香化合物、硝氮、重金属、多环芳烃
原位化学生物氧化带	氧气、亚硝酸盐、铁锰催化剂	石油烃、酚、醇、酮、醛、氯苯、二氯甲烷、氯乙烯
原位化学生物还原带	蔗糖、淀粉、甲醇	脂肪类、芳香类、硝基芳香化合物、硝氮、醚、含氮磷化物
原位固定反应带	碱性物质、磷酸盐、铁锰氧化物、层状硅酸盐矿物和有机质	土壤中 Cr、Cd、Hg、Pb、Cu、Ni 及混合重金属

原位微生物氧化带是以目标污染物作为电子供体，在地下水环境中注入氧气、亚硝酸盐、铁锰催化剂等，使目标污染物在微生物作用下发生氧化过程，从而将污染物降解去除。该方法适合处理地下水中的石油烃、酚、醇、酮、羧酸、氨基化合物、酯、醛、氯苯、二氯甲烷、氯乙烯等污染物。原位微生物还原带是以目标污染物作为电子的接受者，在地下水环境中注入淀粉、蔗糖、甲醇等物质，使目标污染物在微生物作用下发生还原过程，从而将污染物降解去除。该方法适用于脂肪类和芳香类有机化合物的脱氯，硝芳化合物、醚、含氮磷化合物的还原等。

原位反应带技术在地下水污染修复中的主要优势：①主要成本支出为注入井的建造，不需要抽取和处理系统，省去了昂贵的设施费用；②注入的反应剂浓度较低，反应带运行过程中，只需定时取样对地下水污物浓度进行监测，因此技术的运行费用相对较低；③修复范围不受污染物深度限制，对于深层地下水污染，可以通过设置集群注入井使反应带到达更深的位置；④设施简单，其运行对周围环境干扰较小。为了更有效地阻截地下不同点位污染物质的迁移扩散，反应带可以设计为一幕或者多幕形式。其中，最典型的设计方法是在水流方向、污染物边缘处设置阻截幕，用来阻止污染物进一步迁移扩散；而对于较高浓度污染源的修复，除在污染物边缘设置阻截幕外，还可以在污染源区设置注入井群，从而减缓高浓度污染物的迁移速度，缩小污染物范围，提高修复效率；考虑某些污染场地需要进行持续性修复，还可以设置三重阻截幕，即在双重阻截幕基础上，再在污染物中间设置一道阻截幕，使污染物质在迁移路径上被逐步处理，达到持续修复的目的。此外，除了将原位反应带设计为阻截幕形式外，还可以在贯穿整个污染区范围内创建反应带，也就是将注入点设计为网格分布。这种布井方式可以大大提高修复效率，但是相应地，注入井的大量建造会使修复成本大幅增加。因此，从经济方面考虑，截幕设计更具有可操作性，更有利于推进原位反应带技术在实际污染场地修复中的应用。根据污染羽深度的不同，注入井的布设主要有以下两种方式：

（1）单一深度井（群），即将注入井布设在地下某一固定深度，这种方式适合于地下水浅层污染的修复，相应地，反应试剂的注入可采用重力自动进料方式，进入地下环境的反应试剂在注入段做层流运动，并通过对流和扩散作用进入污染物形成反应带，实现对污染物的去除。

（2）多深度井群，即将反应试剂在不同深度进行多点注入，在污染物范围内形成混合试剂反应带。这种布设方式适用于地下水较深层污染的修复，反应试剂的注入方式通常采用加压注入，反应带的混合程度受反应试剂的平流运动和扩散作用的共同影响。

原位反应带修复需要考虑的因素主要有水文地质条件、地下水水化学、微生物学、ISRZ 的布局、注入试剂的选择，其中的水文地质条件又包括渗透系数、地下水水文特征、包气带和含水层的厚度、水文地球化学条件（铁、锰含量，初始 pH-Eh 条件、碳酸和氢氧化物等）。

7.3.6　抽出-处理技术

抽出-处理技术是通过抽取已污染的地下水至地表，然后用地表污水处理技术进行处理的方法。通过不断地抽取污染地下水，使污染晕的范围和污染程度逐渐减小，并使含水层介质中的污染物通过向水中转化而得到清除。水处理方法可以是物理法（包括吸附法、重力分离法、过滤法、反渗透法、气吹法等）、化学法（包括混凝沉淀法、氧化还原法、离子交换法、中和法），也可以是生物法（包括活性污泥法、生物膜法、厌氧消化法和土壤处置法）等。

此技术使用时需要构筑一定数量的抽水井（必要时还需构筑注水井）和相应的地表污水处理系统。抽水井一般位于污染物羽状体中（水力坡度小时）或羽状体下游（水力坡度大时），利用抽水井将污染地下水抽出地表，采用地表处理系统将抽出的污水进行深度处理。因此，抽出-处理技术既可以是物化-生物修复技术的联合，也可以是不同物化技术的联合，主要取决于后续处理技术的选择，而后续处理技术的选择应用则受到污染物特征、修复目标、资金投入等多方面的制约。此技术工程费用较高，且由于地下水的抽提或回灌，影响治理区及周边地区的地下水动态；若不封闭污染源，当工程停止运行时，将出现严重的拖尾和污染物浓度升高的现象；需要持续的能量供给，确保地下水的抽出和水处理系统的运行，还要求对系统进行定期维护与监测。此技术可使地下水的污染水平迅速降低，但由于水文地质条件的复杂性以及有机污染物与含水层物质的吸附/解吸反应的影响，在短时间内很难使地下水中有机物含量达到环境风险可接受水平。另外，由于水位下降，在一定程度上可加强包气带中所吸附有机污染物的好氧生物降解。多相抽提技术（multi-phase extraction，MPE）最适于处理易挥发、易流动的污染物，其具体物化特征为高蒸汽压、高流动性（低黏度）。MPE 技术主要用于处理挥发性有机物造成的污染，如石油烃类（BTEX、汽油、柴油等）、有机溶剂类（如三氯乙烯、四氯乙烯）；同时可以激发土壤包气带污染物的好氧生物降解。

抽出-处理技术主要用于去除地下水中溶解的有机污染物和浮于潜水面上的油类污染物。抽出-处理技术对于低渗透性的黏性土层和低溶解度、高吸附性的污染物效果不理想，通常需借助表面活性剂增强含水介质吸附的污染物的溶解性能，强化抽出处理的速度。污染地下水中存在 NAPLs 类物质时，由于毛细作用使其滞留在含水介质中，明显降低抽出-处理技术的修复效率。

抽出-处理法是治理地下水有机污染的常规方法，是目前应用最普遍的去污措施。根据部分有机物密度小、易浮于地下水面附近的特点，抽取含水层中地下水面附近的地下水，从而把水中的有机污染物带回地表，然后用地表污水处理技术净化抽取出的水。为了防止大量抽水导致的地面沉降或海水入侵，还需把处理后的水返注入地下，由于地下水系统的复杂性和污染物在地下的复杂行为，传统的泵抽-回灌处理法常出现拖尾和反弹现象，导致净化时间长、处理费用高，而且它只对轻非水相液体（LNAPLs）污染物有较好的去除效果。

表面活性剂增效修复技术（surfactant enhanced remediation）是利用表面活性剂溶液对憎水性有机污染物的增溶作用和增流作用，来驱替地下含水层中的 NAPLs，再经过进一步处理，达到修复环境的目的。修复效率与表面活性剂胶团结构、有机物疏水性强弱、工程技术条件等因素有关。所使用的表面活性剂有阴离子表面活性剂、非离子表面活性剂等。但应该注意的是，虽然表面活性剂容易降解，但是部分残留在地下环境中的表面活性剂的降解产物具有潜在的危害性。

美国 EPA 超级基金资助的污染场地修复，超过 60％以 DNAPLs 为主。其通常采用表面活性剂强化含水层修复技术（surfactant enhanced aquiferr emediation，SEAR）处理。该技术是将表面活性剂溶液注入地下水污染区域，与污染物发生反应，使吸附或残留在介质上的污染物再次进入水相，并通过抽提井抽出，在地表经物理化学或生物技术处理净化后，返注回含水层。

抽出-处理技术适用范围广，对于污染范围大、污染晕埋藏深的污染场地也适用。但其自身也存在一定局限性：①当非水相溶液出现时，由于毛细张力而滞留的非水相溶液几乎不太可能通过泵抽的办法清除；②该技术开挖处理工程费用昂贵，而且涉及地下水的抽提或回灌，对修复区干扰大；③如果不封闭污染源，当停止抽水时，拖尾和反弹现象严重；④需要持续的能量供给，以确保地下水的抽出和水处理系统的运行，同时还要求对系统进行定期维护与监测。土壤-地下水修复技术汇总，见表 7-26。

表 7-26　土壤-地下水修复技术汇总

技术名称	1　原位生物通风技术
原理	通过向土壤中供给空气或氧气，依靠微生物的好氧活动促进污染物降解；同时利用土壤中的压力梯度促使挥发性有机物及降解产物流向抽气井，被抽提去除。可通过注入热空气、营养液、外源高效降解菌剂的方法对污染物去除效果进行强化
适用性	适用于非饱和带污染土壤，可处理挥发性、半挥发性有机物
修复周期	处理周期为 6～24 个月
成熟程度	国外应用广泛，国内尚处于中试阶段
参考成本	根据国外处理经验，处理成本为 13～27 美元/m³
技术名称	2　多相抽提技术
原理	通过真空提取手段，抽取地下污染区域的土壤气体、地下水和浮油等到地面进行相分离及处理
适用性	适用于污染土壤和地下水，可处理易挥发、易流动的 NAPL（非水相液体）（如汽油、柴油、有机溶剂等）
修复周期	处理周期较短，一般为数周到数月，清理污染源区域的速度相对较快，通常需要 1～24 个月的时间
成熟程度	技术成熟，在国外应用广泛，国内已有少量工程应用
参考成本	国外处理成本约为 35 美元/m³，国内修复成本为 400 元/kg 左右
技术名称	3　水泥窑协同处理技术
原理	利用水泥回转窑内的高温、气体长时间停滞、热容量大、热稳定性好、碱性环境、无废渣排放等特点，在生产水泥熟料的同时，焚烧固化处理污染土壤
适用性	适用于污染土壤，可处理有机污染物及重金属

续表

修复周期	处理周期与水泥生产线的生产能力及污染土壤添加量相关，添加量一般低于水泥熟料量的 4%
成熟程度	国外发展较成熟，广泛应用于危险废物处理，但应用于污染土壤处理相对较少，国内已有工程应用
参考成本	国内的应用成本为 800～1000 元/m³
技术名称	4　监控自然衰减技术
原理	通过实施有计划的监控策略，依据场地自然发生的物理、化学及生物作用，包含生物降解、扩散、吸附、稀释、挥发、放射性衰减以及化学性或生物稳定性等，使得地下水和土壤中污染物的数量、毒性、移动性降低到风险可接受水平
适用性	适用于土壤与污染地下水，可处理 BTEX（苯、甲苯、乙苯、二甲苯）、石油烃、多环芳烃、MT-BE（甲基叔丁基醚）、氯代烃、硝基芳香烃、重金属类、非金属类（砷、硒）、含氧阴离子（如硝酸盐、过氯酸）等
修复周期	处理周期较长，一般需要数年或更长时间
成熟程度	在美国应用较广泛，美国 2005—2008 年涉及该技术的地下水修复项目有 100 余项，国内尚无完整工程应用案例
参考成本	根据美国实施的 20 个案例统计，单个项目费用 14 万～44 万美元
技术名称	5　地下水修复可渗透反应墙技术
原理	在地下安装透水的活性材料墙体截住污染物羽状体，当污染物羽状体通过反应墙时，污染物在可渗透反应墙内发生沉淀、吸附、氧化还原、生物降解等作用得以去除或转化，从而达到地下水净化的目的
适用性	适用于污染地下水，可处理 BTEX（苯、甲苯、乙苯、二甲苯）、石油烃、氯代烃、金属、非金属和放射性物质等
修复周期	处理周期较长，一般需要数年时间
成熟程度	在国外应用较为广泛，2005—2008 年约有 8 个美国超级基金项目采用该技术，国内尚处于小试和中试阶段
参考成本	根据国外应用情况，处理成本为 1.5～37.0 美元/m³
技术名称	6　地下水抽出-处理技术
原理	根据地下水污染范围，在污染场地布设一定数量的抽水井，通过水泵和水井将污染地下水抽取至地面进行处理
适用性	适用于污染地下水，可处理多种污染物
修复周期	处理周期一般较长
成熟程度	国外已经形成了较完善的技术体系，应用广泛。据美国环保署统计，1982—2008 年，在美国超级基金计划完成的地下水修复工程中，设计抽出-处理和其他技术组合的项目 798 个。国内已有工程应用
参考成本	美国处理成本为 15～215 美元/m³
技术名称	7　生物堆技术

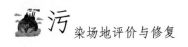
原理	对污染土壤堆体采取人工强化措施，促进土壤中具备降解特定污染物能力的土著微生物或外源微生物的生长，降解土壤中的污染物
适用性	适用于污染地下水，可处理多种污染物
修复周期	处理周期一般为 1~6 个月
成熟程度	国外已广泛应用于石油烃等易生物降解污染土壤的修复，技术成熟。国内已有用于处理石油烃污染土壤及油泥的工程应用案例
参考成本	在美国应用的成本为 130~260 美元/m³，国内的工程应用成本为 300~400 元/m³
技术名称	8 土壤阻隔填埋技术
原理	将污染土壤或经过治理后的土壤置于防渗阻隔填埋场内，或通过敷设阻隔层阻断土壤中污染物迁移扩散的途径，使污染土壤与四周环境隔离，避免污染物与人体接触和随土壤水迁移进而对人体和周围环境造成危害
适用性	适用于重金属、有机物及重金属有机物复合污染土壤的阻隔填埋
修复周期	处理周期较短
成熟程度	国外应用广泛，技术成熟。国内已有较多工程应用
参考成本	国内处理成本为 300~800 元/m³
技术名称	9 土壤植物修复技术
原理	利用植物进行提取、根际滤除、挥发和固定等方式移除、转变和破坏土壤中的污染物质，使污染土壤恢复其正常功能
适用性	使用于污染土壤，可处理重金属（如砷、镉、铅、镍、铜、锌、钴、锰、铬、汞等）以及特定的有机污染（如石油烃、五氯酚、多环芳烃等）
修复周期	处理周期需 3~8 年
成熟程度	国外应用广泛，国内已有工程应用，常用于重金属污染土壤修复
参考成本	美国应用的成本为 25~100 美元/m³，国内的工程应用成本为 100~400 元/m³
技术名称	10 原位化学氧化/还原技术
原理	通过向土壤或地下水的污染区域注入氧化剂或还原剂，通过氧化或还原作用，使土壤或地下水中的污染物转化为无毒或毒性相对较小的物质
适用性	适用于污染土壤和地下水，其中化学氧化可处理石油烃、BTEX（苯、甲苯、乙苯、二甲苯）、酚类、MTBEX（甲基叔丁基醚）、含氯有机溶剂、多环芳烃、农药等大部分有机物；化学还原剂可处理重金属类（如六价铬）和氯代有机物等
修复周期	清理污染源区的速度相对较快，通常需要 3~24 个月，使用该技术修复地下水污染羽流区通常需要更长的时间
成熟程度	国外已经形成了较完善的技术体系，应用广泛。据美国环保署统计，2005—2008 年应用该技术的案例占修复工程案例总数的 4%。国内发展较快，已有工程应用
参考成本	美国使用该技术修复地下水处理成本约为 123 美元/m³

技术名称	11　原位固化/稳定化技术
原理	通过一定的机械力在原位向污染介质中添加固化剂/稳定化剂，在充分混合的基础上，使其与污染介质、污染物发生物理、化学作用，将污染土壤固封为结构完整的具有低渗透系数的固化体，或将污染物转化成化学性质不活泼形态，降低污染物在环境中的迁移和扩散
适用性	适用于污染土壤，可处理金属类、石棉、放射性物质、腐蚀性无机物、氰化物以及砷化合物等无机物，农药/除草剂、石油或多环芳烃类、多氯联苯类以及二噁英等有机化合物
修复周期	处理周期一般为 3～6 个月
成熟程度	国外已经形成了较完善的技术体系，应用广泛，据美国环保署统计，2005—2008 年应用该技术的案例占修复工程案例的 7%；国内处于中试阶段
参考成本	据美国 EPA 数据，应用于浅层污染介质处理的成本为 50～80 美元/m^3，应用于深层处理的成本为 195～330 美元/m^3
技术名称	12　异位热脱附技术
原理	通过直接或间接加热，将污染土壤加热至目标污染物的沸点以上，通过控制系统温度和物料停留时间有选择地促使污染物气化挥发，使目标污染物与土壤颗粒分离、去除
适用性	适用于污染土壤，可处理挥发及半挥发性有机污染物（如石油烃、农药、多氯联苯）和汞
修复周期	处理周期为几周到几年
成熟程度	国外已广泛应用于工程实践，1982—2004 年约有 70 个美国超级基金项目采用该技术；国内已有少量工程应用
参考成本	国外对于中小型场地（$2×10^4$ t，约合 26800m^3）处理成本为 100～300 美元/m^3；对于大型场地（大于 $2×10^4$ t，约合 26800m^3）处理成本约为 50 美元/m^3；国内处理成本为 600～2000 元/t
技术名称	13　异位土壤洗脱技术
原理	采用物理分离或增效洗脱等手段，通过添加水或合适的增效剂，分离重污染土壤组分或使污染物从土壤相转移到液相，并有效地减少污染土壤的处理量，实现减量化，洗脱系统废水应处理去除污染物后回用或达标排放
适用性	适用于污染土壤，可处理重金属及半挥发性有机污染物、难挥发性有机污染物
修复周期	处理周期为 3～12 个月
成熟程度	美国、加拿大、欧洲各国及日本等已有较多的应用案例，国内已有工程案例
参考成本	美国处理成本为 53～420 美元/m^3；欧洲处理成本为 15～456 欧元/m^3；国内处理成本为 600～3000 元/m^3
技术名称	14　异位化学氧化/还原技术
原理	向污染土壤添加氧化剂或还原剂，通过氧化或还原作用，使土壤中的污染物转化为无毒或相对毒性较小的物质
适用性	适用于污染土壤。其中，化学氧化可处理石油烃、BTEX（苯、甲苯、乙苯、二甲苯）、酚类、MTBEX（甲基叔丁基醚）、含氯有机溶剂、多环芳烃、农药等大部分有机物；化学还原可处理重金属类（如六价铬）和氯代有机物等

修复周期	处理周期较短，一般为数周到数月
成熟程度	国外已经形成了较完善的技术体系，应用广泛；国内发展较快，已有工程应用
参考成本	国外处理成本为 $200 \sim 660$ 美元/m^3；国内处理成本一般为 $500 \sim 1500$ 元/m^3
技术名称	15 异位固化/稳定化技术
原理	向污染土壤中添加固化剂/稳定化剂，经充分混合，使其与污染介质、污染物发生物理、化学作用，将污染土壤固封为结构完整的、具有低渗透系数的固化体，或将污染物转化成化学性质不活泼形态，降低污染物在环境中的迁移和扩散
适用性	适用于污染土壤。可处理金属类、石棉、放射性物质、腐蚀性无机物、氰化物以及砷化合物等无机物，农药/除草剂、石油或多环芳烃类、多氯联苯类以及二噁英等有机化合物
修复周期	日处理能力通常为 $100 \sim 1200 m^3$
成熟程度	国外应用广泛，据美国环保署统计，1982—2008 年已有 200 余项超级基金项目应用该技术；国内有较多工程应用
参考成本	据美国 EPA 数据，对于小型场地（约 $765 m^3$）处理成本为 $160 \sim 245$ 美元/m^3，对于大型场地（约 $38228 m^3$）处理成本为 $90 \sim 190$ 美元/m^3；国内处理成本一般为 $500 \sim 1500$ 元/m^3

思考题

1. 简述污染场地修复定义及污染场地修复技术。
2. 简述土壤气相抽提技术原理及影响因子。
3. 简述土壤电动修复技术、影响因子及其技术适用性。
4. 简述原位化学氧化技术与异位化学氧化技术原理、常用氧化剂及其适用范围。
5. 简述固定/稳定化技术基本原理及常用系统。
6. 简述重金属污染土壤的微生物修复机制。
7. 简述影响有机污染土壤微生物修复的因素。
8. 如何根据污染场地的特征选用合适的修复技术？
9. 简述地下水污染源来源及其地下水污染修复技术比较。

第8章 污染场地土壤修复工程实施与管理

8.1 污染场地土壤修复工程实施的特点与影响因素

8.1.1 修复工程实施的特点

污染场地土壤修复工程的实施是土壤修复理论与技术的实例化。作为工程项目，土壤修复工程具有一般项目的唯一性、一次性、目标明确性和相关条件约束性等典型特征。同时还具有工程项目周期长、影响因素多及项目实施过程、项目组织、项目环境三方面的复杂性。

与一般工程项目相比，污染场地土壤修复工程还具有过程精细化、针对性强、时效性强、安全控制要求高等特点。

（1）过程精细化。污染场地土壤修复是一项系统化和精细化的工程，涉及土壤污染的普查和识别、特征污染物的检测和分析、污染风险的表征与评价、污染修复方案的制定和评估、污染场地的修复治理、修复过程的检测和监控、修复工程的验收和后评价等，工作流程较长、环节较多，任何疏漏都会造成治理成本的增加或失控。

污染场地土壤修复十分强调污染特征因子的确认，十分关注特征污染物的精确分布，十分依赖污染场地的开发用途。对上述条件的确认直接关系到污染土壤修复治理的体量和程度、修复治理方案的选择、修复治理材料的消耗量和修复治理过程的组织等，这些都会对修复治理工程的技术经济成本产生很大的影响。然而，要准确确认污染特征因子，精确确定其分布，并据此制定合适的工艺技术方案，需要进行大量的前期检测分析、必要的技术方案论证和严格的作业过程。避免污染土和未污染土的混合处置，避免低浓度污染土和高浓度污染土的混合处置，避免污染土的修复不足和过度修复等。

（2）针对性强，一地一策。污染场地土壤修复技术涉及多种污染因子治理、不同污染场地特点、不同土地开发要求等，没有一种通用的修复工艺技术流程能满足各种不同类型的污染土壤评价与修复项目。每一个污染场地的污染成因、特征污染物组成及其分布特点都直接影响或决定着污染土壤治理的工艺、成本和效果。因此，污染场地土壤修复技术针对性极强，必须因地制宜、一地一策。

（3）时效性强，一时一策。理论上，只要时间足够长，污染土壤均能通过自有修复能力实现功能再造。但实际治理项目涉及开发利用周期要求、场区地质地形限制、行政管理权限、技术经济效益等复杂影响，而且不同时段的修复标准也有差异，无论采取原位修复、异地修复或者多种处理技术联合修复等修复方案，都有极强的时效性。

（4）二次污染控制。污染土壤修复的同时，必须严格控制修复过程中存在或潜在的二次污染。生态修复或工程治理不仅要保障土壤功能恢复目标，而且要保障污染物的有效消解或安全转移，避免水体（地表水和地下水）、气体（大气环境）和修复区域周边的土壤受到直接或间接污染。因此，土壤修复技术必须保证所用药剂的使用安全，土壤修复工艺必须周密考虑尾气、尾水的有组织控制和安全处理。

8.1.2 修复工程实施的影响因素

污染场地土壤修复工程的影响因素较多，主要包括污染物质的特性及影响、污染物质的数量及分布、相关法规及标准要求、污染场地的暴露程度或环境风险、污染场地的物理条件、土地今后的使用功能、修复设备的可靠性、工程造价及时间等。

（1）污染物质的特性。污染物质的特性是影响污染场地土壤修复工程技术方案选择的重要因素，这些特性主要包括挥发性、赋存状态、溶解性、毒性、渗透性、解析特性、生物可利用性等，不同类型污染物具有不同的污染特性，而单因子污染场地与复合污染场地也具有较大的差异。污染物质的特性对于技术方案的选择、工程造价及修复周期等有较大的影响。

（2）污染物质的数量及分布。同一种污染物在不同性质的土壤及不同污染历史的土壤中的污染浓度及分布是不同的。不同的污染浓度及分布特性决定了修复工程量及所能采用的修复技术方案。

（3）相关法规及标准要求。土壤修复工程的实施受当地政策法规及相关标准的约束，不同地区对土壤修复实施的流程、修复标准、修复项目支持政策有较大的差别，这些因素对于修复工程的实施具有较大的影响。

（4）污染场地的暴露程度或环境风险。污染场地的暴露程度和环境风险是土壤修复场地调查后进行风险评估的结果，风险评估结果在决定污染场地修复的目标值的同时，也是土壤修复工程的技术方案及施工方案设计的依据。

（5）污染场地的物理条件。污染场地的物理条件主要包括气象、水文、地质、场地构筑物、道路等基础条件，这些基础条件对于土壤修复技术方案和施工组织方案的设计均具有重大影响。

（6）土地今后的使用功能。土地今后的使用功能也是决定土壤修复工程实施的一个重要因素。一些土地资源紧张的地区，很多污染场地修复之后会用于后续项目开发，对于土壤修复工程实施的周期要求较高，对修复之后要达到的目标值也有不同的要求。而另外一些土地资源不紧张的地区，后续的开发需求较小，对于土壤修复工程实施的周期要求较低，可采取的工程实施方案较灵活。

（7）造价。土壤修复工程的首要目标是使受污染的场地修复之后满足后续使用要求，修复工程量、要达到的修复标准值以及工程周期决定了土壤修复工程实施的造价。一般土壤修复工程造价较高，在确定了场地修复工程量后应合理评估工程造价，明确项目资金来源。对于造价超过资金条件的污染场地，可进行暂时的隔离防渗处理，待资金到位或开发出更低成本的修复技术后再进行修复。

（8）时间。土壤修复工程的时间和造价往往是相互影响的，对于时间要求较高的修复工程，须采取快速修复的方法或方式，如采用污染土壤异地转移和净土回填相结合的方式，将污染土壤快速转移到异地进行集中修复，原地采用净土进行回填，原污染场地可快速实现后续使用需求，但此种方式相对于原地修复，其工程造价大大增加。

8.2　修复工程实施流程与工作内容

环境保护部于 2014 年先后发布了《场地环境调查技术导则》（HJ 25.1—2014）、《场地环境监测技术导则》（HJ 25.2—2014）、《污染场地风险评估技术导则》（HJ 25.3—2014）、《污染场地土壤修复技术导则》（HJ 25.4—2014）、《污染场地术语》（HJ 682—2014）以及《工业企业场地环境调查评估与修复工作指南（试行）》，为企业及管理部门提供了场地环境评估与修复治理工作的技术指导与支撑。2019 年再次颁布了新的技术规范：《建设用地土壤污染状况调查技术导则》（HJ 25.1—2019）、《建设用地土壤污染风险管控和修复监测技术导则》（HJ 25.2—2019）、《建设用地土壤污染风险评估技术导则》（HJ 25.3—2019）、《建设用地土壤修复技术导则》（HJ 25.4—2019）、《建设用地土壤污染风险管控和修复术语》（HJ 682—2019）。

目前，场地环境调查评估与修复治理工作由场地责任主体承担，按照以下 4 种情形确认场地责任主体：按照"谁污染，谁治理"的原则，造成场地污染的单位和个人承担场地环境调查评估和治理修复的责任；造成场地污染的单位因改制或者合并、分立等原因发生变更的，依法由继承其债权、债务的单位承担场地环境调查评估和治理修复责任；若造成场地污染的单位已将土地使用权依法转让的，由土地使用权受让人承担场地环境调查评估和治理修复责任；造成场地污染的单位因破产、解散等原因已经终止，或者无法确定权利义务承受人的，由所在地县级以上地方人民政府依法承担场地环境调查评估和治理修复责任。

8.2.1　实施流程

污染场地的土壤修复工程可划分为两个阶段：场地环境调查评估和污染场地修复管理。具体是在场地污染调查的基础上，分析场地内污染物对未来受体的潜在风险，并采取一定的管理或工程措施避免、降低、缓和潜在风险的过程；大致可分为场地环境调查、风险评估、修复治理、修复验收及后期管理，其框架流程如图 8-1 所示。

场地环境调查评估包括第一阶段场地调查（污染识别）、第二阶段场地调查（现场采样）以及第三阶段风险评估。第一阶段场地调查为场地环境污染初步识别与分析，当认为场地可能存在污染或无法判断时，应进入场地开始第二阶段场地调查工作。第二阶段场地调查分初步采样和详细采样。初步采样是通过现场初步采样和实验室检测进行风险筛选，若确定场地已经受到污染或存在健康风险时，则需进行详细采样，必要时进行补充采样分析，确认场地污染的程度与范围，并为风险评估提供数据支撑，进入第三阶段工作。第三阶段为风险评估，明确场地风险的可接受程度。根据场地污染状况，场地环境调查评估工作可以终止于上述任一阶段。

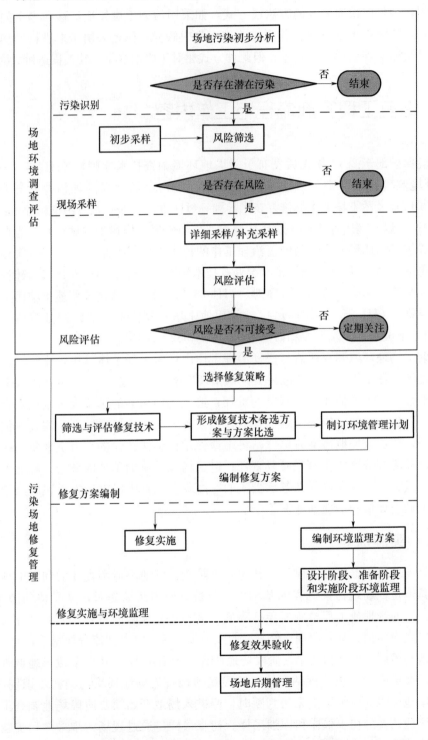

图 8-1　场地环境调查评估和修复管理工作流程

经过环境调查评估确定场地存在污染的，场地责任主体应组织开展场地修复工作，场地修复工程实施包括修复方案编制、修复实施、修复环境监理、污染场地修复验收与后期管理五个环节。

（1）污染场地修复方案编制。也称可行性研究，包括以下几个步骤：一是根据场地环境调查与风险评估结果，细化场地概念模型并确定场地修复总体目标，通过初步分析修复模式、修复技术类型与应用条件、场地污染特征、水文地质条件、技术经济发展水平，制定相应修复策略；二是通过修复技术筛选，找出适用于目标场地的潜在可行技术，并根据需要进行相应技术可行性试验与评估，确定目标场地的可行修复技术；三是通过各种可行技术合理组合，形成能够实现修复总体目标的潜在可行的修复技术备选方案；在综合考虑经济、技术、环境、社会等指标进行方案比选基础上，确定适合于目标场地的最佳修复技术方案；四是制订配套的环境管理计划，防止场地修复过程的二次污染，为目标场地的修复工程实施提供指导，并为场地修复环境监管提供技术支持；五是基于上述选择修复策略、筛选与评估修复技术、形成修复技术备选方案与方案比选、制订环境管理计划的工作，编制修复方案。

（2）修复实施。是指修复实施单位受污染场地责任主体委托，依据有关环境保护法律法规、场地环境调查评估备案文件、场地修复方案备案文件等，制订污染场地修复工程施工方案，进行施工准备，并组织现场施工的过程。

（3）修复环境监理。是指环境监理单位受污染场地责任主体委托，依据有关环境保护法律法规、场地环境调查评估备案文件、场地修复方案备案文件等，对场地修复过程实施专业化的环境保护咨询和技术服务，协助、指导和监督施工单位全面落实场地修复过程中的各项环保措施。

（4）污染场地修复验收。在污染场地修复完成后，对场地内土壤和地下水以及修复后的土壤和地下水进行调查和评估的过程，主要是确认场地修复效果是否达到验收标准。根据场地情况，必要时需评估场地修复后的长期风险，提出场地长期监测和风险管理要求。

（5）后期管理。是按照后期管理计划开展包括设备及工程的长期运行与维护、长期监测、长期存档与报告等制度、定期和不定期地回顾性检查等活动的过程。

8.2.2　工作内容

8.2.2.1　场地调查评估工作

场地调查评估工作前面已做详述，这里不再赘述。

8.2.2.2　场地修复工程——修复方案编制

污染场地修复方案编制也称可行性研究，其目的是根据场地调查与风险评估结果，确定适合于目标场地的最佳修复技术方案，并制定配套的环境管理技术，作为目标污染场地的修复工程实施依据，制成该场地相关的环境管理决策。污染场地修复方案编制有选择修复策略、筛选与评估修复技术、形成修复技术备选方案与方案比选、制订环境管理计划、编制修复方案 5 个阶段。

8.2.2.3 场地修复工程——修复实施

修复实施包括编制修复施工方案、施工现场准备和现场施工3个环节。

修复施工方案包括工程管理目标、项目组织机构、污染土壤分布范围、主要工程量及施工分区、总体施工顺序、施工机械和试验检测仪器配置、劳动力需求计划、施工准备等。此外，还需明确施工质量的控制要点、施工工序与步骤，各修复技术方案中所需的设备型号、设备安装和调试过程等。修复施工方案应根据施工现场条件和具体施工工艺，更新和细化场地环境管理计划，包括二次污染防治措施及环境事故应急预案、环境监测计划、安全文明施工及个人健康与安全保护等内容。施工方案应明确施工进度、施工管理保障体系等内容。

为保证整个工程的顺利进行，治理施工开始前需要进行一系列准备工作，包括：①成立施工管理组织机构；②清理使用场地内杂物，并进行施工场地平整；③根据施工现场平面布置图进行测量放线；④材料机械准备，包括大型器械、修复设备、工程防护用具、个人安全防护用具和应急用具等；⑤处理场地防渗，应根据施工方案和环境管理要求，对处理场地等易受二次污染区域进行防渗和导排的设置；⑥水电准备，施工用电用水的介入，水管路及用水设施、用电线路及设置应符合国家的相关规定；⑦防火准备，应健全消防组织机构，配备足够的消防器材，并派专人值班检查，加强消防知识的宣传和对现场易燃易爆物品的管理，消除一切可能造成火灾、爆炸事故的根源，严格控制火源、易燃、易爆和助燃物，生活区及工地重要电气设施周围设置接地或避雷装置，防止雷击起火造成安全事故；⑧入场前，应对相关施工人员开展施工安全和环境保护培训。

施工方在污染土壤修复过程中，需严格按照业主和当地环保部门对该项目的管理要求，建立健全污染土壤修复工程质量监控体系，明确各级质量管理职责，通过增加技术保障措施，加强设备的运行管理、人员配置和污染土壤进出场管理等措施，确保该工程的污染土壤修复质量达到标准。施工过程如发现修复效果不能达到修复要求，应及时分析原因，并采取相应补救措施。如需进行修复技术路线和工艺调整，应报环保主管部门重新论证和审核。在确保污染防止措施实施的基础上，施工过程中应加强与当地环保部门和周边居民的沟通，做好宣传解释，确保周边居民的利益不受影响。修复过程中产生严重环境污染问题时，施工单位应根据环保部门、业主和监理单位的要求进行纠正和整改，保证修复过程不对周边居民和环境产生影响。

8.2.2.4 场地修复工程——环境监理

环境监理是受污染场地责任主体委托，依据有关环境保护法律法规、场地环境调查评估备案文件、场地修复方案备案文件、环境监理合同等，对场地修复过程实施专业化的环境保护咨询和技术服务，协助和指导建设单位全面落实场地修复过程中的各项环保措施，以实现修复过程中对环境最低程度的破坏、最大限度的保护。工程监理是受项目法人的委托，依据国家批准的工程项目建设文件，有关工程建设的法律、法规和工程建设监理合同及其他工程建设合同，对工程建设实施监督管理，控制工程建设的投资、建设工期和工程质量，以实现项目的经济和社会效益。环境监理的对象主要是工程中的环境保护措施、风险防范措施以及受工程影响的外部环境保护等相关的事项。工程监理的对象主要是修复工程本身及工程质量、进度、投资等相关的事项。

工程监理和环境监理一般包括以下三种工作模式：

模式1：包容式监理模式。工程监理完全负责环境监理。其优点是充分利用工程监理体制，环保工作与质量进度、费用直接挂钩，执行力强；缺点是业务人员环保知识不足、针对性不强。

模式2：独立式监理模式。环境监理与工程监理相互独立，呈并列关系。其优点是环保知识专业化、与环保主管部门协调能力强、环保要求把握准确；缺点是环境监理人员对工程实施相关知识情况了解不足，对施工单位的约束和指导、执行力不足。

模式3：组合式环境监理。监理单位内设置环保监理部门，由环保人员担任监理工作。其优点是利用资源共享，实时跟进，较好发挥专业性；缺点是受制于工程监理，独立性难以得到保证。

由于修复工程属于环保工程，对实时监理工作人员的环境保护知识要求较高，因此无论采取哪种工作模式，都应以实现环境监理的内容为主导，以保证修复工程按实施方案展开。

污染场地修复环境监理工作主要分为3个阶段：修复工程设计阶段、修复工程施工准备阶段和修复工程施工阶段，其工作流程如图8-2所示。环境监理的工作方法主要包括核查、监督、报告、咨询、宣传培训等。

修复工程设计阶段环境监理内容包括：收集场地调查评估、场地污染修复方案、修复工程施工设计、施工组织方案等基础资料，对修复工程中的环保措施和环保设施设计文件进行审核，关注修复工程的施工位置和异位修复外运土壤去向，审核修复过程中水、大气、固体废物等二次污染处理措施的全面性和处理设施的合理性，必要的后期管理措施的考虑。

修复工程施工准备阶段环境监理内容包括：了解具体施工程序及各阶段的环境保护目标，参与修复工程设计方案的技术审核，确定环境监理工作重点，协助业主监理完善的环保责任体系，建立有效的沟通方式等，并编制场地修复环境监理细则。

修复工程施工阶段环境监理内容包括：核实修复工程是否与修复实施方案符合，环保设施是否落实，是否建立事故应急体系和环境管理制度；监督环境保护工程和措施，监督环保工程进度；检查和检测施工过程中产生的水、气、声、渣排放，施工影响区域应达到规定的环境质量标准；对场内运输污染土壤、污水车辆的密闭性、运输过程进行环境监理；对场内修复工程相关措施（如止水帷幕与施工降水措施等）、抽提装置和废水处理进行监督管理；施工过程中基坑开挖和支护等是否按有关建筑施工要求进行；对异位处置过程，包括储存库及处理现场地面防渗措施的落实和监控；检查污染土储存场地、处置设施的尾气排放设施和检测设施是否完备，确认各项条件是否符合环境要求；检查必要的后期管理长期监测井设置；根据施工环境影响情况，组织环境检测，行使环境监理监督权；向施工单位发出环境监理工作指示，并检查环境监理指令的执行情况；协助建设单位处理环境突发事故及环境重大隐患；编写环境监理月报、半年报、年报和专项报告。对于土壤异位修复工程，需对修复区域边界进行严

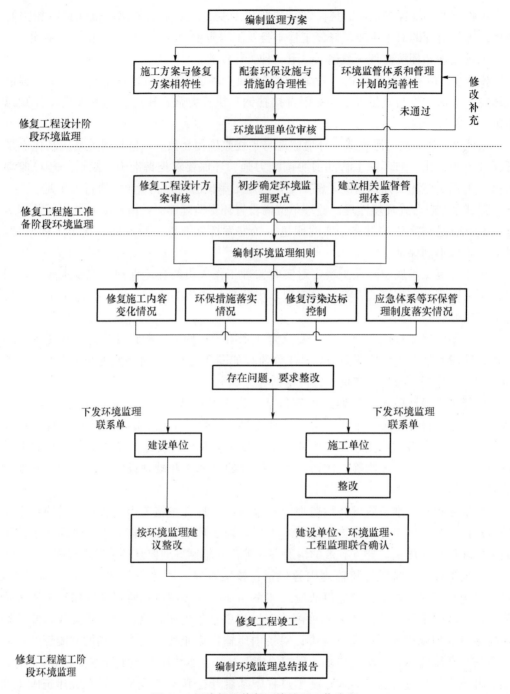

图 8-2　污染场地修复环境监理工作流程

格监督管理，并在周边区域设置采样点，避免修复工程对周边土壤和地下水产生影响。

　　修复工程环境影响检测需要针对场地土壤中挥发性及半挥发性有机污染物可能带来的环境影响进行有效监控，检测和评价施工过程中污染物的排放是否达到有关规定。在治理修复过程中，若向水体和大气中排放污染物，应进行布点监测。监测点位应按照修复工程技术设计的要求布设，如热脱附、土壤气提、化学氧化、生物通风、自然生物降解法等；应在废气排放口布点；热脱附、淋洗法等应在废水排放口布点。

大气环境监测内容一般包括污染土壤清挖、修复区修复施工过程中污染物无组织排放空气样品的采集、分析及质量评价，污染土壤修复设施（车间）污染物排放尾气样品的采集、分析及污染物排放评价。

水污染排放检测对修复工程施工和运行期产生的工业废水和生活污水的来源、排放量、水质指标及处理设施的建设过程、沉淀池的定期清理和处理效果等进行检查、监督，并根据水质监测结果，检查工业废水和生活污水是否达到了排放标准要求。

噪声污染源环境监理主要监督检查工程施工和修复过程中的主要噪声源的名称、数量、运行状况；检查修复工程影响区域内声环境敏感目标的功能、规模、与工程的相对位置关系及受影响的人数；检查项目采取的降噪措施和实际降噪效果，并附图表或照片加以说明。

固体废物污染源环境监理应调查固体废物利用或处置相关政策、规定和要求；检查工程产生的固体废物的种类、属性、主要来源及产生量；调查固体废物的处置方式。对固体废物的利用或处置是否符合实施方案的要求进行核查，对不符合环保要求的行为进行现场处理并要求限期整改，使施工区达到环境安全和现场清洁整齐的要求。施工阶段垃圾应由各施工单位负责处理，不得随意抛弃或填埋，保证工程所在现场清洁整齐，对环境无污染。

8.2.2.5　场地修复工程——修复验收

污染场地修复验收工作程序包括文件审核与现场勘查、确定验收对象和标准、采样布点方案制订、现场采样与实验室检测、修复效果评价、验收报告编制六部分，工作流程如图 8-3 所示。

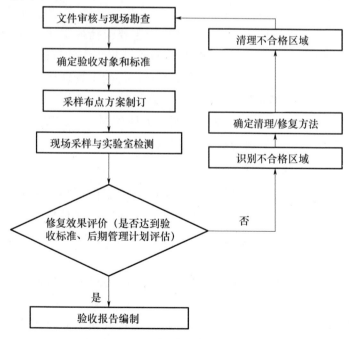

图 8-3　污染场地修复验收工作流程

1. 文件审核与现场勘查

（1）文件审核的资料范围主要包括以下内容：

①场地环境调查评估及修复方案相关文件。场地环境调查评估报告书及其备案意见、场地修复方案及其备案意见、其他相关资料。

②场地修复工程资料。修复过程的原始记录、修复实施过程的记录文件（如污染土壤清挖和运输记录）、回填土运输记录、修复设施运行记录、二次污染物排放记录、修复工程竣工报告等。

③工程及环境监理文件。工程及环境监理记录和监理报告。

④其他文件。环境管理组织机构、相关合同协议（如委托处理污染土壤的相关文件和合同）等。

⑤相关图件。场地地理位置示意图、总平面布置图、修复范围图、污染修复工艺流程图、修复过程照片和影像记录等。

对收集的资料进行整理和分析，并通过与现场负责人、修复实施人员、监理人员等相关人员进行访谈。文件审核的工作明确以下内容：

①根据场地环境调查评估备案、修复方案及相关行政文件，确定场地的目标污染物、修复范围和修复目标，作为验收依据。

②通过审查场地修复过程监理记录和监测数据，核实修复方案和环保措施的落实情况。

③通常审查相关运输清单和接收函件，结合修复过程监理记录，核实污染土壤的数量和去向。

④通过审查相关文件和检测数据，核实异位修复完成后的回填土的数量和质量，回填土土壤质量应达到修复目标值。

（2）现场勘查。污染场地修复验收现场勘查主要包括核定修复范围和识别现场遗留污染痕迹。核定修复范围是根据场地环境调查评估报告中的钉桩资料或地理坐标等，结合修复过程工程监理与环境监理出具的相关报告，确定场地修复范围和深度，核实修复范围是否符合场地修复方案的要求。识别现场遗留污染是对场地表层土壤及侧面裸露土壤状况、遗留物品等进行观察和判断，可使用便携式测试仪器进行现场测试，辅以视觉、嗅觉等方法，识别现场遗留污染痕迹。

2. 污染场地修复验收的对象和标准

主要包括以下几项内容，针对不同的验收对象应监理可测的验收标准：

（1）对于场地内部清挖土壤后遗留的基坑。验收时，须对基坑遗留土壤进行采样检测，分析修复区域是否还存在污染，验收指标为场地修复的目标污染物，验收标准为产地土壤修复目标值。

（2）原位修复后的土壤和地下水。验收指标为场地修复的目标污染物，验收标准为场地污染物修复目标值。

（3）异位修复治理后的土壤和地下水。应针对不同类型的修复技术开展验收，对于以消除或降低污染物浓度为目的的修复技术（土壤淋洗、土壤气相抽提、热脱附、空气注射等），验收指标为修复介质中目标污染物的浓度；对于化学氧化、生物降解等还应考虑可能产生的有毒有害中间产物；对于降低迁移性或毒性的修复技术（如固化/稳定化），验收指标为目标污染物的浸出限值。异位修复的验收标准根据土壤的最终去向和未来用途确定：①若回填到本场地，验收标准为场地土壤修复目标值；②若外运到其他地方，以土壤中污染物浓度不对未来受体和周围环境产生风险影响为验收标准。必要时需要根据目的地实际情况进行风险评估确定外运土壤的验收标准。抽出-处理的地下水，若修复后排放到市政管道，应符合相关的排放标准；若修复后回灌到本场地，应达到本场地地下水修复目标值。

（4）修复过程可能产生的二次污染区域，包括污染土临时储存和处理区域，设施拆除过程的遗撒区域，修复技术应用过程造成可能的污染扩散区域。验收指标为场地调查及二次污染的特征污染物，验收标准为场地污染物修复目标值。

（5）对于切断污染途径的工程控制技术，验收指标一般为各种工程指标，如阻隔层厚度和渗透系数等。

3. 采样布点方案制订

应包括采样介质、采样区域、采样点位、采样深度、采样数量、检测项目等内容。应根据目标污染物、修复目标值的不同情况在场地修复范围内进行分区采样；采样点的位置和深度应覆盖场地修复范围及其边缘；场地环境调查评估确定的污染最重区域，必须进行采样。

（1）场地内基坑土壤采样布点要求。坑底表层采用系统布点的方法，一般随机布置第一个采样点，构建通过此点的网格，在每个网格交叉点采样。网格大小根据采样面积和采样数量确定，原则上网格大小不超过 $20m×20m$。

修复范围侧壁采用等距离布点方法，根据边长确定采样点数量。当修复深度≤1m时，侧壁不进行垂向分层采样，当修复深度＞1m时，侧壁应进行垂向分层采样，第一层为表层土（0～0.2m），0.2m以下每1～3m分一层，不足1m时与上一层合并。各层采样点之间垂向距离不小于1m，采样点位置可依据土壤异常气味和颜色，并结合场地污染状况确定。

（2）原位修复后的土壤采样布点要求。对于原位修复场地，水平方向布点方案与异位修复后的基坑布点方法相同。修复范围内部应钻孔分层采样，采样点深度要求与异位修复采样要求相同。应根据场地的土壤与水文地质条件的非均质性，结合污染物的迁移特性、修复技术特点等，根据修复效果空间差异，在修复效果的薄弱点增加采样点。

（3）异位修复治理后的土壤采样布点要求。对于异位修复后的土壤，采用随机布点法布设采样点，原则上每个样品代表的土壤体积不应超过 $500m^3$，布点数量应根据修复技术修复效果、土壤的均匀性等实际情况进行调整。

（4）地下水采样布点要求。应依据地下水流向及污染区域地理位置设置地下水监测井，修复范围上游地下水采样点不少于1个，修复范围内采样点不少于3个，修复范围下游采样点不少于2个。原则上监测井布设在地下水环境调查确定的污染最严重的区域，或者根据不同类型的修复（防控）工程进行合理的布设。

由于地下水监测井建井较烦琐，并有可能对地下水造成扰动，因此规定原则上可以利用场地环境调查评估和修复时的监测井，但原监测井的使用数量不应超过验收时总检测井数的 60%。未通过验收前，被验收方应尽量保持场地环境调查评估和修复过程中使用的地下水监测井完好。监测井的设置技术要求与第二阶段现场采样相同。

（5）修复过程可能产生的二次污染区域。对于场地内修复范围外可能产生二次污染的区域，可采用判断布点的方法，结合实际情况进行布点。

（6）工程控制措施。对于工程措施（如隔离、防迁移扩散等）效果的检测，应依据工程设计相关要求进行检测点位的布设。

4. 项目验收

验收项目检测方法的检测限应低于修复目标值。实验室检测报告内容应包括检测条件、检测仪器、检测方法、检测结果、检测限、质量控制结果等。修复验收时，除了进行严密的采样和实验室检测之外，还需要对检测数据进行科学合理的分析，确定场地污染物是否达到验收标准，以判定场地是否达到修复效果要求。若达不到修复效果要求，需要给出继续清理或修复建议。场地若需开展后期管理，还应评估后期管理计划的合理性及落实程度。

当某场地或堆土采样数量少于 8 个时，采用逐个对比法判断整个场地是否达到修复效果；当某场地或堆土采样数量大于或等于 8 个时，可运用整体均值的 95% 置信上限法判断整个场地的修复效果；若采样数量大于或等于 8 个，同时样品中同一污染物平行样数量累计大于或等于 4 组时，还可用 t 检验评估法来判断整个场地的修复效果。各评价方法的具体使用如下所述：

（1）逐个对比法。当样本点检测值低于或等于修复目标值时，达到验收标准；当样本点检测值高于修复目标值时，未达到验收标准。采用逐个对比法时，只有所有样品的污染物检测值均达到验收标准，才可判定场地达到修复效果。

（2）95% 置信上限评估方法。当某场地或堆土采样数量大于或等于 8 个时，可运用整体均值的 95% 置信上限与修复目标进行比较，分析整个场地的修复效果。

①当样本点检测值整体均值的 95% 置信上限大于修复目标时，则认为场地未达到修复效果。

②当场地样本点同时符合下述情况，则认为场地达到修复效果：a. 样本点检测值整体均值的 95% 置信上限小于或等于修复目标；b. 样本点检测值最大值不超过修复目标的两倍；c. 样本超标点不相对集中在某一区域。

（3）t 检验评估方法。t 检验评估方法首先要确定采样点的检测结果与修复目标的差异，然后评估场地是否达到修复效果：若样本点的检测结果显著低于修复目标值或修复目标差异不显著，则认为达到验收标准；若某样本点的检测结果显著高于修复目标值，则认为未达到验收标准。

采用 t 检验评估方法时，只有所有样品的污染物检测值均达到验收标准，才可判定场地达到修复效果。对于基坑，若某处验收采样检测不合格，则根据网格对局部污染土壤进行再次清理和验收，必要时可在局部进行详细采样，详细采样布点采用网格布点方法。对于修复后的土壤堆体，若某堆体验收采样检测不合格，则将污染土运至处置设施处，重新运行修复设施进行修复后，再次进行采样验收。当检测结果满足修复目标后，编制验收报告。验收报告内容应真实、全面，至少包括场地环境调查评估结论概述、修复方案实施情况、验收工作程序与方法、文件审核与现场勘查、采样布点计划、现场采样与实验室检测、修复效果评价、验收结论和建议、修复环境监理报告和检测报告。

8.2.2.6　场地修复工程——后期管理

为确保场地采取修复活动的长期有效性，确保场地不再对周边环境和人体健康产生危害，一般来讲，如果选择的修复技术方案没有彻底消除污染，依赖对土壤、地下水等的使用限制，或者使用了物理和工程控制措施的场地，需要进行后期管理，主要包括以下三种类型：

（1）场地污染没有完全清除，或者场地修复行动可能在场地遗留危害物质，导致场地的用途受到限制；

（2）修复工程时间较长（如原位检测型自然衰减），或采取工程控制措施的场地；

（3）采取限制用地方式等制度控制措施的场地。

后期管理是按照科学合理的后期管理计划，根据场地的实际情况采取包括设备及工程的长期运行与维护，进行长期监测、长期存档、报告等制度，定期和不定期的回顾性检查等工作内容的过程，目标是评估场地修复活动的长期有效性，确保场地不再对周边环境和人体健康产生危害。

后期管理必须与制度建设相结合才能发挥实效，即需要建立一套长期监测、跟踪、回顾性检查与评估及后期风险管理制度，做好制度的设计、构建，明确技术要求及各相关方责任。

回顾性检查与评估是场地后期管理中非常核心的一个内容，包括场地资料回顾与现场踏勘、场地潜在风险识别与诊断、后期管理优化措施及建议、回顾性报告编制 4个步骤：

（1）场地资料回顾与现场踏勘：开展回顾性检查的人员首先要进行场地资料回顾与现场踏勘，包括场地基本资料收集查阅、场地数据回顾与分析、现场踏勘、人员访谈等工作。

（2）场地潜在风险识别与诊断：通过场地资料回顾与现场调查，识别判断现有修复方式或措施可能存在的问题，如不完善的制度控制措施、修复目标难以达到、修复目标不准确、场地修复行动未按照设计运行、暴露途径是否变化、场地使用方式是否变化等问题，从而判断场地修复行动是否可达到保护人体和环境的目的。

（3）后期管理优化措施及建议：根据场地潜在风险的识别与诊断，若判断场地修复行动不能或难以达到保护目的，则需提出并采取进一步的措施和建议对修复实施方案进行优化，包括长期响应行动、操作与维护、实施制度控制、修复方案优化、补充调查等方式。

（4）回顾性报告编制：根据上述调查与诊断，给出回顾性结论，决定是否需要采取进一步措施，是否要持续进行回顾性检查及时间跨度等，编制回顾性报告。

场地回顾性检查与评估由场地修复责任方依据场地情况委托具有相应能力的机构

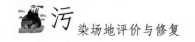

组织开展。场地回顾性报告应报当地环保部门备案并在回顾性检查与评估实施过程中接受环保部门的监督指导。

后期管理一般在修复完成后场地开发建设阶段介入，采取多种修复技术长期修复的场地也可在修复启动时介入，具体可根据政策要求、场地修复方案等因素确定。场地回顾性检查与评估在场地修复验收后五年开展一次，贯穿场地全过程，直至场地不再对周边环境和人体健康产生影响，后续的场地回顾性检查与评估时间根据前一次回顾检查的结论确定，根据实际情况可提前回顾或增加回顾的频率。

8.3 土壤修复工程技术筛选及方案制订

8.3.1 目的及意义

污染土壤修复区别于其他工程项目的重要特点之一是一地一策、一时一策。污染场地情况一般比较复杂，需考虑的因素较多，如土壤性质、污染因子类别、污染分布、配套条件、土地后续用途、修复周期、修复费用等，同时污染场地修复技术众多，包括物理方法、化学方法、生物方法及联合修复等，针对具体的某个场地有多种可行的修复技术可供选择，而在修复过程中一般不存在任何一种修复技术在各个方面的表现都优于其他技术。这使得人们在修复过程中不得不考虑成本收益情况，即采用何种修复技术能够在较低耗费时取得较大收益。修复技术的选择是一个决策过程，通过修复技术各个方面的表现进行权衡并做出决策，最终选取最适合的修复技术或联合修复技术进行实施。

因此，污染场地修复方案编制的目的是根据场地调查与风险评估结果，确定适合于目标场地的最佳修复技术方案，并制订配套的环境管理计划，作为目标场地的修复工程实施依据，支撑该场地相关的环境管理决策。

8.3.2 基本原则

8.3.2.1 科学性原则

采用科学的方法，综合考虑污染场地土壤修复目标、土壤修复技术的处理效果、修复时间、修复成本、修复工程的环境影响等因素，制订修复方案。

8.3.2.2 可行性原则

制定的污染场地土壤修复方案要合理可行，在前期工作的基础上，针对污染场地的污染性质、程度、范围以及对人体健康或生态环境造成的危害，合理选择土壤修复技术，因地制宜制订修复方案，使修复目标可达，修复工程切实可行。

8.3.2.3 安全性原则

制订污染场地土壤修复方案要确保污染场地修复工程实施安全，防止对施工人员、周边人群健康以及生态环境产生危害和二次污染。

8.3.3 工作程序和内容

根据环境保护部 2014 年 11 月发布的《工业企业场地环境调查评估与修复工作指南（试行）》（以下简称《指南》），完成场地调查评估后，即进入污染场地修复阶段，污染场地修复方案编制是本阶段的重要工作。方案编制的工作程序和内容如图 8-4 所示，主要包括：①选择修复策略；②筛选与评估修复技术；③形成修复技术备选方案与方案比选；④制订环境管理计划；⑤编制修复方案。

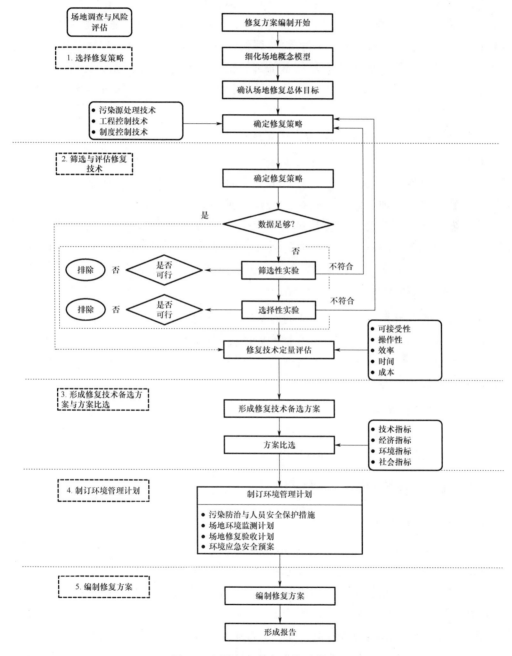

图 8-4 污染场地修复方案编制流程

8.3.3.1 选择修复策略

根据场地调查与风险评估结果，细化场地概念模型并确认场地修复总体目标，通过初步分析修复模式、修复技术类型与应用条件、场地污染特征条件、水文地质条件、技术经济发展水平，确定相应修复策略。选择修复策略阶段主要包括细化场地概念模型、确认场地修复总体目标、确定修复策略3个过程。

8.3.3.2 筛选与评估修复技术

以场地总体修复目标与修复策略为核心，调研常用的修复技术，综合考虑修复效果、可实施性及其成本等因素进行技术筛选，找出适用于目标场地的潜在可行技术，并根据需要开展相应的技术可行性实验与评估，确定目标场地的可行修复技术。筛选与评估修复技术阶段主要包括修复技术筛选、技术可行性评估、修复技术定量评估3个过程。其中，技术可行性评估根据实验目的和手段的不同，又分为筛选性实验和选择性试验。

8.3.3.3 形成修复技术备选方案与方案比选

形成修复技术备选方案就是进一步综合考虑场地总体修复目标、修复策略、环境管理要求、污染现状、场地特征条件、水文地质条件、修复技术筛选与评估结果，对各种可行技术进行合理组合，形成若干能够实现修复总体目标、潜在可行的修复技术备选方案。方案比选则是针对形成的各潜在可行修复技术备选方案，从技术、经济、环境、社会指标等方面进行比较，确定适合于目标场地的最佳修复技术方案。形成修复技术备选方案与方案比选阶段主要包括形成修复技术备选方案和方案比选两个过程。

8.3.3.4 制订环境管理计划

制订环境管理计划是为目标场地的修复工程实施提供指导，防止场地修复过程的二次污染，并为场地修复过程的环境监管提供技术支持。制订环境管理计划阶段主要包括提出污染防治和人员安全保护措施、制订场地环境监测计划、制订场地修复验收计划、制订环境应急安全预案4个过程。

8.3.3.5 编制修复方案

根据上述选择修复策略、筛选与评估修复技术、形成修复技术备选方案与方案比选、制订环境管理计划的流程，进行修复方案的编制，形成报告。

8.3.4 确定修复策略及修复模式

8.3.4.1 确认场地条件

（1）核实场地相关资料。审阅前期按照《建设用地土壤污染状况调查技术导则》（HJ 25.1—2019）和《建设用地土壤污染风险管控和修复监测技术导则》（HJ 25.2—2019）完成的场地环境调查报告和按照《建设用地土壤污染风险评估技术导则》（HJ 25.3—2019）完成的污染场地风险评估报告等相关资料，核实场地相关资料的完整性和有效性，重点核实前期场地信息和资料是否能反映场地目前的实际情况。

（2）现场考察场地状况。考察场地目前情况，特别关注与前期场地环境调查和风险评估时发生的重大变化以及周边环境保护敏感目标的变化情况。现场考察场地修复工程施工条件，特别关注场地用电、用水、施工道路、安全保卫等情况，为修复方案的工程施工区布局提供基础信息。

（3）补充相关技术资料。通过核查场地已有资料和现场考察场地状况，发现已有资料不能满足修复方案编制基础信息要求时，应适当补充相关资料。必要时应适当开展补充检测，甚至进行补充性场地环境调查和风险评估，相关技术要求参考《建设用地土壤污染状况调查技术导则》（HJ 25.1—2019）、《建设用地土壤污染风险管控和修复监测技术导则》（HJ 25.2—2019）和《建设用地土壤污染风险评估技术导则》（HJ 25.3—2019）。

8.3.4.2 确认修复目标

通过对前期获得的场地环境调查和风险评估资料进行分析，结合必要的补充调查，确认污染场地土壤修复的目标污染物、修复目标值和修复范围。

（1）确认目标污染物。确定前期场地环境调查和风险评估提出的土壤修复目标污染物，分析其与场地特征污染物的关联性和与相关标准的符合程度。

（2）提出修复目标值。根据《建设用地土壤污染风险评估技术导则》（HJ 25.3—2019）计算的土壤风险控制值和场地所在区域土壤中目标污染物的背景含量和国家有关标准中规定的限值，合理提出土壤目标污染物的修复目标值。

（3）确认修复范围。确认前期场地环境调查与风险评估提出的土壤修复范围是否清楚，包括四周边界和污染土层深度分布，特别要关注污染土层异常分布情况，如非连续性自上而下分布。依据土壤目标污染物的修复目标值，分析和评估需要修复的土壤量。

8.3.4.3 确认修复要求

与场地利益相关方进行沟通，确认对土壤修复的要求，如修复时间、预期经费投入等。

8.3.4.4 选择修复模式

根据污染场地特征条件、修复目标和修复要求，确定修复策略，选择修复模式。场地修复策略是指以风险管理为核心，将污染造成的健康和生态风险控制在可接受范围内的场地总体修复思路，包括采用污染源处理技术、切断暴露途径的工程控制技术以及限制受体暴露行为的制度控制技术三种修复模式中的任意一种或者组合。

（1）确定修复策略应遵循的原则。

①应与场地未来的用地发展规划、开发方式、时间进度相结合。应与场地相关利益方进行充分交流和沟通，确认场地未来的用地发展规划、场地开发方式、时间进度、是否允许原位修复、修复后土壤的再利用或处置方式等。

②应充分考虑场地修复过程中土壤和地下水的整体协调性，并综合考虑近期、中期和长期目标的要求，以及修复技术的可行性、成本、周期、民众可接受程度等因素。

③污染场地风险评估可作为评估采取不同修复策略是否可以达到修复目标的评估工具。

④应选择绿色的、可持续的修复策略，使修复行为的净环境效益最大化。

⑤针对污染源处理技术、工程控制技术、制度控制技术中的某一修复模式，提出该修复模式下各个修复单元内容各类介质的具体修复指标或工程控制指标。

（2）修复策略制定的具体过程。

①采用污染源处理技术时，针对各种技术类型，应根据污染介质确定目标污染物，明确具体的处理目标值和待处理的介质（土壤或地下水）范围。具体的处理技术类型有原位生物、原位物理、原位化学、异位生物、异位物理、异位化学等。

②对于污染土壤而言，处理目标值应根据风险评估结果、处理技术的特点以及土壤的最终去向或使用方式来综合确定。当采用降低土壤中目标污染物浓度的源处理技术时，处理目标值一般是将土壤中的目标污染物浓度降低到符合土壤再利用用途的风险可接受水平；当采用化学氧化等降低污染物浓度的技术时，还应考虑可能产生的中间产物及控制指标。当采用降低土壤中目标污染物的活性和迁移性控制器风险的固化/稳定化技术时，应根据固化体最终处置地的环境保护要求，确定其浸出浓度限值。待处理介质范围描述应包括需处理的污染土壤的深度、面积与边界、土方量。

③对于污染地下水而言，需明确不同阶段的处理目标值，地下水的处理目标值与其将要达到的功能密切相关；待处理介质范围的描述应包括需处理的污染地下水的边界、深度与出水量。

④采用工程控制技术时，应根据污染介质，确定目标污染物、修复范围、暴露途径，选择合适的组织污染扩散或切断暴露途径方式，如覆盖清洁土、建立阻截工程等，从而降低和消除场地污染物对人体健康和环境的风险。从修复成本、修复周期等因素考虑，工程控制技术可为一种合理有效的选择。工程控制技术可以与污染源处理技术联合使用，可以降低修复成本，或用于场地修复过程中的二次污染防治。

⑤采用制度控制技术时，应通过制定和实施各项条例、准则、规章或制度，减少或阻止人群对场地污染物的暴露，从制度上杜绝和防范场地污染可能带来的风险和危害，从而达到利用行政管理手段对污染场地的潜在风险进行管理与控制的目的。制度控制技术常与工程控制技术或与污染源处理技术联合采用。

8.3.5 修复技术筛选与评估

8.3.5.1 国内外污染场地修复技术筛选现状

该项工作主要分为两部分内容：一是修复技术初筛；二是修复技术详细评价。

1. 修复技术初筛

修复技术初筛是从大量的备选修复技术中选出潜在可用的修复技术，为修复技术详细评价提供具体的比较对象。修复技术初筛没有确定的标准，一般会根据修复技术的目标污染物适用性及与场地条件的匹配性来确定潜在可用的修复技术。备选修复技术信息常会被系统地整理并保存在修复技术信息库中以方便查找。在信息库中保存的信息主要有修复技术原理、工艺特点和要求、优缺点、费用情况、以往工程应用案例等。

修复技术初筛比较简单，相关的学术研究较少，其具体筛选流程可参见各国颁布的技术导则（表8-1）。对于污染区域较小、污染物性质相似的场地，一般可直接根据目标污染物适用性从修复技术信息矩阵中查询潜在可用的修复技术；对于大型污染场地则需要先对场地进行细分，按照污染物和污染介质特性对修复区域进行划分，再进行潜在可用修复技术的确定。

表 8-1　各国污染场地修复技术筛选相关导则

国家	部门	导则名称
英国	环保署	固定化、稳定化技术处理污染土壤使用导则（2004）
		污染土地报告（第11版）（2004）
加拿大	污染场地管理工作组	场地修复技术：参考手册（1997）
	新不伦瑞克环境局和当地政府	污染场地管理导则（2003，第2版）
	加拿大爱德华王子岛	石油污染场地修复技术导则（1999）
	萨斯喀彻温省环境资源管理局	市政废物处理场石油污染土壤的处理和处置导则（1995）
美国	新泽西州环境保护局	污染土壤修复导则（1998）
	美国环保署超级基金	修复技术调查与可行性研究导则（1988）
	华盛顿州生态毒物清洁项目部	石油污染土壤修复技术导则（1995）
丹麦	丹麦环保局	污染场地修复导则（2004）
新西兰	环境部	木材处理化学品健康和环境导则（1997）
		新西兰煤气厂污染场地评估和管理导则（1997）
		新西兰石油烃类污染场地评估和管理导则（1999）
澳大利亚	澳大利亚环境部和新西兰环境部	澳大利亚和新西兰污染场地评估和管理导则（1992）
	环境部	昆士兰污染土地评估和管理导则（草案）（1998）
	南澳环保局	环保局导则：土壤升温修复技术（异位）（2005）

2. 修复技术详细评价

修复技术详细评价就是对初筛中确定的比较对象进行决策，从中确定最合适的修复技术。不同的场地有其特有的社会和环境特征，在选择修复技术时人们面临的决策情形会有所区别。例如，对于急待开发的场地，有足够的修复资金来源，对时间及修复目标实现的要求较关注，在修复时主要考虑因素之间的矛盾较小，决策结果较容易获得。

但对于一些修复资金不足的场地修复，往往在决策时需要权衡各个因素才能获得最佳修复技术。为此，许多研究者尝试引入各种决策方法进行修复技术筛选决策，并发表了许多文献。相反，由于场地的特异性使得场地修复技术决策情形有差异，国家层面的导则对修复技术详细评价只给出了原则性考虑因素。根据决策形式的不同，可以将修复技术详细评价分为三类：专家评估、类比筛选和多目标决策。

（1）专家评估。将污染场地调查所得的信息进行归类整理，这些信息包括自然环境特征、社会经济情况、土地利用情况、污染物种类及分布情况、修复目标等。要求专家根据这些场地信息选择合适的修复技术。该方法主要用于场地条件复杂、其他方

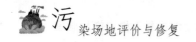

法都不适用的情况。

专家评估不是简单的专家讨论，而是需要遵循一定的规范，即基于导则提出的修复技术筛选流程及筛选中需考虑的因素，确定最终评估所得的修复技术最佳可行。为此，许多国家制定了涉及污染场地修复技术筛选的导则（表 8-1）。美国各个污染场地的报告中（record of decision）有关修复技术确定的内容，全部都是通过专家评价确定实施的修复技术。有关修复技术的比选因素，美国超级基金提出了著名的"九原则"（图 8-5），根据所考虑的方式可分为 3 类：①可变原则，根据人为的要求而确定的原则，包括政府的可接受程度和公众的可接受程度；②阈值原则，要求必须达到的原则，包括整体人体健康与环境的保护、符合应用及其他相关要求；③权衡原则，根据特定场地修复中修复技术在各个因素考虑中的优劣性，采用多属性效用方法，筛选得到最优的修复技术，考虑的因素包括可操作性、短期影响、长期影响、污染物的毒性、迁移性或污染负荷的消除效果、费用。

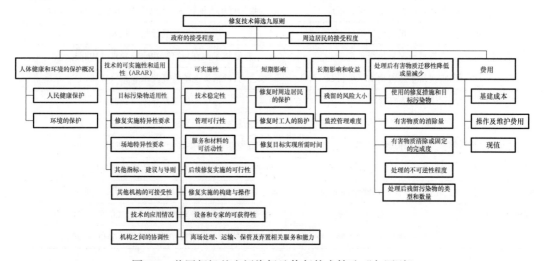

图 8-5 美国超级基金污染场地修复技术筛选"九原则"

英国污染土地调查报告中提出的考虑因素包括修复有效性、利益方的意见、实施要求、商业可获得性、以往实施情况、法律法规的符合性、健康和安全风险、环境影响、长期维护要求、修复时间、修复费用、与其他技术的联用性。

此外，欧盟 CLARINET 也提出了修复技术筛选应从 6 个方面考虑：修复动力和修复目标、风险管理、土地利用可持续性、利益各方的观点、成本收益、技术的适用性和灵活性。

（2）类比筛选。类比筛选是根据两个场地之间的区域环境特征、土壤和地下水特征、分布有污染物的地层岩性以及污染物种类及浓度水平的相似性和可比性，将已有场地应用的修复技术应用在待修复的场地。区域环境特征包括气象条件、地貌状况、生态特点、地质水文特点等方面。

较早提出该方法的有美国联邦补救处理局（Federal Remediation Treatment，FR-TR），这是一个由美国多个政府部门组成的机构（包括国防部、环保部、陆军工程兵团、能源部等），用于交流污染场地修复技术信息。在其发布的 Remidiation Technologies Screening Matrix and Reference Guide（第二版）中，就提出以该方法为核心进行修复技术筛选。经过 20 年的扩充，FRIR 已建立了完备的修复技术信息库，对修复技术信息的分类、整理和应用统计都十分细致。但是类比方法仅仅根据修复技术适用性方面进行考虑，虽然所得的修复技术在实施和修复目标的实现方面没有问题，但是其考虑的方面有些"窄"。从类比角度选择修复技术在 20 世纪八九十年代较为流行，但近十多年来，可持续的土地利用原则被各个国家和土地管理者所接受，在污染土壤修复方面也更多地注重可持续原则。基于可持续原则考虑修复技术除了考虑技术特性外，还要考虑经济、社会和环境因素，因此根据类比法所确定的修复技术可能不是最佳选择。

（3）多目标决策。修复技术选择过程中需要从多个目标出发做出决策，而这些目标之间往往会相互矛盾，并且各目标的衡量方式不一，有定性衡量也有定量衡量。多目标决策时将各考虑目标转换成指标，并根据各目标的特点确定各指标属性值的表示方法，最后通过多目标决策方法将各个属性值归一化，根据归一化的值大小确定最佳修复技术。最佳修复技术的考虑角度不同，其设定的指标也会有所区别，采用的决策方法可能也不一样。

多目标决策方法可以使评价流程具有直观性和透明性，易被人们所接受；其评价过程的规则化和现实仿真模拟计算则有利于减少决策失误；多目标决策还可以适用于群决策，综合考虑多个或多个群体的决策者的意见并选出最佳均衡方案。因而管理者在修复技术筛选时常采用各种决策方法进行修复技术筛选。

修复技术详细评价中常见的多目标决策方法包括评分/排序法（简单加和法）、层次分析法、逼近理想解排序法、成本收益分析法、生命周期法、最佳可行技术法、ELECTRE 法、偏好排序法。

①评分/排序法（简单加和法）。环境工程中的决策是一项复杂而杂乱的工作，需要权衡社会政治、环境和经济方面的因素。在决策过程中反映这些因素如成本、效益、环境影响、安全和风险等的指标，其度量单位难以统一，难以合理地选择修复技术。评分/排序法可以采用定性或定量的分析方式进行决策，通过评分、权重及相关计算方法对修复方案各个方面的表现再进行评价，根据评价进行排序。其是在污染场地修复技术筛选中采用的多属性决策方法。早期多采用加权指标评分法筛选修复技术，如 Brian J. Grelk 等对超级基金提出的九原则进行了指标的具体化，提出了 21 个评价指标并列出了相关的评价方式。随着计算机技术的不断成熟，往往会结合 GIS 进行指标的评分并用于大型污染场地的修复技术筛选。如 Andrea Critto 等在 DESYRE 中采用的指标有稳定性、干预条件、有害性、社区可接受性、有效性和费用，通过空间可视化及评分结果对场地分区，分别采取修复措施。

目前针对某种类型污染场地进行修复技术筛选，将指标体系和 GIS 系统结合在一起进行修复技术筛选是主要的研究方向。

②层次分析法（AHP）。层次分析法（analytic hierarchy process，AHP）是将一个复杂的多目标系统决策问题分解成目标层、准则层、方案层和指标层，通过对定性

指标进行量化，再算出各层次参数的重要程度（权数）的单排序和总排序的一种决策方法。它可将人的主观性用数量的形式表达出来，使之更加科学化，避免由于人的主观性导致权重预测与实际情况相矛盾的现象发生，克服了决策者和决策分析者难以相互沟通的现象，克服了决策者的个人偏好，提高了决策的有效性，在多目标决策领域具有广泛的应用价值。

运用层次分析法时，大致按照以下 5 个基本步骤：a. 根据所选取的污染场地修复技术筛选指标体系建立层次递阶系统结构，包括目标、准则、方案以及它们之间的衔接关系；b. 以上一层为准则，对同一层次中各影响因素进行两两比较，依照规定的标度量化后写成矩阵形式，即构造判断矩阵；c. 由判断矩阵计算两两比较元素对于该准则的相对权重并进行一致性检验；d. 计算各层元素对系统目标的合成权重即总层次排序，及其一致性检验；e. 总体方案排序优选。

③逼近理想解排序法/理想点法（TOPSIS）。通过理想方案的建立，确定各个待选修复技术与各个理想方案的相对位置，其中接近最佳理想方案的修复技术为最适修复技术。在修复技术筛选中最常用的理想点法为 TOPSIS 法（technique for order preference by similarity to ideal solution），近年来被用于多目标系统决策问题的综合评价中。其将每一个指标作为一个维度建立一个欧几里得空间，因此每一个技术根据其评价值在欧几里得空间中有一个确定的位置，与最佳理想方案最接近的修复技术为最佳修复技术。

④成本收益分析法。成本收益分析法实际上采用的是多属性效用函数的评价方式，通过将污染场地修复的代价和收益转换为货币价值进行比较。成本收益分析如果只限于经济领域，其成本往往被称为私人成本。而对于污染场地修复筛选，成本收益分析还需要考虑其他的因素，如人体健康、环境、土地使用等，这时所考虑的成本被称为公共成本。该方法的缺点主要有两个：一是在分析过程中可以考虑的因素有很多，而且各个场地都有差别，需要确定哪些因素需要考虑；二是有些影响因素难以严格地用货币价值进行评价，如风险削减和费用的关系。在实际评价过程中，往往可以同时进行定性和定量评估。成本收益分析在正常制定和修复工程设计中被广泛使用，也广泛用于污染场地管理决策。它可以将大量需要考虑的因素转化为统一的货币单位进行评价，但也有一定的局限性，主要包括：每个人的价值判断标准不一，在考虑因素货币价值转换过程中会有争议；对健康及生命价值的评价往往在道德方面难以接受；计算模型的选择往往会产生争议。

⑤生命周期法（LCC）。生命周期法（life cycle costs，LCC）是单从环境收益及支出的角度进行修复技术筛选，即用较少的环境代价实现场地修复。生命周期法采用从摇篮到坟墓的方式评估污染场地修复过程中的一系列环境影响。其特点有三：一是从摇篮到坟墓式，从修复开始前资源的获取到最终废弃物的填埋，整个过程都会被考虑；二是综合性，从理论上说就是所有修复过程中与环境的交互过程都会被考虑，如资源获取、废物排放和其他环境干预等；三是可以进行定量或定性的评估，定量评估能够更加容易发现生命周期中有问题的部分及采取何种措施可以进行替代。

基于生命周期理论的修复决策工具有一些，其中最广泛使用的是荷兰的 REC

系统。REC 是风险削减、环境效益和费用的缩写，20 世纪 90 年代早期就已开始应用。该决策支持系统通过风险、环境和费用这三者之间的权衡来确定最佳的修复技术。

风险削减考虑的因素：人体、生态系统和敏感受体的暴露情况；通过清理可以使风险降低的情况，即随着时间的推移，通过修复带来的风险减少量。风险削减量由风险模型计算。

环境效益：用一个指标体系进行评价，指标反映了土壤修复过程中的环境代价和收益情况。考虑的指标有土壤质量改善情况、地下水质量改善情况、地下水的污染情况、清洁地。各个指标的权重由专家给出，评分由加和计算各备选修复技术的环境效益指标得分。

费用：包括构建费用、操作费用、处理费用和管理费用。费用支出按年进行计算，并且根据修复年限进行折现。

REC 通过这 3 个指标的分值进行综合评价。REC 的设计目的不是进行整体的污染场地修复方案筛选，但确实可以为决策者提供一个不同修复方案环境可持续性和修复费用关系的参考。REC 模型的输出结果是各个清理方案的 3 个指标值。

早期研究利用 LCC 能够较精确地评价修复技术的环境效益，在很多污染场地修复技术筛选方面进行了应用，但修复技术筛选还需要考虑社会和更多的因素，后期的研究中开始在修复技术筛选过程中考虑更多的经济因素并与其他修复技术筛选方法联用。生命周期法需要大量的场地和修复技术信息作为支持。目前我国修复技术实施的信息匮乏，往往需要进行技术转让，这可能是我国 LCC 应用的一个障碍。

⑥最佳可行技术法（BAT）。最佳可行技术法最典型的是加拿大女王大学工学院学者发表的一系列石油类污染场地修复技术筛选文章，其就石油类污染修复技术的场地适用性进行了决策，采用不同决策防范的决策支持系统对场地适用性进行评价，根据适用性的高低确定修复技术的优劣。

BAT 代表了各项生产活动、工艺过程和相关操作方法发展的最新阶段，它表明了某种特定技术在满足排放限值基础上的适用性，或者当污染满足排放限值，又无其他指定技术的情况下，采用此种技术可以使得向正规环境中的排放量达到最小。对于可行的定义有两点：一是有成本效益，如果技术成本过高而环境效益过低则难以实施；二是该技术是否能够获得。BAT 在考虑污染场地修复方案中只是进行了局部因素的考虑，此外其只能进行有限的成本收益分析。

⑦ELECTRE 法。ELECTRE（elimination et choice translating reality）方法属于级别不劣于关系方法（outranking relationship），级别不劣于关系方法是多属性决策分析方法系列中的一类。级别不劣于关系方法的思路：a. 评价每个方案在各个属性的表现；b. 确定每个属性的相对重要性，即权重（可采用层次分析法）；c. 级别不劣于关系的架构及基于属性的严格偏好临界值（或函数）p；d. 偏好关系由原料的"严格偏好"和"无差异"扩展到四种可能的关系：严格偏好、无差异、弱偏好、不可比。

⑧偏好排序法（PROMETHEE）。偏好排序法（preference ranking organization method enrichment evaluation，PROMETHEE）是由比利时 Brans 教授在 1984 年首次

提出的一种多属性决策方法，利用决策者给出的偏好函数、准则值和准则权重，以优序关系确定方案的分类。偏好关系由原料的"严格偏好"和"无差异"扩展到四种可能的关系：严格偏好、无差异、弱偏好、不可比。由于偏好关系的扩展，克服了传统多属性决策中属性间的完全补偿关系。决策者可以先通过不完全排序排除最差的方案，减少了进一步决策分析的工作量。

我国修复技术筛选的研究开展较晚，2008 年谷庆宝等提出了修复技术筛选的概念，随后罗程钟等提出 POPs 污染场地修复技术筛选方法，这是我国关于修复技术筛选的最早报道。2013 年罗云基于 Topsis 对污染场地土壤修复技术筛选进行了研究。2015 年，中国环境保护产业协会发布了《污染场地修复技术筛选指南》。

8.3.5.2 修复技术筛选

结合污染场地污染特征、土壤特性和选择的修复模式，从技术成熟度、适合的目标污染和土壤类型、修复的效果、时间和成本等方面分析比较现有的土壤修复技术优缺点，重点分析各修复技术工程应用的实用性。可以采用列表列出修复技术原理、实用条件、主要技术指标、经济指标和技术应用的优缺点等进行比较分析，也可以采用权重打分的方法进行比较分析，提出一种或多种备选修复技术进行下一步可行性评估。

修复技术筛选可参考修复技术信息库。修复技术信息库用于分类保存及整合修复技术及场地应用信息，方便修复技术初筛时所需信息的查找。同时也有利于各个场地修复公司、场地管理方、研究者之间的信息共享，不断推进场地修复工作的开展。

国内外知名的修复技术信息库包括英国污染土地调查报告、美国 FRTR 修复技术筛选矩阵、中国环境保护部发布的《2014 年污染场地修复技术目录（第一批）》《工业企业场地环境调查评估与修复工作指南（试行）》和《污染场地修复技术筛选指南》（CAEPI 1—2015）等。

修复技术信息结构见表 8-2。

对于修复技术及对应工艺信息的收集，可以模仿国外土壤修复数据库。鼓励技术供应商将自己的修复技术信息放入污染场地修复技术系统库中，供场地修复管理者查阅。一方面可以帮助查找污染场地的最优修复技术，另一方面可以为修复技术开发者提供实地应用和商机。修复技术供应商可以是专门从事污染场地修复的个体工商者，也可以是污染土壤治理的研究机构。修复技术供应商提供修复技术信息应该保证其真实性，能够对其是否能修复某个具体的污染场地提供足够的支持。随着修复技术信息的不断扩充和完善，基于同一个原理的各个修复技术分支都会有详细介绍和适用条件，并且给出修复案例作为参考。同时也有一个完善的索引体系，用于修复技术查找。

土壤和地下水修复技术筛选矩阵见表 8-3 和表 8-4。

表 8-2　修复技术信息结构

一级分类	二级分类	主要内容
生物修复技术	原位生物通风技术	
	原位强化生物处理技术	
	原位植物修复技术	
	异位生物桩技术	
	异位生物堆腐技术	
	异位地耕法	
	异位泥浆生物反应	
物理化学处理技术	原位化学氧化还原技术	（1）基本信息：修复技术介绍、修复原理、污染物可处理性、场地限制条件、修复技术相对优势、技术实施所需信息、实施效果信息、费用情况；
	异位化学氧化还原技术	
	原位电动分离技术	
	原位压裂技术	
	原位土壤淋洗技术	（2）修复案例信息：修复技术在污染场地的应用情况，其包括场地描述、处理情况、费用、操作运行特点等；
	异位土壤淋洗技术	
	原位土壤气提技术	
	原位固化/稳定化	（3）三级分类技术：对多技术联用或在某种技术原理下进行了创新，使该修复技术的特征与该基于原理的其他修复技术差别较大，此时在该二级修复技术下进行三级分类，单独进行描述
	异位固化/稳定化	
	异位分选技术	
	异位脱卤化技术	
	异位化学提取技术	
热处理技术	异位焚烧技术	
	异位热裂解技术	
	异位热解吸技术	
其他技术	自然恢复监测	
	原位封场技术异位	
	挖掘、分类、填埋技术	

表 8-3　土壤和地下水修复技术筛选矩阵

符号定义

● —平均值以上
○ —平均值
▽ —平均值以下
★ —技术的有效性取决于污染物种类和技术的应用/设计

	技术成熟度	运行维护投入	资金投入	系统的可靠性和维护需求	其他相关技术	修复时间	目标污染物				
							VOCs	SVOCs	石油烃	POPs	重金属
土壤、底泥和淤泥											
原位生物处理											
1. 生物通风	●	●	●	●	●	○	●	●	●	●	▽
2. 增强生物修复	●	▽	○	○	●	●	●	●	●	●	○
3. 植物修复	●	●	●	▽	●	▽	▽	○	○	○	●
原位物理/化学处理											
4. 化学氧化/还原	●	▽	○	○	○	●	▽	●	●	●	●
5. 土壤淋洗	●	▽	○	●	●	●	●	●	●	●	●
6. 土壤气相抽提	●	▽	○	●	●	●	●	●	▽	▽	▽
7. 固化/稳定化	●	●	●	●	●	●	●	●	●	●	●
8. 热处理（热蒸汽及热脱附）	●	▽	▽	●	○	●	●	▽	●	●	○
异位生物处理（假设基坑开挖）											
9. 生物堆	●	●	●	●	●	○	●	●	●	○	▽
10. 堆肥法	●	●	●	●	●	●	●	●	●	●	▽
11. 泥浆态生物处理	●	▽	▽	○	●	●	●	●	●	●	▽
异位物理/化学处理（假设基坑开挖）											
12. 土壤洗脱	●	▽	○	●	●	▽	●	●	●	●	●
13. 化学氧化/还原	●	○	▽	●	●	●	●	●	●	●	●
14. 固化/稳定化	●	○	▽	●	●	▽	●	●	●	●	●
异位热处理法（假设基坑开挖）											
15. 工业炉窑共处理	▽	▽	▽	●	●	●	●	●	●	●	▽
16. 焚烧	●	▽	▽	○	●	●	●	●	●	●	▽
17. 热脱附	●	▽	▽	●	●	●	●	●	●	●	▽
其他技术											
18. 填埋场冒封技术	●	○	▽	●	●	▽	●	●	●	○	○
19. 填埋场增强型冒封	●	○	▽	●	●	▽	●	●	○	○	▽
20. 开挖、运出、安全填埋	●	●	●	★	●	●	●	●	●	●	●
地下水（包括填埋场渗滤液）											
原位生物处理											
21. 增强型生物修复	●	▽	○	○	★	●	●	●	●	●	○

续表

符号定义 ●—平均值以上 ○—平均值 ▽—平均值以下 ★—技术的有效性取决于污染物种类和技术的应用/设计	技术成熟度	运行维护投入	资金投入	系统的可靠性和维护需求	其他相关技术	修复时间	目标污染物				
							VOCs	SVOCs	石油烃	POPs	重金属
22. 检测型自然衰减	●	▽	○	○	▽	★	●	●	▽	▽	○
23. 植物修复	●	●	●	▽	●	▽	▽	▽	▽	▽	○
原位物理/化学处理											
24. 空气注入法	●	●	●	●	●	●	●	●	●	●	▽
25. 生物通风＋自由相提取	●	●	●	○	●	○	▽	●	●	●	▽
26. 化学氧化/还原	●	▽	▽	▽	●		●	●	●	●	●
27. 多相抽提法	●	▽	▽	▽	●		●	●	●	●	▽
28. 热处理法	●	▽	▽	▽	●		●	●	●	●	▽
29. 井内曝气吹脱	●	○	▽	▽	○	▽	●	○	▽	▽	○
30. 主动/被动反应墙（如 PRB）	●	○	▽	●	○	▽	●	●	●	●	●
其他方法											
31. 阻隔法（如止水帷幕、水力控制法等）	●	○	▽	●	●	▽	▽	▽	●	●	●

异位处理（抽出-处理）抽出后处理技术同工业废水处理

表 8-4　矩阵中所用符号具体说明

考虑因素	●	○	▽	其他
技术成熟度——所选取技术的应用规模和成熟程度	该技术已被多个污染场地所采用，并作为最终修复技术的一部分；有良好的文献记录，已被技术人员所理解	已满足投入工程应用或全尺寸重视的需求，但仍需要改进和更多测试	没有实际应用过，但已经做了小试和中试等试验，有应用前景	★ 技术的有效性取决于场地情况、污染物种类及技术的应用设计/应用
运行维护投入——全套技术维护期间的投入	运行维护投入较低	运行维护投入一般	运行维护投入较高	
资金投入——全套技术的设备、人力等投入	资金投入一般	资金投入平均等级	资金投入较高	
系统可靠性和维护需求——相对其他有效技术而言，该技术的可靠性和维护需求	可靠性高和维护需求少	可靠性一般，维护需求一般	可靠性低，维护需求多	

考虑因素	●	○	▽	其他
其他相关成本——处置前、处置后、处置过程中核心过程的设计、建造、操作和维护成本	相对于其他选择，总体费用较低	相对于其他选择，总体费用一般	相对于其他选择，总体费用较高	N/A 表示不适用

修复时间——采用该技术处理单位面积场地所花费的时间	原位土壤	少于 1 年	1～3 年	多于 3 年	I/D 表示无法收集到足够的数据
	异位土壤	少于 0.5 年	0.5～1 年	多于 1 年	
	原位地下水	少于 3 年	3～10 年	多于 10 年	

注：1. 本筛选矩阵参考美国 FRTR 矩阵，并根据中国实际工作修订得出。

2. 地域性特征项由各地根据实际情况确定。

根据《污染场地修复技术筛选指南》（CAEPI 1—2015）的规定，结合国际通用方法和国内发展现状，对备选修复技术进行选择时需评估的指标包括：①人体健康和生态环境的充分保护；②满足相关法律法规的程度；③长期有效性；④污染物毒性、迁移性和总量的减少程度；⑤短期有效性；⑥可实施性；⑦修复成本；⑧有关部门接受程度；⑨周边社区接受程度。

《污染场地修复技术筛选指南》（CAEPI 1—2015）附录 C 给出了依据以上指标对污染场地修复技术进行选择的评分表（表 8-5）。评分表采用 10 分制，按照分值越高指标效果越好的原则对备选修复技术进行评分，从而为修复技术文件的编制提供依据。

表 8-5 污染场地修复技术选择评分表

评估指标	备选技术 1	备选技术 2	备选技术 3	……
人体健康和生态环境的保护程度				
满足相关法律法规的程度				
满足污染物排放管理规定				
满足敏感区域的施工管理规定				
满足职业安全卫生管理规定				
长期有效性				
残留风险是否小				
残余风险控制措施的可获得性				
污染物毒性、移动性和总量的减少程度				
修复工艺和材料是否可永久降低污染物毒性、迁移性或总量				
有害物质去除或处理的量				
污染物毒性、迁移性或体积的减少程度				
修复方法的不可逆性				

续表

评估指标	备选技术 1	备选技术 2	备选技术 3	……
修复后剩余污染物的种类和数量是否少				
短期有效性				
修复施工时对社区影响是否小				
修复施工时对工人影响是否小				
对二次污染控制措施的要求是否低				
达到修复目标值的时间是否短				
可实施性				
技术可获得性				
建设和运行能力				
技术可靠程度				
是否容易追加额外的修复工艺				
是否具备修复有效性的监测能力				
是否具备异地处理、储存和处置服务（如填埋场的容量）				
是否具备必要的设备和专家				
修复成本				
投资是否小				
运行维护成本是否经济				
是否容易被有关部门接受				
是否容易被周边社区接受				

注 1. 评分表采用 10 分制，最高分为 10 分，最低分为 1 分。分值越高表明趋于肯定、程度高或效果好；反之表明指标趋于否定、程度低或效果差。

2. 对于有子指标的指标，该指标的得分是每个子指标得分和的平均值。

8.3.5.3　修复技术可行性试验

修复技术可行性试验是确定各潜在可行技术是否适用于特定的目标场地。当效率、时间、成本等数据量充足，大量研究和案例证明该技术对某种污染物处理有效，如热脱附处理多环芳烃污染土壤，或要研究的特定目标场地与已有案例的场地特征条件、水文地址条件、目标污染物完全相符且能够证明或确定技术可行时，可跳过可行性试验过程直接进入修复技术综合评估阶段；当数据量不能够证明各潜在可行技术能够用于特定的目标场地或缺少前期基础、文献或应用案例时，则首先需要开展可行性试验。修复技术可行性试验分为筛选性试验和选择性试验，具体流程见图 8-6。

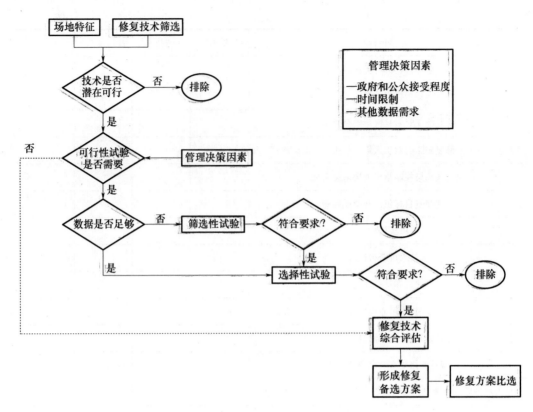

图 8-6　修复技术可行性试验流程

（1）筛选性试验。筛选性试验的目的是通过实验室小试规模的试验，判断技术是否适用于特定目标场地，即评估技术是否有效，能否达到修复目标。筛选性试验中的试验规模与类型、数据需求、试验结果的重现性、试验周期等具体技术要求如下所述：

①试验规模与类型：筛选性试验通常采集实际场地的污染介质，利用实验室常规的仪器设备开展实验室规模的批次试验。

②数据需求：可用定性数据来评估技术对于污染物的处理能力。筛选性测试的数据若能达到修复目标的要求，则认为该技术是潜在可行的，进一步开展选择性试验过程。

③试验结果的重现性：试验至少需要重复 1 次或 2 次。试验过程需有质量保证和质量控制措施。

④试验周期：所需的试验周期主要取决于该技术的类型和需考察的参数数量。

通过筛选性试验能够获得的设计方面参数很少，因此不能作为修复技术选择的唯一依据。如果所有进行筛选性试验的技术均难以达到试验目标（均不符合目标），应考虑回到制订修复策略阶段对其进行适当调整。

对于经过大量应用案例证明可以处理某种污染物的技术，可跳过筛选性试验。《工业企业场地环境调查评估与修复工作指南（试行）》附录 5 列出了推荐的"场地修复常用技术"（表 8-6）。当目标场地的污染物、污染介质特性与表 8-6 所列出的某项技术相符时，该技术可跳过筛选性试验。

表 8-6 场地修复常用技术

目标污染物	污染介质	常用技术
VOCs（包括石油烃）	土壤	土壤气相抽提（需符合质地松散、水分含量低于 50% 的土壤特性）
		热脱附（需符合水分含量低于 30% 的土壤特性）
		焚烧
		生物修复（仅针对石油烃）
		开挖/异位处理
		常温脱附
	地下水	抽提-处理（或者后续联合颗粒性炭净化系统）
		曝气吹脱
		化学/紫外氧化
		空气注射（针对地下水位以下 15.2m 以内的地下水）
		生物修复（仅针对石油烃）
SVOCs	土壤	焚烧
		热脱附
		开挖/异位处理
	地下水	抽提-处理（或者后续联合液相吸附方法）
		化学/紫外氧化
PCHs 和农药	土壤	热脱附（浓度小于 $500×10^{-6}$）
		焚烧（浓度大于 $500×10^{-6}$）
		开挖/异位处理（浓度在 $50×10^{-6}$～$100×10^{-6}$ 无须处理可直接填埋）
	地下水	抽提-处理（或者后续联合颗粒性活性炭净化系统）
重金属	土壤	固化/稳定化
		开挖/异位处理
	地下水	抽提-处理（或者后续联合化学沉淀，或者联合离子交换/吸附方法）

（2）选择性试验。选择性试验的目的是对筛选性试验结果所得到的潜在可行技术开展进一步试验，确定工艺参数、成本、周期等。通过选择性试验技术，可进入修复技术综合评估过程。选择性试验中的试验规模与类型、数据需求、试验结果的重现性、试验周期等具体技术要求如下所述：

①试验规模与类型。选择性试验在实验室或现场完成，可以是小试或中试。小试应采集实际场地的污染介质，采用不同的工艺组合来试验效果，从而确定最佳工艺参数，并以此估算成本和周期等；中试应根据修复模式、修复技术类型的特点，在现场选择具有代表性的区域进行试验，来验证修复技术的实际效果，以确定合理的工艺参数、成本和周期。选择具有代表性的区域时应尽量兼顾不同区域、不同浓度、不同介质类型。中试所利用的设备通常是基于现场实际应用而按比例加工制造的。

②数据需求。需用定量数据，以确定技术能否满足操作单元的修复目标以及确定操作工艺参数、成本、周期。

③试验周期。选择性试验所需的试验周期估算主要取决于该技术的类型、污染物的监测种类以及质量保证和质量控制所需达到的水平。

当选择性试验过程难以选择出合适技术时（均不符合要求），应考虑回到制订修复策略阶段对其进行适当调整。筛选性试验和选择性试验在试验规模和类型、数据需求、试验结果的重现性、试验周期估算方面的比较如表 8-7 所示。

表 8-7 技术筛选性试验与选择性试验比较

过程	试验规模和类型	数据需求	试验结果重现性	试验周期
筛选性试验	小试，实验室批次试验	定性	至少 1 次或 2 次	数天
选择性试验	小试或中试，实验室或现场的批次或连续试验	定量	至少 2 次或 3 次	数天、数周至数月

8.3.5.4 修复技术可行性评估

《工业企业场地环境调查评估与修复工作指南（试行）》指出，对通过选择性试验的修复技术，可进一步采用列举法定性描述各技术的原理、适用性、限制性、成本等方面来综合评估，或利用修复技术评估工具表（表 8-8）以可接受性、操作性、效率、修复时间、修复成本为指标来定量评估得到目标场地实际工程切实可行的修复技术。每个修复技术都分 5 个指标分别进行评分，每个指标可评分赋值 1~4 分；分数越高，表明该技术越有利于在场地修复中被应用，总分区间为 5~20 分。筛选与评估修复技术各个过程在方法和目的之间存在差异（表 8-9）。

表 8-8 修复技术评估工具表

技术名称	可接受性		操作性		效率		修复时间		修复成本		总分	结果
	评述	评分	评述	评分	评述	评分	评述	评分	评述	评分		

评分标准如下所述：

①可接受性。修复技术与污染场地目前（或未来规划）的使用功能、社会接受程度以及其他需要接受的标准之间的相互兼容性。

4—完全可接受；3—可接受；2—勉强可接受；1—局部可接受。

②操作性。修复技术的可操作性、场地设施影响以及技术是否在同类场地应用过。

4—操作性强；3—可操作；2—勉强可操作；1—局部可操作。

③效率。修复技术在类似场地的修复效率高低。

4—非常高效；3—高效；2—一般有效；1—效率很低。

④修复时间。所预期的修复时间。

4—短；3—中等；2—长；1—非常长。

⑤修复成本。所预期的总成本。

4—低；3—中等；2—高；1—非常高。

表 8-9　筛选与评估修复技术阶段各个过程在方法和目的之间的差异比较

过程	方法	目的
修复技术筛选	文献、应用案例分析	从修复技术的修复效果、可实施性、成本等角度，对潜在可行的修复技术进行定性比较
筛选性试验	小试	判断技术是否适用于特定目标场地，即评估技术是否有效，能否达到修复目标
选择性试验	小试或中试	对筛选性试验结果所得出的潜在可行技术开展进一步试验，确定工艺参数、成本、周期等
技术综合评估	多准则评估方法	列举各技术的原理、适用性、限制性、成本等方面来综合评价，或以可接受性、操作性、效率、时间、成本为指标，定量评估得到目标场地实际工程切实可行的修复技术

《工业企业场地环境调查评估与修复工作指南（试行）》的附录 7-7 列举了生物修复可行性试验具体案例，其他技术的可行性试验可参照案例进行。

8.3.5.5　确定修复技术

在分析比较土壤修复技术优缺点和开展技术可行性试验的基础上，从技术的成熟度、适用条件、对污染场地土壤修复的效果、成本、时间和环境安全性等方面对各备选修复技术进行综合比较，选择确定修复技术，以进行下一步的制订修复方案阶段。

8.3.6　形成修复技术备选方案与方案比选

8.3.6.1　形成修复技术备选方案

修复技术备选方案形成时，需进一步综合考虑场地总体修复目标、修复策略、环境管理要求、污染现状、场地特征条件、水文地质条件、修复技术筛选与评估结果，对各种可行技术进行合理组合，进而形成若干能够实现修复总体目标、潜在可行的修复技术备选方案。修复方案形成过程见图 8-7。

修复技术备选方案包括详细的修复目标/指标、修复技术方案设计、总费用估算、周期估算等内容。

（1）详细的修复目标/指标。需根据不同的污染介质，按未来使用功能的差异，分区域、分层次制定。

（2）修复技术方案设计。其包括制订修复技术方案的技术路线、确定各修复技术的应用规模、确定涵盖工艺流程与相关工艺参数和周期成本在内的具体的土壤修复技术和地下水修复技术方案。修复技术方案的总体技术路线应反映污染场地修复总体思路和修复模式、修复工艺流程；各修复技术的应用规模应涵盖污染土壤需要修复的面积、深度、土方量，污染地下水需修复的面积、深度、出水量，同时应考虑修复过程中开挖、围堵等工程辅助措施的工程量；工艺参数应包括设备处理能力或每批次处理所需时间、处理条件、能耗、设备占地面积或作业区面积等。

（3）总费用估算。其包括直接费用和间接费用，其中直接费用包括所选择的各种修复技术的修复工程主体设备、场地准备、污染场地土壤和地下水处理等费用总和；间接费用包括修复工程环境监理、二次污染检测、修复验收、人员安全防护费用，以及不可预见费用等。

（4）周期估算。其包括各种技术的修复工期及所需的其他时间估算。

需要说明的是，大型污染场地修复技术方案中的可行技术一般不止一种，可能是多种技术的组合。修复技术方案可以是多个可行技术的"串联"，也可以是多个可行技术的"并行"。可行技术的"串联"中，每个可行技术的应用具有先后顺序，而可行技术的"并行"则没有先后顺序，可行技术可以同时在污染场地上开展修复工程。可行技术的组合集成有多种方式，相应的可形成多个修复技术备选方案。

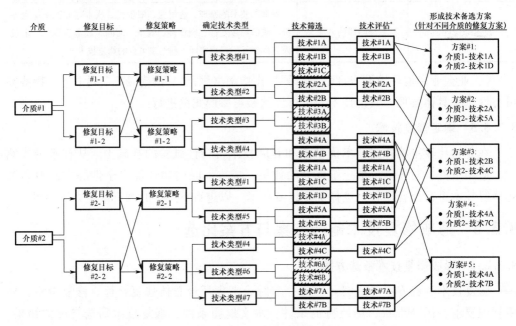

图 8-7　修复方案形成过程

8.3.6.2　方案比选

方案比选的主要作用是选择经济效益、社会效益、环境效益综合表现最佳的技术方案作为场地最终推荐的修复技术方案，为环境管理决策提供依据。

（1）方案的比选需要建立比选指标体系，必须充分考虑技术、经济、环境、社会等层面的诸多因素。

①技术指标。

a. 可操作性：修复技术的可靠性；管理人员经验的丰富程度；必要的设备和资源的可获得性；异位修复过程中污染介质的储存、运输、安全处置方面的可操作性；以及与场地再利用方式或后续建设工程匹配性相关的可操作性指标，包括修复后场地的建设方案及其时间要求、土壤平衡方面的可操作性等。

b. 污染物去除效率：目标污染物的有效去除数量。

c. 修复时间：达到修复目标/指标所需要的时间。

②经济指标。

a. 基本建设费用：包括直接费用和间接费用。直接费用包括原材料、设备、设施费用等；间接费用包括工程设计、许可、启动以及事故费用等间接投资。

b. 运行费用：人员工资、培训、防护等费用；水电费；采样、检测费用；剩余物处置费用；维修和应急等费用；保险、税务、执照等费用。

c. 后期费用：日常管理、周期性监测等后期费用。

③环境指标。

a. 残余风险：剩余污染物或二次产物的类型、数量、特征、风险以及风险处理处置的难度和不确定性。

b. 长期效果：修复工程达到修复目标后的污染物毒性、迁移性或数量的减少程度；预期环境影响（占地、气味、外观等）是否达到了长期保护环境健康的目标；是否存在潜在的其他污染问题；需要修复后长期管理的类型和程度；长期操作和维护可能面临的困难；技术更新的潜在需要性。

c. 健康影响：修复期间和修复工程达到修复目标后需要应对的健康风险（如异位修复期间的清挖工程中污染物可能对工作人员的健康造成危害）以及减少风险的措施。

④社会指标。

a. 管理可接受程度：区域适宜性；与现行法律法规、相关标准和规范的符合性；需要政府部门配合的必要性（如异位修复）。

b. 公众可接受程度：施工期对周围居民可能造成的影响（气味、噪声等）。

（2）比选确定修复技术方案。利用所建立的比选指标体系，对各潜在可行修复技术方案进行详细分析。对于修复技术方案的最终选择，可以采用以下两种方式：

①利用详细分析结果，通过不同指标的对比、综合判断后，选择更合适的修复技术方案作为场地修复技术方案。

②利用专家评分的方式，选择得分最高的方案作为场地修复技术方案。

专家评分方式必须首先建立各指标权重，由专家对各修复技术方案分别进行评分，根据专家评分值，以及部分定量数据（如已经获取的方案费用数据），进行标准化处理，加权求和，得出每个潜在可行修复技术方案的分值。已通过专家打分方式得到的参考权重分配见《工业企业场地环境调查评估与修复工作指南（试行）》附录 9。分值越高，表示该修复技术方案越可行。根据上述程序，最终确定针对该目标污染场地修复的一种修复技术或多种技术的组合方案。

下面选取常用的 Topsis 法、AHP 法、专家评分法三种方法进行进一步介绍。

8.3.6.3　Topsis 方案比选

（1）指标评分方法的确定。我国修复技术筛选指标评价可参考的信息详细程度不一，若对所有指标都采用评分的方式，则某些具有较多参考信息的指标评价时会丢失过多信息。Topsis 决策法的优点是既可以采用指标客观值进行评价，也能对数值评分进行评价，具有很好的兼容性。为了更好地反映指标的实际情况，在评分过程中尽可能采用客观值评分。但有许多指标仍只能采用数值评分法，具体评价方法如下：

①场地可操作性。考虑实施过程中三类自然干扰条件：土壤物理性质（如黏性、渗透系数、含水量、颗粒粒径大小等）、污染介质性质（是否在饱和区、污染深度、均质性等）、土壤化学性质（如 pH 值、Eh、CEC、有机质等），采用减分法对该指标进行评分，具体见表8-10。

表 8-10　场地可操作性评分表

减 0 分	减 1 分	减 2 分
所有考虑因素匹配	某一考虑因素部分匹配	某一考虑因素不匹配

注：考虑因素匹配是指修复技术信息矩阵中列出各个修复技术所合适、较合适和不合适的场地特性，将其与污染场地实际情况进行对比，以此确定匹配性。如果评分低于1分按1分计。

②技术成熟度。以各修复技术在美国超级基金污染场地修复中实施的场地数量为参考，确定修复技术成熟度。

③总费用。修复技术的费用信息主要来源于修复技术筛选矩阵及相关的修复技术信息总结文献。由于不同的矩阵其费用计算方式有差别、信息统计的时期不同、费用为区间值且范围往往较宽，因此实际费用与参考值差别较大，只能用于确定费用的相对高低情况。

修复时间、资源需求、可接受性、二次污染/环境影响 4 个指标的评分见表8-11。

表 8-11　修复时间、资源需求、可接受性、二次污染/环境影响评分表

分值	5	4	3	2	1
修复时间	3～6 月	6～12 月	1～2 年	2～5 年	大于 5 年
资源需求	生物处理	本地资源利用	物理/化学处理	异位处理	热处理
可接受性	高	较高	中等	较低	低
二次污染/环境影响	低	较低	中等	较高	高

注：1. 可接受性是指潜在可用的修复技术进行描述，包括实施过程中对周边的影响、修复效果、修复时间。通过问卷调查让场地周边群众及所在地政府对修复技术评分，满分为 100 分。分别对周边群众和政府对修复技术的评分求平均值再加和，计算所得的分数折合成5～1分。但由于条件限制，以风险中所介绍的修复技术影响情况为参考，直接确定可接受性。

2. 由修复技术实施过程中污染物迁移的可能性和修复过程中残余物的处理难度确定，评分分值为5～1分。以文献中所介绍的修复技术影响情况为参考，直接确定可接受性。

（2）指标的权重确定。采用层次分析法对第一层和第二层指标（图 8-8）的相对权重进行计算，其中第一层所构造的判断矩阵见表8-12，第二层技术指标、经济指标和环境指标所对应的判断矩阵分别见表8-13～表8-15。判断矩阵的一致性指标及一致性比率 CI、CR 均为 0，认为判断矩阵基本一致。根据判断矩阵所计算出的各个指标的权重见表8-16。

经计算，技术指标、经济指标、社会环境指标的权重分别为 0.4、0.4、0.2。一致性检验：$K_{max}=3$，$CI=0$，$RI=0.58$，$CR=0$。其中 K_{max} 为最大特征根；CI 为一致性指标；RI 为平均随机一致性指标；CR 为一致性比例。$CR<0.1$ 时层次单排序的结果具有满意的一致性。

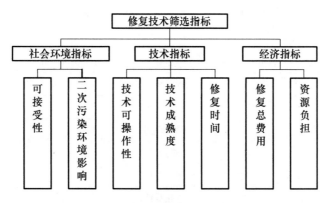

图 8-8　修复技术筛选指标体系

表 8-12　第一层指标对应的权重判断矩阵

项目	技术指标	经济指标	社会环境指标
技术指标	1	1	2
经济指标	1	1	2
社会环境指标	1/2	1/2	1

表 8-13　第二层技术指标对应的权重判断矩阵

项目	可操作性	污染物适用性	修复时间
技术指标	1	1	1/3
污染物适用性	1	1	1/3
修复时间	3	3	1

经计算，可操作性、污染物适用性、修复时间指标的权重分别为 0.2、0.2、0.6。一致性检验：$K_{max}=3$，$CI=0$，$RI=0.58$，$CR=0$。

表 8-14　第二层经济指标对应的权重判断矩阵

项目	总费用	资源需求
总费用	1	7
资源需求	1/7	1

经计算，总费用、资源需求指标的权重分别为 0.875、0.125。一致性检验：$K_{max}=2$，$CI=0$，$RI=0.58$，$CR=0$。

表 8-15　第二层社会环境指标对应的权重判断矩阵

项目	总费用	资源需求
可接受性	1	1
二次污染	1	1

经计算，可接受性、二次污染指标的权重分别为 0.5、0.5。一致性检验：$K_{max}=2$，$CI=0$，$RI=0$，$CR=0$。

表 8-16 各个层次指标所对应的权重系数

第一层		第二层		
指标	权重	指标	相对权重	总排序
技术指标	0.4	场地可操作性	0.2	0.08
		污染物适用性	0.2	0.08
		修复时间	0.6	0.24
经济指标	0.4	总费用	0.9	0.36
		资源负担	0.1	0.04
社会环境指标	0.2	可接受性	0.5	0.1
		二次污染	0.5	0.1

（3）Topsis 法评价。Topsis 法先基于评价指标确定一个欧几里得空间，根据待选修复技术或场地实际情况提出一个或多个理想修复技术。理想修复技术在现实中并不存在，它只是用来表述修复技术在最佳或最差情形时所表现出的性状。然后根据指标之间的相互作用建立函数关系，用指标值计算各个修复技术与理想修复技术的相对位置。其中与最佳理想修复技术最近、与最差理想修复技术最远的修复技术为最佳修复技术。

我国修复技术的应用和评价体系都不成熟，各个指标之间的关系不易明确，同时函数关系的建立需要相当多的经济性方法、博弈理论和社会心理学知识作为基础。因此本章不建立指标之间的函数关系，只采用矢量距离计算方式通过各个修复技术与理想修复技术的矢量距离长短判断修复技术的优劣。其决策方法如下所述：

第一步，构建规范化决策矩阵。

$$A = \begin{bmatrix} a_{11} & \cdots & a_{1j} \\ \vdots & \ddots & \vdots \\ a_{i1} & \cdots & a_{ij} \end{bmatrix}$$

$$r_{ij} = a_{ij} / \sqrt{\sum_{i=1}^{m} X_{ij}^2}$$

式中 A——决策矩阵；

a_{ij}——方案 i 对应指标 j 的评价值；

r_{ij}——a_{ij} 规范化值。

第二步，构建加权规范化矩阵。

$$V_{ij} = w_j r_{ij}$$

式中 w_j——指标 j 对应的权重；

V_{ij}——加权后的 r_{ij} 值。

第三步，确定最佳理想方案 A^+ 和最差理想方案 A^-。

$$A^+ = \{v_1{}^+, v_2{}^+, \cdots, v_n{}^+\}$$

$$A^- = \{v_1{}^-, v_2{}^-, \cdots, v_n{}^-\}$$

$$v_j{}^+ = \{\max(v_{ij}), j \in C; \min(v_{ij}), j \in C^+\}$$

$$v_j{}^- = \{\min(v_{ij}), j \in C; \min(v_{ij}), j \in C^-\}$$

式中　$v_j{}^+$、$v_j{}^-$——待选方案中第 j 个指标评价值的最佳水平和最差水平；

C^+、C^-——正效益指标集和负指标集。

第四步，计算待选方案 A_i 与理想方案 A^+ 和 A^- 之间的欧几里得距离。

$$D_i{}^+ = \sqrt{(a_{ij} - v_i{}^+)^2}$$
$$D_i{}^- = \sqrt{(a_{ij} - v_i{}^-)^2}$$

式中　$D_i{}^+$——A_i 和 A^+ 之间的距离；

$D_i{}^-$——A_i 和 A^- 之间的距离。

第五步，根据 D_i^+ 和 D_i^- 计算相对接近度 Δ_i。

$$\Delta_i = D_i{}^- / (D_i{}^+ + D_i{}^-)$$

根据 Δ_i 的值由大到小对待选方案进行排序，排在第一位的待选方案为最佳方案。该评价方法的特点是如果一个待选技术在某个指标具有较大优势则会显著增加其与最差修复技术之间的距离；反之，如果在某个指标具有较大劣势则会显著增加其与最佳修复技术之间的距离。通过突出各个待选修复技术的优势和劣势，在选择修复技术时可以同时权衡各个修复技术相对的优势和劣势，选取合适的修复技术。

8.3.6.4　AHP 法方案比选

层次分析法（analytical hierarchy process，AHP）是美国著名运筹学家、匹茨堡大学教授 Thomas L. Saaty 在 20 世纪 70 年代初提出的。此方法将评价问题的有关元素分解成目标、准则、方案等层次，是一种多层次权重解析方法；它综合了人们的主观判断，是一种简明的定性与定量分析相结合的系统分析和评价的方法；该方法的特点是在对复杂决策问题的本质、影响因素及其内在关系等进行深入分析之后，利用较少的定量信息，把评价的思维过程数学化，从而为解决多目标、多准则或无结构特性的复杂问题提供了一种简便的评价方法。目前该方法已在国内外得到广泛推广。

一般系统评价都涉及多个因素，如果仅仅依靠评价者的定性分析和逻辑判断直接比较，在实际问题中是行不通的。因此，实际中经常将多个因素的比较简化为两两因素的比较，最后分析综合两两因素比较的判断，得出整体的比较结果。AHP 法就是这样的一种解决问题的思路：首先，它把复杂的评价问题层次化，根据问题的性质以及所要达到的目标，把问题分解为不同的组成因素，并按各因素之间的隶属关系和相互关联程度分组，形成一个不相交的层次。上一层次的元素对相邻的下一层次的全部或部分元素起着支配作用，从而形成一个自上而下的逐层支配关系，具有递阶层次结构的评价问题最后可归结为最底层（供选方案、措施等）相对于最高层（系统目标）的相对重要性的权值或相对优劣次序的总排序问题。其次，它将引导评价者通过一系列成对比较的评判来得到各个方案或措施在某一个准则之下的相对重要度的量度。这种评判能转换成数字处理，构成一个判断矩阵，然后使用准则排序计算方法便可获得这些方案或措施在该准则之下的优先度的排序。在层次结构中，这些准则本身也可以对更高层次的各个元素的相对重要性赋权，通过层次的递阶关系可以继续这个过程，直到各个供评价的方案或措施对最高目标的总排序计算出来为止。AHP 法的分析步骤如

图 8-9 所示。

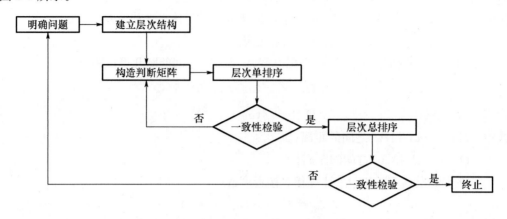

图 8-9　AHP 法的分析步骤

（1）评价指标体系和层次分析模型。应用 AHP 分析决策问题时，首先要把问题条理化、层次化，构造出一个有层次的结构模型。在这个模型下，复杂问题被分解为元素的组成部分，这些元素又按其属性及关系形成若干层次，所以元素的组合构成了评判的指标体系。上一层次的元素作为准则对下一层次有关元素起支配作用。根据该污染场地土壤修复的特点和层次分析的原理，POPs 污染土壤修复技术筛选的具体层次可以划分为以下几类：

①目标层 A：这一层次中只有一个元素，一般它是分析问题的预定目标或理想结果，对本研究而言即选出最优化的土壤修复方案，要求技术可行，且达到社会、环境和经济效益的最优化。

②准则层 B：这一层次中包含了为实现目标所涉及的中间环节，本研究的准则层包括技术、环境、经济和社会因素 4 个方面。

③指标层 C：指标评价各措施的具体指标，共 19 个。其中技术因素包括 7 个指标，环境、经济和社会分别有 4 个指标。

④方案层 D：这一层次包括了为实现目标可供选择的各种措施、决策方案等，本场地污染土壤修复技术的备选方案有 3 个，分别是等离子电弧、高温热解析和安全填埋。

POPs 污染土壤修复方案筛选的指标体系和层次模型具体如图 8-10 所示。

（2）层次单排序。层次单排序是指根据判断矩阵计算对于上一层次某要素而言，即本层次与之有联系的要素重要程度次序的数值。它是对层次所有要素对上一层次而言的重要性进行排序的基础。层次单排序可以归结为计算判断矩阵的特征根（$\lambda = x$）和特征向量（W）问题。在 POPs 污染场地土壤修复方案优化过程中，特征向量即为本层次的各个要素相对于上一层次某个有关要素的相对重要程度。由此，就可以构造判断矩阵，并以计算特征根和特征向量的方法来完成层次单排序。

相对重要性的衡量需要一个标准，AHP 方法充分考虑系统评价的特点并提出了相对重要性的比例标度，两个元素相对重要性的比较可变换得到一个衡量的数，从心理学观点来看，分级太多会超越人们的判断能力，既增加了做判断的难度，又容易因此

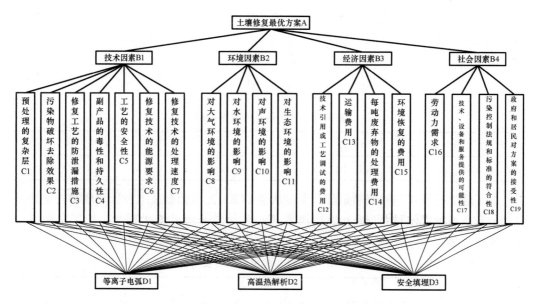

图 8-10 POPs 污染土壤修复方案筛选的指标体系和层次模型

而提供虚假数据。

表 8-17 说明了相对重要性的比例标度。

表 8-17 相对重要性的比例标度

标度	a_{ij} 的取值	
	定义	解释
1	表示因素 i 和因素 j 相比，具有同样的重要性	对于目标两个因素的贡献是同等的
3	表示因素 i 和因素 j 相比，前者比后者稍重要	经验和判断稍微偏爱一个因素
5	表示因素 i 和因素 j 相比，前者比后者明显重要	经验和判断明显地偏爱一个因素
7	表示因素 i 和因素 j 相比，前者比后者强烈重要	一个因素强烈地受到偏爱
9	表示因素 i 和因素 j 相比，前者比后者极端重要	对一个因素的偏爱程度是极端的
2，4，6，8	表示上述相邻判断的中间值	—
倒数	若元素 i 与元素 j 的重要性之比为 a_{ij}，那么元素 j 与元素 i 的重要性之比为 $a_{ji}=1/a_{ij}$	—

判断矩阵式建立在每两个要素比较评分的基础上，如果两两评分具有客观上的一致性，那么判断矩阵必具有完全的一致性。这里一致性检验的实质就是对经过专家的判断思考给出标度的矩阵进行满意程度的验证。判断矩阵一致性的指标 CI 为：

$$CI = \frac{\lambda_{\max} - n}{n - a}$$

式中　$\lambda_{\max}$——最大特征值；

　　　n——该层元素数，即阶数。

当判断矩阵具有完全一致性时，$CI=0$。为了度量不同阶数判断矩阵是否具有满意的一致性，引进判断矩阵平均随机性指标 RI 值（表 8-18）。当 CR 在 10% 左右时，一般认为判断矩阵具有满意的一致性，但超过 10% 就必须调整判断矩阵，直至具有满意的一致性。

$$CR = \frac{CI}{RI}$$

表 8-18　平均随机一致性指标

阶数	3	4	5	6	7	8	9	10	11	12	13	14	15
RI	0.52	0.89	1.12	1.26	1.36	1.41	1.46	1.49	1.52	1.54	1.56	1.58	1.59

为了建立比较可信的判断矩阵，多位从事 POPs 污染修复技术和危险废物处理处置管理的专家根据实例建立判断矩阵以供参考。表 8-19～表 8-25 中同时列出了层次单排序的计算结果。

表 8-19　B1～B4 对 A 的重要程度及判断矩阵

A	B1	B2	B3	B4	层次单排序 w_i
B1	1	1	2	2	0.3407
B2	1	1	2	1	0.2865
B3	1/2	1/2	1	1/2	0.2026
B4	1/2	1	1/2	1	0.1703

表 8-20　C1～C7 对 B1 的重要程度及判断矩阵

B1	C1	C2	C3	C4	C5	C6	C7	层次单排序 w_i
C1	1	1/4	2	1/2	3	4	1/2	0.1345
C2	4	1	3	2	3	2	1	0.2583
C3	1/2	1/3	1	1	2	2	1/2	0.1085
C4	2	1/2	1	1	2	1	1/2	0.1269
C5	1/3	1/3	1/2	1/2	1	1	1/3	0.650
C6	1/4	1/2	1/2	1	1	1	1/3	0.073
C7	2	1	2	2	3	3	1	0.2338

$CR = 0.0557 < 0.1$。

表 8-21　C8～C11 对 B2 的重要程度及判断矩阵

B2	C8	C9	C10	C11	层次单排序 w_i
C8	1	1	2	2	0.3407
C9	1	1	2	1	0.2865
C10	1/2	1/2	1	1	0.1703
C11	1/2	1	1	1	0.2026

$CR = 0.0228 < 0.1$。

表 8-22 C12～C15 对 B3 的重要程度及判断矩阵

B3	C12	C13	C14	C15	层次单排序 w_i
C12	1	4	1	1	0.3049
C13	1/4	1	1/4	1/4	0.0762
C14	1	4	1	2	0.3626
C15	1	4	1/2	1	0.2564

$CR=0.0226<0.1$。

表 8-23 C16～C19 对 B4 的重要程度及判断矩阵

B4	C16	C17	C18	C19	层次单排序 w_i
C16	1	1/9	1/5	1/5	0.0481
C17	9	1	2	3	0.5055
C18	5	1/2	1	1	0.2345
C19	5	1/3	1	1	0.2119

$CR=0.0102<0.1$。

表 8-24 D1～D3 对 C1 的重要程度及判断矩阵

C1	D1	D2	D3	层次单排序 w_i
D1	1	1/3	1/9	0.0704
D2	3	1	1/5	0.1782
D3	9	5	1	0.7514

$CR=0.0688<0.1$。

表 8-25 D1～D3 对 C2 的重要程度及判断矩阵

C2	D1	D2	D3	层次单排序 w_i
D1	1	2	4	0.5714
D2	1/2	1	2	0.2857
D3	1/4	1/2	1	0.1429

$CR=0.0000<0.1$。

（3）层次总排序。上面表 8-20～表 8-26 中得到的是一组元素对其上一层中某元素的权重向量。最终要得到各元素，特别是最底层中各方案对于目标的排序权重，从而进行方案选择。总排序权重要自上而下地将单准则下的权重进行合成。

设上一层次（A 层）包含 A_1，…，A_m 共 m 个因素，它们的层次总排序权重分别为 a_1，…，a_m。又设，其后的下一层次（B 层）包含 n 个因素 B_1，…，B_n，它们关于 A_j 的层侧单排序权重分别为 b_{1j}，…，b_{nj}（当 B_i 与 A_j 无关联时，$b_{ij}=0$）。现求 B 层中各因素关于总目标的权重，即求 B 层各因素的层次总排序权重 b_1，…，b_n，计算按表 8-26 方式进行。

$$b_i = \sum_{j=1}^{m} b_{ij}a_j, i=1,\cdots,n$$

对层次总排序也需做一致性检验，检验仍像层次单排序那样由高层到低层逐层进行。这是因为虽然各层次均已经过层次单排序的一致性检验，各成对比较判断矩阵都已具有较满意的一致性。但当综合考察时，各层次的非一致性仍有可能积累起来，引起最终分析结果较严重的非一致性。

表8-26　层次总排序计算方式

层次	A_1 a_1	A_2 a_2	...	A_m a_m	B 层总排序权值
B_1	b_{11}	b_{12}	...	b_{1m}	$\sum\limits_{j=1}^{m} b_{1j}a_j$
B_2	b_{21}	b_{22}	...	b_{2m}	$\sum\limits_{j=1}^{m} b_{2j}a_j$
...	...	...	...	...	...
B_n	b_{n1}	b_{n2}	...	b_{nm}	$\sum\limits_{j=1}^{m} b_{nj}a_j$

设 B 层中与 A_j 相关的因素的成对比较判断矩阵在单排序中经一致性检验，求得单排序一致性指标为 $CI(j)$，$(j=1，\cdots，m)$，相应的平均随机一致性指标为 $RI(j)$ [$CI(j)$、$RI(j)$ 已在层次单排序时求得]，则 B 层总排序随机一致性比例如下：

$$CR = \frac{\sum\limits_{j=1}^{m} CI(j)a_j}{\sum\limits_{j=1}^{m} RI(j)a_j}$$

当 $CR<0.10$ 时，认为层次总排序结果具有较满意的一致性并接受该分析结果。

该项目的层次总排序结果见表8-27，D 层（方案层）对 C 层（指标层）的一致性比例 CR 值小于 0.01，表明具有满意的一致性，层次总排序结果有效。从总排序结果可以看出，D3（安全填埋权）值最大，为 0.3955；D2（高温热解析权）值次之，为 0.3066；D1（等离子电弧权）值最小，为 0.2979。

表8-27　层次总排序结果

项目	C1 0.0458	C2 0.088	C3 0.037	C4 0.0432	C5 0.0222	C6 0.0249	C7 0.0797	C8 0.0976	C9 0.0821	C10 0.0488
D1	0.0458	0.5714	0.5396	0.6250	0.3196	0.2297	0.0769	0.2764	0.3090	0.4000
D2	0.0704	0.2857	0.2970	0.2385	0.1220	0.1220	0.3077	0.1283	0.5816	0.4000
D3	0.1782	0.1429	0.1634	0.1365	0.5584	0.6483	0.6154	0.5954	0.1095	0.2000

项目	C11 0.0580	C12 0.0618	C13 0.0154	C14 0.0734	C15 0.0519	C16 0.082	C17 0.0861	C18 0.0399	C19 0.0361	层次总排序
D1	0.3874	0.0688	0.5816	0.1047	0.4286	0.0953	0.0549	0.5396	0.3874	0.2979
D2	0.4434	0.2499	0.090	0.2583	0.4286	0.2499	0.2897	0.2970	0.4434	0.3066
D3	0.1692	0.6813	0.1095	0.6370	0.1429	0.6548	0.6554	0.1634	0.1692	0.3955

（4）备选方案系统评价结论。根据常州市某化工厂所在的污染场地的 POPs 污染物种类和土壤污染程度，本书对 POPs 污染土壤的修复技术进行初步筛选，结果表明只有等离子电弧工艺、高温热解析和安全填埋这三种修复技术可行。由于土壤修复方案的选择是一个多目标、多准则、多因素和多层次的复杂问题，为综合考虑各方面因素，系统地解决这一问题，建立了 POPs 污染土壤修复技术的筛选指标体系，并采用系统工程中的层次分析方法对土壤修复技术进行分析，从 4 个层次和 19 个具体指标对三种可行的修复技术进行系统分析后，得出安全填埋法是该 POPs 污染场地土壤修复的最优修复技术。

8.3.6.5　专家评分法方案比选

专家评分方式必须首先建立各指标权重，通过专家打分的方式计算得到初步的权重分配表，详见表 8-28，这些指标权重可根据场地修复技术的成熟进行优化和更新。

表 8-28　修复方案比选指标初步权重分配

技术指标	0.297	可操作性	0.109
		污染物去除效率	0.112
		修复时间	0.076
经济指标	0.246	设备投资	0.098
		运行费用	0.092
		后期费用	0.056
环境指标	0.259	残余风险	0.077
		长期效果	0.09
		健康影响	0.092
社会指标	0.198	管理可接受程度	0.085
		公众可接受程度	0.113

计算过程如下：

由专家对各个修复方案分别进行评分，根据专家评分值及部分定量数据（如已经获取的成本等数据），进行标准化处理，加权求和，得出每个方案的分值。

具体过程如下所述：

（1）评价方法。专家打分：其中经济指标为实际值，其他指标为专家打分值；将每个指标实际值或打分值进行归一化处理，得到 [0，1] 区间内的一个数；乘以各自的权重，并加和，得到各个方案的总得分；根据每个方案总得分，进行方案排序和优选。

（2）归一化方法。对于经济指标，归一化值越小越优：归一化值＝各方案指标的最小值/原值，即

$$B_{1i} = y_{1\min}/y_{1i}$$

式中　B_{1i}——本指标方案 i 归一化后的值；

　　　$y_{1\min}$——本指标各个方案的最小值；

y_{1i}——本指标方案 i 的值；

对于其他指标，归一化值越大越优：归一化值＝原值/各方案本指标的最大值，即

$$B_{1j} = y_{1i}/y_{1max}$$

（3）修复方案总排序。对各个修复方案比选指标的标准化分值进行加权求和，公式如下：

$$C_i = \frac{\sum_{i=1}^{n} A_i}{B_i}$$

式中　C_i——方案分数最终计算结果；

　　　A_i——指标 i 的权重；

　　　B_i——方案指标 i 的归一化值。

8.3.7　制订环境管理计划

8.3.7.1　提出修复过程中的污染防治和人员安全保护措施

在场地修复过程中，要严格避免有毒有害气体、废水、噪声、废渣对周围环境和人员造成危害和二次污染，提出修复过程中的污染防治和人员安全保护措施，编制场地安全与健康保障计划。污染防治措施又包括土壤污染防治、大气污染防治、废水污染防治和噪声污染防治措施；人员安全保护措施包括一般的安全防护要求和接触环境污染物的防护措施，还应坚持预防为主、防治结合，控制和消除危险源，积极为从业者创造良好的工作环境和工作条件，使施工人员获得职业卫生保护。

8.3.7.2　制订场地环境监测计划

场地环境监测计划应根据修复方案，结合场地污染特征和场地所处环境条件，有针对性地制订。制订场地环境监测计划前首先必须明确污染场地内部或外围的环境敏感目标，对环境敏感目标，要重点关注修复工程对其可能的影响。场地环境监测计划需明确监测的目的和类型、采样点布设、监测项目和标准、监测进度安排。场地环境监测计划包括修复工程环境监测计划、二次污染检测计划。

修复工程环境监测计划应重点关注修复区域的污染源情况、污染土壤、污染地下水修复处理后的效果，以及修复工程对环境敏感目标可能的影响。

二次污染监测计划应重点关注修复区域土壤挖掘清理、运输过程、临时堆放、土壤处理过程中产生的废水、废气和固体废弃物，处理后土壤去向等方面可能发生的环境污染问题，以及环境敏感目标可能产生的二次污染问题。

8.3.7.3　制订场地修复验收计划

修复验收计划一方面要关注目标污染物修复效果，同时也要关注政府主管部门和利益相关方公众所关心的其他环境问题。修复验收计划包括验收的程序、时段、范围、验收项目和标准、采样点布设、验收费用估算等，必要时应包括场地修复后长期监测井的设置、长期监测及维护等后期管理计划。

8.3.7.4　制订环境应急安全预案

为确保场地修复过程中施工人员与周边居民的安全，应制订周密的场地修复工程

环境应急安全预案，以保证迅速、有序、有效地开展环境应急救援行动，降低环境污染事故损失。在危险分析和应急能力评估结果的基础上，针对危险目标可能发生的环境污染事故类型和影响范围，对应急机构职责、人员、技术、装备、设施（备）、物资、救援行动及其指挥与协调等方面预先做出具体安排。

8.3.8　编制修复方案

8.3.8.1　总体要求

　　污染场地修复方案报告必须全面准确地反映出场地土壤和地下水修复方案编制（可行性研究）全过程的所有工作内容。报告中的文字需简洁、准确，并尽量采用图、表和照片等形式表示出各种关键技术信息，以利于施工方制订污染场地修复工程的施工方案。

8.3.8.2　方案主要内容

　　修复方案原则上应包括场地问题识别、场地修复技术筛选与评估、修复备选方案与方案比选、场地修复方案设计、环境管理计划制订、成本效益分析等几部分，编制大纲可见《工业企业场地环境调查评估与修复工作指南（试行）》的附录 6。污染场地修复方案报告须根据污染场地所在地的区域环境特征、当地环境保护要求和该污染场地修复工程的实际特点。污染场地修复方案报告可以酌情选择《工业企业场地环境调查评估与修复工作指南（试行）》参考内容编制。

8.4　土壤修复工程实施过程中的仪器设备和试剂

8.4.1　现场检测仪器设备

8.4.1.1　原状取土钻

　　YZ-1 型原状取土钻（图 8-11）：用于钻取离地面 0.5m 以内的原状土样。

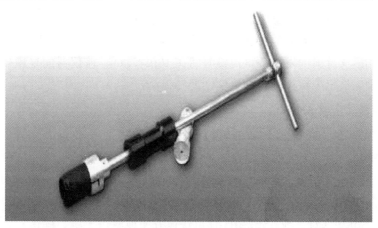

图 8-11　YZ-1 型原状取土钻

钻筒：内存容积 100mL 的土样杯；钻杆：金属结构带有刻度标。

LX-1 型螺旋取土钻：用于松软土壤地区钻取 1～5m 以内的扰动土壤或钻挖 1～5m 深孔。

8.4.1.2 便携式土壤水分、温度、导电率速测仪

便携式土壤水分、温度、导电率速测仪用于测量土壤表层的土壤水分、温度，并可以显示计算的土壤电导率数值（图 8-12）。

图 8-12　便携式土壤水分速测仪应用图

测量原理：基于 TDR 时域反射技术。用以直接测量土壤或其他介质的介电常数，介电常数又与土壤水分含量有密切关系，土壤含水量可通过模拟电压输出被读数系统计算并显示出来。测量时，金属波导体被用来传输 TDR 信号，工作时产生一个 1GHz 的高频电磁波，电磁波沿着波导体传输，并在探头周围产生一个电磁场。信号传输到波导体的末端后又反射回发射源。传输时间在 10ps～2ns。该仪器配有预打孔工具、标定套件、土壤表层水分探头延长杆等辅助配件。

8.4.1.3 便携式土壤 pH 计

（1）FG2-ELK 型便携式土壤 pH 计。图 8-13 是 Mettler Toledo 的 FG2-ELK 型便携式土壤 pH 计，用于现场快速测定土壤的 pH 值。pH 值范围 0.00～14.00，pH 值分辨率 0.01，相对 pH 精度 ±0.01，温度范围 0.0～100.0℃，温度分辨率 0.1℃，温度精度 ±0.5℃，操作环境 0～40℃，相对湿度 5%～80%。

（2）SoilStik pH 计。SoilStik pH 计可快速方便地测得土壤、固体、半固体物质和溶液的 pH 值，同时还可以显示被测物体的温度（图 8-14）。

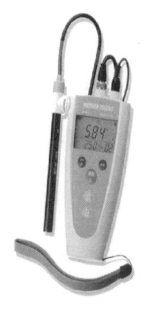

图 8-13　Mettler Toledo 的
FG2-ELK 型便携式土壤 pH 计

图 8-14　SoilStik pH 计

8.4.1.4　XRF（X-Ray Fluorescence，XRF）

手持式金属检测分析仪是土壤修复中常用的一种便携式现场检测仪，主要用于土壤中各种金属的快速检测（图 8-15）。

图 8-15　手持式金属检测分析仪

8.4.1.5　便携式 VOC 检测仪

便携式 VOC 检测仪采用 PID（photo ionisation detector，PID）光离子法，如图 8-16 所示，可用来检测土壤修复系统内或修复现场空气中的 VOC。便携式 VOC 检测仪适用于定量测定有机挥发气体的总量（total volatile organic compounds，TVOC）。

图 8-16　便携式 VOC 检测仪

8.4.2　实验室仪器设备

8.4.2.1　土壤粒径分析系统

SEDIMAT 4-12 土壤粒径分析系统用于实验室土壤粒径分布自动分析（图 8-17）。根据欧洲标准（DIN ISO 11277），每次可以对 12 个样品按 4 级粒径大小进行自动分析，也可以按美国标准进行土壤粒径 2 级分析。

测量原理：根据 Stokes 定律，大颗粒的沉降速度较快，小颗粒的沉降速度较慢，把土壤样品放在液体中制成一定浓度的悬浮液，悬浮液中的颗粒在重力作用下将发生沉降，因此可以根据不同粒径的颗粒在液体中的沉降速度不同来测量粒径分布。

具体方法为移液管法：将土壤样品去除石块、杂草、植物根等有机质，然后过筛（0.05mm），过筛后的细土混匀准确称量 10g 放入 1000mL 焦磷酸钠溶液中，搅拌、摇匀，用移液管在不同时间内缓慢吸取不同深度一定量的悬浮液样品，烘干后称重，即可算出不同粒径范围的土壤粒径分布百分比。

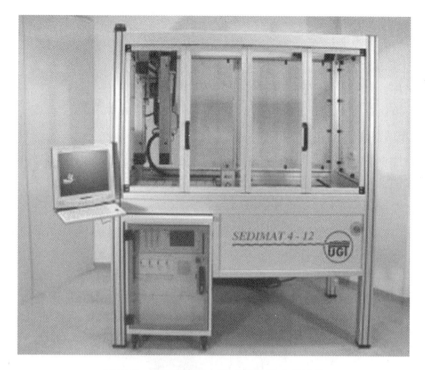

图 8-17　SEDIMAT 4-12 土壤粒径分析系统

8.4.2.2　土壤湿度密度仪

仪器名称：WH-1 型土壤湿度密度仪（图 8-18）。

图 8-18　WH-1 型土壤湿度密度仪

用途：WH-1 型土壤湿度密度仪用于迅速测定原状土的天然含水率和密度或其他情况下的含水率与密度。

8.4.2.3 土壤水分速测仪

仪器名称：TS-1 型土壤水分速测仪。

用途：该仪器用于测定土壤、砂、水泥等多孔性物质的含水量。

8.4.2.4 土壤渗透仪

（1）砂性土壤渗透仪。TST-70 型渗透仪（图 8-19）：用于测定沙质土及含少量砾石的无凝聚性土，在常水头下进行渗透试验的渗透系数。

图 8-19　TST-70 型渗透仪

（2）黏性土壤渗透仪。TST-55 型渗透仪（图 8-20）：用于测定黏性土在变水头下进行渗透试验的渗透系数。

图 8-20　TST-55 型渗透仪

8.4.2.5　土壤试样粉碎机

FT 系列土壤试样粉碎机：用于实验室进行小数量土壤粉碎。它具有体积小、效率高、粉碎细度高等优点。

8.4.2.6　土壤振筛机

GZS-1 型高频振筛机：用于无凝聚性干性颗粒物质的级配分析。其具有体积小、质量轻、低噪声、低功耗等特点，适用于粒径小于 20mm、大于 0.075mm 颗粒的沙土筛析法试验。

8.4.2.7　翻转式振荡器

翻转式振荡器如图 8-21 所示，适用于污染土壤浸出毒性翻转法，是行业标准《固体废物　浸出毒性浸出方法　硫酸硝酸法》（HJ/T 299—2007）与《固体废物　浸出毒性浸出方法　醋酸缓冲溶液法》（HJ/T 300—2007）规定的设备。

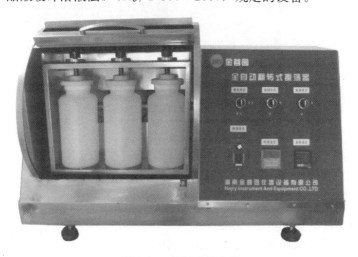

图 8-21　翻转式振荡器

8.4.2.8　台式离心机

台式离心机，利用离心力分离液体与固体颗粒或液体与液体的混合物，常用于土壤分析前处理。

8.4.2.9　微波消解仪

微波消解仪，采用变频技术、大炉腔微波炉设计，利用微波加热的原理，用于实验分析中土壤样品的酸消解处理。

8.4.2.10　气相色谱仪

气相色谱仪（gas chromatography，GC），如图 8-22 所示，常用于检查土壤中的有机物。其主要是利用物质的沸点、极性及吸附性质的差异来实现混合物的分离。待分析样品在汽化室汽化后被惰性气体（即载气，也称流动相）带入色谱柱，柱内含有液体或固体流动相，由于样品中各组分的沸点、极性或吸附性能不同，每种组分都倾向于在流动相和固定相之间形成分配或吸附平衡。但由于载气是流动的，这种平衡实际上很难建立起来。也正是由于载气的流动，使样品组分在运动中进行反复多次的分配或吸附/解吸附，结果是在载气中浓度大的组分先流出色谱柱，而在固定相中分配浓度大的组分后流出。当组分流出色谱柱后，立即进入检测器。检测器能够将样品组分转变为电信号，而电信号的大小与被测组分的量或浓度成正比。将这些信号放大并记录下来即为气相色谱图。组分能否分开，关键在于色谱柱；分离后组分能否鉴定出来则在检测器，所以分离系统和检测系统是仪器的核心。

图 8-22　气相色谱仪

8.4.2.11　原子吸收光谱仪

原子吸收光谱仪（atomic absorption spectroscopy，AAS），如图 8-23 所示，可测定多种元素。其工作原理：试样在原子化器中转化为蒸汽，由于温度较低，大多数原子处于基态，当从空心阴极灯辐射源发射出的单色光束通过试样蒸汽时，由于辐射频率与原子中的电子由基态跃迁到较高激发态所需要的衡量的频率相对应，一部分光被原子吸收，即共振吸收。另一部分未被吸收的光即为分析信号，被光电检测系统接收。由于锐线光束因吸收而减弱的程度与原子蒸汽中分析元素的浓度成正比，所以将测量结果与标准相比较，就可得到试样中的元素含量。

图 8-23　原子吸收光谱仪

AAS 的特点：检出限低，达 ng/mL～μg/mL 级；选择性好；光谱干扰少。如采用火焰原子化法，可测到 ng/mL 数量级，石墨炉原子吸收法可测到 10^{-13} g/mL 数量级。其氢化物发生器可对 8 种挥发性元素（汞、砷、铅、硒、锡、锑、锗等）进行微痕量测定。

8.4.2.12 电感耦合等离子质谱仪

电感耦合等离子质谱仪（inductively coupled plasma-mass spectrometry，ICP-MS），作为实验室大型仪器，常用于土壤中重金属的检测。如图 8-24 所示，它是一种将 ICP 技术和质谱结合在一起的分析仪器。ICP 利用在电感线圈上施加的强大功率的射频信号在线圈包围区域形成高温等离子体，并通过其他的推动，保证了等离子体的平衡和持续电力。在 ICP-MS 中，ICP 起到离子源的作用，高温的等离子体使大多数样品中的元素都电离出一个电子而形成一价正离子。质谱是一个质量筛选器，通过选择不同质荷比（m/z）的离子通过并达到检测器，来检测某个离子的强度，进而分析计算出某种元素的强度。

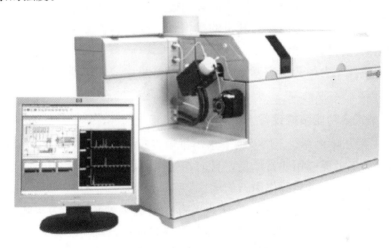

图 8-24 电感耦合等离子质谱仪

ICP-MS 分析方法作为新发展起来的无机元素分析测试技术，弥补了原子吸收法、分光光度法的缺点，具有以下优点：常规对 10^{-9} 级或以下的元素进行分析；多元素同时分析；分析范围宽，多于 75 种元素；线性范围可达 8 个数量级；对有些元素，检测限小于 $1×10^{-12}$；谱线简单；能分析同位素。

8.4.3 工程修复设备

8.4.3.1 多功能铲斗

多功能铲斗于 20 世纪 80 年代发明，可以与通用装载机和挖掘机连接使用，简单方便，可移动，将过去工序复杂的土壤筛分、破碎、混合、搅拌工作简化为一步完成，高效便捷、成本低。

多功能铲斗的筛分、破碎、混合、搅拌等各种功能是通过不同的滚轴来实现的。工作时，污染土会在斗内逆向旋转几十圈，拌和效果最均匀，各类拌合站等传统技术

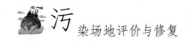

方案无法比。

8.4.3.2　移动筛分设备

移动筛分设备适合大规模土壤筛选预处理工作，可以一步作业四级筛分。该设备是技术非常先进高效的筛选装置。可根据需要进行不同规格四层筛选，能够在最恶劣的环境中工作，不受黏土及多杂物影响，并且可根据实际需要在场地内移动作业。适合异位处理，为土壤混合提供预处理，有效剔除土壤中的木块、石块、混凝土、钢筋等杂质，减少土壤处理过程中的药剂不必要的浪费，提高处理时间和效率，节约成本。

8.4.3.3　原位强力搅拌压力注药稳定修复设备

原位强力搅拌头是一种安装于液压挖掘机上的多功能缓和搅拌工装，将其安装于通用大型挖掘机，可将普通挖掘机转变成一台机动性强、效率高的污染土壤原位混合搅拌设备。

采用原位强力搅拌压力注药稳定修复设备可以有效地处理不同类型的原状土、黏土、淤泥、烂泥和受污染的土质。搅拌混合的效果取决于360°切削搅拌刀板和高压注药系统。在工作时，滚轴可以在驾驶员的操作下根据工程作业要求在三维空间内实现药剂与原状土的充分搅拌和混合。

原位强力搅拌压力注药稳定修复设备在土壤修复中应用广泛，可用于稳定处理受污染的上质/污泥等。

8.4.3.4　直推式多功能钻探设备

Geoprobe是几年来专对土壤及地下水污染调查项目所涉及研究的设备品牌，此品牌设备在国外环保方面应用非常广泛，目前在中国，Geoprobe设备已经增至近10台，在环保方面起着越来越重要的作用。

Geoprobe Systems是一个平台，在此平台上集成多种功能。为实现不同的功能，美国Geoprobe公司设计了适用于不同功能的设备，根据系统功能分为土壤与地下水取样系统、监测井系统、污染场地修复注射系统Injection、现场测VOC污染物MIP系统、土木技术CPT系统、水力孔隙穿透度HPT系统等。

8.4.3.5　淋洗设备

重金属离子、PCBs、农药污染物及石油污染物等主要通过吸附方式附着于土壤颗粒，土壤淋洗技术通过土壤粒级分离，将高污染土壤颗粒移除，同时采用水洗或是化学萃取方式将附着于土壤颗粒固相低浓度污染物转移至液相，再利用污水系统处理污染物，从而达到去除污染物的目的。

该设备技术成熟，已工程化应用于土壤修复项目。该系统主要包括水洗破碎单元、振动筛分单元、水洗搅拌单元、沉降单元、压滤单元、淋洗液及清水储存回用单元、污水处理及沉降单元。

8.4.3.6　热脱附设备

热脱附土壤修复技术是通过对污染土壤加热，使吸附于土壤的有机物饱和蒸汽压增大，挥发而进入气相后逸出，再对气体进行处理，达标后排入大气。

热脱附设备包括料仓，进料、出料输送带，热脱附反应器，燃料供应系统，尾气处理系统，热交换器，引送风机，自动控制系统等，最高可控温度为 200～800℃。热脱附适用于农药（六六六、滴滴涕等）、石油以及 PCBs、PAHs、PCDD/Fs 等挥发性、半挥发性有机污染物污染土壤修复。

8.4.3.7　气相抽提修复设备

土壤气相抽提是通过采用真空压力强制空气流通通过地下受污染土壤，从而达到去除土壤中的挥发性有机物和一些半挥发性有机物。有害蒸汽通过气液分离装置和过滤装置处理后排入大气中。

SVE 设备，如图 8-25 所示，主要分为三大系统：抽提系统、分离系统、尾气净化系统。设备首先通过抽提系统对土壤中的污染物进行分离抽取，再将含有气化污染物的含水气体送入气液分离系统，去除颗粒物和水分，最后通过尾气净化系统，通常采用活性炭吸附的方法，实现废气的达标排放，最终达到有效降低土壤中的污染物浓度、不产生二次污染的目的。

图 8-25　土壤气相抽提设备

8.4.3.8　多相抽提设备

多相抽提（MPE）设备通过真空抽取手段，抽取地下污染区域的土壤气提、地下水和浮油层到地面进行相分离及处理，以控制和修复土壤与地下水中的有机污染物。可处理的污染物类型包括易挥发、易流动的非水相液体（NAPL），如汽油、柴油、有机溶剂等。

MPE 系统通常由多相抽提、多相分离、污染物处理 3 个主要部分构成。该系统主要设备包括真空泵（水泵）、输送管道、气液分离器、NAPL/水分离器、传动泵、控制设备、气/水处理设备等。

8.4.3.9　快速异位土壤修复设备

快速异位土壤修复设备，如图 8-26 所示，其主要由搅拌仓、固态药剂储存仓、液态药剂箱、原料输送箱、机载柴油发电机、计算机控制系统等组成。土壤修复流程如图 8-27 所示，适用于大规模土壤修复治理工程，必要时可全天 24h 连续自动进行土壤混合。

图 8-26　快速异位土壤修复设备

图 8-27　快速异位土壤修复流程

8.4.4　土壤修复工程实施过程中的药剂

8.4.4.1　稳定固化药剂

固化/稳定化技术的关键问题是固定剂和稳定剂的选择,目前最常用的固化/稳定化剂包括水泥、碱激发胶凝材料、有机物料以及化学稳定剂等。

(1) 水泥。水泥是目前国内外应用最多的固定剂,其对污染土壤的固化/稳定化,一般通过在水泥水化过程中所产生的水化产物对土壤中的有害物质通过物理包裹吸附、化学沉淀形成新相以及离子交换形成固溶体等方式进行,同时其强碱性环境也对固化体中重金属的浸出性能有一定的抑制作用。其类型一般可分为普通硅酸盐水泥、火山灰质硅酸盐水泥、矿渣硅酸盐水泥、矾土水泥以及沸石水泥等。其明显缺点就是增容很大,一般可达 1.5～2,且水泥固化/稳定化污染土壤,仅仅是一种暂时的稳定过程,属于浓度控制，而不是总量控制，在酸性填埋环境下，其长期有效性值得怀疑。

（2）碱激发胶凝材料。包括石灰、粉煤灰、高炉渣、流化床飞灰、明矾浆、钙矾石、沥青、钢渣、稻壳灰、沸石、土聚物等碱性物质或钙镁磷肥、硅肥等碱性废料，能提高系统的 pH 值，可与重金属反应产生硅酸盐、碳酸盐、氢氧化物沉淀。其中，矿渣基胶凝材料具有水热低、抗硫酸等化学腐蚀性好、密实度好等优点。用特殊组分激发和助磨下的低熟料矿渣胶凝材料固化/稳定化含重金属污染物的应用前景十分广阔。

（3）有机物料。有机物料因对提高土壤肥力有利，且取材方便、经济实惠，在土壤重金属污染改良中应用广泛。腐殖酸对土壤重金属离子有显著的吸附作用，并具有良好的配合性能。有机物质在刚施入土壤时可以增加重金属的吸附和固定，降低其有效性，减少植物的吸收，但是随着有机物质的矿化分解，有可能导致被吸附的重金属离子在第 2 年或第 3 年重新释放，增加植物的吸收。所以有机肥料选择不当，不但起不到应有的效果，而且会产生副作用。因此，利用有机物料改良重金属污染土壤存在一定的风险。

（4）化学稳定剂。一般通过化学药剂和土壤所发生的化学反应，使土壤中所含有的有毒有害物质转化为低迁移性、低溶解性以及低毒性物质。药剂一般可分为有机和无机两大类，根据污染土壤中所含重金属种类，最常采用的无机稳定药剂有硫化物（硫化钠、硫代硫酸钠）、氢氧化钠、铁酸盐以及磷酸盐等。有机稳定药剂一般为螯合型高分子物质，如乙二胺四乙酸二钠盐（一种水溶性螯合物，简称 EDTA-2Na），它可以与污染土壤中的重金属离子进行配位反应从而形成不溶于水的高分子配合物，进而使重金属得到稳定。目前，比较新型的有机稳定药剂为有机硫化物，如硫脲（H_2NCSNH_2）和 TMT（三巯基均三嗪三钠盐 $C_3N_3H_3S_3$），其稳定机理与硫化钠以及硫代硫酸钠基本相同，主要是利用重金属与其所生成的硫化物的沉淀性能对其实现有效固化/稳定化。相比一般无机沉淀剂，有机硫和重金属形成的沉淀在酸碱环境中都更稳定。

8.4.4.2　化学淋洗药剂

化学淋洗技术是借助能促进土壤中污染物溶解或迁移作用的溶剂，通过水力压头推动淋洗剂，将其注入污染土壤中，使污染物从土壤相转移到液相，然后把包含有污染物的液相从土壤中抽提出来，从而达到土壤中污染物的减量化处理。淋洗剂可以是清水，也可以是包含增效剂助剂的溶液：一般有机污染选择的淋洗剂为表面活性剂，重金属污染选择的淋洗剂为无机酸、有机酸、螯合剂等。对于有机物和重金属复合污染，一般可考虑两类淋洗剂的复配。常见淋洗剂分类见表 8-29。

表 8-29　常见淋洗剂分类

淋洗剂种类		示例
无机淋洗剂		清水，酸、碱、盐等无机化合物
螯合剂	人工螯合剂	乙二胺四乙酸（EDTA）、氨基三乙酸（NTA）、二乙基三胺五乙酸（DTPA）、乙二胺二琥珀酸（EDDS）等
	天然有机螯合剂	柠檬酸、苹果酸、草酸以及天然有机胡敏酸、富里酸等

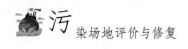
淋洗剂种类		示例
表面活性剂	人工合成	十二烷基苯磺酸钠（SDBS）、十二烷基硫酸钠（SDS）、曲拉通、吐温、波雷吉等
	生物表面活性剂	鼠李糖脂、槐子糖脂、单宁酸、皂角苷、卵磷脂、腐殖酸、环糊精及其衍生物等

（1）无机淋洗剂：包括清水、无机酸、碱、盐等。无机淋洗剂的作用机制主要是通过酸解、络合或离子交换等作用来破坏土壤表面官能团与重金属形成的络合物，从而将重金属交换解吸下来，从土壤中分离出来。

（2）人工合成螯合剂：多为氨基多羧酸类大分子有机物，如乙二胺四乙酸（ED-TA）、氨基三乙酸（NTA）、二乙基三胺五乙酸（DTPA）、乙二胺二琥珀酸（EDDS）等，作用机制是通过络合作用将吸附在土壤颗粒及胶体表面的金属离子与有机物解络，然后利用自身更强的络合作用与污染因子形成新的络合体，从土壤中分离出来。

（3）天然有机螯合剂：常用的有机酸有柠檬酸、草酸、苹果酸、酒石酸、乙酸、胡敏酸、富里酸、丙二酸、腐殖酸以及其他类型天然有机物等。有机酸能通过与重金属离子形成可溶性的络合物促进金属离子的解吸作用，增加金属离子的活动性。天然有机酸通过与重金属离子形成络合物，改变重金属在土壤中的存在形态，使其由不溶态转化为可溶态。

（4）化学表面活性剂：是指少量加入就能显著降低溶剂表（界）面张力，并具有亲水、亲油和特殊吸附等特性的物质。表明活性剂可通过强化增溶和卷缩作用。卷缩就是土壤吸附的油滴在表明活性剂的作用下从土壤表面卷离，它主要靠表面活性剂降低界面张力而发生，一般在临界胶束浓度［（critical micelle concentration，CMC），表面活性剂分子在溶剂中络合形成胶束的最低浓度］以下就能发生；增溶就是土壤吸附的难溶性有机污染物的表面活性剂作用下从土壤解吸下来而分配到水相中，它主要靠表面活性剂在水溶液中形成胶束相，溶解难溶性有机污染物。表面活性剂可增强土壤污染物在水相的溶解度和流动性，进而影响有机物在水体表面的挥发及其土壤、沉积物、悬浮颗粒物上的吸附与解吸作用。

（5）生物表面活性剂：是由植物、动物或微生物产生的具有表面活性的代谢产物。生物表面活性剂包括许多不同的种类，可分为糖脂、脂肽和脂蛋白、脂肪酸和磷脂、聚合物和全胞表面本身五大类。其通过两种方式促进土壤中重金属的解吸：一是与土壤液相中的游离金属离子络合；二是通过降低界面张力使土壤中重金属离子与表面活性剂直接接触。

（6）复合淋洗剂：由于土壤中可能同时存在多种污染物，单独使用一种清洗剂往往不能去除所有的污染物，这就要求联合使用或者一次使用多种淋洗剂，多种淋洗剂复合应用可以提高淋洗剂的淋洗效果，同时可减少淋洗剂对土壤的破坏作用。

8.4.4.3 化学氧化/还原药剂

化学氧化/还原技术是向污染土壤/地下水中添加氧化剂或还原剂，通过氧化或还原作用，使土壤中的污染物转化为无毒或相对毒性较小的物质。化学氧化技术可以处理石油烃、BTEX（苯、甲苯、二甲苯等）、MTBE（甲基叔丁基醚）、含氯有机溶剂、多环芳烃、农药等大部分有机物；化学还原技术可以处理重金属类（如六价铬）和氯代有机物等。常见的氧化剂包括高过氧化氢、芬顿试剂、高锰酸盐、过硫酸盐和臭氧等，氧化还原电位越高，氧化能力越强。常见的还原剂包括硫化氢、亚硫酸氢钠、硫酸亚铁、多硫化钙、零价铁等，氧化还原电位越低，还原能力越强。

常见化学氧化药剂及还原药剂特征参数见表 8-30 和表 8-31。

表 8-30　常见化学氧化药剂特征参数

化学氧化药剂	芬顿试剂	臭氧	高锰酸钾	活化过硫酸盐
使用污染物	氯代试剂、BTEX、MTBE、轻馏分矿物油和 PAH、自由氰化物、酚类	氯代试剂、BTEX、MTBE、轻馏分矿物油和 PAH、自由氰化物、酚类	氯代试剂、BTEX、酚类	氯代试剂、BTEX、MTBE、轻馏分矿物油和 PAH、自由氰化物、酚类
pH 值	经典芬顿试剂需在酸性环境下，改良型试剂可用在碱性环境中	中性或偏碱性土壤	pH 值宜为 7～8，但其他 pH 值下也可用	根据活化方式不同可适用于酸性、中性及碱性环境中
药剂在土壤中的稳定时间	经常少于 1d	1～2d	几周	几周至几个月
土壤渗透性	推荐高渗透性土壤，当土壤渗透性较低时可能需要大量氧化剂			
其他因素	—	—	会使地下水呈紫色，考虑周边影响	需要活化

表 8-31　常见化学还原药剂特征参数

化学还原药剂	二氧化硫	气态硫化氢	零价铁胶体
使用污染物	对还原敏感的元素（如铬、铀、钍等）以及氯化溶剂	对还原敏感的重金属如铬等	对还原敏感的元素（如铬、铀、钍等）以及氯化溶剂
pH 值	碱性条件	不需调节 pH 值	酸性及中性条件使用，高 pH 值导致铁表面形成覆盖膜
药剂在土壤中的稳定时间	1～2d	1～2d	几周
天然有机质	—	—	可能会促进铁表面形成覆盖膜
土壤渗透性	高渗透性土壤	高渗和低渗土壤	依赖胶体铁的分散技术
其他因素	在水饱和区较有效	以氮气作载体	有可能产生有毒中间产物

8.4.4.4　生物修复药剂

在生物修复中，首先需要考虑适宜微生物的来源及其应用技术；其次，微生物的代谢活动需在适宜的环境条件下才能进行，而天然污染的环境中条件往往较恶劣，因此必须人为提供适于微生物起作用的条件，以强化微生物对污染环境的修复作用。

（1）土著微生物。微生物具有降解有机化合物和转化无机化合物的巨大潜力，是微生物修复的基础。土壤中存在着各种各样的微生物，在遭受有毒有害的有机物污染后，实际上就自然地存在着一个驯化选择过程，一些特异的微生物在污染物的诱导下产生分解污染物的酶系，进而将污染物降解转化。

通常土著微生物与外来微生物相比，在种群协调性、环境适应性等方面都具有较大的竞争优势，因而常作为首选菌种。当处理含有多种污染物（如脂链烃、环烃和芳香烃）的复合污染时，单一微生物的能力通常有限。因此，在污染物的实际处理中，必须考虑激发当地多样的土著微生物。环境中微生物具有多样性的特点，任何一个种群只占整个微生物区系的一部分，群落中的优势种随温度等环境条件以及污染物特性而发生变化。

（2）外来微生物。在废水生物处理和有机垃圾堆肥中已成功地用投菌法来提高有机物降解转化的速度和处理效果，因此，在天然受污染的环境中，当合适的土著微生物生长过慢、代谢活性不高，或者由于污染物毒性过高造成微生物数量反而下降时，可人为投加一些适宜该污染物降解的与土著微生物有很好相容性的高效菌。目前用于生物修复的高效降解菌大多是多种微生物混合而成的复合菌群，其中不少已被制成商业化产品。如光合细菌，这是一大类在厌氧光照下进行不产氧光合细菌的复合菌群，它们在厌氧光照及好氧黑暗条件下都能以小分子有机物为基质进行代谢和生长，因此对有机物有很强的降解转化能力，同时对硫、氮素的转化也起到很大的作用。

（3）基因工程菌。自然界中的土著菌，通过以污染物作为其唯一碳源和能源或以共代谢等方式，对环境中的污染物具有一定的净化功能，有的甚至达到效率极高的水平，但是对于日益增多的大量人工合成化合物，就显得有些不足。采用基因工程技术，将降解性质粒转移到一些能在污水和受污染土壤中生存的菌体内，定向地构建高效降解难降解污染物的工程菌的研究具有重要的实际意义。

（4）用于生物修复的其他微生物。这些生物包括藻类和微型动物等。在污染水体的生物修复中，通过藻类的放氧，使严重污染后缺氧的水体恢复在好氧状态，这为微生物降解污染物提供了必要的电子受体，使好氧性异养细菌对污染物的降解能顺利进行。微型动物则通过吞噬过多的藻类和一些病原微生物，间接对水体起净化作用。

8.5 典型案例

8.5.1 典型案例（一）

8.5.1.1 项目来源

广东某镇是全国最大的废旧电子电器拆解基地之一，多年来，该镇废旧电子电器拆解过程产生的"三废"未经处理直接排放，使当地环境受到污染。受该镇河流污水灌溉、废旧塑料回收和大气沉降的污染影响，农田土壤中重金属含量普遍超标。为恢复农田的正常使用功能，保证生产食物的质量安全和人体健康，对该镇农田土壤进行土壤修复。

8.5.1.2　工程概况

（1）原土壤情况。项目待修复农田土壤面积共计 96 亩（合 64000m²），通过前期土壤调查监测，待修复土壤调查监测数据见表 8-32、表 8-33。

表 8-32　待修复土壤中重金属含量

采样深度	pH 值	镉（Cd）	汞（Hg）	砷（As）	铜（Cu）	铅（Pb）	铬（Cr）	锌（Zn）	镍（Ni）
0～20	6.07	0.10	0.705	9.31	60.1	79.3	58.3	103	43.0
20～40	6.43	ND	0.327	6.49	19.4	65.8	69.3	84.2	22.7

说明：采样深度单位 cm，监测数据除 pH 值外，其余项单位均为 mg/kg；"ND"表示监测结果小于方法检出限；Cd 的检出限为 0.01mg/kg。

表 8-33　待修复土壤中 PBDEs（多溴化二苯脂）类有机物含量

PBDE	PBDE	PBDE	PBDE	PBDE	PBDE	PBDE	PBDE	PBDE	∑PBDEs
28	47	66	100	99	154	153	183	209	
0.468	1.618	0.427	0.17	0.901	0.441	0.92	4.56	9.5	22.7

注：含量单位均为 mg/kg。

通过对污染土壤的调查分析，修复农田表层土壤（0～20cm）受到了重金属污染，污染物主要是 Hg、Ni 和 Cu 三种元素，下层土壤（20～40cm）没有受到重金属的严重污染，整体呈中度-轻度污染情况。表层土壤中还存在 PBDEs 等有机物污染。

（2）土壤修复目标。经过土壤修复后，受污染农田土壤重金属含量达到《土壤环境质量　农用地土壤污染风险管控标准》（GB 15618—2018）二级标准（表 8-34），PBDEs 等主要有机污染物含量有所降低，农产品重金属含量达到《食品安全国家标准　食品中污染物限量》（GB 2762—2017）标准要求，饲料达到《饲料卫生标准》（GB 13078—2017）的相关要求。

表 8-34　《土壤环境质量　农用地土壤污染风险管控标准》二级标准

pH 值	镉（Cd）	汞（Hg）	砷（As）	铜（Cu）	铅（Pb）	铬（Cr）	锌（Zn）	镍（Ni）
<6.5	0.3	0.3	40	50	250	150	200	40
6.5～7.5	0.3	0.5	30	100	300	200	250	50
>7.5	0.6	1	25	100	350	250	300	60

注：除 pH 值外，其余项单位均为 mg/kg。

8.5.1.3　土壤修复技术

考虑待修复土壤的污染类型和修复目标，综合技术、经济情况，修复工程修复年限定为两年，采用土壤深翻-植物-微生物联合修复技术方案，如图 8-28 所示。

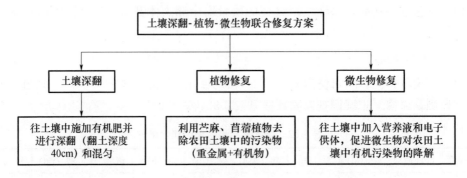

图 8-28　土壤深翻-植物-微生物联合修复技术方案

8.5.1.4　修复实施过程

　　土壤修复工艺主要采用土壤深翻-植物-微生物联合修复技术，具体实施步骤及主要技术参数如下（图 8-29）。

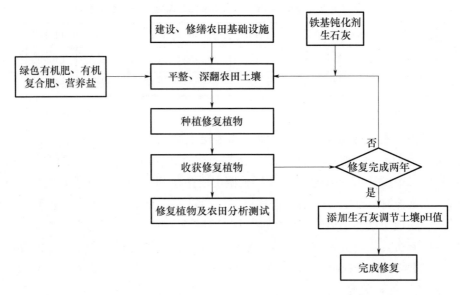

图 8-29　工艺流程图

　　（1）建设和修缮农田基础设施，施加绿色有机肥（如青草和玉米叶子等）、有机复合肥（105kg/亩）和营养盐（70kg/亩）进行培肥，平整、深翻（翻土深度 40cm）需要修复的农田。

　　（2）经过平整、翻耕的农田间种苎麻和苜蓿两种修复植物，其中苎麻 2500 蔸/亩，苜蓿 1kg/亩。

　　（3）在修复植物收获后，种植下一季修复植物前，每亩施用 53kg 生石灰和 18kg 铁基钝化剂，对土壤重金属进行稳定。

　　（4）生态修复植物收割之后，需要修复植物及农田土壤进行采集及分析测试，以评价工程修复的效果，修正和完善实施方案，并对修复植物进行后处理，符合饲料标准的，统一收获后交饲料加工厂处理；不符合饲料标准的，作为生物质能源进行发酵。

（5）重复步骤（1）～（4）。

（6）经过两年修复后，适当施加生石灰调节土壤 pH 值至 6.5 以上，同时改变农作物种类，种植重金属吸收积累低的蔬菜品种如茄果类蔬菜等。

8.5.1.5　修复效果

（1）修复效果。修复后，土壤中重金属含量和 PBDEs 监测数据见表 8-35。

表 8-35　修复后土壤中重金属及 PBDEs 含量

pH 值	镉（Cd）	汞（Hg）	砷（As）	铜（Cu）	铅（Pb）	铬（Cr）	锌（Zn）	镍（Ni）	∑PBDEs
6.75	0.11	0.305	12.1	18.0	94.1	62.0	76.7	19.0	15.43
效果	+10%	−57%	+30%	−70%	+19%	+6%	−26%	−56%	−19%

注：采样深度为 0～20cm，除 pH 值外，其余项单位均为 mg/kg。

对比修复前土壤的监测数据以 GB 15618—2018，可知通过对受污染土壤进行两年的土壤深翻-植物-微生物联合技术修复后，土壤重金属含量达到 GB 15618—2018 二级标准要求；其中土壤中 Cu、Hg、Ni 的去除率分别为 70%、57%、56%，去除效果最好；修复技术对金属 Zn 也有一定的去除作用，去除率为 26%；但该技术对 Cd、As、Pb、Cr 基本上没有去除作用。PBDEs 等主要有机污染物含量有所降低，削减率为 18.8%，土壤修复基本达到了预期目的。

（2）技术总结及效益分析。由上述实例可知，对中度农田土壤重金属污染问题，采用土壤深翻-植物-微生物联合修复技术进行修复是行之有效的方法。

该方法改变了以往单一使用物理、化学或生物修复技术进行土壤修复的模式，尝试采用土壤深翻-植物-微生物联合修复技术，发挥物理、化学、生物的综合作用，使土壤修复达到了良好的效果。项目的修复成本为 431 元/m³。具体总结如下所述：

①由于土壤污染集中在表层 0～20cm 区域，在修复前先对表层 40cm 的土壤进行平整、深翻，可快速降低表层土壤中污染物的含量，同时可降低农田表层土壤对植物的毒性，为后续植物-微生物修复环境创造有利条件。但平整、深翻后的土壤中重金属和有机物的总量依旧不变，需采用适当技术予以去除。

②土壤修复的传统技术主要是物理修复和化学修复，虽然能达到修复效果，但多少都存在一些问题。如客土移植彻底稳定，但工程量大、投资高；化学淋洗快速高效，但可能造成土壤和地下水的二次污染。本例中主要利用生物进行修复，既达到了修复目的，又避免了二次污染，有成本低、操作简单、无二次污染、处理效果好的优势。

③根据植物修复的作用机理，植物修复技术主要包括植物萃取技术、植物转化技术、植物挥发技术和植物稳定技术。本例中主要应用植物萃取的原理，种植的苎麻和苜蓿可从土壤中吸取多种重金属污染物，将其转移、储存至地上部分，最终通过植物的收割达到降低或去除土壤重金属污染的目的。

④为进一步提高植物吸收效率，根据实际情况，可在收获修复植物前 1 周适当施

加柠檬酸。柠檬酸是一种天然的低分子有机酸，可通过化学反应提高金属离子活性，加强重金属从土壤向植物中转移，提高土壤中重金属的去除率。同时相比人工合成类螯合剂如 EDTA 等，有较好的环境安全性。

⑤在对污染土壤进行植物修复的同时，施加绿色有机肥（如青草、玉米叶子等）和营养盐化土壤中的土著微生物。通过土著微生物的同化、异化作用，降解土壤中的有机污染物 PBDEs 等。

⑥在污染土壤的植物-微生物联合修复过程中，苎麻、苜蓿与土著微生物之间表现为协同作用：苎麻、苜蓿的生长可为土著微生物提供一定的代谢底物和养料，其根系的延伸让微生物分布得更均匀；土著微生物的活动可有效减轻土壤对苎麻、苜蓿生长的毒害作用并提高土壤肥力。

⑦从机理上研究划分土壤修复技术，可概括为两类：一是改变重金属在土壤中的存在形态，使其固定从而降低其在环境中的迁移性和生物可利用性；二是从土壤中去除重金属，使其存留浓度接近或达到背景值。本例中植物-微生物联合修复主要应用第二种机理。但为保证修复植物的正常生长和修复后农田的恢复利用，也有应用第一种机理。如在下一季修复植物种植前向土壤中添加铁基钝化剂，两年修复完成后往土壤中添加生石灰等。铁基钝化剂和生石灰都是土壤修复中常用的固定剂，可有效降低重金属的污染效应。

⑧植物修复的另一益处是通过将修复植物用作饲料或生物质，相当于对修复植物进一步的资源利用，这是植物修复重污染土壤的附加经济效益。

土壤的联合修复技术虽然是近几年才兴起的，但由于污染土壤的复杂性和各修复技术间的协同促进作用，综合治理效果较好，联合修复技术已成为土壤修复的发展趋势。尤其是以植物-微生物修复等生物修复为主导、辅以必要的物理化学修复的联合修复技术，或将解决传统修复技术中成本和二次污染等问题，同时又能保证修复效率和效果。

8.5.2　典型案例（二）

8.5.2.1　项目来源

牟定县位于云南省中北部，楚雄彝族自治州中部。县内某化工厂年产重铬酸钠7000t、铬酸酐 2000t、铬盐生产过程中产生大量含铬废渣，其堆放场地"三防"达不到要求，废渣也未及时进行无害化处理，形成了历史堆存铬渣场。2008 年 11 月牟定县环境保护局对该化工厂历年共产生的 9.41 万 t 含铬废渣进行处置，并已完成全部铬渣的无害化处置。由于铬渣的长期堆放，渣场堆放点的土壤铬污染严重，虽然铬渣已清理完毕，但场地土壤污染依然存在。

经场地环境调查及风险评估，确定场地土壤污染物包括六价铬及砷，总污染土方量达到 12 万 m^3，包含厂区原铬渣堆场、生产区及生活区，其中工程一期范围为原铬渣堆场，污染土方量约 2.6 万 m^3。通过潜在的修复技术评估和比选，本修复工程确定采用异位还原稳定化技术和阻隔填埋技术对受污染的土壤进行治理。

工程一期自 2016 年 3 月开始施工，到 2017 年 4 月竣工。通过实施该化工厂污染土壤修复治理工程，场地受污染土壤得以有效地修复与治理，彻底消除铬渣处置后场地受污染土壤对场地及其周围区域地下水造成的污染，全面解决该历史堆存渣场污染场地造成的水环境污染隐患，最终达到改善龙川江水环境质量的目的。

8.5.2.2 项目概况

场地内土壤采样点位布设参照《场地环境监测技术导则》（HJ 25.2—2014）中的要求，渣场与生产区以 20m×20m 的密度进行布点采样，生活区以 10m×10m 的密度进行采样，总布采样点 44 个，送检取样深度分为 0～1m、1～3m、3～5m 和>5m 4 个层次，各深度层取一个样品送检，并根据实际 XRF 监测结果与土壤变层情况现场调整，共采样 149 个样品。土壤重金属监测结果按照北京市地方标准《场地土壤环境风险评价筛选值》（DB11/T 811—2011）和美国地区通用筛选值（USEPA-RSL，2015）进行评价，结果发现，场地土壤中锌、铬、铜、铅、镉、砷和汞均有检出，除铬和砷超标外，其余重金属均未超标。其中，本场地选用总铬、六价铬和砷的筛选值分别为 800mg/kg、30mg/kg 和 20mg/kg。总铬的超标率相对较低，在生产区和生活区，六价铬和砷的超标率均超过 45%（表 8-36）。

表 8-36 土壤样品超标情况

位置	重金属	样品数	最小值（mg/kg）	最大值（mg/kg）	平均值（mg/kg）	超标个数	超标率
渣场	砷	43	1.1	20.9	7.2	2	4.7%
	六价铬	43	0.5	700.0	184.2	10	23.3%
	总铬	43	48.7	5430.0	247.8	1	2.39%
生活区	砷	55	3.1	132.0	22.8	25	45.5%
	六价铬	55	0.5	1370	265.4	26	47.3%
	总铬	55	47.3	2300	451.2	10	18.2%
生活区	砷	51	8.3	69.2	24.5	29	56.9%
	六价铬	51	0.5	469	155.3	30	58.8%
	总铬	51	94.2	1880	375.1	1	2.0%

场地 pH 值范围在 4～10.6，大部分点位土壤呈酸性，个别点位由于产品生产过程中化学原材料的遗撒问题，土壤呈现出偏碱性。生活区、渣场、生产区的 pH 平均值分别为 5.2、5.3 和 5.2，土壤 pH 值总体偏酸性。

8.5.2.3 地表水和地下水污染情况

从了解地块范围内地表水和地下水重金属现状考虑，在场地和周围共采集 6 个水样，监测指标包括砷、镉、铬、铜、镍、铅、锌和汞共 8 种重金属。浅层地下水采用我国《地下水质量标准》（GB/T 14848—2017）中的Ⅲ类标准（不宜饮用，其他用水可根据使用目的选用）进行评价。积水坑中的地表水按《地表水环境质量标准》（GB 3838—2002）中的Ⅴ类标准（主要适用于农业用水区及一般景观要求水域）进行评价，对比发现，两个样品中六价铬超出筛选的标准（0.05mg/L）。

8.5.2.4 场地存在的风险

该化工厂渣场位置敏感，位于龙川河西约 1.5km 处，渣场内的土壤环境对龙川河有较大的影响。场地距离牟定现场约 1.5km，场地周边有 5 个村庄，其中距场地东部的龙马池村仅 200m；场地南部为饮马塘小二型水库，最近距离约 100m，蓄水量 15 万 m³，主要功能为农田灌溉用水。场地存在较大的环境风险问题，因此，渣场内的污染土壤修复治理迫在眉睫。

8.5.2.5 修复目标的确定

利用 HERA 模型计算的总铬风险控制值为 44400mg/kg，远大于本次调查总铬的检出最大浓度值，即场地内铬污染对人体健康的危害处于可接受风险水平，所以该场地的总铬可以不进行修复。按照风险评价模型计算，在绿地用地情况下，砷在风险水平为 10^{-6} 下计算的风险控制值为 1.05mg/kg，远远小于云南省"十一五"期间的砷元素背景值 10.43mg/kg。为避免过度修复，计算得到的风险控制值不宜作为砷污染的修复目标值。

北京《场地土壤环境风险评价筛选值》（DB11/T 811—2011）中砷的居住用地、公园与绿地和工业/商服用地筛选值均为 20mg/kg。该值与区域背景值较接近，相对合理，故基坑和侧壁砷的修复目标值选取 20mg/kg，而经过修复的土壤砷浸出含量则应低于国家《污水综合排放标准》（GB 8978—1996）要求的 0.5mg/L。

通过模型计算，土壤六价铬的风险控制值为 1.52mg/kg。因模型设置比保守计算出来的风险控制值过低，会造成过度修复。本项目计算的修复目标介于国内相关标准之间，且用地规划为绿地，标准应低于住宅用地。另外，参考已修复的某铬渣场地的修复目标值，同时综合考虑受体安全及修复成本，最终确定基坑和侧壁六价铬的修复目标值为 30mg/kg，且经过修复的土壤六价铬浸出含量则应低于相关标准要求。

本项目修复目标如下：

（1）清挖后场地基坑及侧壁土壤中六价铬含量低于 30mg/kg，砷含量低于 20mg/kg；

（2）经还原稳定化处理后的污染土壤，应满足《一般工业固体废物贮存、处置场污染控制标准》（GB 18599—2001）中第 I 类一般工业固体废物的有关要求，即修复后的土壤应按照《固体废物　浸出毒性浸出方法　硫酸硝酸法》（HJ/T 299—2007）浸出，浸出液中目标污染物砷和六价铬浓度低于《危险废物鉴别标准　浸出毒性鉴别》（GB 5085.3—2007）的要求；浸出液中目标污染物砷和六价铬浓度均未超出《污水综合排放标准》（GB 8978—1996）最高允许排放浓度；修复后土壤中的六价铬含量低于 30mg/kg。

8.5.2.6 修复实施过程

（1）还原稳定化设备及混合平台建设。在原铬渣废水池南部一侧空地设置混合平台及药剂临时堆存区，土壤开挖后由卡车运输至污染土壤处置区，在混合平台进行土壤筛分及药剂混合。公司投入两套自有的土壤改良设备，分别为专业筛分设备、双轴搅拌土壤改良机，两套设备相互补充，满足本项目六价铬及砷污染土壤修复的技术要求。混合平台及双轴搅拌土壤改良机如图 8-30 所示。

图 8-30　混合平台及双轴搅拌土壤改良机

其中，本项目专业筛分设备处理量为 $100\sim150\mathrm{m^3/h}$，可用于各种土壤的筛分、破碎和预混合等作业，工作效率高，操作运行成本低。双轴搅拌土壤改良机，处理能力为 $60\sim120\mathrm{m^3/h}$，每天工作 $8\sim16\mathrm{h}$。

混合平台面积 $600\mathrm{m^2}$，长 30m、宽 20m，采用混凝土面板基础，底部采用 HDPE 土工膜进行防渗。防渗层结构从上至下依次为 0.2m 厚 C25 混凝土面板、$400\mathrm{g/m^2}$ 土工布、1.5mm HDPE 防渗膜、$400\mathrm{g/m^2}$ 土工布、0.5m 厚黏土（$k<1.0\times10^{-7}\mathrm{cm/s}$）（支持层，压实度 0.96）、平整地基。

（2）修复土壤临时堆场建设。临时堆场包括两大部分区域：一是利用原化工厂生产区回转窑、精细车间、干燥车间和锅炉房，其占地面积 $4426\mathrm{m^2}$，堆体体积 $8681\mathrm{m^3}$。平整好的地面经 1.5mm 厚 HDPE 土工膜进行防渗处理，四周设置导流沟和渗滤液收集池；二是利用渣场区铬渣废水收集池东北侧空地，占地面积 $6000\mathrm{m^2}$，堆积边坡为 1：2.0，堆高 4.0m，堆体体积为 $19331\mathrm{m^3}$。修复后土壤临时堆场需进行防渗处理。

（3）污染土壤修复主要过程。本项目主要针对场地范围内受六价铬和砷污染的非饱和层土壤进行异位还原稳定化修复，主要修复过程包括以下 5 个工序：

①土方开挖及回填。渣场范围内的污染土壤，按照污染深度进行分层开挖，开挖方式依照生产组织采取分批次的方式进行。土壤修复工序完成后，验收合格的土壤回填至原渣场场地内，回填过程中边回填、边平整、边压实。

②土方转运。清挖后的污染土壤由汽车短驳运输后运送至混合平台，经筛分、破碎、加药混合修复后清运至指定待检区进行待检养护堆置，经检测验收合格后回填至原渣场开挖基坑内。

③污染土壤修复治理。从污染场地将污染土壤清运至土壤修复平台区域，对土壤进行破碎及筛分，然后将土壤运送进入双轴搅拌土壤改良机，同时投加还原稳定化药

剂，实现土壤与药剂充分混合均匀；随后将混合后土壤转运堆存，往堆体喷水至近饱和状态，养护静置。

④场地平整、防渗处理。场内的污染土壤完成清挖后，对原场地的基坑及侧壁进行平整，铺设防渗层，场地基坑、侧壁及防渗措施验收合格后，修复验收合格的土壤方可回填至原场地。

⑤修复后场地覆土及水土保持。所有修复并经验收合格的土壤清运至原场地回填完毕后，对场地表层进行覆土、压实，布设雨水导流沟渠，进行水土保持，种植灌木及草本，起到防风固土与防治表层水土流失的作用。

（4）污染土壤还原稳定化处理。本项目为重金属复合污染，其中重点关注的污染物为六价铬和砷。六价铬修复不同于其他重金属，具有特殊性。首先需要改变铬在土壤中的赋存形态，将 Cr（Ⅵ）还原为 Cr（Ⅲ），降低其毒性；然后对其进行稳定化修复以降低其环境的迁移性，而砷污染不需要改变其赋存形态，只需进行稳定化修复降低其在自然环境状态下的浸出浓度，限制其迁移性即可。

修复原理：主要通过向污染土壤中加入特定复配的还原稳定化药剂，使药剂与土壤中的重金属污染物发生吸附、沉淀、络合、螯合和还原等反应，改变土壤重金属的价态及赋存形态，降低重金属的迁移能力和生物有效性，从而将污染物转化为不易溶解、迁移能力或毒性更小的形态，实现其无害化，降低对环境的风险。

本项目采用的还原稳定化药剂为 Meta Fix，Meta Fix 药剂包括 A、B 两种成分，主要组成均为天然矿物质或原材料，安全且无毒害。

其中 A 药剂主要成分为零价铁、钠盐、钾盐及缓释碳源，有降低土壤中重金属污染物的迁移能力和浸出能力的作用，主要用于除六价铬以外重金属的稳定化修复；B 药剂是含有 S、Mg、Ca、Si 和 Al 等成分的复合稳定化药剂，B 药剂将 Cr（Ⅵ）还原成毒性较小的 Cr（Ⅲ），主要用于修复六价铬污染土壤。

根据本项目小试中试实验结果，在充分考虑各污染区块六价铬污染浓度并参考国内类似项目实施经验的基础上，设定第一层污染土壤药剂投加比为 5%，第二层和第三层投加比为 4%，第四层投加比为 3%，其中药剂 A∶B 的配比为 4∶1。由于 A 药剂的使用量远大于 B 药剂用量，在双轴搅拌设备混合仓内搅拌时，极有可能出现 B 药剂搅拌不均匀，被包裹在局部土壤中，从而影响修复效果的现象。针对这一问题，公司技术人员根据 B 药剂的性质将其配制为一定浓度溶液，通过泵体输送时间控制 B 药剂到搅拌仓内的量，在土壤和 A 药剂搅拌切削时均匀地喷洒至土壤表面，使药剂与污染物充分反应。

最后，修复后土壤通过堆体苫盖和喷水养护，为加药后的土壤提供一个避光、厌氧的反应环境，可有效提高药剂的反应活性和修复效果。修复后土壤堆置养护周期为15d。具体养护周期，可由现场技术人员根据污染状况进行适当调整，最低养护周期不得少于 10d，以确保反应效果。

（5）修复后土壤回填。

①修复后土壤验收。根据《场地环境监测技术导则》（HJ 25.2—2014）中关于污染场地修复工程验收监测点位布设条款的规定，对于原地异位治理修复工程措施效果

的监测，处理的污染土壤应布设一定数量监测点位，每个样品代表的土壤体积应不超过 500m³。处理后污染土壤划分采样区后进行样品采集及送检工作，取样前，应使用刮刀刮去表层约 1cm 厚样品，以排除因取样管与外界接触造成的交叉污染。对于深层样品，采用挖掘机挖深后，在深处采用土钻垂直贯入堆体取样，使所采样品更具有代表性。

②基坑建设及回填。待修复区内的受六价铬及砷污染的土壤一次性开挖完成、对基坑及侧壁进行验收合格后，在回填修复土之前需要对清挖后场地进行防渗处理，防渗层须达到《一般工业固体废物贮存、处置场污染控制标准》（GB 18599—2001）规定的第Ⅱ类一般工业固体废物处置场的要求。

按照《污染场地修复验收技术规范》（DB11/T 783—2011）的规定，对清挖后的基坑底部及边缘侧壁进行布点、采样、实验室检测，清挖后场地基坑及侧壁土壤中六价铬含量低于 30mg/kg、砷含量低于 20mg/kg 的可验收通过，才可进行修复后的清洁土回填工作。

封场处理最终覆盖层为多层结构，从上至下依次为植被恢复层（0.6m 营养土层）、0.3m 厚黏土（隔水层）、0.3m 厚碎石（$d=10\sim30$mm，排水层）、400g/m² 土工布、1.0mm HDPE 防渗膜。反应后检测合格土壤堆存体。

③后期监测。地下水点位布点参照《地下水环境监测技术规范》（HJ/T 164—2004）中的要求执行。监测井监测：填埋场共有 4 口地下水监测井，根据治理区域地势北高南低的特点，拟在治理场地的东西侧各建设 1 口监测井，南侧建设 2 口监测井，封场后每月从 4 口监测井中采集水样监测，监测地下水水质，确保填埋场不会对地下水造成污染。

8.5.2.7　修复效果

评价本项目修复效果的指标：①污染土壤修复后六价铬总量修复至 30mg/kg 以下；②修复后土壤中六价铬及砷浸出液的验收标准是经楚雄州环保局评审备案的浓度值，修复后土壤应满足《一般工业固体废物贮存、处置场污染控制标准》（GB 18599—2001）中第Ⅰ类一般工业固体废物的要求，即修复后的土壤再按照《固体废物　浸出毒性浸出方法　硫酸硝酸法》（HJ/T 299—2007）浸出，浸出液中目标污染物砷和六价铬浓度低于《危险废物鉴别标准浸出毒性鉴别》（GB 5085.3—2007）的要求，砷≤5mg/L、六价铬≤5mg/L；按照《固体废物　浸出毒性浸出方法　翻转法》（GB 5086.1—1997）浸出，浸出液中砷和六价铬两项指标浓度达到《污水综合排放标准》（GB 8978—1996）的规定，砷≤0.5mg/L、六价铬≤0.5mg/L。修复后土壤需自检测，确保土壤修复质量满足污染物修复目标的要求。截至目前，项目修复后土壤土方量约 2 万 m³，现场技术人员采集自验收样品 38 个，其中 34 个常规样品，4 个平行样（10%）。样品均送至具备土壤检测能力，并具有国家计量认证合格资质（CMA）和中国实验室国家认可委员会认可资质（CNAS）的第三方检测单位进行检测。

（1）土壤中 Cr（Ⅵ）浓度变化。场地一期渣场内六价铬浓度范围在 0.5~700mg/kg，砷浓度范围在 1.1~20.9mg/kg。根据各污染区块六价铬污染浓度，分层处理污染土壤，污染土壤药剂投加比分别为 3%、4%、5%。修复前后土壤样品中 Cr（Ⅵ）浓度变化见图

8-31。修复后土壤中六价铬均未检出（ND），其中六价铬的检出限为 0.5mg/kg。修复后土壤中六价铬浓度远低于修复目标值。质控报告中，污染土壤中六价铬检测加标回收率为 95％，相对差异为 5％；修复后土壤中六价铬检测加标回收率为 92％～98％，相对差异为 2％～4％。

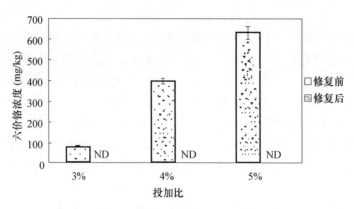

图 8-31　修复前后土壤中六价铬浓度变化

（2）修复前后土壤浸出液中总 Cr、Cr（Ⅵ）和 As 浓度变化。

修复前后浸出液中 Cr（Ⅵ）和 As 浓度变化经还原稳定化处理后的土壤应按照《固体废物　浸出毒性浸出方法　硫酸硝酸法》（HJ/T 299—2007）浸出，浸出液中目标污染物砷和六价铬浓度低于《危险废物鉴别标准　浸出毒性鉴别》（GB 5085.3—2007）的要求，即 5mg/L；同时应按照《固体废物　浸出毒性浸出方法　翻转法》（GB 5086.1—1997）浸出，浸出液中目标污染物砷和六价铬浓度均未超出《污水综合排放标准》（GB 8978—1996）最高允许排放浓度，即 0.5mg/L。质控报告中，污染土壤浸出液中六价铬和砷检测加标回收率分别为 90％和 84％，相对差异为 3％和 7％；修复后浸出液中六价铬和砷检测加标回收率分别为 88％～98％和 91％～95％，相对差异为 1％～3％和 1％～6％。

图 8-32 为修复前后六价铬毒性浸出浓度变化，六价铬的检出限为 0.05mg/L，按照两种浸出方法得到的浸出液中六价铬浓度远低于标准规定要求。由于修复前土壤中砷的含量较低，根据过往工程经验，现场技术人员只检测修复后土壤浸出液中砷浓度，得到修复后浸出液中砷含量都低于检出限（0.05mg/L）的结果，低于修复目标值。

（3）修复后浸出液中总铬浓度。为保证修复质量，现场技术人员对修复后土壤按照硫酸硝酸法和翻转法浸出，检测浸出液中总铬含量，得到修复后浸出液中总铬含量低于检出限（0.15mg/L）的结果，低于相关标准规定。质控报告中，修复后浸出液中总铬检测加标回收率为 89％～95％，相对差异为 1％～3％。

8.5.2.8　结论

工程一期以铬渣污染土壤为治理对象，主要对象重金属为六价铬和砷，治理中重金属污染土方约 2.6 万 m³。工程根据场地污染状况选用异位还原稳定化技术对污染土壤进行了无害化处理，所用还原稳定化药剂为某药剂公司自主研发的硫系和铁系稳定化药剂，通过自验收，发现修复后土壤各项指标满足修复目标值，还原稳定化效果好。

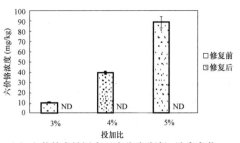

(a) 六价铬毒性浸出（硫酸硝酸法）浓度变化

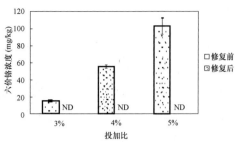

(b) 六价铬毒性浸出（翻转法）浓度变化

图 8-32 六价铬毒性浸出浓度变化

还原稳定化处理后的 2.6 万 m³ 土壤采用安全填埋方式进行处置，为污染土壤的治理效果及长期安全性提供了双重保障。工程的实施，可为铬渣堆放污染土壤的治理提供技术支持。

思考题

1. 简述污染场地土壤修复工程实施特点及影响因素。
2. 土壤修复工程技术方案制订的基本原则是什么？方案编制包括哪些工作程序？
3. 简述污染场地的土壤修复工程实施流程及工作内容。
4. 简述污染土壤修复技术备选方案内容以及如何进行方案比选。
5. 土壤修复工程实施过程中常用的稳定固化药剂及其应用范围。
6. 修复工程实施过程中常用的药剂有哪几大类？简述每一类的基本作用及原理。

参考文献

[1] 贾建丽，于妍，刘丽丽. 污染场地修复管理与实践 [M]. 北京：中国环境科学出版社，2014.

[2] 杨再福. 污染场地调查评价与修复 [M]. 北京：化学工业出版社，2017.

[3] 贾建丽，于妍，薛南冬，等. 污染场地修复风险评价与控制 [M]. 北京：化学工业出版社，2015.

[4] 骆永明. 中国主要土壤环境问题与对策 [M]. 南京：河海大学出版社，2008.

[5] 刘征涛，祝凌燕，陈来国，等. 典型环境新 POPs 物质生态风险评估方法与应用 [M]. 北京：化学工业出版社，2017.

[6] 环境保护部环境工程评估中心. 环境影响评价技术导则与标准 [M]. 北京：中国环境科学出版社，2018.

[7] 李淑芹，孟宪林. 环境影响评价 [M]. 北京：化学工业出版社，2018.

[8] 金腊华. 近水域建设项目生态环境影响评价 [M]. 北京：化学工业出版社，2007.

[9] 环境保护部环境影响评价司. 重点领域规划环境影响评价理论与实践 [M]. 北京：中国环境科学出版社，2010.

[10] 张兆吉. 区域地下水污染调查评价技术方法 [M]. 北京：科学出版社，2016.

[11] 苏特尔. 生态风险评价 [M]. 尹大强，林志芬，刘树深，等译. 北京：高等教育出版社，2011.

[12] 李发生，颜增光. 污染场地术语手册 [M]. 北京：科学出版社，2009.

[13] 李广贺，李发生，张旭，等. 污染场地环境风险评价与修复技术体系 [M]. 北京：中国环境科学出版社，2010.

[14] 龚宇阳，李发生，姜林，等. 污染场地管理体系 [M]. 北京：中国环境科学出版社，2017.

[15] 崔龙哲，李社锋. 污染土壤修复技术与应用 [M]. 北京：化学工业出版社，2016.

[16] 周启星，宋玉芳. 污染土壤修复原理与方法 [M]. 北京：科学出版社，2004.

[17] 赵景联. 环境修复原理与技术 [M]. 北京：化学工业出版社，2006.

[18] 胡文翔，应红梅，周军. 污染场地调查评估与修复治理实践 [M]. 北京：中国环境科学出版社，2012.

[19] 姜林，龚宇阳. 场地与生产设施环境风险评价及修复验收手册 [M]. 北京：中国环境科学出版社，2011.

[20] EPA. International Waste Technologies/Geo-Coninsitu Stablization/Solidfication（EPA/540/A5-89/004）[M]. Washington：EPA，1990.

[21] 陈志良，董家华，白中炎，等. 气相抽提技术修复挥发性有机物污染土壤的研究进展 [C]. 中国环境科学学会学术年会论文集.

[22] 环境保护部，《环境保护部和国土资源部发布全国土壤污染状况调查公报》，2014 年 04 月 17 日.

[23] USEPA. Superfund Remedy Report（13th）. Office of Solid Waste and Emergency Response [R]. 2010，9.

［24］骆永明. 中国土壤环境污染态势及预防、控制和修复策略［J］. 环境污染与防治，2009（12）：27-31.

［25］朱梦杰. 污染场地土壤初步调查布点及采样方法探讨［J］. 环境监控与预警，2015，7（6）：51-54.

［26］姜林，钟茂生，张丽娜，等. 基于风险的中国污染场地管理体系研究［J］. 环境污染与防治，2014，36（8）：1-10.

［27］廖晓勇，崇忠义，阎秀兰，等. 城市工业污染场地：中国环境修复领域的新课题［J］. 环境科学，2011，32（3）：785-794.

［28］罗丽，袁泉. 德国土壤环境保护立法研究［J］. 武汉理工大学学报（社会科学版），2013，26（6）：965-972.

［29］KARAGIANNIDIS A，KONTOGIANNI S，LOGOTHETIS D. Classifiction and categorization of treatment methods for ashg enerated by municipal solid waste incineration：A case for the 2greater metropolitan regions of Greece［J］. Waste Management，2013，33（2）：363-372.

［30］郝汉舟，陈同斌，靳孟贵，等. 重金属污染土壤稳定/固化修复技术研究进展［J］. 应用生态学报，2011，22（3）：816-824.

［31］刘志阳. 水泥窑协同处置污染土壤的应用和前景［J］. 污染防治技术，2015，28（2）：35-50.

［32］冯风玲. 污染土壤物理修复方法的比较研究［J］. 山东省农业管理干部学院学报，2005（4），135-136.

［33］杨丽琴，陆泗进，王红旗. 污染土壤的物理化学修复技术研究进展［J］. 环境保护科学，2008，31（5）：12-45.

［34］谢剑，李发生. 中国污染场地修复与再开发［J］. 环境保护，2012（2）：14-24.

［35］孟祥琪，许超，杨远强，等. 云南某铬渣污染场地土壤修复工程实例［J］. 环境工程学报，2017，11（12）：6547-6553.

［36］骆永明. 中国污染场地修复的研究进展、问题与展望［J］. 环境监测管理与技术，2011，23（3）：1-6.

［37］唐晓丽，李书鹏，汪福旺，等. 重金属污染场地的修复技术［J］. 环境与生活，2014（14）：195-196.

［38］蒋小红，喻文熙，江家华，等. 污染土壤的物理/化学修复［J］. 环境污染与防治，2006，28（3）：210-214.

［39］熊惠磊，王璇，马骏，等. 多级筛分式淋洗设备在复合污染土壤修复项目中的工程应用［J］. 环境工程，2016，34（7）：181-185.

［40］KONGH，SUNR，GAOY，et al. Elution of polycyclicaromatic hydrocarbons in soil columns u-sing low-molecular-weight organic acids［J］. Soil Science Society of America Journal，2013，77（1）：72-82.

［41］郭丽莉，许超，李书鹏，等. 铬污染土壤的生物化学还原稳定化研究［J］. 环境工程，2014（10）：152-156.

［42］杨勇，何艳明，栾景丽，等. 国际污染场地土壤修复技术综合分析［J］. 环境科学与技术，2012，35（10）：98-104.

［43］朱文渊，宋自新，李社锋，等. 污染场地土壤修复过程中的物流组织探讨［J］. 环境工程，2015（332）：164-167.

［44］叶茂，杨兴伦，魏海江，等. 持久性有机污染场地土壤淋洗法修复研究进展［J］. 土壤学报，2012，49（4）：803-814.

［45］ PARLA S，YUET P K. Solidification/stabillzation of organic and inorganic contaminants using portland cement：Aliterature review ［J］. Environmental Reviews，2006，14：217-255.

［46］ 谷庆宝，郭观林，周友亚，等. 污染场地修复技术的分类、应用与筛选方法探讨 ［J］. 环境科学研究，2008，21（2）：197-202.

［47］ 罗程钟，易爱华，张增强，等. pops 污染场地修复技术筛选研究 ［J］. 环境工程学报，2008，2（4）：569-573.

［48］ 夏青.《"毒地"之词应慎用》，法制日报，2016，5，16.

［49］ 中华人民共和国生态环境部. 建设用地土壤污染风险管控和修复术语：HJ 682—2019 ［S］. 北京：中国环境出版集团，2019.

［50］ 中华人民共和国生态环境部. 建设用地土壤污染状况调查 技术导则：HJ 25.1—2019 ［S］. 北京：中国环境出版集团，2019.

［51］ 中华人民共和国生态环境部. 建设用地土壤污染风险管控和修复监测 技术导则：HJ 25.2—2019 ［S］. 北京：中国环境出版集团，2019.

［52］ 中华人民共和国生态环境部. 建设用地土壤污染风险评估 技术导则：HJ 25.3—2019 ［S］. 北京：中国环境出版集团，2019.

［53］ 中华人民共和国生态环境部. 污染场地土壤修复 技术导则：HJ 25.4—2019 ［S］. 北京：中国环境出版集团，2019.